钱广荣伦理学著作集 第二卷

伦理应用论

LUNLI YINGYONG LUN

钱广荣 著

安徽师范大学出版社
ANHUI NORMAL UNIVERSITY PRESS
·芜湖·

图书在版编目(CIP)数据

伦理应用论 / 钱广荣著. — 芜湖:安徽师范大学出版社,2023.1
(钱广荣伦理学著作集;第二卷)
ISBN 978-7-5676-5790-8

Ⅰ.①伦… Ⅱ.①钱… Ⅲ.①伦理学—文集 Ⅳ.①B82-53

中国版本图书馆CIP数据核字(2022)第217836号

伦理应用论　　　　　　　　　　钱广荣◎著

责任编辑:吴顺安　　　　　　　责任校对:房国贵
装帧设计:张德宝　汤彬彬　　　责任印制:桑国磊
出版发行:安徽师范大学出版社
　　　　　芜湖市北京东路1号安徽师范大学赭山校区
网　　址:http://www.ahnupress.com/
发 行 部:0553-3883578　5910327　5910310(传真)
印　　刷:江苏凤凰数码印务有限公司
版　　次:2023年1月第1版
印　　次:2023年1月第1次印刷
规　　格:700 mm × 1000 mm　1/16
印　　张:27　　插　页:2
字　　数:418千字
书　　号:ISBN 978-7-5676-5790-8
定　　价:168.00元

凡发现图书有质量问题,请与我社联系(联系电话:0553-5910315)

出版前言

 钱广荣，生于1945年，安徽巢湖人，安徽师范大学马克思主义学院教授、博士生导师，"全国百名优秀德育工作者"，国家级精品课程"马克思主义伦理学"课程负责人。在安徽师范大学曾先后任政教系辅导员、德育教研部主任、经济法政学院院长、安徽省高校人文社会科学重点研究基地安徽师范大学马克思主义研究中心主任。出版学术专著《中国道德国情论纲》《中国道德建设通论》《中国伦理学引论》《道德悖论现象研究》《思想政治教育学科建设论丛》等8部，主编通用教材12部，在《哲学研究》《道德与文明》等刊物发表学术论文200余篇。

 钱广荣先生是国内知名的伦理学研究专家。为了系统整理、全面展现钱先生在伦理学和思想政治教育领域的主要学术成果，我社在安徽师范大学及马克思主义学院的大力支持下，将钱先生的著作、论文合成《钱广荣伦理学著作集》。钱先生的这些学术成果在学界均具有广泛而持久的影响，本次结集出版，对促进我国伦理学和思想政治教育学科建设与人才培养具有重要意义。

 《钱广荣伦理学著作集》共十卷本：第一卷《伦理学原理》，第二卷《伦理应用论》，第三卷《道德国情论》，第四卷《道德矛盾论》，第五卷《道德智慧论》，第六卷《道德建设论》，第七卷《道德教育论》，第八卷《学科范式论》，第九卷《伦理沉思录 上》，第十卷《伦理沉思录 下》。这次结集出版，年事已高的钱先生对部分内容又作了修订。

　　由于本次收录的著作、论文大多已经公开出版或者发表，在编辑过程中，我们尽量遵从作品原貌，这也是对在学术田野上辛勤劳作近五十年的钱先生的尊重。由于编辑学养等方面的原因，文集难免有文字讹错之处，敬请方家批评指出，以便今后修订重印时改正。

安徽师范大学出版社

二〇二二年十月

总　序

一

　　第一次见到钱老师，是在我大学二年级的人生哲理课上。老师说，从这一年开始，他将在他的教学班推选一名课代表。这个想法说出来之后，几乎所有的学生都把头低了下去，教室里鸦雀无声。我偷偷地抬起头来，看到大家这样的状态，心里有些窃喜，因为我真的很想当这个课代表，只是不好意思一开始就主动说出来，于是我小声地跟坐在身边的班长说："我想当课代表。"没想到班长仿佛抓到了救命稻草一样，迅速站起来，指着我大声地说："他想当课代表！"课间休息时，我找到老师，一股脑儿把自己内心长期以来积累的思想上的小障碍"倾倒"给老师，期望他一下子能帮助我解决所有的问题，而这正是我主动要当课代表的初衷。老师和蔼地说："你的问题确实不少，可这不是一下子能解决的。这样吧，我有一个资料室，课后你跟我一起过去看看，我给你一项特权，每次可以从资料室借两本书带回去看，看完后再来换。你一边看书，我们一边交流，渐渐地你的这些问题就会解决了。"从此，我跟着老师的脚步，一步一步地走进了思想政治教育的领域，毕业后幸运地留在了老师的身边，成为思想政治教育战线上的一员。

　　转眼之间，我已经工作了三十年，从一个充满活力的青年小伙变成了一个头发灰白的小老头，本可以继续享用老师的恩泽，在思想政治教育领域徜徉，不料老师却在一次外出讲学时罹患脑梗，聆听老师充满激情的教诲的机会戛然而止，我们这些弟子义不容辞地承担起老师手头正在整理文稿的工作。

老师说："你把序言写一下吧，就你写合适。"我看着老师鼓励的眼神，掂量着自己的分量，尤其想到多年来，在思想政治教育领域学习、实践、深造，每一步都得益于老师的指点和影响，尽管我自己觉得，像文集这样的巨著，我来作序是不合适的，但从一个弟子的视角来表达对老师的尊重和挚爱，归纳自己对老师学术贡献的理解，不也有特殊的价值吗？更何况，这些年，我也确实见证了老师在学术领域走出的坚实步伐，留下的清晰印迹。于是，我坚定地点点头说："好，老师，我试一试。"

二

老师生于1945年的巢湖农村，"文革"前考入当时的合肥师范学院，毕业后在安徽师范大学工作。老师开始时从事行政管理工作，先后做过辅导员、团总支书记。1982年，学校在校党委宣传部下设立了思想政治教育教研室，老师是这个教研室最早的成员之一。后来随着教研室的调整升级，老师担任德育教研部主任。从原来的科级单位建制，3个成员，到处级建制的德育教研部，成员最多时达到13人，在老师的带领下，德育教研部成为一个和谐、快乐的战斗集体，为全校学生教授"大学生思想道德修养""人生哲理""法律基础""教师伦理学"四门公共课。老师一直是全省高校《大学生思想道德修养》教材的主编，在教师伦理学领域同样颇有建树，是当时安徽省伦理学学会第五届、第六届副会长。

受当时大环境的影响，老师从事科研工作是比较晚的，但是因为深知思想政治教育教学的不易，所以老师要求每一位来到德育教研部的新教师"首先要站稳讲台"。我清晰地记得，当我去德育教研部向老师报到的时候，老师就很和蔼地告诉我，为了讲好课，我得先到中文系去做辅导员。

我当时并不理解，自己是来当教师的，为什么要去做辅导员工作呢？老师说："如果你想讲好思想政治理论课，就必须去一线做一次辅导员，因为只有这样才能深入了解和认识教育对象。"老师亲自将我送回我毕业的中文系，中文系时任副书记胡亏生老师安排我担任93级汉语言文学专业60名学生的辅导员。正是因为有了这样的经历，我从此与学生结下了不解之缘，这不仅涵养了我的师生情怀，还培育了我的师德和师魂。

用老师自己的话说，他是逐步意识到科研对于教学的价值的。我最初看到的老师的作品是1991年发表在《道德与文明》第1期上的《"私"辨——兼谈"自私"不是人的本性》这篇文章。后来读到的早期作品印象比较深刻的是老师主编的《德育主体论》和独著的《学会自尊》，现在都通过整理收录在文集中。和所有的学者一样，老师从事科研也是慢慢起步的，后来的不断拓展和丰富都源于多年的教学实践。教学实践中遇到的问题逐步启发了老师的问题意识，从而铸就了他"崇尚'问题教学'和'问题研究'的心志和信仰"。与一般学者不同的是，老师从事科研后就没有停下过脚步，做科研不是为了职称评审而敷衍了事，而是为了把工作做得更好，不断深入和拓展研究的领域，直至不得不停下手中的笔。老师的收官之作是发表在国内一流期刊《思想理论教育导刊》2019年第2期上的《"以学生为本"还是"以育人为本"——澄明新时代高校思想政治教育的学理基础》这篇文章。前后两百多篇著述，为了学生，围绕学生，也诠释了老师潜心科研的心路历程。因为他发现，"能够令学子信服和接受的道德知识和理论其实多不在书本结论，而在科学的方法论，引导学子学会科学认识和把握道德现象世界的真实问题，才是伦理学教学和道德教育的真谛所在。"也正是这个发现，成为老师一生勤耕的动力，坚实的脚步完美注解了"全国百名优秀德育工作者"的荣誉称号。

三

一个人在学术领域站住脚并产生一定的学术影响力，大约需要多长时间，没有人专门地研究过。但就我的老师而言，我却是真切地感受到老师在学术之路跋涉的艰辛。如今将所有的科研成果集结整理出版十卷本，三百多万字，内容主要涉及伦理学和思想政治教育两个领域，主要包括伦理学、思想政治理论、思想政治理论教育教学、辅导员工作四个方面，如此丰厚的著述令人钦佩！其中艰辛探索所积累的经验值得我们认真地总结和借鉴。总起来说，有两个研究的路向是我们可以从老师的研究历程中梳理出来的。

一是以教学中遇到的现实问题为导向，深入思考，认真研究，逐个解决。

对于一个初学者来说，科研之路从哪里开始呢？"我们不知道该写什么"这样的问题几乎所有的初学者都曾遇到过。从遇到的现实问题入手，这是我的老师首先选择的路。

从老师公开发表的论文中，我们可以清晰地看到老师在教学过程中不断思考的足迹。就老师长期教授的"大学生思想道德修养"课程来说，主要内容包括适应教育、理想教育、爱国主义教育、人生观教育、价值观教育和道德观教育六个部分。从老师公开发表的论文看，可以比较清晰地看出老师在教学过程中的相应思考。老师在1997年《中国高教研究》第1期发表《大学新生适应教育研究》一文，从大学生到校后遇到的生活、学习、交往、心理四个方面的问题入手，提出针对性的对策，回应教学中面对的大学新生适应教育问题。针对大学生的理想教育，老师在1998年《安徽师大学报》（哲学社会科学版）第1期发表《社会主义初级阶段要重视共同理想教育》一文，直接回应高校对大学生开展理想教育应注意的核心问题。爱国主义教育如何开展？老师早在1994年就在《安徽师大学报》（哲学社会科学版）第4期发表《陶行知的爱国思想述论》一文，通过讨论陶行知先生的爱国思想为课堂教学中的爱国主义教育提供参考。而关于道德教育，老师的思考不仅深入而且全面，这也是老师能够在国内伦理学界占有一席之地的基础。对学生进行道德教育是"大学生思想道德修养"这门课程的主要内容之一，也是伦理学的主要话题。教材用宏大叙事的方式，简约而宏阔地将中华民族几千年的道德样态描述出来，从理论的角度对道德的原则和要求进行了粗略的论述，而这些与大学生的现实需要有较大距离。为了把课讲好，老师就结合实际经验，逐步进行理论思考。从1987年开始，先后发表了《我国古代德智思想概观》（《上饶师专学报》社会科学版1987年第3期）、《略论坚持物质利益原则与提倡道德原则的统一》（《淮北煤师院学报》社会科学版1987年第3期）、《"私"辨——兼谈"自私"不是人的本性》（《道德与文明》1991年第1期）、《中国早期的公私观念》（《甘肃社会科学》1996年第4期）、《论反对个人主义》（《江淮论坛》1996年第6期）、《怎样看"中国集体主义"？——与陈桐生先生商榷》（《现代哲学》2000年第4期）、《关于坚持集体主义的几个基本理论认识问题》（《当代世界与社会主义》2004年第5期）。这七篇论文的发表，为老师讲好道德问题奠定了厚实的基础。正如老师在他的《"做学问"要有问题意识——兼谈高校辅导员的人生成长》（《高校辅导员学刊》2010年第1期）一文中所说的那样："带着问题意识，在认识问题中提升自己的思维品质，丰富自己的知识宝库，在解决问题中培育自己的实践智慧，提升自己的实践能力，是一切民族（社会）和人成长与成功的实际轨迹，也是人类不断走向文明进步的基本经验（包括人生经验）。"正是因为这种强烈的问题意识，成就了老师在伦理学和思想政治教育两个领域的地位，也给予所有学人一条宝贵经验——工作从哪里开始，科研就从哪里起步。

二是以生活中遇到的社会问题为导向，整体谋划，潜心研究，逐步展开。

管理学之父彼得·德鲁克说："人们都是根据自己设定的目标和要求成长起来的，知识工作者更是如此。"根据德鲁克的认识指向，目前高校的教师群体大致可以划分为三类：一类是主动设定人生奋斗目标的人，他们大多年纪轻轻就能在自己从事的学科领域崭露头角建树不凡；一类是在前进中逐步设定目标的人，他们虽然起步慢，但一直在跋涉，多见于大器晚成者；还有一类是基本没有什么目标，总是跟随大家一道前进的人。从人生奋斗的轨迹看，我的老师应该属于第二类人群。从他公开发表的科研成果的时间看，这一点毋庸置疑。从科研成果所涉及的研究领域看，这一点也是十分明显的。这种逐步设定人生目标的奋斗历程，对于普通大众来说具有可借鉴性，对于后学者而言更具有学习价值。

老师在逐步解决教学实际问题的过程中，渐渐地开始着迷于社会道德问题研究。20世纪末，我国正处于改革开放初期，东西方文明交融互鉴的过程中，在没有现成经验的条件下，难免会出现一些"失范"现象。当时的道德建设在社会主义市场经济建设的大背景下到底是处于"爬坡"还是"滑坡"的状态，处在象牙塔中的高校学子该如何面对社会道德变化的现实，诸如此类的问题，都成为老师在教学过程中主动思考的内容，并且逐步形成了自己独特的科研方向和领域。这一点，我们可以通过老师先后完成的三项国家社科基金项目来识读老师科研取得成功的清晰路径。

其一，中国道德国情研究。社会主义市场经济建设新时期如何进行道德建设？老师积极参与了当时的大讨论。他认为，我国当前道德生活中存在着不少问题，其原因是中华民族传统道德与"新"道德观念的融合与冲突同时存在，纠葛难辨。存在这些问题是社会转型时期的必然现象，是由道德的历史继承性特征及中国的国情决定的。《论我国当前道德建设面临的问题》（《北京大学学报》哲学社会科学版1997年第6期）一文明确提出：解决问题的根本途径是建设有中国特色的社会主义道德体系。《国民道德建设简论》（《安庆师院社会科学学报》1998年第4期）一文进一步提出：国民道德建设当前应着重抓好儿童和青少年的学业道德的养成教育，克服夸夸其谈之弊；抓紧职业道德建设，尤其是以"做官"为业的干部道德教育；抓紧伦理制度建设，建立道德准则的检查与监督制度。接着，《五种公私观与社会主义初级阶段的道德建设》（《安徽师范大学学报》人文社会科学版1999年第1期）一文提出：当前的道德建设应当把倡导先公后私、公私兼顾作为常抓不懈的中心任务。做了这些之后，老师还觉得不够，认为这条路径最终可能会导致"公说公有理，婆说婆有理"，并不能为当时的道德建设提供有益的参考。受毛泽东思想的深刻影响，他认为只有通过调查研究，实事求是，一切从实际出发，才能找到合适的道德建设的路径。于是，他在已经获得的研究成果的基础上，提出了中国道德国情研究的思路，并深刻指出，我们只有像党的领袖当年指导革命战争和在新时期指导社会主义现代化建设那样，从研究中国道德国情的实际出发，才能把握中国道德的整体状况，提出当代中国道德建设的基本方案。几乎就是从这里开始，老师的科研成果呈现出一个新特点，不再是以前那样一篇一篇地写，一个问题一个问题地提出和解决，而是以"问题束"的形式出现，就像老师日常告诉我们的那样，"一发就是一梭子"。这"第一梭子"，"发射"在世纪之交的 2000 年，老师一口气发表了《"道德中心主义"之我见——兼与易杰雄教授商榷》（《阜阳师范学院学报》社会科学版 2000 年第 1 期）、《道德国情论纲》（《安徽师范大学学报》人文社会科学版 2000 年第 1 期）、《中国传统道德的双重价值结构》（《安徽大学学报》哲学社会科学版 2000 年第 2 期）、《关于中国法治的几个认识问题》（《淮北煤师院学报》哲学社会科学版 2000 年第 2 期）、《中国传统道德的制度化特质及其意义》（《安徽农业大学学报》社会科学版 2000 年第 2 期）、《偏差究竟在哪里？——与夏业良先生商榷》（《淮南工业学院学报》社会科学版 2000 年第 3 期）、《"德治"平议》（《道德与文明》2000 年第 6 期）七篇科研论文。紧接着在后面的五年，老师又先后公开发表近 20 篇相关的研究论文，从不同角度讨论新时期道德建设问题。

其二，道德悖论现象研究。老师笔耕不辍，在享受这种乐趣的同时，也很快找到了第二个重要的"问题束"的线索——道德悖论。以《道德选择的价值判断与逻辑判断》《关于伦理道德与智慧》两篇文章为起点，老师正式开启了道德悖论现象的研究之路。有了第一次获批国家社科基金项目的经验，这一次，老师不再是一个人单干，而是带着一个团队一起干。他将身边的同仁和自己的研究生聚集起来，相互交流切磋，相互砥砺奋进，从道德悖论现象的基本理论、中国伦理思想史上的道德悖论问题、西方伦理思想史上的道德悖论问题、应用伦理学视野内的道德悖论问题四个方向或层面展开，各个成员争相努力，研究成果陆续问世，一度出现"井喷"态势。到项目结项时，围绕道德悖论现象，团队成员公开发表论文四十多篇，现在部分被收录在文集第四卷中。

这一次，老师也不再是"摸着石头过河"，而是直面问题："悖论是一种特殊的矛盾，道德悖论是悖论的一个特殊领域。所谓道德悖论，就是这样的一种自相矛盾，它反映的是一个道德行为选择和道德价值实现的结果同时出现善与恶两种截然不同的特殊情况。"他明确地指出，自古以来，中国人对道德悖论普遍存在的事实及道德进步其实是社会和人走出道德悖论的结果这一客观规律，缺乏理性自觉，没有形成关于道德悖论的普遍意识和认知系统，伦理思维和道德建设的话语系统中缺乏道德悖论的概念，社会至今没有建立起分析和排解道德悖论的机制。因此，研究和阐明道德悖论的一些基本问题，对于认清当代中国社会道德失范的真实状况，促进社会和个人的道德建设，是很有必要的。老师自信满满地说："道德悖论问题的提出及其研究的兴起，是当代中国社会改革与发展的实践对伦理思维发出的深层呼唤……是立足于真实的'生活世界'的发现，表达了当代中国知识分子运用唯物史观审思国家和民族振兴之途所遇挑战和机遇的伦理情怀。"

从道德悖论问题的提出到现在编纂集结，已经过去十几个年头，道德悖论现象研究这一引人入胜的当代学术话题，到底研究到了什么程度呢？老师不无遗憾地说，至今还处在"提出问题"的阶段。不仅一些重要的问题只是浅尝辄止，而且还有不少处女地尚未开发。但是，老师依然充满信心，因为正如爱因斯坦所说，提出一个问题往往比解决一个问题更重要，解决一个问题也许是一个数学上的或实验上的技能而已，而提出新的问题，从新的角度去看旧的问题，却需要创造性的想象力，它标志着科学的真正进步。因此，要真正解决它，尚需有志的后学者们积极跟进，坚持不懈，不断拓展和深入。

其三，道德领域突出问题及应对研究。通过主持道德国情研究和道德悖论研究两个国家社科基金项目，老师不仅获得了丰富的科研经验，而且积累了更为厚实的学术基础。深厚的学养没有使老师感到轻松，相反，更增加了他的使命感。道德领域以及其他不同领域突出存在的道德问题，都成为老师关注的焦点。于是，通过深入的思考和打磨，"道德领域突出问题及应对"研究应运而生，并于2013年获得国家社科基金重点项目的立项。

与道德悖论问题的研究不同，"道德领域突出问题及应对"研究不仅涉及道德领域的突出问题，而且关涉不同领域存在的道德问题，所涉及的面远比道德悖论问题面广量多，单靠老师一个人来研究，显然是不能完成的。从某种程度上来说，老师是用自己敏锐的洞察力探得了一个"富矿"，并号召和带领一群有识之士来共同完成这个"富矿"的开采。因此，老师把主要精力用在了理论剖析上，先后发表了《道德领域及其突出问题的学理分析》（《成都理工大学学报》社会科学版2014年第2期）、《道德领域突出问题应对与道德哲学研究的实践转向》（《安徽师范大学学报》人文社会科学版2014年第1期）、《"基础"课应对当前道德领域突出问题的若干思考》（《思想理论教育导刊》2014年第4期）、《应对当前道德领域突出问题的唯物史观研究》（《桂海论丛》2015年第1期）四篇论文。在上述论文中，老师深刻指出：道德领域之所以会出现突出问题，首先是社会上层建筑包括观念的上层建筑还不能适应变革着的经济关系，难以在社会管理的层面为道德领域的优化和进步提供中枢环节意义的支撑；其次，在社会变革期间，新旧道德观念的矛盾和冲突使得社会道德心理变得极为复杂，在道德评价和舆论环境领域出现令人困惑的"说不清道不明"的复杂情况。正因为如此，社会道德要求和道德活动因为整个上层建筑建设的滞后而处于缺失甚至缺位的状态。老师认为，当前我国道德领域存在的突出问题大体上可以梳理为：道德调节领域，存在以诚信缺失为主要表征的行为失范的突出问题；道德建设领域，存在状态疲软和功能弱化的突出问题；道德认知领域，存在信念淡化和信心缺失的突出问题；道德理论研究领域，存在脱离中国道德国情与道德实践的突出问题。对此必须高度重视，采取视而不见或避重就轻的态度是错误的，采用"次要"或"支流"的套语加以搪塞的方法也是不可取的。

事实上，老师对存在突出问题的四类道德领域的划分，也是对整个研究项目的整体设计和谋划。相关方面的研究则由老师指导，弟子和课题组其他成员共同努力，从不同侧面对不同领域应对道德突出问题深入地加以研究。相关的理论和成果都被整理收录在文集中，展示了道德领域突出问题及应对研究对于道德建设、道德教育、道德智慧等方面的潜在贡献。

四

回过头来看，从道德国情到道德悖论，再到道德领域的突出问题及应对，三项国家社科基金项目的确立和结项，不仅彰显了老师厚实的科研功底，更是全面地呈现出老师作为一名教育工作者所具有的深厚学养。如果我们把老师所有的教科研项目比作群山，那么，三项国家社科基金项目则是群山中的三座高山，道德领域突出问题及应对研究无疑是群山中的最高峰。如此恢弘的科研成果，如此丰富的科研经验，对于后学者来说，值得认真学习和借鉴。

从选题的方向看，要有准确的立足点并坚持如一。老师一直关注现实的社会道德问题，即使是偶尔涉及一些其他方面的问题，也都是从道德建设、道德教育或道德智慧的视角来审视它们。这一稳定的立足点，既给自己的研究奠定了基础，也为研究的拓展指明了方向。老师确立了道德研究的方向，就仿佛有了自己从事科研的"定海神针"，从此坚持不懈，即使是退休也没有停下来。因为方向在前，便风雨兼程，终成巨著。正如荀子曰："蚓无爪牙之利，筋骨之强，上食埃土，下饮黄泉，用心一也。"

从选题的方法看，从基础工作开始再逐步拓展，做好整体谋划。如果说道德国情研究是对当时国家道德状况的整体了解，那么，道德悖论研究则是抓住一个点，通过"解剖麻雀"的方式来认识道德的现状并提出应对策略。而"道德领域突出问题及应对"研究，则是从道德悖论的一点拓展到道德领域所有突出的问题。这种从面到点再到面的研究路径，清晰地呈现出老师在研究之初的精心策划、顶层设计。这种整体设计的方略对于科研选题具有很高的借鉴价值：不是"打洞"式地寻找目标，而是通过对某一个领域进行整体把握——道德国情研究不仅帮助老师了解了当时的社会道德样态，也为他后面的选择指明了方向；然后再找到突破口——道德悖论研究从道德领域的一个看似不起眼却与每个人都十分熟悉的生活体验人手，通过认真细致的分析、深入肌理的讨论，极好地训练了团队成员科研的功力；再进行深入的拓展式研究——"道德领域突出问题及应对"研究，从整体谋划顶层设计的高度探得道德领域研究的富矿，在培养团队成员、襄助后学方面，呈现出极好的训练方式。这种做法对于一个初学者来说值得借鉴，对于一个正在科研路上的人来说也值得参考。

或许是因为自己如今也已经年过半百，我时常回忆起大二时与老师相识的场景，觉得人生的相识可能就是某种缘分使然。如果当初没有老师的引领，我现在大概在某所农村中学从事语文教学工作，无论如何也不可能成为一名高校思想政治教育工作者。而每一次回望，我都会看到老师的身影，常常有"仰之弥高，钻之弥坚，瞻之在前，忽焉在后"之感。越是努力追赶，越是觉得自己心力不济，唯有孜孜不辍，永不停步，可能才会成就一二，诚惶诚恐地站在老师所确立的群峰之旁，栽下几株嫩绿，留下一片阴凉。

万语千言，言不尽意，衷心祝福我的老师。

是为序。

路丙辉

二〇二二年八月于芜湖

目　录

第二编　教育伦理研究

高校师德师风教育

附　录

第三编　伦理应用散论

第一编　法伦理研究

中国法伦理问题概论[*]

*本部分曾由中国教育文化出版社 2005 年出版,原名为《中国法伦理学概论》。

第一章 道德与伦理学的基本问题

人类社会自从进入20世纪以来，随着生产社会化程度的不断提高和自然科学技术的研究及运用发生日新月异的变化，人文社会科学的发展与进步也出现了前所未有的繁荣景象。这种繁荣景象，不仅表现在传统学科的内涵不断得到改造和充实，变得丰富起来，而且表现在不同学科之间不断发生汇合和相融的现象，由此而不断涌现出一些新兴的"交叉学科"和"边缘学科"。这些应运而生的新兴学科，一般都反映了相关传统学科的前沿问题，具有独特的学科对象，提出独特的学科目标和任务，形成相对独立的学科范畴体系。它们的出现，对整个人文社会科学的繁荣和进步起到了极为重要的推动作用。法伦理学就属于这样的新兴学科。

法伦理学，既不完全属于法学，也不完全属于伦理学，它是传统法学和传统伦理学发生汇合和交叉的结晶。这门新兴学科的诞生，就根本的社会原因来说，是建设市场经济体制和建设法制国家的客观需要。

市场经济，不论是资本主义社会的还是社会主义社会的，都必须是法制经济，都要求有相应的法律制度与其相适应，给予规约和保障，最终建成法制国家和法制社会。由于道德是无处不在、无时不有的社会实践理性，在市场经济的历史条件下势必充满市场活动的全过程或相关的领域，所以，不论是在资本主义社会还是在社会主义社会，市场经济也都必须是道德经济，在需要法律调整的同时都必须实行道德调节。由此看来，在建设法制国家和社会的过程中，把法制建设与道德建设统一起来是市场经济的内在要求，也是法律和道德实现其现代价值的基本途径。正因如此，历史上，法伦理学的形成与发展，与市场经济体制的建立与发展，以及法制国家建设的历史进程，基本上是同步的。不同的是，由于法伦理学属于社会意识形态范畴，受经济制度和政治结构的根本性影响，所以，不同的社会制度有不同的法伦理学。中国是社会主义国家，中国的法伦理学应当是社会主义的法伦理学。

法伦理学和伦理法学的联系是不言而喻的，但两者并不是同一种意义上的学科概念。它们的区别主要体现在学科的对象上。法伦理学所研究的是法和法律及司法活动中的伦理道德问题，伦理法学所研究的是道德及活动中的法律问题。在学理上做这种区分是必要的。

因此，研究和阐述法伦理学，需要从一般伦理学的基本问题入门。

第一节　伦理学的对象、范围及方法

学科的对象是学科得以形成和发展的前提和逻辑基础，围绕对象叙述的范畴体系和话语系统是贯穿一门学科的主线和灵魂，一门学科正因其对象的特殊性而与其他学科区别开来。因此，认识和把握一门学科的首要问题是学科的对象。学科的范围和学科的对象不是同一个概念，两者的关系是整体和部分的关系，既有联系也有区别。认识和把握学科对象一般是从学科的范围开始的。这好比我们认识和了解一个人一样，一般都要从认识和把握这个人某个方面或某个部分开始，渐渐地达到从整体上认识和把握"这个人"的目标。在经由学科范围通达学科对象整体的认识过程中，往往会形成一些分支学科，促进原有学科的丰富和发展，这是科学研究中普遍存在的一种现象。

以上是我们在认识和把握伦理学这门学科的对象和范围的时候，首先应当注意的。

一、伦理学的对象

伦理学是一门以道德为对象，研究道德的发生和发展以及不断走向文明进步的规律的社会科学学科。

（一）伦理与道德

既然以道德为研究对象，为什么不叫道德学而要叫伦理学呢？回答这个问题就涉及如何理解伦理与道德这两个并不存在本质差别的概念。

在中国，"伦理"一词出自《礼记·乐记》："乐者，通伦理者也。是故知声而不知音者，禽兽是也；知音而不知乐，众庶是也。唯君子为能知乐，是故审声以知音，审音以知乐，审乐以知政，而治道备矣。"①不难看出，此时的"伦理"，是与政治和法律相关的典章制度中所谓的"政治伦理"和"法律伦理"，并不具有后来的"人伦关系"的意义。许慎在《说文解字》里是这样解释"伦理"的："伦，从人，辈也，明道也；理，从玉，治玉也。"在这里，伦即人伦，指人的血缘辈分关系；伦理，即调整人伦关系的条理、道理、原则，伦理也即"人的伦类间的道理"。在西方，早在古希腊后荷马时代就有"伦理"这个词，即"伊索思"，表示驻地或公共场所的意思。

道德一词，在中国，是由"道"与"德"两个词演变而来的。"道"，最初的含义是指外在于人的自然规律或自然本质，后来引申为人应当遵循的社会行动准则和规范。"德"，本义是指人得"道"，即对"道"发生认知和体验之后的"心得"，或曰"得道"之后的个人品质状态。从这里我们可以看出，在中国古代"德""得"曾是相通的，即如《礼记·乐记》说的"礼乐皆得谓之有德，德者，得也"，所谓作为个人道德品质的"道德"实则为"德（得）道"。

在中国伦理思想史上，第一个将"道"与"德（得）"联系起来，赋

---

① 朱熹注：《四书五经》（中册），北京：中国书店出版社1984年版，第205页。

予后来道德的意义的人是谁？有人说是老子，因为他有一本《道德经》。这种说法是需要讨论的。老子所说的"道"，主要是哲学本体论意义上的范畴，指的是"天之道"，是可生万物的世界本原，虽也有反映社会规律意义上的"人之道"的含义，但并不代表其主要意思。老子所说的"德"有无私、容人、谦让、守柔等，从形式上看与世俗社会中的个人道德品质无异。但须知，老子将这些"德"都归于自然的本性，他的"德（得）道"，不是"德（得）"社会之"道"即社会的行动准则和规范。在他看来，大自然是无私、容人、谦让、守柔的，人应当"法自然"，因此也应当是无私、容人、谦让和守柔的。由此可见，老子的"道德"，主要还是自然观或宇宙观意义上的。

第一个将"道"与"德"联系起来、创造出道德这一概念的人应是荀子。他认为，在一个社会里，如果人们能够知晓和遵循《诗》《书》《礼》，可"谓道德之极"[①]，即最好的道德。在这里，荀子不是在"天道"而是在"人道"的意义上讲道德的，他的"道德"都是社会的规律和法则。由上可见，在中国传统伦理思想中，伦理与道德在内涵上基本上是一致的，都是相对于一定的行动准则和规范而言的，彼此的主要区别在于伦理偏重人与人之间的关系，道德则偏重道德品质即个人的品质和德性。

伦理学为什么不被称为道德学，还与学科的命名方式有关。人类各种各样的学科命名大体上有两种方式。一种是以学科的对象直接命名，如数学、化学、物理学、生物学、心理学、教育学等。另一种则是以学科的文化蕴涵或领域命名，如哲学、逻辑学、文学、美学等。以道德为对象的伦理学，其命名方式属于后一种。

在中国，中国伦理学的学科命名发生在清代末年，出于一种偶然的原因。日本学者在翻译"Ethics"（道德、关于道德的学问）时，由于在日文中找不到与之相应的词来表达，便借用了汉语言文字中的"伦理"，把关于道德的学问翻译成"伦理学"。当时的我国留日学者归国后沿用了日本人的这种翻译的方法。清代末年资产阶级思想家严复在翻译赫胥黎的《进

①《荀子·劝学》。

化论与道德哲学》一书时，将其翻译为《进化论与伦理学》。从此，除了20世纪二三十年代有的学者如张苏巨等人曾用"道德哲学"外，一般都将关于道德的学问称为伦理学。可见，以道德为对象的伦理学，其学科命名问题虽然有趣却不重要。

（二）伦理学是一门古老的社会科学

在社会科学的大家族里，伦理学是最古老的学科之一。

道德作为伦理学的对象，发生于原始社会的早期。当人猿揖别自身演化成人类的时候便同时"演化"出区别于一般动物界的精神世界和精神生活方式，这一世界和生活方式包含道德。人类社会早期的道德，主要表现为原始共同体约定俗成的风俗习惯，一般与原始宗教禁忌的观念和活动方式浑然一体，并不具有多少后来以文字文化记述的社会意识形式和"社会规范的总和"之"道"的形式，但却是维系原始共同体的社会生活和人们相互关系的必备条件。进入小农经济为基础的专制社会后，经济关系的变革及阶级对立和对抗的产生，使得原始社会"约定俗成的风俗习惯"的道德呈现两个演变和发展方向：一是渐渐地与原始宗教禁忌脱离，以独立的精神世界和精神生活方式的形式存续下来并在此后的历史变迁中不断得到肯定和丰富，沉积在最广泛宽厚的庶民社会之中；二是同专制（奴隶制和封建制）政治和刑法联姻并相互包容与渗透，上升为国家的社会意识形式，并在社会规范的意义上具体化为"政治化的道德""法律（刑法）化的道德"或"道德化的政治""道德化的法律（刑法）"。人类对道德问题的伦理思考，大体上发生在这种演变和发展之后，即奴隶社会早期。

在西方，道德概念一开始就是作为与人的自然性等相对应的个人的"德性"提出来的。古希腊智者学派一反此前自然哲学的思考方法，把观察世界的视线从关注"自然"转向了关注"人本"，提出了"人是万物的尺度"的著名命题。普罗泰戈拉认为："人是世间万物的尺度，是一切存在的事物所以存在、一切非存在事物所以非存在的尺度。"[1]古典人文思想

---

[1] 转引自周辅成编：《西方伦理学名著选辑》上卷，北京：商务印书馆1964年版，第27页。

由此而兴起。在这种思考方式的变革中，"德性"被作为人的"优秀性"第一次被明确地提了出来，普罗泰戈拉说，"德性"就是"齐家治国之道，能在公共场合发挥自己的优秀性"。智者学派所提出的道德概念，有两点值得注意：第一，"人"是单个人，"优秀性"指的是个人品德；第二，"德性"不是"纯粹"的，包含个人的人格和实力，实则是个人的德性、智慧与能力的混合体。由于体现"优秀性"因不同的个体而异，缺乏共同本质和社会标准的说明，所以"优秀性"必然具有相对主义的特征，只有凭借诡辩术才能各自得到说明和维护。后来，柏拉图将智者学派的这种方法比作是一种"驯兽术"的"技术"，指出它会导致"强者正义论"，给民主制国家带来极大的危害。

在西方哲学思想史上被誉为划时代人物的苏格拉底，仍在个人品德的意义上阐发他对道德概念的理解，但他的方法与智者学派迥然不同。他指出，单个人的"优秀性"不具有普遍的意义，因此是不可信、不可靠的；思考人的德性应当看不同人的德性所具备的"形相"，因为众多个人的"德性"含有一种属于"是什么"的共同的"形相"："一切的德性，因此而成为德性的一种共有的形相。""形相"是内在的、本质的东西，反映这种"形相"的认识就是"知识"，由此他提出了"美德即知识"这个著名的道德命题。他认为，一个人再"优秀"，如果他不能把握"形相"，那也是"无知"；一个人欲追求善和幸福，就不能夸夸其谈自己的"优秀性"，而要时刻警惕自己的"无知"，反省"自知其无知"，以达到"无知之自觉"的境界。正因如此，后来，人们往往把刻在德尔斐神殿的一句箴言"认为你自己"，当作是苏格拉底说的话。

只有揭示和说明以不同形式存在的事物内在的普遍特性，才能给事物以特定的概念。在西方伦理思想史上，苏格拉底实际上是第一个赋予道德以特定概念的人。苏格拉底与中国古代的孔子一样，也是一个"述而不作"的人，他的"形相"思想经过柏拉图的整理和阐发，提出了影响整个西方伦理思想发展史和社会道德生活的"四主德"或"四元德"，这就是：智慧、勇敢、节制、正义。

在西方思想史上，亚里士多德是正式将道德作为特定对象并创建伦理学学科的第一人，写了三部有关伦理学的著作，其中最重要的是《尼各马科伦理学》。他继承了智者学派开创的人文传统和苏格拉底、柏拉图的方法，认为："伦理德性是由风俗习惯熏陶出来的，而不是自然本性"[①]，"道德是一种在行动中造成正确选择的习惯，并且，这种选择乃是一种合理的欲望。"[②]强调道德是一种与"合理的欲望"相关联的行为选择"习惯"。他所指称的"道德"仍然是个体意义上的道德品质。

（三）伦理学诞生的大体过程

人类社会早期的道德现象及人们由此生发的伦理思考，直至形成独特的伦理思想和伦理学说是历史与逻辑相统一的思维过程。

从历史看，伦理学作为社会意识形态的一个特殊部分，其诞生是人类社会发展到一定阶段的产物，而其最初的形态则多半为政治伦理和法律伦理思想。人之初，道德仅仅是作为国家统治和社会安宁的一种需要出现的，多为统治者的意志和经验性的规则，普通的人们对道德的认识、把握、运用和评价纯粹是"习惯成自然"意义上的。

古希腊人的伦理思维，是从维护城邦国家的客观需要开始的。城邦国家是由各种大小不一的具有血缘关系的氏族结合起来而形成的特殊的古代国家形态，因反对君主制的国家而形成，亦即马克思所说的"不仅个体从属于群体，而且群体也从属于个体"的原始共同体[③]。长期的共同体的生活，需要稳定和谐的伦理秩序，形成了共同的风俗、习惯和行为准则，这为伦理思维提供了现实的基础。为什么两部荷马史诗《伊利亚特》和《奥德赛》成为古希腊人《圣经》般的道德教科书，原因正在这里。

中国古人真正的伦理思维是从西周开始的，以政治伦理和法律伦理的问题为中心，基本标志是"明德慎罚"的提出。"明德慎罚"思想，最初

---

①［古希腊］亚里士多德：《尼各马科伦理学》，苗力田译，北京：中国社会科学出版社1990年版，第25页。

②周辅成编：《西方伦理学名著选辑》上卷，北京：商务印书馆1964年版，第331页。

③《马克思恩格斯全集》第41卷，北京：人民出版社1979年版，第474页。

是由周公姬旦提出来的。姬旦是周文王的儿子，周武王的弟弟，周成王的叔叔。他协助周武王灭商，后来因武王之子成王年幼而摄政。在摄政之初，他便总结了商纣王实行政刑一体残暴统治的历史教训，主张在实施刑罚的同时还应当倡导明了的道德精神。《史记·鲁周公世家》有这样的记载："自汤至于帝乙，无不率（遵循之义）祀明德，帝无不配天者。在今后嗣王纣诞淫厥佚，不顾天及民之从也。"意思是说：从商汤到帝乙，商代没有一个帝王不遵奉美德，也没有一个因失去天道而不能与天相配。但到了商的最后一个帝王纣，却荒淫骄佚，从不顾念顺从天命与民心。

不论是中国还是西方，伦理思想和伦理学说的诞生都与国家政治统治和社会整体安宁的客观实际密切相关，这使得伦理学在初始的意义上就成为一种特殊的社会意识形态。后来，随着经济的发展，社会生活的多元化和复杂化，道德从宫廷走到民间，变成了"庶民道德"，但是，从事伦理思维活动的一般还是学有专长的知识分子，他们以文字形式表达的思维成果成为庶民的道德教科书，通过道德教育和教化的途径，影响和塑造着庶民的道德人格，发挥着伦理思想和伦理学说特有的社会功能。

历史上，伦理思想和伦理学说的诞生，与一些杰出的文化人或知识分子的个人劳动是分不开的。湖北大学陈均教授在其主编的《经济伦理与社会变迁》中对这一逻辑过程做了这样的描绘："伦理行为的发生是从个体开始的，群体中出现了超群体的在个体身上展现的高尚行为。原点时代的初期，这一个体的代表主要是民族的首领、部落酋长。……个体的伦理行为逐渐转化成民众的道德良知，于是形成了富于人民性的伦理观念。一批文化人或杰出人物从理论上对伦理行为和伦理观念进行挖掘、整理、提炼、阐发，最终形成了独具特色的一家之言，即伦理学说。"①这是一个由个体的"伦理行为"到普遍的"伦理观念"，再到个体的"伦理学说"的过程，也是一个由实践到认识，再到理性升华的过程。这样的描述是合乎伦理思想和伦理学说诞生的实际过程的。实际上，这也是一切科学诞生及发展的普遍规律。任何一门科学，从其诞生和发展的社会历史条件看，都

---

① 陈均：《经济伦理与社会变迁》，武汉：武汉出版社1996年版，第19页。

离不开特定时代社会政治经济和文化等方面的现实基础，但其最终问世、丰富和发展，还有赖于杰出个体的辛勤劳动。

（四）中国传统伦理学说的结构模式、近现代发展情况及现状

中国传统伦理学说思想极为丰富，却没有形成独立的伦理学学科体系。

中国传统伦理学说的主体是以孔孟为代表的儒家伦理文化，在这种意义上，中国传统伦理学说与以孔孟为代表的儒家伦理文化是具有同一性质的涵义。孔孟学说的核心是"仁学"，最高的价值标准是"仁政"与"仁人"。"仁政"是政治伦理和法律伦理标准，"仁人"是道德人格标准。中国古人认为，能施"仁政"的统治者就是"明君""明臣""清官大老爷"，能做"仁人"的人就是"君子"。中国传统伦理学说的总体特征是注重"施政"和"做人"的实用，轻视思辨，主要的学术思想是围绕"用"和"做"展开的。

为什么中国传统伦理学说的思想非常丰富，却迟迟不能形成具有相对独立形式的伦理学学科体系呢？这与发生在春秋之际的"礼的革命"直接相关。

礼，萌芽于原始社会末期的祭祀，当时仅为宗教性的活动。在原始社会末期巫术流行的时候，人人祭神，处处有巫吏，但是"司天""司地"的祭祀活动却由专人控制和独占，与以前已经有了很大的不同。少数人对祭祀的控制和独占，便是礼的萌芽。萌芽状态的礼，只是祭礼，与后来富有政治和道德含义的礼存在明显的区别。

这种情况到了春秋时期发生了根本性的转变。《论语》记述的孔子关于礼的言论，已经主要不是"祭礼"，而是"制礼"，即国家的典章制度。孔子认为，礼制成型于夏，此后演变有"损"有"益"，"殷因于夏礼，所损益，可知也。周因于殷礼，所损益，可知也。"[1]就是说，礼在商殷时期，虽然主要仍为祭祀活动，但已开始有"制"，当时的"制"是有甲骨

---

[1]《论语·为政》。

文字记载的。经过夏商既"损"又"益"最终演变为人事。关于这一点，《礼记·表记》有记载："周人尊礼尚施，事鬼敬神而远之，近人而忠焉。"礼由"远"鬼神而"近"人，表明其已经发展成为人"治人""治世"的国家与社会的管理活动，成为奴隶社会国家统治与社会管理的典章制度。

说到礼，还有一点需要注意的是，与礼有关的还有一个仪。仪，是因礼而出的，是礼的具体化和程式化。据史料记载，周公姬旦总结了夏商特别是商灭亡的教训之后，制定了一系列的礼乐制度，当时有"礼仪三百，威仪三千"之说，这就是最初的较为系统的礼制。

孔子创建"仁学"伦理文化，促使仁与礼的合流、"仁政"与传统"礼政"的贯通，在历史上是一个十分值得注意的政治与文化的变革现象。礼在成制之初，只是奴隶社会的典章制度，内涵基本上是关于等级制度的政治准则和法律规范。孔子用其"仁学"改造礼制，使传统礼制具备了伦理道德的内容，变得丰富起来。这种变化可在文化学的意义上被视作充当封建社会与奴隶社会的分水岭。

"仁学"的核心思想是"爱人"①、"己所不欲，勿施于人"②、"己欲立而立人，己欲达而达人"③，这些讲的都是道德价值和道德标准。《论语》阐发"仁"的思想有一个十分独特的现象，就是时常将"仁"与"礼"放在一起讲。《论语》中说"仁"有109处，说"礼"有74处，首次明确将"仁"与"礼"联系起来的是《八佾》篇："人而不仁，如礼何？"④做人而不讲"仁"，怎样来对待礼仪制度呢？此后，有"克己复礼为仁。一日克己复礼，天下归仁矣"⑤，"为政以德，譬如北辰，居其所而众星共之"⑥，等等。这样的联系目的是非常明确的：以"仁学"来改造礼制，赋予"礼"以道德的内涵。所谓"仁政"与"仁人"的标准正是在

---

① 《论语·颜渊》。

② 《论语·卫灵公》。

③ 《论语·雍也》。

④ 《论语·八佾》。

⑤ 《论语·颜渊》。

⑥ 《论语·为政》。

这样的指导思想下提出来的。孔子毕生致力于他的仁学思想研究，所追求的正是希望封建统治者成为"仁人"，封建专制的"人治"成为"仁人之治""有德之治"。

孔子的这种治学精神和方法，在孟子那里得到了淋漓尽致的发挥。在这种意义上，可以说，没有以孔孟为代表的儒家"仁学"伦理文化，也就没有中国封建社会延续两千多年的"礼"及"礼治"，更没有中华民族大家庭的稳定、繁荣和灿烂悠久的传统文化。

综合起来看，"礼"是政治、道德、法律共有的最高范畴，"礼治"是"政治""德治""法治"（"刑治"）并举。在政治上，"礼"是维系封建专制统治的主导价值观念和控制中枢。《左传》有这样的说明："礼，经国家，定社稷，序民人，利后嗣者也。""礼所以守其国，行其政令，无失其民者也。"这些实则都是对"礼"的政治内涵所做的最典型而又简要的说明。在道德上，"礼"的含义首先表现在它本身具有"道德性"。在古人看来，礼本身就是判别是非善恶的根本标准和最概括、最崇高的道德价值形式，守礼应被歌功颂德，悖礼应被视为大逆不道。在具体内容上，各种各样的礼都有许多是关于道德的诠释和规定。《左传》的这段文字较能说明这个问题："君令臣共，父慈子孝，兄爱弟敬，夫和妻柔，姑慈妇听，礼也。君令而不违，臣共而不贰，父慈而教，子孝而箴，兄爱而友，弟敬而顺，夫和而义，妻柔而正，姑慈而从，妇听而婉，礼之善物也。"孔子所阐述的"礼"，在道德上有哪些含义呢？有孝顺、慈爱、中和、祭祀、勤俭、节制、礼貌、谦逊等意思。如樊迟问何谓"孝道"，孔子在礼上作答曰："生，事之以礼；死，葬之以礼，祭之以礼。"[1]鲁人林放问"礼之本"，即礼的根本何在。孔子曰："大哉问！礼，与其奢也，宁俭；丧，与其易也，宁戚。"[2]孔子到周公庙，每事必请教。有人讥讽孔子不懂礼，孔子对曰："是礼也（这正是礼呀）。"[3]关于礼的道德含义，孔子的这些思想

----

①《论语·为政》。

②《论语·八佾》。

③《论语·八佾》。

在此后的历史发展中渐渐地凸现了起来。关于"礼"的三个方面的内涵，《礼记》所论最为全面："道德仁义，非礼不成；教训正俗，非礼不备；分争辩讼，非礼不决；君臣、上下、父子、兄弟，非礼不定；宦学事师，非礼不亲；班朝治君、莅官行法，非礼威严不行；祷祠祭祀、供给鬼神，非礼不成不庄。是以君子恭敬、撙界、退让以明礼。"这应当是最有权威的解说。

由上可知，礼制是"政制""德制""法制（刑制）"相融的规范体系，礼治是"政治""德治""法治"（"刑治"）的统一。历史上，中国也是一个"依礼治国"——"政治""德治""法治"（"刑治"）并举的国家。

中国传统伦理学说具有极为丰富的伦理思想，却没有形成独立的伦理学体系，根本的原因就在这里。"仁学"的伦理思想被包容在"礼学"之中，与政治学、法学思想融为一体，由此而形成了中国传统伦理学说特有的结构模式。

进入20世纪后，到新中国成立前，中国伦理学说思想曾经出现过三大思潮，这就是自由主义的西化派思潮、现代新儒家思潮和马克思主义思潮。自由主义西化派的代表人物是胡适。他们对中国传统伦理文化的缺点和弊端有着切肤之痛的认识，认为中国只有彻底摈弃传统伦理，全盘引进和输入西方伦理，才能实现民族伦理的现代化。新儒家派的代表人物是梁漱溟、熊十力等。他们并不讳言中国传统伦理存在严重的缺陷，也不反对学习和吸收西方伦理文化的有益思想，但认为更重要的是要对传统的儒家伦理思想做出新的解释，以实现传统伦理向现代伦理的转型。马克思主义派的代表人物是李大钊、毛泽东等。他们的基本主张是对待中国的传统伦理文化和西方的伦理文化，都要采取批判继承和批判吸收的态度，在这种基础上，在马克思主义世界观和方法论的指导下建设中国现代化的伦理文化。

应当说，三大思潮的兴起都是当时中华民族的深刻危机的反映，尤其是对深刻的伦理道德危机的反映，它们关注的焦点都是中国的伦理文化建设向何处去？中国人应当过什么样的道德生活？当时，三大思潮都带有极为强烈的民族主义情绪，其出发点和追求的目标仍然是中华民族的利益、民族的生存和强盛。三大思潮都希望中国的伦理文化走出封建的黑暗阶段，走向现代化，建立现代化的中国伦理文化。

新中国成立后，在整个20世纪50年代，伦理学研究和道德提倡基本上为共产主义道德教育所替代。60年代初期，伦理学研究曾有过复兴，但只是昙花一现。此后十余年，伦理学一直被作为伪科学挤在了科学的殿堂之外。

伦理学的真正复兴是在中国共产党十一届三中全会成功举行之后。在这20多年中，伦理学的发展和进步令人瞩目、盛况空前。主要体现在：理论上，拨乱反正、正本清源，恢复了马克思主义伦理学研究和社会主义、共产主义道德的本来面目；中国伦理学学会（1982年6月，无锡）及各地伦理学学会、伦理学研究机构相继成立；伦理学专业期刊《道德与文明》问世（1982年，原名《伦理学与精神文明》，1985年改为现名）；伦理学走进了高等学校课堂，传播了马克思主义的伦理学知识和理论，形成和培养了一大批热爱和熟悉伦理学的专门人才；创办了一批伦理学的硕士点和博士点，等等。值得特别一提的还有，在党的建设和国家管理方面，伦理学界的著名专家学者参与了一些重要的决策，发挥了越来越重要的作用。

对中国伦理学的学科现状的看法，是一个仁者见仁、智者见智的问题。我们认为，总的情况是：有了大发展，但其目前实际所处的学科地位，实际所起的作用，与中国的社会主义现代化建设的实际需要很不相称、很不适应。如：伦理学的专业队伍人数少，而且不稳；专业期刊长期很少，一些综合性刊物过去所开辟的伦理学研究专栏，发稿并不正常。从学科建设的社会环境看，关心和支持伦理学建设的人并不多。

而从目前我国改革开放和社会主义现代化建设的实际情况看，道德生活领域的现象可以说是"爬坡"与"滑坡"的问题并存。这种现象表明，伦理学的理论研究和道德建设的实践是需要高度重视的，我们不仅要大力

加强法制建设，而且也要同时大力加强道德建设。

从发展趋势看，中国社会全面进步和人的全面发展，客观上要求加强伦理学的研究和普及。因此，如何立足于中国的历史与现实的国情、从国情出发来思考我们的伦理学研究和道德建设问题，势必会越来越被管理层人士和伦理学工作者所重视；中国的伦理学势必会加快步伐从自我封闭、独立发展的模式中走出来，与其他社会科学的学科发生更为广泛深刻的汇合和交融；经济伦理问题的研究和经济伦理学的建设、完善势必会越来越为人们所重视；伦理与法律的接轨及与此相关的"道德立法"问题，以及在法治的基础上建设"礼仪之邦"的问题势必会应当越来越受到重视。

二、伦理学的范围

以道德为对象的伦理学，涉及道德问题的范围很广。20世纪以来主要涉及如下一些研究领域。

（一）在善的范围内研究道德

这种方法和意见自古至今都有一些很有影响的声音。20世纪初蔡元培先生翻译的包尔生的《伦理学原理》（英国）、20年代张东荪撰写的《道德哲学》、80年代黄伟合等翻译的弗兰克纳的《善的求索——道德哲学导论》（美国），都是这方面的代表作。在善的范围内研究道德问题的学者，大多采用的是哲学的方法，把道德现象世界作为哲学的对象来看待，分析道德的本质特性及其来源。

（二）在道德规范的范围内研究道德

20世纪初，西方伦理学研究出现"元伦理学"和"规范伦理学"的分野，后者的范围便是道德规范。它是适应现代社会分工趋向细化、价值观念和社会生活多样化，特别是市场经济迅猛发展的产物。20世纪80年代在中国伦理学界出现的应用伦理学，其范围的主体部分基本上也是各种各样的道德规范，由此而涌现出"职业伦理学""司法伦理学""教育伦理学"等伦理学的分支学科。

（三）在道德关系的范围内研究道德

在规范的意义上，道德的功用在于调整人与人之间的利益关系，由此而使利益关系具有"思想"的性质，形成所谓的道德关系。真正把道德关系作为研究范围，重视道德关系研究，是20世纪以来的现象，是为适应人们社会公共生活范围的迅速扩大、社会交往频率急剧的增大而出现的学科现象。在其兴起和发展的过程中，一直与社会学、公共关系学、行为科学，以至于与社会心理学结伴而行，正是这种关系有的人戏称伦理学是一门"关系学"。

（四）在社会与个体的结合点的范围内研究道德

这种范围的研究内容通常涉及三个领域，即作为社会关系形式的道德、作为意识形式的道德、作为个体行为方式的道德。中国目前的教科书式伦理学体系所包容的内容基本上都在这个范围之内。

（五）在整个人类伦理行为的范围内研究道德

这是20世纪以来伦理学研究的一大学科景观。在这种范围内研究道德的人们普遍认为，伦理学应当以研究人与自然及人的生存和发展的问题为己任，"环境伦理学""生态伦理学""生命伦理学"等伦理学的分支学科的涌现，是这种研究活动的直接成果。

（六）在人生价值观的范围内研究道德

其研究方向集中在两个问题上，一是人生的真正目的或人生真谛，二是达到人生真正目的或人生真谛的正确道路和态度。20世纪20年代，在当时就发生了关于人生观的大论战，曾激发起一些学人在人生价值观上研究伦理道德问题的浓厚兴趣。在人生价值观范围内研究道德问题，所建立起来的学科体系一般都称其为"人生哲学"。80年代,为适应当时的人生价值观教育的需要,不少学人都曾涉及这一领域,撰写了"人生哲学"为题发表或出版了自己的研究成果。

(七)在个体品德的教育与养成,包括自我修身的范围内研究道德

在这一范围内游刃的学者一般都主张伦理学应当高度重视对个体道德品质的研究,因为他们认为伦理学的目的最终是要解决人们的"从善"与"避恶"的问题,帮助人们确立良好的道德品质。在这种范围内研究道德问题,在德育学的学科领域甚为通行,这方面的专家学者一般都是在个体道德品质的意义上看待伦理学的对象的。

我们应当如何评价上述这些不同的看法呢?首先,要看到他们各自的合理性。在历史上,就某一种道德现象和领域做深入的探讨,并相应建立起所谓的"元伦理学""规范伦理学""道德哲学"等分支性的伦理学科,对于丰富伦理学体系,促进伦理学的整体发展具有不可轻视的积极作用。其次,要看到,他们只看到了道德现象和领域的某一个方面,某一种现象,而没有把道德这类社会现象作为一个整体来看待。仅仅如此是远远不够的,因为,伦理学作为一门独立的社会科学,应当把整个道德现象和道德领域作为自己的研究对象。最后,要看到,造成这一历史现象的方法论原因:一是世界观不同,唯心主义和形而上学在起作用;二是对伦理学的任务的理解不同,因而研究的方法和侧重点不一样;三是对道德的含义的理解不同,有的比较宽泛一些,有的则很窄、很具体。

关于伦理学的研究范围,人们的视域还应当注意到道德以外的其他社会生活领域。因为,道德作为一类特殊的社会现象和人们的生活方式,广泛地渗透在社会生活的其他领域,其独立性是相对的。

三、伦理学的方法

方法之重要，人们一般都会有自己深切的感受和体验。方法之所以重要，是因为方法是智慧，是认识、把握和解决问题的能力。比如读书与"下笔"，有的人没读多少书却"下笔如有神"，有的人读书破万卷却"下笔难有神"，原因就在于读书的方法不同。毛泽东在革命战争时期，曾经发表过一篇著名的文论《关心群众生活，注意工作方法》，将方法比喻为过河之桥，渡河之舟，说的是领导方法对于成功的领导工作之重要。学习和把握某一门学科，研究和建设某一门学科，也同样存在一个方法问题。了解学科的方法，是把握学科对象、范围及思想理论体系的极为重要的途径。

（一）伦理学的一般方法

在一般的意义上，学习和研究伦理学有哲学的方法、历史分析的方法、阶级分析的方法、理论联系实际的方法。

一是哲学的方法。哲学是世界观和方法论，对各门学科的建设都具有世界观和方法论上的指导意义。我们在这里所说的哲学的方法，专指马克思主义哲学的方法。学习和研究伦理学，一定要以马克思主义的科学的世界观和方法论为指导，坚持用马克思主义的基本原理特别是关于经济基础与上层建筑的辩证关系的基本原理，观察、分析和说明纷繁复杂的道德世界，揭示道德发生、发展和不断走向进步的客观规律。在当代中国，伦理学研究的首要任务就是要建立与社会主义市场经济相适应、与社会主义法律规范相协调、与中华民族传统美德相承接的社会主义道德体系，引导人们过健康文明的精神生活。

二是历史分析的方法。社会是一种历史过程，社会的各种现象也是一个历史过程。道德作为一种特殊的社会现象，自然也是一个历史过程，而且还是一个源远流长、与人类社会共存的历史过程。道德的这一历史过程，既体现出连续性的特点，也体现出阶段性的特点。这一基本特征使得以道德为对象的伦理学也具有十分明显的历史性特点。今天的人们看待历史上的伦理思想，不论是中国的还是外国的，都应当有历史的眼光，既不能照搬照用古人的伦理学说来观察和说明今天的道德现象世界，规约今人的思想和行动，也不能用今人的伦理思维方式苛求古人，对历史上的伦理思想采取全盘否定的态度。正确的方法应当是学习和借鉴古代伦理思想中的有益成分，为今天的伦理学研究服务。一般说来，今天总是比历史进步，今人总是比古人高明，但今人不能因此而割断历史，藐视古人，重新另搞一套。

三是阶级分析的方法。阶级分析的方法，是与历史分析的方法相适应、相一致的方法，是对历史分析的方法的具体运用。它所强调的是要从历史发展阶段性的角度认识和把握道德。在人类历史上，当道德处在阶级社会的特定发展阶段时，带有明显的阶级性的特点，不同的阶级有不同的道德，因而也就有不同的伦理思想和伦理学说。恩格斯曾经说过："一切以往的道德论归根到底都是当时的社会经济状况的产物。而社会直到现在还是在阶级对立中运动的，所以道德始终是阶级的道德；它或者为统治阶级的统治和利益辩护，或者当被压迫阶级变得足够强大时，代表被压迫者对这个统治的反抗和他们的未来的利益。"[1]

那么，当人类社会进入消除了阶级对立和对抗的历史发展阶段以后，道德是否还存在阶级性呢？这是一个有待深入研究的问题。就道德的现实基础看，道德已经不是"阶级的道德"了，社会提倡的道德不存在阶级的差别。但是，就道德的传统看，以往阶级社会形成的道德的阶级性并没有随着社会的变迁而迅速改变其原有的性质，它还会以"旧的影响"渗透在社会生活的许多领域，影响着人们的道德和精神生活，干扰着新道德的提倡和普及。因此，当人类社会进入消除了阶级对立和对抗的发展阶段以后，简单地否定道德的阶级性的实际影响因而用"纯学术"的方法看待伦理学研究，是不可取的。

---

[1]《马克思恩格斯全集》第20卷，北京：人民出版社1971年版，第103页。

四是理论联系实际的方法。学习和研究各门专业知识和理论的目的，是为了运用专业知识和理论分析和解决实际问题。这是一个普遍的法则。恩格斯说："在社会历史领域内进行活动的，全是具有意识的、经过思虑或凭激情行动的、追求某种目的的人；任何事情的发生都不是没有自觉的意图，没有预期的目的的。"①这是人与一般动物的本质区别。正因为如此，在一切学习和研究活动中，都应当运用理论联系实际的方法。

理论联系实际的方法，不能被简单地理解为"知识+实例"或"举例说明"的方法。其要旨应当从两个方面来理解。一是强调伦理学研究要从实际出发，研究道德现象与其他社会现象之间的普遍联系，研究发展变化中的道德现象世界，从中概括和提炼伦理学的理论。二是强调要运用伦理学的理论观察、分析实际问题，揭示实际问题的内在特性和发展变化的规律，为解决实际问题提供方法上的指导，并在这一过程中丰富和发展理论。

（二）伦理学的特殊方法：民族分析的方法

在伦理学的方法系统中，我们应当更看重民族分析的方法。因为，对于伦理学来说，民族分析的方法更具有学科的方法特征。

其所以如此，概言之是因为道德存在着十分明显的民族差别。从世界范围看，不同的国家和民族之间的道德现象和道德价值观念，虽然有着许多共同的价值因素，但总的来看，或者说从本质上来看，总是存在着明显的差别的。比如爱国主义，世界上各国各民族都注重提倡和发扬，都要求人们把爱国情感与建设国家的爱国行动联系起来，但在这一点上不同国家和民族在具体理解和运用中是存在明显差别的。有的讲爱国强调的是"保家卫国"，有的则推行对外扩张，把侵占和掳掠别的民族当作是爱国的"壮举"。道德的民族性差别不仅存在于实行不同的社会制度的国家，而且存在于实行同一社会制度的国家。

不同国家的道德之所以存在明显的民族性的差别，是由道德存在和发

---

① 《马克思恩格斯选集》第4卷，北京：人民出版社1995年版，第247页。

展的规律决定的。道德作为一种特殊的社会规范形式，与他律性的社会规范不一样，它需要通过转化为人的自律形式，以人的精神需要和精神生活方式才能发挥其特殊的社会功能。这种转化意味着道德的生命在于以社会的形式转化为个人形式，并以个人的伦理思维习惯和行为习惯沉积和渗透在社会生活广阔海洋的每个角落。没有这种转化也就没有道德。

在这种转化过程中，道德的生命受到两大社会因素的影响。一是社会制度的变迁。道德作为特殊的社会意识形式，不同的社会制度有不同的道德，这就必然导致道德在不同形态的社会有着不同的转化结果。二是民族的固守。从世界范围看，一个国家的社会制度更替不迭是普遍的现象，而民族分解和散落的情况并不多见。民族的固守，意味着民族的思维方式不只是受到特定的经济结构和政治制度的根本性制约，而且受到民族特有的区域、气候等生存环境的深刻影响。这就使得道德从社会的他律形式转化为个体的自律形式的过程，实际上也是由特定的社会形式转化为民族特有的精神生活需要和精神生活方式的过程；在这一过程中道德必然渐渐地形成特有的民族品格、特有的民族传统。自古以来，世界上找不出一种可以脱离特有的民族品格和民族传统的道德，当我们说到道德的时候，实际上同时是在说哪个民族的道德。所谓"全人类因素"的"共同道德"，也只具有相对的意义，因为它一旦具体存在于一定的民族之中就必然会带有民族的特色。

正因为如此，道德在一个国家总是以民族的特性和品格而存在和发展的，本质上是一种民族精神。黑格尔在谈到民族的精神现象和精神生活时曾指出："民族的宗教、民族的政体、民族的伦理、民族的立法、民族的风俗，甚至民族的科学、艺术都具有民族精神的标记"[1]，魏特林说的"在这一个民族叫作善的事，在另一个民族叫作恶"[2]，是世界范围内十分普遍的现象。

用民族分析的方法学习和研究伦理学，我们就能充分地回答道德何以

---

[1] [德]黑格尔：《历史哲学》，潘高峰译，北京：九州出版社2011年版，第104—105页。

[2] [德]魏特林：《和谐与自由的保证》，孙明则译，北京：商务印书馆1979年版，第154页。

会存在着民族的差别，从而建立能够体现自己民族特性的伦理学学科体系。

在伦理学的方法体系中，民族分析的方法应当是贯穿在其他方法之中的最基本的方法。在伦理学研究中，我们当然不可离开哲学的方法、历史的方法、阶级的方法、理论联系实际的方法，但这些方法都应当具有民族的特点，都应当同时是民族的方法。就中国伦理学的伦理学学科建设来说，哲学的方法应当是中国化的马克思主义哲学方法，历史的方法应当是中华民族历史分析的方法，阶级分析的方法应当是中华民族现阶段的阶级与阶层分析的方法，理论联系实际的方法应当是联系中华民族历史与现实的方法。

第二节　道德及其社会作用

中国伦理学界至今尚没有关于道德内涵的一致性看法，没有真正公认的定义。关于道德的结构，现行的伦理学教科书和专著分析和阐述得也不够，不少学者对此还采取回避的态度。至于道德的特征，一般采用的叙述方式是将其与政治、法律、文艺、宗教等社会意识形态做比较，论及其内在的特性显得比较薄弱。这些，都是需要做进一步研究的重要领域。

一、道德的涵义

道德是由一定社会的经济关系决定的，依靠社会舆论、传统习惯和内心信念来评价和维系的，用以说明和调整人们相互之间以及个人与社会集体之间的利益关系的知识和行为规范体系以及由此而形成的个人品质的总和。

理解和把握道德的涵义需要运用正确的方法：

第一，要运用马克思主义历史唯物主义的方法，看到道德的根源是一定社会的经济关系。恩格斯说："人们自觉地或不自觉地，归根到底总是从他们阶级地位所依据的实际关系中——从他们进行生产和交换的经济关系中，获得自己的伦理观念。"①在这种意义上，道德是特殊的社会意识形式，经济关系发生变革，道德必然会因此而发生变化。中国实行改革开放以来，社会生活中出现了大量的"说不清，道不明"的问题，有的人将其归于"道德失范"或"道德滑坡"，有的人将其归于道德进步或"道德爬坡"。某小学一位学生在上学的路上拾得一只塑料袋，内有两张存折，合计近20万元，其中存折中5000元美金已经到期，凭其中的身份证即可提取。这位小学生在其母亲的引领下将失物送到派出所，同时希望失主能够送一面表扬她的锦旗。然而失主不肯，说："我不会送锦旗，而且一分钱也不会花。她拾到钱就应该还给我，如果她不还给我，就是违法，我可以告她。"这件事在报纸上刊出后，人们议论纷纷，有的觉得拾金不昧的人不该提出要失主表扬自己，从道德和法律上看，失主的话没有错；也有的觉得失主太不近人情，不像话，人家已经做到拾金不昧，为什么不能给点补偿呢？究竟孰是孰非，似乎说不清道不明。其实，这正是一些人在经济关系发生变革的过程中对拾金不昧传统美德所发表的不同看法，他们的道德观念正在适时地发生着变化。

因此，认识和评论当代中国社会的道德问题，需要将其放在改革开放的历史平台上来审视，不能离开经济关系发生着变革的现实基础简单做出肯定或否定的评价。

第二，要看到道德是知识体系与价值体系的统一。作为知识体系，道德属于真理观范畴，回答"道德是什么"的问题，充当着认识和评价社会与人生的尺子。作为价值体系，道德属于价值论范畴，回答"道德应当是什么"的问题，充当着指导和践履人生价值的指南针。道德正是这两个体系及由此而形成的人的品质的总和。这种总和体现了真理与价值的统一，社会要求与个人素质的统一。

因此，仅仅认为"道德是人类社会的一种特殊社会现象，它是人与人

①《马克思恩格斯选集》第3卷，北京：人民出版社1995年版，第434页。

之间、个人与集体、国家、社会之间的行为规范的总和"①、"社会意识形式之一，是人们共同生活及其行为的准则和规范"②，或"以善恶评价的方式调整人与人、个人与社会之间相互关系的标准、原则和规范的总和，也指那些与此相适应的行为、活动"③，都是不可取的。

第三，道德说明和调整的对象是人们相互之间以及个人与社会集体之间的利益关系。道德的基础是利益关系，因利益关系而存在，又在调整利益关系中实现其价值，并使自己不断得到发展和进步，离开利益关系讲道德是不合逻辑的，实际上背离了讲道德的必要性和价值旨归。

传统中国人的伦理思维，习惯于将正确说明和调整人们相互之间的利益关系的道德称为"私德"，个人与社会集体之间的利益关系的道德称为"公德"，如今人们一般都不这样用了。不过，作为道德的基础和对象的道德，利益关系一般就是以这两种形态出现的。

第四，道德说明和调节利益关系的方式是规劝性的，与政治和法律不同。规劝的基本方式是社会舆论、传统习惯和人的内心信念。由此看，一个社会要发挥其道德体系的应有作用，就得高度重视营造相应的社会舆论，维护优良的传统习惯的合理性，同时注重引导人们自觉地进行道德修养，培养人们对道德的真理性和价值标准的认同感和坚定信念。必须指出的是，不可因为道德的调整方式是规劝性的，就认为道德不具有强制性，是软弱无力、可有可无的。其实，规劝也是一种强制，不过是"精神强制"罢了。社会生活表明，即使是一些道德观念较为薄弱的人，在公众场合也会因为自己做了某种或某些不道德（"不光彩"）的事情，而觉得"不好意思""脸红了"，甚至感到"无地自容"，原因就在于道德在调整人们的行为和心态方面具有一种"精神强制"的作用。

---

① 《求是》杂志社政治理论部编：《中国国情大全》，北京：学苑出版社1990年版。

② 《汉语大词典》。

③ 《中国大百科全书》。

二、道德的结构

结构是事物存在的基本方式，分析和认识事物的结构是从整体和部分两个方面把握事物的一种基本方法，认识和把握道德不可不重视分析道德的结构。道德的结构，总的来说可以分成道德意识、道德活动、道德关系三个基本层次。

（一）道德意识

一般来说，道德意识是各种道德理想、观念、准则、标准、情感、意志、信念和道德知识理论的总称。从时间因素分析，道德意识既是现时代经济关系的产物，也是以往时代传统道德的沉积物。从空间因素分析，道德意识总体上可以分解为社会道德意识、个人道德意识两个基本层次。

社会道德意识，又可以分为两个基本层次，即社会的道德理论和道德原则与规范体系。

道德理论，除了伦理学的专门学科形态之外，尚以散见形态被包容在其他学科形态之中，如哲学、社会学、教育学、德育学、心理学及人生价值论等。在一定的社会里，道德的理论形态，重在揭示和阐明道德的本质、特征、社会作用、发生和发展规律等，传播一定的道德价值观念，为提出道德原则和规范体系提供方法论上的理论证明。当社会处于变革年代的时期，经济和政治的变革对道德的影响往往首先通过道德理论表现出来。

道德原则和规范体系，多为社会道德意识具体的价值形态和标准，一般被视为社会道德的"实体部分"，是直接用来指导和规约人们的行为、调控社会生活的，一般分为四个基本层次，即：公民道德规范、社会公德规范、职业道德规范和家庭道德规范。顾名思义，公民道德规范是调整公民个体与国家和民族整体之间的利益关系的价值标准，社会公德规范是调整社会公共生活场所人们相互之间及个人与场所之间的利益关系的价值标准，职业道德规范是调整职业部门从业人员相互之间及从业人员与职业部门之间的利益关系的价值标准，家庭道德规范是调整家庭成员之间特别是夫妻之间的利益关系的价值标准。在现代社会，家庭道德规范还包括恋爱的行为准则。四个基本层次的道德规范，除了公民道德规范以外，其他的都概括反映了人类社会生活的三大领域内的各种利益关系。

道德原则和规范体系，是道德理论的具体体现，充当着由道德理论到道德实践和道德行为的中间环节。没有道德理论做指导，道德原则和规范的提出和倡导就缺乏依据；没有道德原则和规范体系，道德理论就难以转变为人们的实际行动，在可能的意义上转变为道德的实际价值。

道德作为特殊的社会意识形态，主要是以社会道德意识的形式表现出来的。在一定社会里，它的性质和主体部分缘于当时代特定的经济关系，具有鲜明的时代特征。同时，道德的社会意识又具有稳定性和连续性，历史继承性也最为突出，人们所主张的继承和发扬优良的道德传统，通常正是在社会道德意识的意义上理解的。

个人的道德品质结构是由个人的道德意识及其道德行为构成的，前者是主观的部分，后者是主观见之于客观的部分。个人道德意识，可以分解为道德认识、道德情感、道德意志、道德理想四个层次。个人道德认识的构成，情况比较复杂。知识分子和文化人，往往首先包含通过正规的学校教育途径获得的道德理论知识，他们在"知书"中"达理"，多是道德上的一些知书达理者，道德认识的内涵比较丰富和科学。其他的人们，道德认识的构成，自然也离不开教育的途径，但多是通过家庭道德教育和社会道德影响获得的，道德认识的内涵往往多为关于道德规范和价值标准的接受和理解，既有传统的东西，也有现代的东西，比较简单，而且不甚科学，先进和落后的东西并存的情况比较多。就道德认识的提升和优化而言，这类人往往成为一定社会道德建设的重点。

道德认识是人们形成整个个人道德意识结构的前提和基础，一个人只有在认识上能够分清是非善恶，才有可能相应产生其他的个人道德意识。

道德情感，是指人们对现实道德关系和道德行为所持有的情绪和态度，它是主体对道德认识发生心理体验的产物。一个人有了一定的道德认识，不一定就能产生相应的道德情感，这个生发过程需要经过主体的内心体验。比如，一个人在公共汽车上看到小偷在作案，在道德认识上他或许会认为自己应当见义勇为，上前制止，但他没有这样做，原因就在于他没有相应的内心体验，他或者认为这事与己无关，或者认为如果见义勇为就可能会招致自己受伤害，这就是道德认识与道德情感之间存在的差距。在这一点上，道德建设的任务就在于创设各种情境，培育人们的道德情感，促使人们把道德认识转化为道德行动。在人的情感中，道德情感居于非常特殊的地位，只是具备一定的道德认识而没有生发相应的道德情感，这样的道德认识实际上是没有什么道德价值的。在个体道德意识结构中，道德情感是最为活跃的部分，没有道德情感，不仅不可能有相应的道德行为，也不可能由此出发进一步形成道德意志和道德理想。

道德意志是道德认识、道德情感以及道德行为长期交互作用的结晶。它是人的道德意识结构中最稳定的部分，一旦形成不会轻易改变，俗话说，"江山易改，本性难移"，这里的"本性"所说的其实就是道德意志。在人们的道德判断和行为选择过程中，道德意志表现为一种坚定态度和坚持精神。它可以分为积极与消极两种不同的形式。积极的道德意志表明人在道德上实现了社会化，道德上"成熟"了。一个人道德上"成熟"了，他就会时时、处处坚持按照社会道德标准行事。就个人而论，道德建设的最终目标是促使人们形成积极的道德意志。消极的道德意志，作为一种坚定态度和坚持精神，与人的人性发展完善和道德上的社会化是背道而驰的。道德意志消极的人，一般都存在较为严重的人格缺陷，在看待和处理自己与他人和社会集体的关系的问题上，往往不能遵循社会的道德标准，做出各种各样"缺德"的事情来。道德理想，又称理想人格。传统伦理学一般是在"典范道德"或"道德典范"的意义上阐释道德理想的，或者将其看成是对一定社会提倡的道德原则和规范体系的高度概括，或者将其看成是一定社会中某些典范人物的人格个性。其实，这样来阐释道德理想是需要商榷的。道德理想并不神秘，在一定社会里对于多数人来说也并不是高不可攀的。每个社会提倡的道德及其实际的道德状况，总是由先进性和广泛性两个部分构成的，道德理想属于先进性部分，是人们通过自己的修身努力可以达到的道德标准和人格类型。在个体的道德意志结构中，道德理想就是关于"希望自己在道德上成为什么样的人"的想法。确立科学、崇高的道德理想对于优化个人的道德意识是至关重要的，它为个人的道德进步提供了最为直接的奋斗目标和内在的精神动力，引导、鼓舞和鞭策人们提高道德认识、培育道德情感、坚持严格要求自己，做道德上的高尚者。

个人道德意识和社会道德意识之间存在着直接的联系。后者是为前者提供社会化的指导，前者是后者的个体化结晶。一个社会的道德意识，是社会道德意识和个体道德意识相辅相成、相得益彰的统一体。

（二）道德活动

道德活动，指的是人们围绕一定的社会道德理论、道德价值观念、道德原则和规范要求而进行的个体行为和群体行为。

从活动内容和目标看，道德活动有两种基本形式。一是狭义的，特指可以用善恶标准来评价的个人和群体的道德行为。二是广义的，指为培养一定的道德品质、形成一定的道德境界和社会道德风尚而进行的道德建设活动，包括道德教育、道德修养、道德评价等。

个人的道德行为是受个人的道德意识支配的。这有两种情况：一种是发生在自觉意识的基础之上，是出于完全自觉自愿的行为，在这种意义上可以说"有什么样的道德意识就会有什么样的道德行为"；另一种情况是发生在不自觉意识的基础之上，是"胁从"于他人行为的结果。这两种个人道德行为，前一种的道德价值自然要高于后一种的道德价值，因为道德价值实现的主观基础是人的自觉性。一个人道德行为的发生，首先需要进行善恶判断，并依此进行道德行为的选择，而在行为的过程中又要依据情况的变化做适当的调整，这些都依赖于个人道德意识所形成的自觉性。当然，没有以自觉的道德意识为基础的个人道德行为，由于具有善的倾向和价值，在道德评价上还是应当给予充分肯定的。

群体的道德行为也有两种不同的情况。一种是集体开展的道德活动，它的主要特点是具有组织性，由于有组织而有明确的行动目标、任务和方案，如有组织的支援灾区和助残活动等。另一种是自发性的，属于"无声命令""群起而动"，没有明确的行动方案，任务也不一定明确，但目标却是明确的，都是为了实现某种善，如某处失火了，人们不约而同、奋不顾身地去灭火。这两种情况相比较，自发性的更具有道德价值，因为它是以主体的自觉意识为基础的，所表明的是群体中的个人在道德意识上已经与社会所倡导的道德要求达到了某种默契程度。

由于个体的道德行为在许多情况下是在群体的道德行为中展现和完成的，所以优化个体的道德意识是有效开展群体道德活动的重要途径。而有组织的集体的道德活动，又有助于培养个人优良的道德意识、提升其道德品质，所以动员和要求个人参加集体组织的道德活动，是十分必要的。

道德教育、道德修养、道德评价等活动，是培育人的优良的道德品质、营造适宜的社会道德风尚的三个基本环节。一个社会要赢得适宜自己发展客观需要的道德环境和成员，就必须要有效地开展道德教育和道德评价活动，引导和鼓励人们加强道德上的自我教育。

道德教育和道德修养是两种重要的道德活动形式，前者是社会教育形式，后者是自我教育形式。道德教育指的是一定社会、阶级或集体，为了人们能够自觉地践行某种道德义务，具备合乎其需要的道德品质，有组织有计划地对人们施加一系列的道德影响的活动。道德修养，简言之，是指人们为提高自己的道德认识，培养自己的道德品质而进行的"自我锻炼"和"自我改造"。人的道德品质不是先天具有的，也不是后天自然形成的，它依赖于人在后天所接受的来自社会方面的道德教育和自我方面的锻炼、改造的道德修养。

道德评价是道德活动的特殊领域，指生活在一定社会环境中的人们，直接依据一定社会或阶级的道德标准，通过社会舆论和个人心理活动，对他人或自己的行为进行善恶判断、表明褒贬态度的活动。道德评价大体上有两种基本类型，一种是社会评价，另一种是自我评价。社会评价也有两种形式：一种是正式评价，通常是由国家和社会组织运用相关传媒进行的，从宽泛的意义上说得到社会许可而流行的一切精神产品都具有社会评价的意义，褒扬什么，批评和抵制什么，一般都比较明确，道德的发展和不断走向文明进步是离不开这种道德评价来维系的；另一种是非正式评价，是群众自发性的，有的甚至是"街谈巷议"式的，这类道德评价一般都没有稳定的善恶趋向，对社会道德的发展和进步既可能具有积极的作用，也可能具有消极的作用，在社会处于急剧变革的年代，由于社会的稳定和发展以及人们的心理客观上更需要道德的启蒙和支撑，群众自发性的、"街谈巷议"式的道德评价所表现出来的消极作用甚至可能还会更多一些。道德上的自我评价，是每个人经常采用的道德评价方式，但是并不是每个人能自觉地意识到这一点，自觉地运用社会的道德评价标准。道德教育和道德修养，从某种意义上来说就是要提高人们运用社会道德标准来进行自我评价的自觉性。

道德教育、道德修养和道德评价，三者最重要的是道德修养，它是人们形成一定道德品质的关键所在，因为社会的道德教育和评价能否起作用，关键是要看个体是否通过道德修养将教育和评价的信息转化成自己的内心信念。

（三）道德关系

道德关系是一定社会的人们依据一定的道德意识开展道德活动的实践产物。在人类社会的道德现象世界中，道德意识只是道德价值的可能，道德活动是道德价值的实践形式，道德关系才是道德价值的事实或实质内涵，道德意识和道德活动只有转化成相应的道德关系才真正实现了自己的价值。

道德关系属于"思想的社会关系"范畴，其客观基础是"物质的社会关系"。马克思曾将全部的社会关系划分为物质的社会关系和思想的社会关系两种基本类型。后来，列宁说思想的社会关系就是"不以人们的意志和意识为转移而形成的物质关系的上层建筑，是人们维持生存活动的形式（结果）"①。思想的社会关系受物质的社会关系的根本性制约，又对物质的社会关系具有重要的影响，影响物质的社会关系的实际状态和发展水平。道德是以广泛渗透的方式存在于社会生活的各个领域的，这使得道德关系成为思想的社会关系的最为普遍的形式，成为思想的社会关系的主要成分。正因为如此，追求和实现一定的道德关系的价值事实，是有史以来人类社会道德建设的根本宗旨和最终目标。

道德关系有两种基本形态，一是人际关系状态，二是社会道德风尚。

作为道德关系，人际关系广泛地存在于各种社会关系之中，如亲缘、学缘、业缘、地缘等。社会是在人们相处、交往和合作中形成的，其可视形态一般都是物质的社会关系，表现为人们实际交往和相处的行为，其中包含着丰富的道德关系内容。

社会的道德风尚，包含执政党的党风、政府部门的政风、职业部门的行风、学校中的校风和学风、公共生活领域里的民风，以及家庭中的家风等。这些"风"，实质都是思想的社会联系，并都以道德关系为构成要素。

社会的道德风尚，构成一定社会的道德生活环境，反映社会道德发展和进步的实际状态和水平。在道德风尚良好的环境里，人们的学习、工作和生活会心情愉悦，容易产生热情和积极性。在人际相处、交往和合作过程中，道德关系是人们按照一定的交往和相处的道德观念构成的，它对相处、交往和合作具有举足轻重的影响。如在公共生活领域，良好的人际关系可以让人们感受到生活的美好，产生热爱社会、人生的美好情感，产生良好的"人际效应"。在职业活动中，可视的物质的社会关系是所谓同事关系，道德关系则是同心同德关系，是否同心同德无疑包含在同事关系之中同时对同事关系发生至关重要的影响。同事，重要的不是"同"什么"事"，而是如何"同事"。

---

① 《列宁全集》第1卷，北京：人民出版社1959年版，第131页。

三、道德的社会作用

道德作为由一定的社会的经济关系决定的社会意识形态，对社会的经济活动乃至整个社会生活都具有巨大的反作用，这就是道德的社会作用。它主要表现在以下几个方面。

（一）认识与鉴别的作用

体现社会文明的道德理论、价值观念和原则与规范体系，对于社会和人来说首先都是以知识的形式存在的，它是智慧，可以使人明智。"知识就是力量"，首先表现为一种认识与鉴别的能力。苏格拉底认为，要培育一个人的美德，最重要的是要让他知道什么是道德，什么是善，因而提出"美德即知识"的著名命题。中国古人高度重视道德的认识与鉴别的作用，封建社会推行的"五常"道德中"智"既是有关善与恶的知识，也是有关善与恶的认识与鉴别能力，即智慧。体现社会文明水平的道德知识可以充当人们认识世界的工具，被人们用来认识和鉴别社会与人生、身边的人和事包括自身思想和心理状态的是非善恶，在面临道德问题和道德选择的时候，能够帮助人们进行正确的思考，做出正确的判断和抉择。

不论是在社会还是在个体的意义上，文明道德所提供的这种认识和鉴别能力都是很重要的。一个社会假如道德理论和价值观念混乱，道德原则和道德规范的要求不确定，甚至出现紊乱的情况，这个社会的人们就会感到无所适从，"道德失范"问题就会随之出现，甚至泛滥成灾。同理，一个人假如没有一定的关于道德文明知识的储备，那就成了一个是非不分、善恶难辨的"道德盲人"，不仅失去了参与和评论社会道德生活的资格和条件，给他人和社会的道德进步以积极的影响，而且自己也不能体会到道德和精神生活的乐趣，从根本上影响到自己的生活质量。

在当代中国，不少人感到社会上存在着大量的"说不清道不明"的道德问题，有的人因此而焦躁不安，有的人因此而采取回避的态度，从认识和鉴别能力看，这与他们没有真正掌握与当代中国社会发展相适应的道德理论、道德价值标准和原则规范体系是分不开的。他们在评判道德的时候缺少合适的"尺子"，或者心中没有一定的标准，或者仅用传统旧道德的标准，思想观念跟不上道德文明发展的时代步伐。

正因为道德文明具有认识和鉴别的社会作用，所以加强道德理论和道德原则规范体系的研究，并通过各种宣传途径传播和普及体现社会文明要求的道德理论、道德价值观念和原则规范体系，历来是每个社会的道德建设的一个重要方面的内容，也是每个社会道德建设一项重要的基本任务。

（二）教育与培养的作用

康德说："人只有靠教育才能成人。人完全是教育的结果。"[1]人类各种形式的教育活动都涉及道德教育。道德教育是促使人们自觉践履道德义务和责任，具备合乎其时代需要的道德品质，有组织有计划地对人们施加一系列影响的活动。因此道德文明具有教育和培养的社会作用。这应当从两个方面来理解，一是教育与培养的目标，二是教育与培养的内容。

道德教育与培养，指的是一定社会、阶级或集体，为了促使人类社会自从有教育与培养活动以来，道德上的教育与培养都是通过家庭、学校和社会影响的方式实施的。教育与培养的目标和内容，在家庭道德教育中虽然是不规则不规范的，每个家庭的父母都有一套教育和培养孩子的办法，表现出"龙教龙，凤教凤，老鼠教儿会打洞"的状况和特点，但大体上看都希望自己的孩子"学好"，做文明人，这是社会道德文明要求在家庭道德教育中的体现。学校的道德教育与培养，历来是在国家教育方针和政策的指导下实施的，目标一致、明确，内容统一、系统，有一套完整的管理制度和实施机制，而且一般都列入教育教学计划，设有专门的机构和队伍。社会道德教育的基本特点是，没有确定的目标，内容是"发散"式的。从人接受教育的心理规律看，社会的道德影响往往以消极落后的不文明的因素为多，对青少年的道德养成往往不利。

---

[1] 瞿菊农编译：《康德论教育》，北京：商务印书馆1926年版，第5页。

（三）控制和调节的作用

控制说的是自律，调节说的是他律。每个人或多或少都有自己的弱点或缺点，并都可能会以不良动机和态度及不文明的行为表现出来，对他人、社会集体和个人带来危害，但这样的情况并不多见，原因是人们能够用包括道德文明在内的社会文明标准对自己加以控制，实行自律。有副古对联说："百善孝为先，原心不原迹，原迹贫家无孝子。万恶淫为首，论迹不论心，论心世上少完人"。下联所说的"心"与"迹"之间之所以存在差距，就因为人对"淫心"有控制能力，不然的话真可谓"人欲横流"了。

在社会生活中，人们相互之间及个人与社会集体之间时常会发生矛盾甚至对抗，这样的矛盾或对抗一般最终都能"偃旗息鼓"，得到解决，原因就在于人们在面对矛盾或对抗的时候最终能够自觉运用道德文明的标准进行调节。如果没有体现道德文明的价值理念和标准，那么，人的任何不良动机都会转变为实际行动，社会不文明的现象就会随处可见，任何一种矛盾或对抗最终都会上法庭，其结果是不可思议的。

在实际的社会生活中，道德上述三个方面的作用总是以综合的方式表现出来的。因此，如何将发挥三个方面的作用兼顾和协调起来，是道德建设始终面对的一个重大课题。

第三节　道德存续和发展进步的内在逻辑

道德是以广泛渗透的方式而存在和发展的，它广泛地渗透在社会生活的各个领域、各种人群，无处不在、无时没有。

首先，社会调控的"调节器"系统中包含着道德规范或道德准则。一个社会要维护自己正常的生产和生活秩序，不断赢得繁荣和进步，就需要从多方面对人们的行为进行调控，建造一种"调节器"系统，道德规范或准则体系是这种"调节器"系统中的一个重要方面。这可以从三个方面来认识：

第一，道德规范体系与其他社会规范体系相并行而存在。就现代社会，就全社会而言，道德规范体系与法律规范体系、行政规范体系是同时存在的。

第二，道德规范体系与其他社会规范体系相衔接而存在。健全的法律制度下的法律规范体系与道德规范体系之间的逻辑关系应当是：法律是最低限度的道德，道德是最高水准的法律；道德上认为是善的，法律上就应当是受保护的。在国家行政运作系统中，行政规则应当以社会道义为逻辑基础，得到社会道德的说明和支撑。

第三，道德规范体系与其他社会规范系统相交叉或重叠而存在。这种情况古来有之。中国封建社会的政治和法律规范中总是包容着道德规范，道德在当时被"政治化""法律化"，出现所谓"政治化道德"和"法律化道德"。因此，道德调节的方式往往为政治和法律的调节方式所替代，这是十分普遍的现象。这种情况在现代社会的职业活动领域最为普遍，职业的纪律和操作规程中往往同时包含着职业道德规范，因此违背了职业道德往往同时也就违犯了职业纪律和操作规程，既会受到道德上的谴责，也要受到相关的职业管理方面的处罚。

其次，支配人们行为的价值观念系统包含着道德价值观念。人的行为与一般动物的行为的本质区别在于，人的行为总是表现为以一种追求的姿态出现，而追求又总是从某种价值需求出发、为了实现某种价值目标，价值的内涵又基本上是关于真和善。就是说，人对任何真和美的事物的追求总是或多或少地包含着对善的追求，因此人的行为动机和追求目标，总是包含着某种善或恶的价值倾向。"砍头不要紧，只要主义真。杀了夏明翰，还有后来人"，这首壮丽诗篇生动地表达了革命先烈在追求真理过程中对实现自己崇高人格价值的态度。在日常社会生活中，人们对"真"的价值追求中所包含的道德价值，通常以"动机"和"目的"的形式表现出来，如学习目的，工作目的等。

再次，社会生产的各种物质和精神产品中的价值包含着道德价值，各种产品进入消费和评价活动领域都表现出道德价值。物质产品是货真价实还是假冒伪劣，总是与生产经营者的道德素质是否合格联系在一起的。在这里，产品的档次和人品的品位存在着某种内在的一致性，消费者完全可以通过产品的质量顺乎自然地来评价生产经营者的职业道德水准。物质产品，不论是吃的还是用的，进入消费活动以后常常成为人们抒发某种道德观念、张扬某种道德情感的重要载体。如请客吃饭，多半不是为吃而吃，而是"醉翁之意不在酒"，是为了要达到某种善意或恶意的目的。即使是穿着打扮，许多人也是为维护自家的"面子"考虑的，为此才"替他人着想""让他人赏心悦目"，持这种心态的人在有文化素养的人们当中居多。

社会生产的精神产品与道德价值的联系更为密切。社会书市上发行的各种读物，各种传媒传送的文字或电子信息，各种文学艺术作品特别是影视作品，各级各类学校使用的教科书，如此等等，无不包含着一定的道德价值。人们对人文社会科学方面的精神产品包含道德价值，一般不难理解，但是对自然科学、工程技术等方面的精神产品包含道德价值这一问题的理解可能要困难一些。后一类精神产品所包含的道德价值，是一个"书中有道德"的问题，一般属于全人类道德价值范畴，如公平、公正、正义、宽容、理解、奉献精神等，它们是蕴涵在产品之中的，需要借助于抽象思维去把握。

精神产品进入消费活动领域，其道德价值对人的影响是显而易见的，健康的书籍报刊和电子产品等对人的道德影响总是引导人们向善，不健康的总是引导人们向恶。在这种影响中，最需要注意的是文学艺术作品和电子产品。文艺作品以"文以载道"的方式传播着各种道德价值观念，由于形式为人们所喜闻乐见，发生的影响很广泛。在传统社会，不用说，由于受到生产力发展水平和受学校教育条件不良等多方面的限制，人们所受到的道德教育，多半是来自文学艺术作品，一个民族的道德价值观乃至整个民族精神在很大成分上受到文艺作品的深刻影响。这种情况即使在现代社会也是不难发现的。电子产品，特别是现代社会的网络文化，对青少年一代的负面影响，已经引起全社会的深切关注。互联网作为高科技产品，本是传播先进文化和价值观念的重要渠道，但由于存在着受赢利心理驱动和管理不善等方面的原因，"垃圾"的东西容易介入，所包含的错误乃至腐朽没落的文化特别是道德文化的价值观念容易污染青少年的幼稚心灵，妨碍它们的健康成长。

最后，人的素质结构总是包含道德品质。人的素质结构，除了思维能力失常者，世上找不出一个与道德品质无关的人。不同的人的素质结构，只存在道德品质的优劣或合格不合格的差异，不存在有无道德品质的差别。然而，对这种普遍存在的规律性的现象，并不是所有的人都能自觉意识到的，有的人总是轻视甚至不承认人的素质结构必然包含着道德品质素质。过去，有所谓"学好数理化，走遍天下都不怕"的错误认识，在今天市场经济条件下，又有"搞经济活动，凭的是人的业务素质，不是人的道德品质"的论调，这些看法都否认了人的素质结构必然包含道德品质的客观事实。

在人的素质结构中，道德品质并不是孤立存在的，而是以渗透的方式存在于人的其他素质之中，对人的业务性行为过程发生深刻的影响。

通过以上简要分析我们大体上可以看出，道德是以广泛渗透的方式而存在的，所以道德作为一类特殊的社会现象，作为一种特殊的社会意识形式，只具有相对的独立性。这就表明，道德以外的一切社会生产和社会活动，乃至整个其他社会意识形态的价值的实现，都离不开道德的参与和支持。同时也告诉我们，看道德，不能用孤立、单一的视角，而必须放在特定的社会生活情境中来考察；社会进行道德教育和道德建设，不能就道德讲道德，而必须与其他问题结合起来。道德只有通过其他社会活动方式才能实现自己的价值。这是道德的特点和优势，也是其弱势所在。也正因如此，道德建设必须要与经济、政治、法制、文化建设紧密结合起来，实行以德治国必须要与依法治国紧密结合起来。

第二章　法伦理学的基本问题

一门学科的基本问题，包含它的对象、范围、方法及任务或社会职能，了解、把握和研究一门学科需要从它的基本问题入手。

虽然，人类对法律的道德思考和批判一直没有停止过，但是，法伦理学作为在法学与伦理学的结合点上发展起来的一门边缘交叉学科，还只是近现代以来的事情。19世纪中叶以后，工业社会和市场经济的发展对法律的确定性提出了更高的要求，实证主义哲学因此而兴起，职业法学家因此而不断涌现，强调用实证的方法对法进行"纯粹"客观科学的分析，排斥法律中的道德价值因素。第二次世界大战以后，对人类空前灾难的深刻反思和社会发展进步的客观要求，使得法与道德的关系问题及对法律进行道德批判的时代课题凸现出来，引起人们的高度关注，这为法伦理学形成特定的对象、范围、方法和任务从而赢得相对独立的学科发展空间创造了极为有利的社会历史条件。

第一节　法伦理学的对象

作为社会科学大家族中的一门新兴学科，法伦理学有着自己独特的研究对象和范围。法伦理学的对象，总的来说就是法制与道德的关系，具体来看涉及立法与道德、法律规范与道德规范、司法与道德、守法与道德四个领域的基本问题。

马克思说："在生动的思想世界的具体表现方面，例如，在法、国家、自然界、全部哲学方面……我们必须从对象的发展上细心研究对象本身，决不应该任意分割它们；事物本身的理性在这里应当作为一种自身矛盾的东西展开，并且在自身求得自己的统一。"①这一辩证的历史统一观，可被我们视作考察法与道德的关系的方法论原则。

一、立法与道德

立法与道德的关系，通俗地说也是立法与"立德"的关系。从根本上说，立法的宗旨和目的是为了"立德"，捍卫社会道德的基本正义。马克思说："立法者应该把自己看作一个自然科学家。他不是在制造法律，不是在发明法律，而仅仅是在表述法律，他把精神关系的内在法律表现在有意识的现行法律中。"②

在人类社会文明的历史演进过程中，最初的社会规范都是"应当如何"和"不应如何"的义务性规范，这就是道德规范，它强调的是行为主体应尽的义务和责任，漠视主体同时应当享受的权利，因此比权利性的规范具有一种优越性，这一特点一直延续到今天。但是，"应当"的义务性的道德规范在具体倡导和执行过程中所依赖的是良好的传统习惯、社会风尚环境和主体的自觉意识，这样，当社会的利益关系出现复杂的情况、人们为了维护自己的权利而发生争端和纠纷的时候，义务性的道德规范就不能解决问题了，这时，社会在客观上就需要有一种肯定权利同时确定与权利相对应的社会规范来解决问题，它的基本特征是强制性的，不是"应当"的而是"必须"的，于是法应运而生。

这一历史演变过程大体上是：在原始社会向奴隶制社会过渡时期，随

①《马克思恩格斯全集》第40卷，北京：人民出版社1982年版，第10页。
②《马克思恩格斯全集》第1卷，北京：人民出版社1956年版，第2页。

着私有制出现，社会出现了贫富的差别，阶级差别与对立和对抗伴之产生，原有的人伦和人与社会群体的道德关系发生了根本性的变化，原有的与宗教禁忌浑然一体的风俗习惯意义上的原始道德已经不能说明这种变化了的伦理与道德关系，需要用新的平等和正义观念来加以说明，并借助"国家"形式的强制力量来维护不平等的社会关系。

可见，法的现象是在道德现象之后出现的，它从一开始就承担着维护道德已经不能维护它原有的义务和正义精神的社会使命。人们正是为说明和维护新的伦理关系和推行新的道德价值标准而"立法"的，在这种意义上我们也可以说法不过是需要强制执行的新道德而已。

为什么在奴隶社会初级阶段，学者在阐发自己的法观念或伦理观念的时候，总是不能自觉地将两者做出后来意义上的区分，如亚里士多德的《尼各马科伦理学》其实也是法学，原因正在这里。在以后的历史发展中，那些专攻法学的思想家们虽然能够有意识地将法与伦理道德问题区别开来，但在具体阐述自己的学术思想时一般都不可避免地要论及伦理道德问题，有的还建立了自己的"法哲学"，专论"法的伦理学"问题。

在近现代史上，实证分析法学派极力主张道德与法律分离，强调法的独立形式，否定法与道德之间的必然联系，主张把法律正义与道德正义区分开来，建设"纯粹法学"和实行"纯粹立法"。著名的实证法学派代表人物奥斯丁指责所谓混淆法律与道德的倾向说："法律的存在是一回事，它的优点，是另一回事"①，排斥法律中的道德精神，认为"恶法亦法"。这种看法受到自然法学派的批评是理所当然的。

法是为道德正义和信念而设置，立法的宗旨其实是为"立德"，在任何立法活动中立法者其实都是站在国家的立场上进行道德宣示。这一立法理念和精神在我国古代一些著名的经典中都有反映，如《尚书·康诰》中就曾记载周公认为"殷罚有伦"。当代中国著名的青年法学家曹刚说："真正的法律必须体现和保障维系着社会存在的基本道德义务，这是它与生俱

---

① 转引自张文显：《20世纪西方法哲学思潮研究》，北京：法律出版社1996年版，第85页。

来的使命。"①美国学者汤姆·L.彼彻姆在分析道德与法律的关系时指出："法律常常以一定的道德信念为基础——这些道德信念指导法律学家制订法律——所以法律能够使道德上已经具有最大的社会重要性的东西形成条文和典章。"②美国法学家博登海默就说过："那些被视为是社会交往的基本而必要的道德正当原则，在所有的社会中都被赋予了具有强大力量的强制性质。这些道德原则的约束力的增强，当然是通过将它们转化为法律规则而实现的。禁止杀人、强奸、抢劫以及伤害人体，调整两性关系，制止在合意契约的缔结和履行过程中欺诈与失信等，都是将道德观念转化为法律规定的事例。"③正因如此，人们常说法律是道德的后盾和保障，现代社会重视推动"道德立法"的进程。《中华人民共和国民法通则》第七条规定，民事活动应当尊重社会公德，不得损害社会公共利益，就是以法律的确认形式为社会公共生活的基本道德规范提供的保障措施，这就是所谓的"道德立法"问题。当然，不能将"道德立法"作泛化理解，主张凡是道德调整的范围都要立法，因为这样做没有必要，而且这样做立法和司法的成本太大了。在这个问题上，片面夸大道德调整的力量，否认"道德立法"的必要性是不对的；反之，轻视道德调整的力量，片面夸大"道德立法"的必要性和"全面性"，也是不对的。

从实际需要看，我国今后的道德立法工作应当从以下几方面有所拓展和加强：在维护公德方面，要对见义勇为和见义不为特别是见死不救做出法律规定，使见义勇为者免除后顾之忧，使见义不为特别是见死不救者受到应有的惩罚。要有维护诸如广场、大桥、地铁等公共生活场所的良好秩序和公共卫生方面的法律规定，树立城市文明风貌。在职业道德建设方面，要加快公务员职业道德法制化建设，如制定关于忠于国家忠于职守，不出卖国家利益、不浪费国家资材、不泄露国家机密等的法律规定；关于

---

① 曹刚：《法律的道德批判》，南昌：江西人民出版社2001年版，第13页。

② [美]汤姆·L.彼彻姆：《哲学的伦理学——道德哲学引论》，雷克勤等译，北京：中国社会科学出版社1990年版，第17页。

③ [美]博登海默：《法理学：法律哲学与法律方法》，邓正来译，北京：中国政法大学出版社1998年版，第391页。

廉政建设，要有严禁以权谋私、送礼收礼，不准经商，限制兼职的法律规定，要有不准徇私枉法、营私舞弊、滥用职权、弄虚作假等法律规定。

二、法律规范与道德规范

人类进入阶级社会以来，法律和道德便是社会两大基本的规范体系。这两大规范相互补充、相互说明、相互支撑，共同维护社会正义，保障和推动社会不断走向文明与进步。

两者既有区别也有联系。区别首先表现在调整的范围不同，道德调整的范围是广泛的，法律调整的范围是有限的。道德的广泛渗透性的存续和发展进步的特殊方式，决定了道德规范包括人们通常所说的风俗习惯对社会生活的干预和发挥作用是无处不在，无时不有的，凡是有人群并发生利益关系的地方，都需要道德规范和风俗习惯的调整。而法律则不同，法律只关注那些有法条明文规定的范围，人们的权利只要不需要法律保护，行为只要不触犯法律，法律就不会干预。其次，表现在规范的形式不同。法律都是明文规定的，"有案可查"的，而且这些"明文"都是以国家的名义正式颁布的，具有代表国家说话的权威性，是调整人们行为的唯一准绳，并且其内涵既清楚又严格，一般人可以一目了然。而道德的规范形式往往具有不确定性，即使是明文规定了的道德规范也是这样，如《公民道德建设实施纲要》规定的我国公民应当遵循的共同道德规范中的"明礼诚信""勤俭自强""敬业奉献"等，其涵义就比较宽泛、模糊，不同的人往往会有不同的理解，并且在实际行为中会有不同的接受和表达方式。再次，调整的方式和手段不同。正因为法律是国家颁布的，所以其调整人们行为的方式是国家的力量，是强制性的，为此国家在法制建设上会投入相当的成本。道德的调整方式是社会舆论、传统习惯和人们的内心信念，是规劝式的，它的基础是人们的自觉。最后，从调整社会生活的实际功效看，道德调整具有广泛性、长久性、根本性等特点，法律调整具有权威性强、见效快等特点。

　　法律规范与道德规范的联系主要表现在：第一，都以一定社会的经济关系为物质基础，都是为特定时代的社会发展和文明进步服务的上层建筑和社会意识形态。正因如此，两大规范体系在价值趋向上是一致的。第二，就规范的属性看，法律规范和道德规范具有同质的性质，都是为扬善惩恶、导善驱恶而设置的。因此，道德上提倡的法律上一般就是确认的，道德上反对的法律上一般就是限制的。当然，由于法制建设和道德建设有着各自的特点，如道德建设往往是在历史传承的基础上进行的，带有浓厚的传统色彩，法制建设虽然离不开一定的历史基础但更多的是要"另起炉灶"，所以在具体实践中时常存在"时间差"的问题，致使两大规范体系也可能会存在一些不一致，甚至脱节的情况。这也是法制建设需要加强研究和加快发展进程的一个领域。第三，法律规范体系中多含有道德规范。在中国封建社会，几乎所有法典都贯彻了"三纲五常"（君为臣纲、父为子纲、夫为妻纲，仁、义、礼、智、信）的道德原则。在现代社会，这种情况在中外民法体系中反映得尤其充分，许多民法的法条本义是道德规范，只不过为了强化它的约束力而以法律的形式论是非善恶罢了。如关于诚实信用的道德要求，1863年的《撒克逊民法典》的第858条就明确规定："契约之履行，除依特约、法规外，应诚实信用"；1896年的《德国民法典》第242条规定："债务人须依诚实与信用，并照顾交易惯例，履行其给付"；《瑞士民法典》第二条规定：无论何人行使权利履行义务，均应依诚实信用原则而为之。再比如关于"善良风俗"的道德要求，也都被不少国家的民法确认。《德国民法典》第138条第1款规定："法律行为违反善良风俗的无效"，第826条规定："以背于善良风俗的方法故意加损害于他人者，应向他人负损害赔偿义务"；《法国民法典》第6条则进一步规定："个人不得以特别约定违反有关公共秩序和善良风俗的法律。"

　　近年来，我国道德立法已取得不少成就，如我国宪法明确提出精神文明建设的基本要求，宪法第24条规定"国家通过普及理想教育、道德教育、文化教育、纪律教育和法制教育，通过在城乡不同范围的群众中制定和执行各种守则、公约，加强社会主义精神文明的建设"，"提倡爱祖国、爱人民、爱劳动、爱科学、爱社会主义的公德"的规定，在第19至23条中，对科学、教育文化事业做出规定。在保障社会公德方面，有《中华人民共和国治安管理处罚条例》等。《中华人民共和国民法通则》第七条规定："民事活动应当尊重社会公德，不得损害社会公共利益，扰乱社会经济秩序。"依法维护家庭美德的法律有《中华人民共和国继承法》《中华人民共和国婚姻法》《中华人民共和国老年人权益保障法》《中华人民共和国未成年人保护法》。对职业道德作的具体规定，有《中华人民共和国统计法》《中华人民共和国会计法》《中华人民共和国法官法》《中华人民共和国律师法》《中华人民共和国教师法》等。

将有关的道德规范甚至"善良风俗"列入法律规范体系，不仅强化了道德广泛调整社会生活的力度，而且会使相关的法律规范体系具备了伦理文化的底蕴，变得厚实起来，丰富了法律体系的人文内涵。

我国古代法典中，法律规范体系包含道德规范从而使得法律规范同时又是道德规范的情况相当普遍。《唐律疏仪》的许多法条都与道德规范相关，或都包含有道德方面的内容。如卷十五关于财物公私分明有这样的规定："诸财物应入官私而不入，不应入官私而入者，坐赃论"。卷十八关于思想动机犯罪是这样规定的："诸有所憎恶，而造厌魅及造符书咒诅，欲以杀人者，各以谋杀论减二等。"意思是说，你如果憎恶谁，便装神弄鬼吓唬他，或者诅咒他，试图以此杀人，那就得以谋杀罪论处，只不过定罪时从轻处罚罢了。

三、司法与道德

司法与道德的关系，是司法活动与职业道德的关系，司法伦理学的这一对象所研究的是司法职业道德问题。

人类社会进入文明发展阶段以后，社会的道德规范体系一般是由四个基本层次构成的，即公民道德、社会公德、职业道德、婚姻家庭道德，它们依靠社会舆论、传统习惯和内心信念分别调整社会成员与国家民族整体之间的利益关系，社会公共生活场所与在此场所内活动的人们之间的利益关系，职业活动中人们相互之间及从业人员与职业部门之间的利益关系，家庭成员相互之间的利益关系。

由于职业活动是人类最基本也是最重要的社会实践活动，所以职业道德是每一个社会道德规范体系的主体部分。它本身也自成体系，并依据职业分工和活动内容的特点而分解为许多次级层次。司法职业道德就属于职业道德体系中的这种次级层次。

在司法活动中，司法职业道德或司法道德的要求是客观的。司法活动不仅仅是一个逻辑推理和判断的过程，也是一个道德判断和选择的过程，因此同其他职业活动一样司法活动必须有自己的"行规"，司法执法人员只有按照司法的"行规"办事，才能保证司法活动达到应有的质量和功效。同其他从业人员一样，司法执法人员也有自己对司法职业的认识和理解，即司法职业理念和信念，也有自己的执业精神和态度等，这些属于个人道德品质的因素都必然会直接影响司法执法活动的质量和功效，在有些需要使用自由裁量权的司法活动中这种影响更为明显。《牛津法律大辞典》指出："任何一件由法官自由裁决的案件，实质上都是在该法官的道德影响下处理的"，"司法上的自由裁量权问题是未经证据确定的问题……它是运用道德判断来加以确定的问题。"[1]这种在司法职业活动中表现出来的个人品德状况显然也属于司法道德范畴。很难设想，司法活动可以不要"行规"，从业人员在司法活动中可以不具备相应的道德水准。所谓司法道德，简言之就是司法人员在自己的职业活动中应当遵循的职业道德规范及与此相应的职业道德品质。

司法道德是促使司法人员在法律的范围内从事司法活动的根本保障。中国实行依法治国、推动建设社会主义法制国家的历史进程以来，虽然不断出台新的法律，法律体系建设不断趋向完善，"有法可依"的形势令人鼓舞，但是，"有法不依，执法不严，违法不究"乃至知法犯法、执法犯法、作奸犯科的司法腐败时有发生，他们是不懂法吗？不是，是"缺德"，

---

①《牛津法律大辞典》中译本，北京：光明日报出版社1988年版，第521、261页。

离开了"道德底线",最终导致他们贪赃枉法。

经验证明，道德是做人的根本，也是做事的根本，不讲道德的人既难成人，也难成事。这个普遍的法则自然也适应于司法活动。

四、守法与道德

守法与道德的关系，也就是守法与守德的关系，在法制建设的实践过程中这两者的联系是显而易见的。

守法，是法制建设的重要方面，是法制建设的立足点和目标，法制建设要立足于公民守法的实际意识和能力水平，从公民守法的实际意识和能力水平出发，不能脱离实际，否则不仅于法制建设无益，反而会引发或激化社会矛盾。法制建设的最终目标是提高公民的守法意识，培养公民自觉守法的习惯，一个健全法制的社会也是一个广大公民能够自觉遵守法律的社会，成功的法制建设在于公民自觉遵守法律，在于最终促使自身走向消亡。

但是，公民守法意识和能力水平的培养不能仅仅依靠法制建设和法制教育。守法是法制建设的基础，守德是守法的基础，守法的教育应当与守德的教育同时进行，相辅相成。从这点看，守德教育应是守法教育的题中之义，完整的法制建设在内容上应当包含道德建设。不可把法制建设仅仅看成是法制系统内的事情，专门从事法制建设工作的人们应当主动涉足道德建设的内容，引进道德教育的机制；同样，专门从事道德和精神文明建设的人们应当主动参与法制建设，不可认为法制建设与己无关。

目前中国研究法伦理学的人一般都不愿将守法与道德的关系问题作为自己的研究对象，这种"纯粹学术"的方法是不可取的。

立法、法律体系、司法和守法，是任何一个国家法制建设的四个基本环节，从以上简要分析我们可以看出，每个环节都与道德密切相关。在法制建设过程中，立法、司法和守法这三个环节实际上是一个不可分割的系统工程整体，其整体的建设理应包含极为丰富的道德内容，整体功效的发

挥都包含着相关的道德价值的实现。从这点看，法伦理学将法制建设中的伦理道德问题作为自己的对象，是法制建设自身提出的客观要求。

第二节　法伦理学的范围

法伦理学作为一门法学和伦理学的交叉的新型的分支学科，对象主要涉及立法与道德、法律规范与道德规范、司法与道德、守法与道德四个基本方面。在这门学科的具体研究中，围绕这四个基本方面涉及一系列重要的理论和实践问题，它们都是司法伦理学的研究范围。分析和阐明司法伦理学所涉及的研究范围，有助于我们加深对司法伦理学的对象的理解，从总体上把握这门新型学科的理论体系。

一、法制与道德的关系的本质

从前文分析和阐述中我们已经看出法与道德的联系是必然的、普遍的。那么，这种必然、普遍的联系是由社会发展内在的规律决定的，还是由某种神秘的外在力量启示或要求的？如果是由社会发展内在的客观规律决定的，人们在分析和说明这种规律时应当是历史的、具体的还是超越历史的、抽象的？对这类问题的回答和具体阐述就涉及法制与道德的关系的本质问题。从学理上看，揭示法制与道德的关系的本质是法伦理学整个学科体系的逻辑基础，对这一问题的不同回答是区分不同社会属性和时代特征的法伦理学的主要依据。

历史上，中外学者专门分析法制与道德的本质联系的意见不多，大多数人所分析的意见是关于法制的本质和伦理道德的本质，没有给今人分析法制与道德的本质关系问题留下多少可供参考的意见。这是一个缺憾。但是，从人类认识法制和道德的本质问题的实际思维轨迹来看，学人通常是把法制和伦理道德的本质问题放在一种视域里来考察和阐述的，像现代社会人们在专门的法学学科和伦理学学科内来谈论的情况并不多见。从逻辑分析的方法来看，由于立法、法律、司法、守法与道德的关系十分密切，人们在认识和分析法制和道德的关系的本质问题时，也不应当将这两个不同视域里的问题截然分开。就是说，在方法上，我们完全可以采用前人分析法制和道德的本质问题的方法，来分析法制与道德的关系的本质问题。

（一）马克思主义产生以前几种有代表性的看法

在马克思主义产生以前，包括我国在内的世界各国的先人们在发表他们对法制与道德的本质的见解时，也都涉及法制与道德的关系的本质问题，其中有代表性的看法主要有如下几种：

1.将"畏法令"与"敬鬼神"联系起来，并将两者关系的本质归于"天意"或"神启"

据《尚书·甘誓》记载，夏启同有扈氏曾发动过一次决战，为证明自己的讨伐是正义之举，要求奴隶拼死为其效劳，在甘地这个地方举行一次誓师大会。他在誓词中说："天用剿绝其命，令于惟恭行天之罚。"意思是说，天要灭绝有扈氏，夏启是奉行天的意志，代天行罚。《礼记·曲礼》有过这样的记载："卜筮者，先圣王之所以使民信时日，敬鬼神，畏法令也。"西方中世纪教会法的宣传者奥古斯丁认为，上帝"指出他所要求的秩序和规定的标准，犯罪受到奴役的惩罚是公正的"。而法官就应当按照上帝的要求——神的启示来行使自己的职责，去"审判别人的良心"[1]。

2.将法制和道德的关系的本质归于君主立言

先秦法家的先驱管子，在这方面就有不少的论述。《管子·任法》说："生法者，君也；守法者，臣也；法于法者，民也。"并将君主所立之法推到绝对权威的地位："遵主令而行之，虽有伤败，无罚；非主令而行之，虽有功利，罪死。"《管子·权修》又说："法者，将立朝廷者也。将立朝廷者，则爵服不可不贵也。"从这种君主立法的思想出发，管子还特别强调要惩治那些"蔽贤不法之徒"，他的这类看法在《国语·齐语》中多有

---

[1]《上帝之城》第19卷,第15章。

记载。正因为将法和司法的本质归于君主之言，所以在中国封建社会，有一条铁律："礼乐征伐自天子出。"

3.将法制和道德的关系的本质归于司法执法者对理性的认识和理解

这种看法在中国的法制思想史和伦理思想史上并不多见，在西方则屡见不鲜，如在柏拉图的《理想国》中就有充分的反映。在柏拉图看来，在法律的意义上人应当成为自己的主人，强调道德是人守法的心理基础，认为法官的任务就是医治人们心灵上的创伤和毛病，帮助那些违法和犯罪的人用理性去控制个人的欲望，成为自己的主人。而要如此，法官自己就要首先对法的理性有一个清楚的认识，树立高尚的公共道德。

4.将法制和道德的关系本质统一于司法执法者固有的"良心"或"善良意志"

如我国先秦思想家孟子认为，从人的本性看，人都有四种生而有之的所谓"善端"，即"恻隐之心，人皆有之；羞恶之心，人皆有之；恭敬之心，人皆有之；是非之心，人皆有之"。四种"善端"分别代表着人的守德与守法的发展方向："恻隐之心，仁也；羞恶之心，义也；恭敬之心，礼也；是非之心，智也。"[①]并认为，这四种"善端"是人之为人的基本标准："无恻隐之心，非人也；无羞恶之心，非人也；无辞让之心，非人也；无是非之心，非人也。"[②]"非由外铄我也，我固有之也。"人从"善端"出发不仅可以守德，也可以守法，守德和守法统一于人的"善端"。在西方，此类的本质观的代表人物有康德等，他们的基本看法是人先天具有一种"善良意志"，司法人员应当从这种"善良意志"出发去司法执法，维护法律的公正和正义。

5.将法制和道德的关系的本质归于国家治理的实际需要

在中国法制思想史和伦理思想史上，有一种不同于上述四种看法的意见是很值得注意的，这就是：把法制和道德的关系的本质归于国家治理的需要。持这种意见的人，在中国哲学思想史上一般被称为唯物主义的思想

①《孟子·告子上》。
②《孟子·公孙丑上》。

家。先秦儒学之集大成者荀子是这方面的典型代表，他极力主张"明于天人之分"和"制天命而用之"。他是在"礼"上阐述自己儒学思想的，这一点与孔子和孟子有所不同。他的"礼"既有伦理道德方面的涵义，又有法制和政治方面的涵义。他说："礼起于何也？曰：人生而有欲，欲而不得，则不能无求，求而无度量分界，则不能不争，争则乱，乱则穷。先王恶其乱也，故制礼仪以分之，以养人之欲，给人之求。"①若是仔细地想一想，我们还会发现，荀子虽然在这里也把法制和道德的关系本质归于君主立言，但其主导思想却是强调国家治理的某种客观的、实际的需要。汉代唯物主义哲学家和伦理思想家王充，认为"天人相违"，人间的一切事情都是"非奉天之义也"，都不是"天谴"（天的谴告）、"天报"（天的报应）的结果，因此，就刑法来说也并不存在什么"天刑"②。"人君用刑非时则寒，施赏违节则温"，这里的"时"与"节""寒"与"温"，本义都是讲司法执法的"度"，实则是道德上的"义"，也就是要"适宜"，具有"中庸"的意思。王充强调的是法制与道德的关系必须是恰当的，这是国家治理的客观要求。

关于法制和道德的关系的本质问题，以上的几种有代表性的看法的共同之处在于，都离开了社会的经济基础，在社会历史观的认识论上都没有跳出唯心主义的约束，因此都是不科学的。

（二）马克思主义的基本观点

认识法制与道德的关系的本质，需要坚持运用马克思主义的科学世界观和方法论。马克思主义认为，在社会历史领域，一切社会精神现象都是社会物质现象的产物，并都因为社会物质现象服务而成为真理和价值；社会存在决定社会意识，经济基础决定上层建筑，法、道德、法制及法制与道德的关系，本质上都是由特定时代经济关系决定的，同时又为经济和政治建设服务的，并在这个过程中受到政治、文化乃至宗教等上层建筑和社

①《荀子·礼论》。
②《论衡·雷虚》。

会意识形态的深刻影响。

法制与道德的关系，本质上是由特定的社会经济关系决定的，特定的经济基础是法制与道德的关系的历史与逻辑的基础。这里所说的"决定"，指的是经济关系的性质决定了法制与道德的关系的性质。资本主义的经济关系决定了法制必然是资本主义的，法制与道德的关系也必然是资本主义的。同样之理，社会主义的经济关系决定了法制必然是社会主义的，法制与道德的关系也必然是社会主义的。这样，法制与道德在人的思维和社会实践过程中才能协调起来。在一个社会，假如法制是已经退出历史舞台的以往社会制度下实行过的，道德却是现时代的，或者法制是现时代的，道德却是以往时代的，那么，法制与道德之间的关系就会出现不协调的情况，就会引起人们思想的混乱，致使人们行动上迷失方向。从这点看，法制与道德都要与当时代的经济基础和政治制度相适应，这样，才能保障法制与道德之间的关系是相协调的。

在人们的思维和社会实践领域，法制建设与道德建设相协调的逻辑关系集中表现在把依法治国与以德治国紧密结合起来。2001 年 1 月，时任中共中央总书记的江泽民曾说过："我们在建设有中国特色社会主义，发展社会主义市场经济的过程中，要坚持不懈地加强社会主义法制建设，依法治国，同时也要坚持不懈地加强社会主义道德建设，以德治国。对一个国家的治理来说，法治与德治，从来都是相辅相成、相互促进的。二者缺一不可，也不可偏废。法治属于政治建设、属于政治文明，德治属于思想建设、属于精神文明。二者范畴不同，但其地位和功能都是非常重要的。我们应始终注意把法制建设与道德建设紧密结合起来，把依法治国与以德治国紧密结合起来。"

法制与道德的关系的本质特征，决定了在社会实践领域必须将法制建设与道德建设、依法治国与以德治国紧密结合起来，这是古今中外在治理国家和管理社会中人们实际实行的一种普遍法则。

二、法制的道德功能及道德批判

这里所说的批判，指的是评判，既有肯定褒扬的意思，也有批评纠错的意思。所谓法制的道德批判，指的是依据一定的社会道德标准围绕法制应当具有的道德功能，对法制进行肯定高扬和批评纠偏的道德评价活动。

法制是依靠国家强制力量确认、扶持和捍卫社会正义的，这一本质特性决定了它应当具有巨大的道德功能，但是，由于受到社会种种因素的影响，受到法学界一些人存在的认识短缺或认识模糊因素以及职业道德素质不高的影响，往往并不能正确理解和展现法制应当具有的道德功能，影响到立法和司法的质量。所以，法伦理学必须把法制的道德批判作为自己的研究范围之一。

法制的道德功能，首先表现在维护基本的社会道德正义，这是法制的历史使命。人们通常说"法律是最低限度的道德，道德是高标准的法律"，说的正是这种意思。不言而喻，一个社会要保持自己的基本稳定和发展，就必须要有基本的行动准则和道德风尚。但是推行基本的行动准则和建设基本的道德风尚，仅仅依靠社会舆论、传统习惯和人们的内心信念在许多情况下又是难以奏效的，因为它的基础不是人的自觉，而是外在的强制力量。如在家庭生活中，成年子女要赡养丧失劳动能力的父母，这是家庭伦理关系中的基本道义，但是有些子女不能遵从这样的行为准则，于是相关的法律就给予确认，在基础的意义上保障了这种基本道义的实行。在这个问题上，现代社会的相关法律不仅规定了子女必须承担物质上的赡养义务，而且必须承担精神上的赡养义务，这是法制的一种进步，也是道德的一种进步。

其次，教育和培养的功能。法制的功能在于保障公民合法权益、打击违法犯罪，在这个过程中人们受到教育，结果不仅增强了法制观念，而且增强了道德观念。就是说，法制的建设和实行，其教育的功能从来都是双重的。在这种意义上，法制建设也是一种道德教育，有助于促使司法人员和其他公民在执法和守法的过程中养成守德的习惯，这样的道德教育往往是带有根本性的。因此，从道德建设的视角看，司法也是在"司德"，普法教育也会收到良好的道德教育效果，道德教育应当把法制建设列为自己的范围，那种因为强调加强道德建设而贬低甚至排斥法制建设巨大的道德教育的功能的看法和议论是错误的。当然，也不能因此而片面夸大法制建设的道德教育作用，否认独立意义上的道德教育的必要性，司法人员更不应当拒绝必要的司法职业道德教育。

再次，正因法制具有如上所说的道德功能，所以，法制既是道德的基础，也是道德的保障。一个人要做"道德人"首先要从学法、懂法，增强法制观念开始，一个社会要营造良好的风尚和舆论环境，首先要从加强法制建设做起，坚持不懈地进行法制建设。

但是，法制的道德功能又是有限的，即使是在已经建成法制的国家也是这样。第一，法制所确认的正义是社会的基本正义，所确认的权利、义务及其关系是基本的权利、义务及其基本关系，法制之外尚有广阔的正义空间和权利与义务的关系领域。法制所规定的权利与义务是公民的基本权利和义务，法制之外公民尚有更多的权利与义务。在实际生活中，我们时常会碰到一些人用这样的话来维护自己的不正当的权利，或不履行自己应尽的义务："我又不犯法，你能把我怎么样？"对这样的言行，人们又往往似乎说不清正确与错误，这正说明法制关于社会正义和权益与义务的规定是很有限的。因此，不能认为法制是无所不包的，是万能的，即使是在实行依法治国、建设法治国家或已经基本建成法治国家的社会里，也应当这样看问题。

第二，由于受到多方面因素的限制，实在的法制与应该的法制总是有距离的，实在的法制天生有其局限性。其所以如此，主要是因为：（1）在任何社会的每个发展阶段上，正义、权利与义务都是具体的，人们对正义和权利的要求及社会对义务的规定，都不能超越社会发展的实际水平，而从主观上看人们对正义和权利的要求及社会对义务的规定往往总是超越现实社会的客观条件的，总带有超前性乃至抽象性的特点。这就要求法定正义、权利与义务的提出，必须在客观条件和主观因素之间寻找一种最佳结合点，而寻找这样的最佳结合点又受到以往时代历史文化作为基础条件的制约，受到当时代整个社会理性发展水平特别是法学理性发展水平的制约。（2）人是一切社会活动的主体，人参与社会活动的过程和结果如何都受其自身素质水平的制约和影响。任何法制都是由人来制订和实施的，立法、司法都受到立法者和司法者个人和群体的素质特别是道德素质性状条件的制约和影响，"应该的法制"经过立法和司法者的操作也许就不那么"应该"了，这是一种不言而喻的事实。

第三，实在的法制与社会应当提倡的道德之间总是存在着一定的差距。法制作为道德的基础和保障，总的来说具有内在的质的同一性和价值趋向上的一致性。但由于法制建设本身存在着滞后的特性，有些法律规定往往与社会提倡的道德不一致，在这个问题上，《民法通则》保护了失主的正当权益，却没有相应保护拾得者的正当权益，失主与拾得者的权利与义务不对等，两者存在不一致的情况。这样，在实际实行过程中，显然是不利于拾金不昧这种人类公认的传统美德的继承和提倡的。正因为存在这样的情况，所以法制必须接受道德的批判，这既是加强法制建设的应有之义，也是加强道德建设的一种途径。从这点看，一国的法制系统应当建立一种有助于适时吸纳道德批判意见的有效机制，这是一个法制社会必不可少的；而从事法制建设的人们不能有唯我独尊的职业心理，而应当虚怀若谷，自觉主动地接受社会道德的舆论监督，注意听取和吸收公民批评法制的合理意见，这是一个法制工作者应当具备的品格。

三、法制实施过程中的业缘关系及道德要求

法制在实施过程中会涉及多方面的业缘关系。这些业缘关系的性状是否适应相关法制业务活动的质量要求，并不是一个"纯粹法制"问题或"纯粹法律"问题，它不仅涉及法制业务知识和技能，而且涉及与法制业务相关的道德知识和技能。因此，法伦理学应当将法制在实施过程中所遇

到的各种各样的业缘关系列入自己的研究范围。

法制在实施过程中所涉及的各种各样的业缘关系，可以从两个基本方面来认识和把握。从系统内部情况看，业缘关系主要发生在立法、检察、审判、公安机关及司法服务机构等不同的执业部门之间的关系。从系统外部情况看，业缘关系主要体现在于当事人之间发生的业务关系，这是业缘关系的主体，体现在与执政党和政府的有关部门、群众团体部门的有关部门发生的业务工作。所有这些业缘关系都包含道德关系，都是业务性的"物质的社会关系"和伦理性的"思想的社会关系"的统一体，其调节涉及各种各样的道德要求。

维护和支撑各种业缘关系的道德要求，结构上大体可以分三个基本层次，即司法职业道德的基本原则和共同规范要求，司法执业部门的具体的道德规范要求，司法职业道德的基本范畴。

每个社会所提倡的道德都是一种完整的体系，在这种体系中都有一种居于核心地位、起着主导作用的根本性的道德规范和价值标准，这就是道德原则，在相关的学科领域人们习惯于称其为道德基本原则。在道德体系中，道德原则的重要性在于体现统治者的根本利益和要求，从伦理道德上反映一定社会制度的阶级属性和时代特征。人类社会发展至今出现过四种道德体系：原始社会的道德体系、奴隶制和封建制社会的道德体系、资本主义社会的道德体系、社会主义社会的道德体系，与这四种道德体系相适应的道德原则便分别是原始社会的平均主义、奴隶制和封建制社会的整体主义、资本主义社会的个人主义、社会主义社会的集体主义。它们分别从伦理道德上集中反映了原始社会的共同劳动、共同分配的生产关系，奴隶社会和封建社会的小农经济生产关系，资本主义社会的私有制，社会主义社会以公有制为主体的生产关系；分别从伦理道德上集中反映了原始社会的人们的共同利益和要求，奴隶主和封建地主阶级的利益和要求，资产阶级的共同利益和要求，社会主义社会广大劳动人民的利益和要求。正因为如此，道德原则历来充当着区分不同社会制度的一个基本标准；理解和把握一个社会的伦理道德问题，最重要的是要抓住它的道德基本原则。一定社会里的道德原则也是一种体系，由不同层次的道德原则构成。这是因为，社会提倡的道德体系中的每个层次的道德规范要求也都自成体系，成为低一个层次的子系统，每个子系统中也有一项带有根本性的规范要求和价值标准，属于子系统的道德原则，与此类推便形成由不同层次的道德原则构成的道德原则体系。司法职业道德作为社会职业道德体系的一个层次，也自成体系，也有一个居于核心地位和起着主导作用的根本性的道德规范和价值标准即司法道德的基本原则，在这个基本原则的指导之下，不同的司法部门还需要遵循体现司法工作共同特点的一些道德规范，即共同道德规范。这些，也都是法伦理学的研究范围。

道德规范，是一定社会对在社会实践中形成的特定的道德关系的确认形式，它是在社会生产和社会生活乃至家庭生活中人们应当遵循的行为准则。职业道德规范是对职业活动领域的业缘关系所包含的道德关系和价值要求的确认形式。司法部门具体的道德规范要求，是各个司法部门根据自己职业活动的特点而制订的行动准则。在当代中国，这样的道德规范主要包含检察人员、审判人员、人民警察、律师、公证员的道德规范等基本类型，它们自成一种道德规范体系。

从语言学的角度看，范畴具有范围与概念两种基本含义，但是在特定的学科领域范畴一般指的就是学科的基本概念。在一般意义上，道德范畴，指的就是反映和概括道德现象的特性、诸多方面和各种关系的基本概念，如正义（公平、公正）、义务、良心、荣誉、幸福、节操，等等。这一理解范式和定理同样适用于法伦理学的研究范围。所不同的是，作为与法制实施过程中的业缘关系相适应的道德要求，司法职业道德的核心范畴是正义（公平、公正）。

作为法伦理学的研究范围，司法职业道德的基本原则和共同规范要求、司法执业部门的具体的道德规范要求和司法职业道德的基本范畴三者，是一个有着内在逻辑关系的整体。其中，基本原则和共同规范是灵魂，具体的道德规范是主体，基本范畴是基础。换言之，道德原则和共同规范是"原则性"的道德要求，具体的道德规范是"操作性"的道德要求，基本的道德范畴是"理解性"的道德要求，它们之间是一种一般与个别、抽象与具体的关系。

四、司法人员的道德品质及其养成

以道德为对象的伦理学包括伦理学的各个分支学科，其研究和建设的最终目的都是为了促使相关人员养成优良的道德品质，这体现的是伦理学对人的终极关怀。法伦理学把司法执法人员优良的道德品质及其养成问题作为自己重要的研究领域，正体现其对司法执法人员的终极关怀。

司法人员的道德品质应是全社会的榜样。长期以来，说到道德的榜样示范作用，人们想到的首先是"为政以德，譬如北辰居其所而众星共之"[①]的"官德"，次之便是"师者，人之模范也"[②]的"师德"，而从不说司法人员的"司德"，不能不说这是认识上的一种误区。从人类社会法制文明和道德文明发展史看，要求司法人员的"司德"在全社会具有榜样示范作用，是早已形成的一种优良的道德传统。在西方，从古希腊罗马帝国开始，就一直重视在法律至上的理念指引之下，强调司法公正，要求司法人员"头脑清醒，深思明辨"，具有"富贵不能淫之精神"[③]。所谓"大法官"，既是"大"在精通法律，也是"大"在忠实于法律，"大"在最富有正义感，敢于秉公执法，因此德高望重，为人楷模。当代西方法治国家，高度重视法官和检察官的道德素养，视司法人员的道德品质为全社会可以效法的典范。比如在美国，你要想当法官或检察官，先要获得学士学位，证明你具有一定的文化素养，然后取得法律专业的学位，表明你具备了相当的司法知识，接着须进入律师学会从事律师职业，获得一定的司法经验，同时在道德上必须被公认为是一个无可挑剔的人，这样才获得了当法官或检察官的前提条件，然后再经过提名，在议会选举中获得通过，方能

①《论语·为政》。
②《法言·学行》。
③ 转引自西方法律思想史编写组：《西方法律思想史资料选编》，北京：北京大学出版社1983年版，第208页。

最终获得当法官或检察官的资格。这一规定已经成为美国司法制度的一个重要方面，其宗旨十分明确：司法人员不仅业务素质必须是过得硬的，道德素质在全社会也必须是最好的。

我国具有重视司法官吏道德素养的优良传统。《尚书·吕刑》提出司法执法官吏要严于律己，谨防"五过之疵"，这在可以粗暴剥夺奴隶生存权的专制社会，无疑是最高最严格的要求。先秦法家的代表人物们，从法律至上、唯法是从的立法理念出发，强调司法官吏须"守德"。进入封建社会以后，统治者更是重视司法官吏的个人道德品质，始于西汉的"察举孝廉"度，就把"善事父母"的"孝"和"清正廉洁"的"廉"，作为选拔和任用官吏包括司法官吏的主要标准。诸如此类的价值理念和实用标准，构成中国封建社会法制思想发展史的重要内容。我国许多流传至今的脍炙人口、赏心悦目的故事和戏曲，对此做过十分精彩的表达，以至于如包拯、海瑞的铁面无私和刚正不阿的精神，早已成为老少皆知、家喻户晓的美谈。这种现象，一方面表明普通的中国人是何等的看重司法人员的道德水准，另一方面也表明良好的"司德"对全社会的道德价值导向和教化发挥了多么重要的作用，产生了多么广泛的影响。在这种意义上我们甚至可以说，中华民族之所以具有注重道德、崇尚美德的传统，与历史上一些司法官吏的道德所发挥的榜样示范作用是很有关系的。

从伦理文化来分析，我国重视司法官吏道德的示范作用的传统，与儒家伦理文化的长期浸润和影响密切相关。在孔子看来，统治者个人高尚的道德水准对其他人等起着示范和效法的作用，因此可以巩固自己的统治地位。他说："为政以德，譬如北辰居其所而众星共之"①。"政者，正也。子帅以正，孰敢不正？"②"其身正，不令而行；其身不正，虽令不从"③，"不能正其身，如正人何？"④须知，在政法不分、政刑合一的专制社会，这也是孔子关于司法官吏应具备的道德品质的主张。由此我们也不难看

---

①《论语·为政》。

②《论语·颜渊》。

③《论语·子路》。

④《论语·子路》。

出，在历史的视野里，对司法人员道德品质的示范性要求，本是"仁政"——以德治国思想的一个基本构成部分。

从我国实施依法治国的发展战略来看，将司法人员的道德品质视为全社会的典范是一种必然要求。实施依法治国的基本方略已是民心所向，而公民实际关注的焦点则是司法执法问题，尤其是司法人员的德性和德行能否担当这一重大历史使命的问题。实行法治，究竟是"依法"还是"以法"，学界曾有过讨论，这种争论其实并没有多少实际意义，因为人们是否依法从根本上说并不取决于是"依法"还是"以法"，也不取决于所"依"或"以"的是什么样的法，有多少的法律可"依"，而是取决于是什么样的人"依法"或"以法"。司法执法者能否做到有法必依、执法必严、违法必究，关键不在于是否有法可依即是否"缺法"，而在于是否"缺德"。"为政在人"[1]，"为法"岂不也"在人"？"为政以德，譬如北辰居其所而众星共之"，"为法以德"岂不也是此理？很难设想，在当代中国，司法执法者如果普遍不注意"司德"，没有普遍形成"北辰"那样的道德素养，能够教育和带动全体公民增强法制意识，最终建设成我们的社会主义法治国家。

两千多年前，柏拉图在他的《理想国》里说到司法道德时打了个比方：医生是医治人身体上的毛病的，法官是医治人心灵上的毛病的，司法就是"以心治心"——"心正"者方可"治"好别人的"心病"。柏氏所言，讲的是司法人员要有一颗超乎常人的正义之"心"，强调的正是司法人员的道德品质在全社会的示范性作用。

在一般意义上，人的道德品质是由道德认识、道德情感、道德意志、道德行为等要素构成的。在社会生活中，人不论是作为认识主体还是作为实践主体的角色出现，总是不可避免的同时是道德主体，在面对是非和价值的思考与选择的时候需要同时做出关于善与恶的思考和选择。善与恶的思考和选择，首先取决于人的道德品质。

人的道德品质不是先天的，而是后来的，是人在后天学习和通过接受

---

[1]《中庸·二十章》。

教育的过程中逐渐养成的。传统伦理学曾根据人所接触的社会生活的内容和利益关系的情况，把人的道德品质分为"私德"和"公德"两个不同的部分。在处理人与人之间的"私交"的利益关系中所表现出来的品德被称为"私德"，在处理个人与社会集体之间的"公交"的利益关系中所表现出来的品德被称为"公德"，如今人们一般已经不做这样的划分了，但"私德"与"公德"的差别依然是存在的。不论是从整个社会文明发展的意义上看，还是从每个人的发展进步的意义上看，"公德"的重要性都是不言而喻的，而形成良好的"公德"风尚和养成优良的"公德"品质却绝不是什么自然过程。如果说，"私德"的养成更多是依赖于人的生活环境对其潜移默化的影响，那么，"公德"的养成则更多的是依赖于人所接受的教育。

职业道德属于最为典型的"公德"范畴，一个人对待社会集体利益的态度一般是从其职业道德的实际水准看出来的，其良好风尚的形成和优良品德的养成主要依靠教育。这种教育，首先来自学校的道德教育，其次是来自职业部门的道德教育，前者是后者的基础。这两种道德教育的成效如何取决于受教育者进行道德修养的自觉性。

司法人员的道德品质作为一种职业道德素质，其"公德"的特征尤其突出，实际状况如何历来从根本上关系到国家的法制建设，维系着社会的安宁，影响到公民对国家及其司法制度的信任，因而决定着实行依法治国和建设社会主义法治国家的历史进程的成败。在人类的法制史上，重视司法人员优良道德品质的养成早已成为一种传统，在现代社会的法制建设中更是这样，因此，法伦理学应当把司法人员的道德品质及其养成问题纳入自己的视野。

第三节　法伦理学的方法

任何一门学科的方法都是一种系统的方法体系，由各种不同的方法构成。这些方法大体上可以分为两类：一类是反映学科特点的具体方法，是一门学科区别于另一门学科的一种标志；另一类是方法论意义上的方法，能够对反映学科特点的具体方法发挥指导作用，因此是带有根本性意义的方法。法伦理学的方法也是这样的方法体系。

一、坚持运用马克思主义历史唯物主义的基本原理

这是法伦理学方法体系中带有根本性的方法，因为它对其他方法具有指导意义。

马克思主义是科学的世界观和方法论，由马克思主义哲学、政治经济学和科学社会主义三个部分组成。马克思主义哲学包含辩证唯物主义和历史唯物主义两个部分。马克思主义的历史唯物主义是观察、分析、研究和解决社会问题的唯一科学的世界观和方法论，它认为经济基础决定上层建筑，上层建筑对经济基础具有反作用，这是它的基本原理。经济基础是一定社会发展阶段上生产关系诸要素的总和，上层建筑是建立在经济基础之上的政治、法律、哲学、道德、艺术、宗教等诸种社会意识形态，以及同这些社会意识形态相适应的政治、法律等设施。在生产关系的结构中，居于核心地位的始终是生产资料所有制形式，它决定着生产关系的性质，也决定着社会政治和法律制度的性质，决定着政治、法律、哲学、道德、意识、宗教等社会意识形态的性质。法伦理学属于一种特殊的社会意识形态，它的形成和发展受到一定社会的生产关系或经济基础的根本性制约，同时也受到其他社会意识形态特别是政治、法律、伦理思想的深刻影响。

这就告诉人们，运用马克思主义历史唯物主义的方法看法伦理学，不能离开其产生和发展所处的特定的历史时代；社会的经济制度和政治制度不同，法伦理学作为一种社会意识形态也就不同。对这一根本性的特性应当从两个方面来理解：在一个特定的历史时代，不同社会制度的国家的法伦理学在社会意识形态的属性上是存在差别的；在同一个国家，不同历史时代的法伦理学或法伦理思想是不一样的；能够反映、说明和服务于一切

历史时代或所有社会制度的法伦理学或法伦理思想，实际上都是不存在的。

中国现行的基本经济制度是以公有制为主体、多种所有制并存和共同发展的经济制度，本质上是社会主义的，这就在社会基础的意义上决定了中国的法伦理学与西方社会的法伦理学存在着本质的不同。中国的法伦理学应当体现社会主义制度的特征，反映社会主义经济建设、政治建设、法制建设的客观需要，在基本属性和价值趋向上应当与其他意识形态特别是社会主义的法学和伦理学保持内在的一致性，不能相悖。在这个问题上，学习和研究法伦理学的人们应当自觉纠正"非意识形态"的错误认识，坚持法伦理学的社会主义性质。

与此同时，也应当注意防止"左"的思维方式的干扰和影响，片面夸大不同社会制度下法伦理学的社会意识形态的差别，将中国法伦理学的社会主义意识形态性质绝对化。

二、古为今用，洋为中用

强调法伦理学的社会意识形态特征和坚持中国法伦理学的社会主义性质，反对用"非意识形态"的方法看待中国法伦理学，不是主张拒绝继承中国和西方社会重视法伦理思想的优良传统，吸收和借鉴中西方古人法伦理思想研究所取得的优秀成果。法与道德都是历史现象，法制建设与道德建设都是历史过程，法制与道德的关系及人类对其的思考和叙述也是一种历史现象，一种历史过程为一种历史文化现象，法伦理学在各个国家和民族都有着自己的传统，因而都带有各自的民族特色。因此，学习和研究法伦理学问题应当持有一种历史的、开放的态度，采取古为今用、洋为中用的方法。

中国人能够自觉地把法制与道德联系起来实行对国家的治理和社会的管理，可以追溯到西周提出的"明德慎罚"，这一治国方略的提出同时也表明中国法伦理思想的兴起。春秋战国时期，在奴隶制向封建制过渡的社会大动荡中出现的"百家争鸣"的生动局面,推动了法伦理思想的发展。西汉初年,随着封建制的最终确立,汉武帝采信了董仲舒提出的"罢黜百家,独尊儒术"的治国思想,渐渐确定了"德主刑辅"的治国方略。在此后几千年的历史发展过程中这一治国思想虽然时常受到挑战,但从未发生过根本性的动摇,由此而奠定了中国传统法伦理思想有极为丰富的内涵和特有的结构模式。它是当代中国法伦理学研究和发展的历史与逻辑的基础,亦即所谓"本土文化"。无视这种"本土文化"、试图脱离这种"本土文化"的基础来创建当代中国的法伦理学,既是不必要的,也是不可能的。

当代中国法伦理学在肯定和继承自己优良传统的基础上,还应当认真学习和借鉴西方社会重视法伦理思想研究的悠久的传统经验,包括学习和借鉴西方人研究法伦理问题的优秀成果。西方法伦理思想的历史发展,大体上可以分为四个时期,即:古希腊罗马奴隶制时期、中世纪封建专制时期、资产阶级革命时期和近现代资本主义时期。

古希腊罗马时期是西方奴隶制国家建立和发展的重要时期,在十分活跃的立政、立法和司法活动中,法伦理思想逐渐形成和发展起来。其间,特别值得注意的是法律至上性的思想及在此指导下的公平、正义观念。如亚里士多德《政治学》中说:"权力从属于法律","执政者应凭城邦的法度"执政,"法律应在任何方面受到尊重而保持无上的权威"①。在这种思想的指导下,亚里士多德还认为法官应是"公平人之化身"②。

中世纪,是西方社会政教合一、王权与神权相结合的时期,其基本的特征就是"政治和法律都掌握在僧侣手中,也和其他科学一样,成了神学的分支,一切按照神学中通行的原则来处理,教会教条同时就是政治信条,圣经词句在各法庭中都具有法律的效力"③。一切宗教都以信仰为核心,而支撑信仰的思想观念都是人生价值观和伦理道德观,从这点看宗教

---

① [古希腊] 亚里士多德:《政治学》,吴寿彭译,北京:商务印书馆1965年版,第192页。

② 西方法律思想史编写组:《西方法律思想史资料选编》,北京:北京大学出版社1983年版,第32页。

③《马克思恩格斯全集》第7卷,北京:人民出版社1961年版,第400页。

实际上是一种按照信仰的方式建立起来的人生价值论体系或伦理道德体系。在西方中世纪政教合一而实则是基督教统治的时期，法伦理思想方面除了强调司法执法者个人的理性即所谓"良心"和以"良心"来"审判别人的良心"的重要性之外，可供我们学习和借鉴的东西并不多。

在资产阶级革命时期，资产阶级高举人道主义的伦理战旗，勇猛地冲击中世纪政教合一的黑暗统治，登上政治舞台掌握国家政权之后，恢复了古希腊时期高扬法律至上性的传统，强调法律面前人人平等，司法执法者要恪守法律，严格按照法律办事，公正执法。在这一历史时期，许多法律思想家同时又是伦理学家，不仅在伦理思想研究方面有诸多建树，而且在法学理论研究方面也很有影响。作为哲学家和伦理学家的托马斯·霍布斯在法伦理思想方面有许多精到的见解，如他在谈到优秀法官应当具备的条件时说："第一，须对自然律之公道原则有正确之了解；此不在乎多读律书，而在乎头脑清醒，深思明辨。第二，须有富贵不能淫之精神。第三，须能超然于一切爱恶惧怒感情之影响。第四，听诉须有耐心，有注意力，有良好之记忆，且能分析处理其所闻。"①

近现代资本主义社会，最值得我们注意的是自然法学派在其与实证法学派的对垒和争论中所表达的法伦理思想。实证法学并不否认法律反映或符合一定的道德要求的事实，但却否认两者之间内在的必然联系，夸大法和法制的独立性，片面强调法和法制的科学性，主张法制与伦理道德的分离，加强所谓"纯粹法学"的建设。自然法学家则相反，他们认为法制应以道德为依据和标准。近代史上的启蒙思想家如洛克、卢梭、孟德斯鸠等自然法学家的研究和论证，达到了自然法学理论的高峰，成为美国的《独立宣言》、法国的《人权宣言》以及建立资产阶级共和国法律体系的理论基础。现代史上的自然法学，如罗尔斯等高扬的正义思想，包含了极为丰富的法伦理思想。

总之，西方国家的法伦理思想作为一种"洋文化"有着自己的特色，

---

① 转引自西方法律思想史编写组：《西方法律思想史资料选编》，北京：北京大学出版社1983年版，第208页。

它的许多优秀的成果不仅适应了西方社会多数国家法制建设和道德建设的实际需要，促进了西方社会的文明进步，而且也反映了人类社会法制文明和道德文明的发展进步的客观要求。

三、注重调查研究

中国法伦理学作为一门传统法学和伦理学相互交叉渗透的新兴学科，在学科的研究和建设上需要立足于当代中国社会发展的实际情况特别是法制建设和道德建设的实际情况，做到实事求是、从实际出发。

中国实行改革开放20多年来，全国人民在党的领导下经过大胆探索和艰苦奋斗，初步建立了社会主义市场经济体制，经济建设方面取得了举世瞩目的辉煌成就，人民群众的生活总体上达到小康水平。在这个过程中，由于坚持物质文明和精神文明两手抓、实行依法治国和以德治国相结合，全民族的思想文化素质也得到了空前的提高。但是人们也看到，在我们取得各方面辉煌成就的同时也存在不少问题，有些问题还是相当严重的。在法伦理学研究的对象和范围的视域里，特别值得注意的就是：在法学理论研究存在的排斥伦理道德价值的实证法学倾向，立法方面存在的"立法不立德"的问题，司法执法系统内存在的司法执法腐败问题，高谈阔论文本式的道德精神而轻视法制对于道德建设的保障作用的问题，等等。这些存在的问题集中到一点就是：法制建设与道德建设脱节。

研究这些实际存在的社会问题，既是中国法伦理学的任务，也是中国法伦理学建设的一种重要方法。中国法伦理学的学科建设的宗旨，说到底是为了说明中国的法制建设和道德建设实际存在的问题，为法制建设和道德建设提供一种方法论的指导。为此，从事中国法伦理学研究和建设的人们应当自觉克服那种习惯于从"本本"到"本本"的"本本主义"的思维方式，自觉培养注重调查研究、从实际出发的治学风尚。

第四节 法伦理学的职能

在人类社会科学发展史上，任何一门学科的形成都是应运而生的，承担着特定的历史使命，由此而决定了学科必然具备相应的社会职能。中国的法伦理学，作为一门传统法学和伦理学交叉的新兴学科，是为适应改革开放和实行依法治国及把依法治国与以德治国结合起来、建设社会主义法治国家的客观要求而问世的。它的社会职能，总的来说应当是有助于促进中国的法学和伦理学学科的发展和繁荣，促进中国的社会主义法制建设，促使中国的法律工作者认识和理解依法治国与以德治国的客观关系，树立两"治"并举的职业观念，全面提高其职业道德素质。

具体来看，我们可以从如下几个方面来理解和把握中国法伦理学的社会职能：

第一，揭示法律与道德的普遍联系及司法道德的发生发展的客观规律。关于法律与道德的联系，我们在前面阐述法伦理学的对象和范围的时候已经做了比较详尽的分析和阐述，这里我们要特别指出的是，这种联系是普遍的。这种普遍联系，可以从两种视角来考察和理解。一是从时间的视角看，人类社会自从有法的现象以来就存在法律与道德的普遍联系；二是从空间的视角看，这种联系不仅表现在它是世界各国自古以来的共同现象，而且体现在关于法律的思维和实践活动的各个领域，各个方面。关于这种普遍联系的情况，我国先秦时期的法典《吕刑》有充分的体现。《吕刑》是我国第一部成文法典，被收在《尚书》之中，它在立法精神上有着丰富的以刑辅德、德刑兼用的思想，强调统治者立法要"明于刑之中""观于五刑之中"。五刑，相传为西周所创，含墨、劓、剕、宫、大辟。墨：用刀刺刻面额，染上黑色；劓：割去鼻子；剕：断足；宫：致残男女生殖器（多用于惩治淫罪，后也用于惩治谋反、叛逆罪）；大辟：肢解。同时又强调"哀敬折狱（折狱，判决诉讼案件），明启刑书胥（胥，语助

词，无义），咸（皆之义）庶（众多之义）中正"等。这些地方所说到的
"中"，就含有公平、正直、不偏不倚的意思，而这些意思最初说的都是道
德。在说到司法官吏的素质的重要性时，《吕刑》认为他们不仅要有司法
智慧，而且要有司法德性，即所谓"哲人睢刑"，"非妄折狱，惟良折狱"，
意思是说要选用有道德、有智慧的人来执法，不要用献媚妄为的人来审理
案件，应当用善良公正的人来审理案件，这些人应当富有同情心。《吕刑》
还告诫司法执法人员要具有"虽畏勿畏，虽休勿休，惟敬五刑"的三种品
德，即虽然遇到可怕的事情也不会害怕、虽然遇到可喜的事情也不会喜
悦、只懂得谨慎用五刑。

第二，提出和阐释法律工作者应当遵循的职业道德基本原则和职业道
德规范体系及法律工作者应当具备的职业道德素质。与其他职业系统和部
门都有反映各自特点的职业道德原则和规范体系一样，法律工作者也有反
映自己职业特点的职业道德的基本原则和规范体系。分析和提出这种基本
原则和规范体系，是法伦理学的一大社会功能，也是法伦理学的一大学科
任务。这里有必要指出的是，在不同社会制度国家里，由于立法的理念和
法律制度存在差别，甚至是根本的不同，所以法律工作者应当遵循的职业
道德的基本原则和规范体系也是存在差异的。这种差异，主要不是表现在
原则和规范体系的形式上，而是表现在其社会属性和实质内涵上。如秉公
执法，这是自古以来任何一个国家都对司法工作者提出的职业道德要求，
但由于不同社会制度下的"公"存在着差别甚至是根本的不同，所以秉公
执法的实质内涵是不一样的。中国法伦理学的社会功能和任务，就是要通
过分析和研究提出有中国特色的社会主义的法律工作者应当遵循的职业道
德基本原则和规范体系。

法律工作者应当遵循的职业道德基本原则和职业道德规范体系，也就
是法律工作者应当具备的职业道德素质。道德素质是一切行业的从业人员
的职业素质的重要组成部分，它在根本上制约和影响着从业人员的执业能
力、水平和质量。国家和公民对法律工作者职业道德素质有特殊的要求，
它的形成和发展不是一个自然、自发的过程，而是一个接受教育、培养和

进行自我修养的过程，有其特殊的途径和方法。研究这些特殊要求和规律都应当是法伦理学的职能，也是法伦理学的任务。必须指出的是，人的道德品质不是自然、自发形成的，法律工作者把应当遵循的职业道德原则和规范变成自己的职业道德素质，需要经过一定的途径和方法，对此展开研究也是法伦理学的职能范围。

第三，批判和抵制旧的司法道德及其不良影响。社会主义的法律工作者的职业道德与旧中国的立法、司法和执法人员的职业道德素质是存在着本质的区别的。我们要提高法律工作人员的职业道德素质，培养他们优良的道德品质，就必须要指出、批判和抵制旧的司法道德的不良因素的影响。在一些法律工作者的身上存在的旧社会司法执法人员的错误观念和不良作风，是需要通过教育加以坚决纠正的。

第四，纠正行业不正之风，促进廉政建设，促进社会风气的好转，推动社会主义精神文明建设。司法执法领域中存在的不正之风问题，是目前我国社会上存在的不正之风的一个重要方面。这些问题，不仅在很大程度上影响到司法执法工作本身的质量，影响到司法执法工作者的职业形象，而且影响到社会主义精神文明建设的历史进程，早已成为广大公民关注和议论的热点问题，公民对此是很有意见的。我们应当看到，司法道德在社会的职业道德体系中处于较高的层次，是体现着国家和社会管理者的道德水准的一项重要指标。如今，国人看社会道德风尚，聚焦点是一看党和政府部门的公务人员的职业道德，二看司法部门的工作人员的职业道德水准。因此，如同党和国家部门的公务员的职业道德一样，司法工作者的职业道德对整个社会的道德风气的好转具有举足轻重的影响。

第五，优化法律工作者的知识结构，促进社会主义法学的建设和发展。现代人才，在素质结构上应当是一种综合性的体系，真正能够体现一专多能的特点。这种体系的结构模型是一种宝塔型：专业知识结构是塔尖，其他方面的知识是塔身。这样的知识结构才具有立体感，才是稳定的、可靠的，才能够正常地发挥它的应有作用。有的人，专业知识很丰富，但走出专业知识以外就感到寸步难行，原因就在于他的知识结构不合理，缺少立体感。俗话说"隔行如隔山"，说的是不同行业之间客观上存在的差别，说的是对的。但是，对这句俗话只能作相对意义上的理解。因为，山与山之间不仅可以隔山相望，具有彼此直观的认识价值，而且山与山之间总是通过某些方式相互联系在一起的，具有彼此思索、理解和实践的意义。在现代社会，更应当作如是观。法律与道德的密切关系，在客观上要求法律工作者改善和优化自己的知识结构。学习和掌握法伦理学方面的知识，有助于达到这种要求。同时，法伦理学的研究和建设，有助于促进社会主义法学的建设和发展。

第三章 中国法伦理思想的历史发展

在中国，法伦理学能够作为一门法学与伦理学交叉的分支学科最终独立出来，与中国的历史文化传统中具有丰富的法伦理思想底蕴是密切相关的。历史上中国是一个高度重视伦理道德研究和社会道德生活的文明古国，以孔孟为代表的儒家伦理文化博大精深，浩如烟海，对封建专制政治和法制发生过深刻的影响。与此同时，封建专制政治和刑法制度对伦理道德的影响也是显而易见的，致使中国历史上长期存在道德政治化和法律化（刑法化）的倾向。今天看来，这些影响当然良莠兼陈，需要加以认真分析和区别对待，但也正因如此需要我们认真进行历史的考察，这对我们建设当代中国的法伦理学是大有帮助的。在这个问题上，首先应当注意的是，对历史的任何评价和借鉴都应采用历史的态度，都应以了解历史为基础，那种不愿对中国法伦理思想的历史发展作艰苦细致的研究就对其一概加以否定，以至于武断地认为当代中国的法制建设"缺乏本土文化基础"的观点和情绪，是缺乏历史根据和科学精神的。

中国法伦理思想的历史发展，大体可以从如下几个阶段来考察。

第一节　中国奴隶社会的法伦理思想

在考察中国奴隶社会的法伦理思想的时候，首先应当注意的是，在整个奴隶社会特别是奴隶社会早期，法伦理思想的内容结构是不完全的，一般只涉及立法意义上的道德问题，不涉及法律与道德及司法执法者的所谓职业道德问题。这是因为，奴隶主统治阶级只重视用法律形式确定自己的特权地位，维护和巩固自己的统治，并不重视法律与道德的关系，不重视司法活动中的职业道德问题，只有与立法有关的简单的法伦理思想，而没有关于法律与道德的关系的有价值的说明，没有对司法人员提出"守德"的要求。这种由奴隶专制制度所造成的早期局限，到了西周才开始逐步有所纠正。

一、在立法的理念和宗旨上，鼓吹"君权神授""替天行刑""代天行刑"

这就是所谓的"天罚"思想。在整个专制社会，"天罚"都是统治者最为重要的立法和司法理念和宗旨，它的形成可以追溯到原始社会。在原始社会，由于认识能力低下，人们无法解释日月运行、风云变幻等自然现象，特别是无法解释和抗拒各种自然灾害给人带来的灾难，迫使人们对身外的自然力量感到神秘，感到敬畏，并渐渐形成"天帝"的观念，将人世间发生的一切无法解释和抗拒的灾害都归于"天帝"对人的惩罚，即所谓"天罚"。这种思想作为一种理念和信仰，在奴隶社会出现以后就自然会成为奴隶主阶级用以统治人们的思想工具。《史记·夏本纪》在比较详细地记载了夏启讨伐有扈氏的著名历史事件："有扈氏不服，启伐之，大战于甘。将战，作《甘誓》，乃召六卿申之。启曰：嗟！六事之人，予誓告女（汝）：有扈氏威侮五行，怠弃三正，天用剿绝其命。今予维共（奉）行天之罚。"意思是说，有扈氏不尊重五行，不服从夏制（"三正"），夏启召集了六卿之众（据蔡沈在注释《尚书·甘誓》时称，一卿为一万二千五百人）进行讨伐，大战于甘地前在"誓师词"中说：天要灭绝有扈氏，夏启是奉行天的意志，代天行罚的。夏启说的是打仗，但从其本意看说的正是"天罚"意义上的立法和惩罚的宗旨。

二、实行政刑合一，法伦理思想本质上也是专制政治伦理思想

在人类历史上，奴隶制是一种公开、粗暴、残酷地压迫奴隶、剥夺奴隶一切自由权利包括生存权的不平等的专制制度。在奴隶制的压迫和剥削下，奴隶主以赤裸裸的暴力对奴隶实行统治，奴隶终生没有任何政治权利，只允许充当会说话的工具，处在一种"刑不可知""威不可测"的恐怖之中，可以被奴隶主当作商品随便买卖，当作牲畜随意砍杀和处死。专制政治统治必然要以严酷的刑法为保障，所有这些不平等的政治关系都是以刑法的形式加以确认的。《尚书·盘庚》有一段话记载的是商代统治者盘庚对奴隶的一番训话，很能够说明这个问题："予迓续乃命于天，予岂汝威，用奉畜汝众"，"乃有不吉不迪，颠越不恭，暂遇奸宄，我乃劓殄灭之，无遗育，无俾易种于兹新邑！"大意是：我从上天那里得到你们，如果你们不怕我的权威，不服从我，违抗我的命令，敢于造反，我就要把你们全部杀掉，连你们的后代一个也不留！

三、提出"以德配天"

与以前的奴隶主阶级一样，西周统治者在立法上同样推崇"君权神授""替天行罚""代天行刑"；不同的是，西周统治者强调正因为"君权神授""替天行罚""代天行刑"，所以统治者要"以德配天"，使"天罚"有德。应当说，这是一个了不起的历史进步。

一方面，它明确地赋予"天罚"以道德的内容。"以德配天"的"德"，在商代的卜辞中写成"値"，与"直"相通，当时并不具有明显的道德意义，也不具有后来的《说文解字》所解释的"外得于人，内得于己"的意思。"德"，到了西周通"得"，"德，得也"，具有了道德的含义。在西周以前，统治者都将自己的祖先当作神来看，并且把自己的祖宗神与天神当成是一种神，所谓"君权神授"也就是"君权祖宗授"。这样，西周统治者一上台就面临一大难题：商代的祖宗怎么会把政权交给周人呢？西周统治者的解释是"天命靡常"，即天命是没有常规的。天神与祖宗神不是一回事，天神把政权交给谁是有条件的，这个条件就是"德"，即所谓"皇天无亲，惟德是辅"①。谁具备了可以"得"天下的"德"，天神就把政权交给谁，"德"作为道德范畴由此而产生。这表明，西周统治者在治国问题上已经不是仅仅依靠"君权神授"的传统理念了，开始注意治者的德性和品行的巨大作用。同时也表明，道德作为一种特殊的社会意识形态出现，一开始就具有非常突出的政治伦理和法伦理的思想蕴涵。

另一方面，明确地把道德与法制联系了起来。如果说"以德配天"的思想主要还是立政、立法意义上的理念和信仰的话，那么，"明德慎罚"的提出则既有立政、立法意义上的，也有治政和司法意义上的，法伦理思想显得更为丰富。它表明，西周统治者在治国问题上已经注意到把法制与德制结合起来，开创了中国德治思想的先河。

"明德慎罚"的思想是周公提出来的，《尚书·康诰》有明确的记载："惟乃丕显考文王克明德慎罚，不敢侮鳏寡，庸庸（勤劳）、祗祗（谨慎）、威威（畏惧天威），显民。用肇（创造）我区夏；越（与）我一二邦，以修（治理）我西土。"就是说，伟大显赫的文王能够崇尚德政，慎用刑罚，不侮鳏寡；他勤劳、谨慎，畏惧天威，使人民能够达到光明的境地。在中国法制思想史上，这是第一个明确地把道德与刑罚结合起来谈论国家治理的主张。

---

① 《左传·僖公五年》。

四、主张"明德慎罚"

（一）"明德"的基本思想

中国学界对"明德"的解释意见大致有两种。一种是作为动宾结构来解释的，意即"弄明白道德问题"。另一种解释是作为偏正结构看的，意即"最好的道德"。联系到《礼记·大学》"大学之道在明明德，在亲民，在止于至善"的思想，将"明德"作为"最好的道德"来解释要贴切一些。

"明德"的具体内容要求，首先是力戒荒淫，勤政修德。这是周公在总结商代灭亡的教训后提出来的。《史记·鲁周公世家》有这样的记载："自汤至于帝乙，无不率祀明德，帝无不配天者。在今后嗣王纣诞淫厥佚，不顾天及民之从也。"意思是说：从商汤到帝乙，商代没有一个帝王不遵奉美德，也没有一个因失去天道而不能与天相配。但到了商的最后一个帝王纣，却荒淫骄佚，从不顾念顺从天命与民心。

其次是要惠民，裕民。商末代君王的残暴统治激起奴隶和平民的武装反抗，加速了商代的灭亡。这一历史事实让西周新当权的统治者看到了人民的力量，采取了一些有益于人民的政策。周公说："民之所欲，天必从之"①，"天视自我民视，天听自我民听"②。他认为，"平易近民，民必归之。"③

第三是"孝"。"孝"这个字最早出现在商代，仅一处，用于地名；后来在金文中也出现过，用作人名，均不具有道德的含义。而至西周，则不仅在周代金文、《尚书》《诗经》中经常出现，而且具有了道德的含义。在西周，"孝"有孝于"小宗"和"大宗"的区分，前者是指孝于现世的父

---

① 《左传·襄公三十年》。
② 《孟子·万章章句上》。
③ 《史记·鲁周公世家第三》。

母，后者是指孝于先祖，都立足于对宗法政治伦理关系的肯定。西周统治者对"孝"是十分看重的，认为唯有行孝的人才能"有政"，而不孝的人便是"元恶大憝"，不仅不可以"有政"，而且要给予惩罚。孝是以血亲关系为自然基础、小生产为社会基础的道德标准，所以它在整个专制统治时代都与宗法政治统治紧密地联系在一起，是一个非常典型的政治伦理和法伦理范畴。

第四是礼。礼萌于原始社会末期的祭祀，当时仅为宗教性的活动，属于糊弄人与神鬼之间的事情。在原始社会末期巫术流行的时候，民神杂糅，人人祭神，家家有巫史，但是"司天""司地"的祭祀活动却由专人控制和独占，与以前已经有了很大的不同。少数人对祭祀的控制和独占，便是礼的萌芽。进入奴隶制时代以后，祭礼逐渐地演变为制礼，即管理国家和社会的典章制度。这是一个既"损"又"益"的历史渐进过程。孔子说："殷因于夏礼，所损益，可知也。周因于殷礼，所损益，可知也。"①这个历史渐进过程的实质是什么呢？《礼记·表记》有一段这样的记述："周人尊礼尚施，事鬼敬神而远之，近人而忠焉。"就是说，进入奴隶制时代以后，原始社会的祭礼在既"损"又"益"的过程中，演变成为国家的政治法律制度，由主要是糊弄人与鬼神之间的宗教性的活动而演变成为为治世、治人的国家活动了。

在这个演变过程中，作为政治法律制度的礼同时含有丰富的伦理道德思想，具有"礼仪""礼节"等方面的意思。据《史记·鲁周公世家》记载，他在长子代其受封于鲁时对其做了这样的训诫："我文王之子，武王之弟，成王之叔父，我于天下亦不贱矣。然我一沐三捉发，一饭三吐哺，起以待士，犹恐失天下之贤人。子之鲁，慎无以国骄人。"这段训子之辞的意思是说：我是文王的儿子，武王的弟弟，成王的叔父，我的地位在天下也不低了。然而我却曾在沐浴时三次握住头发、吃饭时三次吐出口中的食物，起身接待士人，这样做是因为我恐怕失去天下的贤人。你去鲁国，一定不要因为自己是国君而以傲慢的态度对待他人。

①《论语·为政》。

（二）"慎罚"的基本思想

所谓"慎罚"，也就是以谨慎的态度对待刑法处罚。它的基本思想可以从如下几个方面来概括和把握。

一是强调处罚要分别不同的情况，区别对待。周公曾告诫康叔："呜呼！封，敬明乃罚。人有小罪，非眚（过失），乃惟终（谓终其过而不改），自作不典（法）；式尔（如此），有厥（其）罪小，乃不可不杀。乃有大罪，非终，乃惟眚灾（因误、过失而犯罪），适（偶然）尔，既道极（诛戮）厥辜（罪过），时（是）乃不可杀。"①这段话的意思是说：封（康叔名）啊，在能够恭敬地对待最好的道德之后就要谨慎地对待刑罚了；对犯罪要进行具体分析，根据不同情况分别对待；对那些故意犯罪（"非眚"）和惯犯（"惟终""自作"），即使是小罪也要从重处罚；而对那些过失犯罪（"眚"）和偶犯（"非终""适"），即使犯了大罪也可从轻处罚。

二是反对族株连座，主张论罪只及当事人。在殷商时期，"罪人以族"的现象非常普遍，一个人犯了罪，往往都要殃及族人。周公对此大不以为然，坚决加以纠正，强调"父子兄弟，罪不相及"②。

三是主张重处有罪，反对乱罚无辜。周公主张，对不忠不孝之人，对杀人越货者，要严加惩处，绝不姑息，而对于无辜者则不能乱罚，更不可妄杀。周公曾说："肆往奸宄、（违法犯罪）杀人、历人（路过者）宥（宽宥）。"③意思是说，某人在路上杀了人，无关的路过者不应当承担责任。为了争取殷商遗民，周公甚至主张"勿庸杀之，姑惟教之"④。意思是说，不要动不动就杀人，对可杀的人也可以不杀而进行教育。

四是主张司法执法官吏须具备相应的"德行"，在司法执法活动中遵循道德。据《尚书·立政》记载，作为摄政王周公反复叮嘱成王"勿误于

①《尚书·康诰》。
②《左传·昭公二十年》。
③《尚书·梓材》。
④《尚书·酒诰》。

庶（差不多）狱庶慎"，"继自今立政，其勿以憸（邪佞，花言巧语献媚人）人，其惟吉士"。就是说，你今天当政了，切不可用那些喜欢用花言巧语献媚你的人，而要用有"德行"的"吉士"。《尚书·吕刑》还指出："五过之疵（音 ci），惟官，惟反，惟内，惟货，惟来。"意思是说，处理案件不当的有五种典型弊端：依仗权势办案，乘机报私怨办案，隐私庇护亲友，贪念他人财物和受贿，接受他人登门请托。

从以上简要的考察中可以看出，中国奴隶社会发展到西周时期法伦理思想已经比较丰富，周公极力主张的"明德慎罚"从立法和司法两个不同的角度提出了法伦理思想的基本构架，为后来法伦理思想的发展奠定了基础。

第二节 中国封建社会的法伦理思想

中国封建社会自春秋战国之交开始到清代末年，历经两千多年。中国封建社会实行的是人治，它的基本特点是政刑不分、司法权与行政权混为一体，并高度集中在最高统治者天子一个人身上，实行的是家天下统治。所谓"朕即国家""普天之下，莫非王土，率土之滨，莫非王臣""礼乐征伐自天子出"，就是这种立政与立法、行政与司法体制的生动说明。西汉初年，汉武帝采纳了董仲舒"罢黜百家，独尊儒术"的建议，在此后的历史发展过程中，这一治国方略虽然受到一些挑战和责难，但一直没有发生根本性的动摇，致使封建伦理与封建刑法高度统一。儒家伦理文化长久的浸润和影响，使得中国封建社会的法伦理思想具有与世界上其他民族不同的内容体系和结构模式。

春秋战国是我国奴隶制向封建制过渡的社会大动荡时期，当时思想领域出现了"百家争鸣"的生动局面。所谓"百家"说的是派别之多，而不是真的有一百甚至更多的派别。当时的"百家"，包括儒家、墨家、法家、道家、阴阳家、名家、农家、纵横家、兵家、杂家等，其中最有影响的是儒家、墨家、法家、道家。这些学派的代表人物，对法的起源、性质、特征和作用，对法的制定和执行，对法与政治、经济、军事、文化教育和伦理道德的关系，都在不同程度上"言之成理，持之有故"，提出了自己的见解，自成一说，形成了各具特色的法伦理思想。

一、儒学代表人物的法伦理思想

（一）孔子对中国封建社会法伦理思想的形成与发展所做的历史贡献

孔子是儒学的开创者。孔子在中国文化史上最大的贡献，是创建了"仁学"体系，并用"仁学"所包容的伦理思想和道德价值标准对西周的"礼"——政治与法律制度实行革命性的改造。

"仁学"的核心思想是"爱人"①，即关心、爱护、帮助他人，如"己所不欲，勿施于人"②、"己欲立而立人，己欲达而达人"③等等，这些讲的都是道德价值和道德标准。

孔子讲"仁"有一个十分独特的现象，这就是一般都将"仁"与"礼"放在一起讲。《论语》中说"仁"有109处，说"礼"有74处，首次明确将仁与礼联系起来的是《八佾》篇："人而不仁，如礼何？"④做人而不讲仁，怎样来对待礼仪制度呢？此后，有"克己复礼为仁。一日克己复礼，天下归仁矣"⑤，"为政以德，譬如北辰居其所而众星共之"⑥，等等。这样联系起来的目的是非常明确的：以"仁学"的伦理道德精神来改造由西周而来的传统礼制，赋予"礼"以道德的内涵。所谓"仁政"与"仁人"的标准正是在这样的指导思想下提出来的。孔子毕生致力于他的仁学

---

① 《论语·颜渊》。
② 《论语·卫灵公》。
③ 《论语·雍也》。
④ 《论语·八佾》。
⑤ 《论语·颜渊》。
⑥ 《论语·为政》。

思想研究，所追求的正是希望封建统治者成为"仁人"，封建专制的"人治"成为"仁人之治""有德之治"。

"仁"与"礼"的合流和"仁政"与"礼政"的贯通，丰富了奴隶制时代的礼制的历史内涵，为新兴地主阶级提供了最合适的统治工具。孔子以后的"礼"与其以前的"礼"是存在重要区别的。以前的"礼"基本上就是国家的政治和法律制度，以后的"礼"则是政治、法律制度和伦理道德观念与标准的混合体。在这个问题上，《礼记·曲礼上》曾做过全面的阐述："道德仁义，非礼不成；教训正俗，非礼不备；分争辨讼，非礼不决；君臣、上下、父子、兄弟，非礼不定；宦学事师，非礼不亲；班朝治军、莅官行法，非礼威严不行；祷祠祭祀、供给鬼神，非礼不诚不庄。是以君子恭敬、撙节、退让以明礼。"

由此我们不难推论，中国封建社会的"礼"，在规范形式上是政治、道德、法律三种规范相融的规范体系，在制度形式上是"政制""德制""法制（刑制）"三种制度相融的制度体系，而在知识理性和价值观念上则是政治伦理思想与法伦理思想的统一体。

具体来看，孔子的法伦理思想主要表现在如下几个方面：

第一，立政—立法观念上的民本思想。孔子"仁"的要义是"爱人"，其实就是"爱民"。在这种意义上我们完全可以说，孔子创建"仁学"伦理文化体系是基于他的民本思想的，出发点和目标都是为了"爱民"，相对于残酷的奴隶制统治来说这无疑是一种巨大的历史进步。在奴隶社会，"人殉"是常有的事情，后来渐渐出现以"佣殉"替代"人殉"的现象，但孔子也反对"佣殉"，认为"佣者不仁"，会使人想起"人殉"，诱发"人殉"。[1]在奴隶制处于分崩离析的社会大动荡中，孔子大发感慨道："民之于仁也，甚于水火。"[2]深感老百姓对仁义道德——"仁政（仁法）"的需要胜过对水和火的需要。从这个基本认识出发，强调统治者要重视以"信"立政和立法："子贡问政。子曰：'足食、足兵，民信之矣。'子贡

---

① 《礼记·檀弓下》。

② 《论语·卫灵公》。

曰：'必不得已而去，于斯三者何先？'曰：'去兵。'子贡曰：'必不得已而去，于斯二者何先？'曰：'去食。自古皆有死，民无信不立'。"①子贡向孔子请教政事，孔子认为，有充足的粮食和充足的军备，老百姓对政府就有信心了。子贡又问：如果是迫不得已在这三项中要去掉一项，那么应该先去哪一项呢？孔子说：去掉兵。子贡又问：如果剩下的两项需要去掉一项，那么应该先去哪一项呢？孔子说：去掉粮食。自古以来谁都免不了一死，但是如果老百姓对政府没有信心，那么国家也就无法生存下去了。把老百姓对政府的信心看成是立国之本，清楚地表明了孔子具备非常鲜明的民本意识。

第二，行政司法主张上的"为政以德"—"为法以德"。从"爱人"—"爱民"的立政、立法观念出发，孔子一生极力主张"为政以德"的行政主张，在政法不分的封建专制制度下这一主张实际上也是"为法以德"的司法主张。孔子认为，唯有"为政以德"—"为法以德"，统治者才能得到老百姓的拥护："为政以德，譬如北辰居其所而众星共之"②。为此，他强调统治者要具备合乎"德政"的优秀的个人品质，为社会其他人做出榜样。他说："政者，正也。子帅以正，孰敢不正？"③"其身正，不令而行；其身不正，虽令不从"④，"不能正其身，如正人何？"⑤

第三，重视法制的社会保障作用。在中国学界尤其是法学界，一些人总认为儒学是轻视法制的，而其始作俑者就是孔子。这种看法实际上是不符合历史事实的。首先，术业有专攻，孔子毕生以创建"仁学"伦理文化、丰富和发展传统周礼为己任，没有将思考和阐发当时的法和法制问题作为自己主要的人生目标是正常的，今人不应以其论述法制的言论的多少来评判他是否重视法制。其次，政法不分的封建专制统治模式使孔子的"为政以德"主张合乎逻辑地具有"为法以德"（"为刑以德"）的特质，

①《论语·颜渊》。

②《论语·为政》。

③《论语·颜渊》。

④《论语·子路》。

⑤《论语·子路》。

含有"为法以德"的思想，今人不应当以今天人们所理解的政治来看待孔子时代的"政"。最后，从《论语》的内容看，也看不出孔子是轻视法制的。诚然，孔子直接论及法和法制的言论确实并不多。但作为一代伟人，话不在多而在精到。《论语》仅有5处说到法，最值得注意的有两处，一处是："君子怀德，小人怀土；君子怀刑，小人怀惠。"①将对待刑法的态度可以作为区分"君子"与"小人"的标准，认为"君子"既应当"怀德"，也应当"怀刑"。另一处是："化之弗变，导之弗从，伤义以败俗，于是乎用刑矣。"②意思是说，对于教化不起作用、引导不愿跟从以至伤风败俗的人，就必须用刑法来惩治。这表明，孔子并不认为道德是万能的，在一些情况下，道德的教化是无能为力的，这时就需要法制的保障。从这些有限的文字我们不难看出，孔子不仅不否认刑法的必要性，而且对法和法制是抱着充分肯定态度的。概言之，孔子并不轻视法制的作用，只是他认为，与道德相比，法制的作用没有道德那样深刻、那样带有根本性罢了。所以，他说："道之以政，齐之以刑，民免而无耻。道之以德，齐之以礼，有耻且格"③。

孔子在中国法伦理思想史上所做的开创性的贡献，后来在孟子和荀子那里得到了继承和进一步的发挥。

（二）孟子的法伦理思想

孟子的司法伦理思想集中表现在他的"民贵君轻""为民制产""君臣大义""罪人不孥""徒善不足以为政，徒法不能以自行"的立法理念和司法主张上。

"民贵君轻"既是对孔子的民本思想的直接继承，更是进一步发挥，它用比较的方法明确地提出民"重"于君的价值标准，属于孟子的立法观念范畴，也是孟子全部法伦理思想的立论前提和逻辑基础。孟子认为，作

---

① 《论语·里仁》。
② 陈士珂辑：《孔子家语疏证》，上海：上海书店出版社1987年影印版，第188页。
③ 《论语·为政》。

为国君应当懂得国家有三样东西是最宝贵的，说："诸侯之宝三：土地、人民、政事。宝珠玉者，殃必及身。"①从字面上看，孟子在这里是将人民与土地、政事相提并论的，只是将三者看得都比珠玉重要，实则不然。因为，对于一个国家来说，土地与政事的重要性国君是不言自明的，国君最容易犯迷糊的是忽视人民群众的重要性，孟子的"三宝"之论所强调的实际上是"民贵"的思想，即"民为贵，社稷次之，君为轻"②。强调"民贵"的目的是为规劝统治者要"贵民""得民心"。孟子说："得天下有道：得其民，斯得天下矣；得其民有道：得其心，斯得其民矣；得其心有道：所欲与之聚之，所恶勿施，尔也。"③把汇聚老百姓的人心所思所向，不把老百姓所厌恶的东西强加在他们的头上，看作是"得民心"进而"得天下"的根本方法。

"为民制产"反映的是孟子在经济方面的法伦理思想，与"民贵君轻"的思想一脉相承。孟子所处的时代"苛政猛于虎"，赋税和徭役繁重，民不聊生。为此，孟子从"民贵君轻"思想出发极力主张"取民有制"，对于农民，孟子主张征收赋税和徭役要有节制，要让他们到湖泊里捕鱼以养家糊口，能够"仰足以事父母，俯足以畜（蓄）妻子，乐岁终身饱，凶年免于死亡……百亩之田，勿夺其时，八口之家可以无饥"④。对于商人，孟子主张"市，廛而不征，法而不廛，则天下之旅皆悦"⑤。廛，意即集市上堆放货物的空地。在孟子看来，集市上堆放货物的地方空了，说明商人的经商活动开展得好，可以不征他们的货物税，反之，如果集市上堆放货物的地方不空，就说明商品滞销，经商活动开展得不好，那就要依法征收他们的货物税，这样制定税收办法天下的商旅都会没意见。孟子的这种别出心裁、"违反常规"的主张，在今天看来仍然是有其现实意义的。

"君臣大义"既是政治伦理思想，也是法伦理的思想。孔子说过："君

①《孟子·尽心下》。
②《孟子·尽心下》。
③《孟子·离娄上》。
④《孟子·梁惠王上》。
⑤《孟子·公孙丑上》。

使臣以礼，臣事君以忠"①，孟子的"君臣大义"思想是对孔子这一思想的发挥。他曾用一种对比的方法，明确地对齐宣王说："君之视臣如手足，则臣视君如腹心；君之视臣如犬马，则臣视君如国人；君之视臣如土芥，则臣视君如寇仇。"②"君臣大义"作为法伦理思想，是孟子针对统治阶级内部上下级应有的法伦理关系而提出的道德要求，应当属于司法职业道德的范畴。

"罪人不孥"是孟子在回答齐宣王的提问时说到的。一次，齐宣王问"明堂"（诸侯朝见天子的殿堂）可否拆掉，孟子答道"明堂"是王者之堂，您如果要实行王道就不许拆掉它，王道包括"罪人不孥"，即对犯罪的人，刑法只及于其本人，不牵连到他的妻室儿女。其要旨是欲纠正刑及"路人"（案发的目击者）、族刑连坐的奴隶制遗风，反对滥杀无辜。他甚至曾不无愤慨地说："杀一无罪非仁也"，"无罪而杀士，则大夫可以去；无罪而戮民，则士可以徙。"③

"徒善不足以为政，徒法不能以自行"，语出《孟子·离娄上》，是孟子在总结"先哲之道"的时候所阐发的法伦理思想。他在列举了离娄的目力、公输子的技巧、师旷的耳力存在的局限之后，指出尧舜之道的成功正在于他们实施了仁政，强调光有好心，不能治理政治；光有好法，自己也不能起作用，主张把善心与良法结合起来。从思想逻辑和历史过程来看，孟子的这一思想与西周提出的"明德慎罚"是一脉相承的，其核心的理念都是强调在治理国家和管理社会的问题上要把"德治"与"法治（刑治）"结合起来，因为两者各有其长，也各有其短。孟子的这一思想对后世儒学发生过久远的影响。

从以上的概述中我们可以看出，孟子的法伦理思想相当丰富，作为儒学的创始人之一和重要的代表人物，他继承了孔子的优良的传统，又在新的形势下大大地丰富和发展了孔子的思想，使得儒学的法伦理思想达到了

---

① 《论语·八佾》。

② 《孟子·离娄下》。

③ 《孟子·离娄下》。

某种高峰。

（三）荀子的法伦理思想

作为先秦儒学的最后一个代表，荀子的法伦理思想突出地表现在三个问题上，这就是"化性起伪"的立法思想、"平政爱民"的立法理念和"有治人，无治法"的司法道德主张。

在儒学阵营里，荀子是第一个主张"性恶"的代表人物。他认为人的本性是恶的，"其善者伪也。"①所谓"伪"，即人为的意思，他认为人虽然本性是恶的，但通过后天的努力可以为善，这就是所谓的"化性起伪"。他说："今之人性，生而好利焉，顺是，故争夺生而辞让亡焉；生而有疾病恶焉，顺是，故残贼生而忠信亡焉；生而有耳目之欲，有好声色焉，顺是，故淫乱生而礼义文理亡焉。"②在他看来，"礼"——法和"法治"之所以是必要的，就在于人性本恶给社会所带来的危害性。

"平政爱民"与孔子的民本思想、孟子的"民贵君轻"思想是一脉相承的。荀子说："《传》曰：'君者，舟也；庶人者，水也。水则载舟，水则覆舟。'此之谓也。故君人者，欲安，则莫若平政爱民矣。"③"平"，具有平和、平稳之义，是相对于荒政、苛政、暴政而言的。荀子在这里借用《左传》"水则载舟，水则覆舟"的比喻，提醒和警告封建统治者：唯有平和、平稳地施政和司法，实行"爱民"的仁政，才能保住自己的统治地位。

"有治人，无治法"，语出《荀子·君道》。"治人"是指能够治世的贤人，"治法"是指能够治世的法律。荀子认为，治理一个国家，关键不在于有没有好的法律，而在于有没有能够掌握和运用好的法律的贤者。这一思想是颇具哲理的，用今天的话来说就是：关键不是是否有法可依，而是是否有法必依、执法必严、违法必究。

总的来看，先秦儒学三个代表人物的法伦理思想，主要体现在立法的

---

① 《荀子·性恶》。

② 《荀子·性恶》。

③ 《荀子·王制》。

理念方面，强调的是执政者要从"爱民"出发，"为政以德"，实行"仁政"（"仁法"）统治。

二、法家代表人物的法伦理思想

活跃在战国时期的法家学派的形成是一个历史过程，它的先驱者可以追溯到春秋时期的管仲、子产、邓析，战国时期的主要代表人物是李悝、吴起、商鞅、申不害、慎到、韩非等。法家是"百家争鸣"热浪中最富有影响的重要学派之一，其基本主张是"以法治国"①，反映急于登上政治舞台的新兴地主阶级的呼声。

法家代表人物法伦理思想的共同之处可以概括为如下几点：

（一）法因适应道德上纠正"偏私"的客观要求而产生

法家代表人物普遍认为，法不是凭空出现的，而是适应道德上的客观要求而产生的。商鞅按照时间的顺序把在他以前的社会分为三个发展阶段，即所谓"上世""中世""下世"，认为"上世亲亲而爱私，中世上（尚）贤而说（悦）仁，下世贵贵而尊官"②。认为，到了"下世"人们的私欲多膨胀了，由此而给国家和社会带来不安宁；因此，国家需要顺应时势要求"定分"以"止争"，而要如此就需要"立禁"，即制定法律。如何制定法律呢？商鞅说："各当时而立法，因事而制礼；礼法以时而定，制令各顺其宜。"③强调国家制定和颁布法律要"当其时""因其事""顺其宜"。

（二）强调"以法治国"的必要性

在中国历史上提出"以德治国"主张的只有先秦法家，这一主张与先秦以孔孟为代表的儒学主张是直接对立的。孔孟认为，治理国家重在引导和促使"天下归仁"，强调"仁本礼用""为政以德"。法家则相反，强调

①《管子·明法》。
②《商君书·开塞》。
③《商君书·更法》。

法代表老百姓的根本利益，是治理国家的根本所在，强调富国强兵不能依靠道德，而要依靠法律。商鞅说："法令者民之命也，为治之本也，所以备民也。"①

（三）强调"公"与"平"是法的灵魂

这是先秦法家的一种共识。他们所说的"公"与"平"，就是"衡"和"一""齐"。商鞅说："法者，国之权衡也。"②申不害说："君必有明法正义（仪），若悬衡以称轻重，所以一群臣也。"③管子说："法者，所以齐天下之动，至公（极公正）大定之制也。"④强调以法律为治国的唯一准绳，凡"事皆绝于法""断于法"。这里值得注意的是，法家所强调的"公""平""一""齐"，都是重在法律形式上的"法律面前人人平等"，而并不强调法律规定本身在反映社会各种人群的利益关系问题上是否体现了公平和平等，这正是先秦法家法伦理思想的一大缺陷。

（四）强调司法执法官吏须"守德"

强调行政、司法官吏必须遵守各自的执业道德，是先秦诸子的共同特点。法家的代表人物从其主张"以法治国"即刑无差等、法不阿贵的"公平"思想出发，对司法执法官吏提出了非常严格的要求，这些要求在《秦律》中得到了较为充分的体现。《秦律》对司法官吏的违法行为和处罚办法有诸多专门的规定，如对所辖地区的犯罪活动不能及时发现的，叫作"不胜任"；知道而不敢论处的叫作"不廉"；处刑不当、失轻失重的，叫作"失刑"；对罪当重处而轻处，或罪当轻处而重处的，叫作不直，应当论罪而故意不论，或从轻论罪的，叫作"纵囚"。据《史记·秦始皇本纪》记载，秦始皇34年，曾有过这样的处罚规定："治狱吏不直者，筑长城及南越地。"这些规定，实际上都是关于违反司法道德的处罚。

①《商君书·定分》。

②《商君书·修权》。

③《申子·佚文》。

④《管子·任法》。

三、中国封建社会法伦理思想形成之后的结构模式

两汉时期，是我国封建社会走向定型化的巩固时期，也是我国封建社会法伦理思想形成一定的结构模式的重要时期。关于中国封建社会法伦理思想的结构模式，有几个问题是值得我们注意的。

一是在立法理念上确立了"德主刑辅"的治国方针，强调道德教化和刑罚处罚并举，并把道德教化放在了首位。众所周知，这一方针是西汉"群儒之首"的儒学大师董仲舒提出来的，得到汉武帝赏识，被采纳为治国的基本方针和策略。后来，一些著名的思想家对此进行了阐释和发挥。贾谊认为："凡人之智，能见已然，不能见将然。夫礼者禁于将然之前，而法者禁于已然之后，是古法之所用易见，而礼之所为生难知也。"因此，要把礼之教化放在首位，使百姓在潜移默化中受到教育，即所谓"绝恶于未萌，而起教于微眇，使民日迁善远罪而不自知也"①。这一指导思想在《淮南子》中也得到了充分的体现。《淮南子》又称《淮南鸿烈》，是西汉淮南王刘安招收门客苏非、立尚、左吴、伍被等人集体编写的著作，其基本的思想倾向是追随黄老学派。《淮南子·主术训》说："治之所以为本者，仁义也；所以为末者，法度也。……今不知事修其本，而务治其末，是释其根而灌其枝也。且法之生也，以辅仁义，今重法而弃仁义，是贵起冠履而忘起头足也。"

二是以"三纲"统摄政治、法律和道德的规范要求和行为准则。"三纲"，即"君为臣纲、父为子纲、夫为妻纲"②。早在春秋时期，孔子就曾强调"君君、臣臣、父父、子子"③的等级名分，后来的孟子和荀子都继承了孔子的这一思想，到了西汉，以董仲舒为代表的儒学学者又极力加以推崇，最终提出了"君为臣纲、父为子纲、夫为妻纲"的"三纲"的政治

---

①《汉书·贾谊传》。
②《白虎通义·三纲六纪》。
③《论语·为政》。

伦理和法律伦理的原则。

董仲舒是借助于充斥神学色彩的"阴阳之道"提出"三纲"的。他说："君臣、父子、夫妇之义，皆取诸阴阳之道。君为阳，臣为阴；父为阳，子为阴；夫为阳，妇为阴。"①而阳者永远为尊贵的一方，阴者永远为卑贱的一方，因此阳者永远统治阴者。"三纲"所确认的统治与被统治的关系，既是政治法律意义上的，也是伦理道德意义上的。中国封建社会一切政治、法律、伦理的规范和行动准则，我们都可以在"三纲"上得到说明。后来，董仲舒又提出了"五常"说，即仁、义（谊）、礼、智、信，用来专门说明和调整君臣、父子、夫妇之间的政治、法律和伦理关系。

三是在选拔官吏和任用官吏方面，高度重视司法执法官吏的道德品德。汉代的选拔和任用官吏政策，同样是根据董仲舒的建议而制定的，即所谓"察举孝廉"制度。顾名思义，选拔官吏的办法是由地方长官考察推荐，标准有两个：孝和廉。所谓孝，就是"善事父母"；所谓廉，就是"清正廉洁"。而任用官吏，当然无一例外由朝廷决定。

四是主张刑罚有差等，"黥劓之罪不及大夫"。贾谊为这一主张的合理合法性做了这样的说明："廉耻节礼以治君子，故有赐死而亡（无）戮辱。是以黥劓之罪不及大夫，以其离主上不远也。"②认为之所以"黥劓之罪不及大夫"，是因为"离主上不远"。

以上形成于两汉时期的法伦理思想的结构模式，反映了中国封建社会法伦理思想的主要内容和基本特点，为中国封建社会法伦理思想后来的发展奠定了基础，是今人了解和把握中国封建社会法伦理思想全貌的基本途径和线索。

---

①《春秋繁露·基义》。
②《汉书·贾谊传》。

第三节 中国近现代社会法伦理思想的
主要内容和基本特点

中国近现代社会是一个急剧变革、动荡不定的历史时代。由于帝国主义列强的入侵，中国沦为半殖民地半封建社会，民族矛盾、阶级矛盾交织在一起，革命与反革命的较量，革命政权和反革命政权的对垒，构成了这个历史发展阶段的基本内容和特征。

在这个历史发展阶段中，中国司法伦理思想的历史发展，有如下几个问题值得注意。

一、太平天国"天下一家，共享太平"的法伦理思想

"天下一家，共享太平"，本是"太平救世歌"中提出的伦理性的革命口号，后来成为太平天国的立法、司法的基本的指导思想。它的核心内容是公平、公正。主张"有田同耕，有饭同食，有衣同穿，有钱同使，无处不均匀，无处不饱暖"。在《天朝田亩制度》中，太平天国宣布废除土地私有制，剥夺地主的土地所有权，按人口分田，平均分配。在太平天国的《十条天律》《太平刑律》和许多的诏书、诰谕中，还把斗争和专政的锋芒直指清朝的封建官吏、豪绅地主及其他各种革命破坏分子，并主张男女平等、婚姻自由、严禁娼妓、纳妾、蓄婢（音 bi）、裹足等。太平天国还要求国家官吏特别是司法执法的官吏，对上述"天法"的规定、规约，要能够做到以身作则，刚正不阿。这些都充分体现了"天下一家，共享太平"的公正、公平的司法伦理思想。

现在提一个问题：如何认识太平天国的这种以公正、公平为核心的司法伦理思想？它与在此以前由先秦法家所主张的公正、公平思想，有什么不同？

二、晚清时期"变法不变道"的法伦理思想

十九世纪末，半殖民地半封建的中国面临着深刻的民族危机。一些地主阶级改革派和新兴的资产阶级维新派，由于受到西方民主与法制思想的启发，极力主张变法维新。他们一方面鼓吹西方的"天赋人权""三权分立""民主自由"，另一方面又由于受着传统伦理道德的深刻影响，固守封建法律的主导原则和纲常礼教，将后者看成是立国之本，所以又担心变革会危及"祖宗之法"，于是便出现了"变法不变道"的社会思潮。

用法伦理学的方法看，所谓的"变法不变道"是行不通的，因为它割裂了法与道德之间的内在联系。从逻辑上来分析，人类社会自从出现法的现象之后法制与道德之间的联系就是客观存在的，不以人们的主观意志为转移的。从人类社会法制和道德文明发展史的实际过程看，法制与道德之间的联系是一种普遍存在的社会现象。在实践的层面上，这种逻辑的、历史的联系表现为一种"相协调"，即一定的法律制度必然（也只能）与一定的道德体系相协调。因此，试图在"引进"资本主义社会的法律制度的同时又保留封建道德体系不变，是不可能做到的。"天赋人权"与"天赋君权"，"三权分立"与"朕即国家"，"民主自由"与封建专制统治，都是格格不入的两个对立的方面，不可能被包容在一个社会制度之内。"变法不变道"的主张在当时曾为摇摇欲坠的晚清统治者所容忍，因为它对封建法律进行了一些不痛不痒的修改，保留了旧的封建法律的主要条款，而在法伦理思想上则仍然信奉封建纲常礼教那一套。

三、国民党统治时期的法伦理思想

在中国近现代发展史上，国民党统治时期是一个特殊的历史发展阶段，法伦理思想也具有一些不同于以往任何历史时代的情况。最值得我们注意的有如下两点：

一是鼓吹忠君报国、父权中心、男尊女卑的封建旧道德。国民党掌握国家政权之后，经常鼓吹"保障人民的自由权利""法律平等""司法独立"，建设"现代法治国家"，甚至由此而形成了"六法全书"。但是，实际上所实行的还是封建式的专制独裁统治。对于政府官吏和司法执法者，蒋介石念念不忘地要求他们的仍然是"忠孝节义""礼仪廉耻"，仍然是封建社会所鼓吹的那一套。

二是利用法律手段镇压共产党人和进步人士，阻止中国走向文明与进步。国民党在自己的专制统治时期，除了"六法全书"之外，还颁布了一系列旨在镇压共产党人和民主进步人士的法规和条例，如《戡乱时期危害国家紧急治罪条例》《特种刑事法庭审判条例》等。根据《戡乱时期危害国家紧急治罪条例》，凡是犯了"内乱罪"的人，要一律被判处死刑或无期徒刑，这就叫所谓"格杀勿论"。根据《特种刑事法庭审判条例》，审判和处罚程序根本不讲道德、不讲人道。如审判可以在秘密的情况下进行，实行严刑逼供，判决之后不允许上诉和抗诉，并设置了许多所谓的"感化所""反省院"和"集中营"，对共产党人和民主进步人士实行所谓的"感化教育""监护教育"等。

除了上述各种专横的司法执法手段之外，国民党还超出道义大量地采用流氓绑架、特务暗杀、非法刑讯、秘密处决等法外暴力手段，镇压共产党人和民主进步人士。

以上两点简要介绍的情况已经能够充分说明，国民党统治时期的司法伦理思想在内容上是一种重刑轻德、不确定的混乱的体系。它一方面继承和膨胀了封建专制社会的司法伦理思想，另一方面又具有法西斯的性质。这是国民党统治时期司法伦理思想的基本特征。

四、中国共产党领导的革命根据地人民政权的法伦理思想

中国共产党在领导中国人民求翻身解放的过程中，在不同时期的革命根据地建立了人民政权，也相应地建立了不同时期的法律制度，在立法、

法律体系和司法活动等方面体现了较为丰富的法伦理思想，反映了中国法伦理思想发展进步的正确方向。

（一）确立了人民群众当家作主、立法为民的新观念

在中国共产党诞生和领导中国人民开展革命斗争以前，一切的法制本质上都是剥削阶级的，法律是为巩固不同形式的专制统治而制定的，司法活动一般就是为了维护剥削阶级的利益。儒学的代表人物孔子、孟子和荀子等人都具有民本思想，都曾宣扬过一些以民为本的政治法律和道德方面的思想与主张，但他们都不是"民"，不能真正代表人民群众的根本利益。他们之所以要宣传自己的思想和主张，说到底不过是在为统治者"出主意"，目的还是为了巩固当时代的专制统治。

中国共产党从自己的纲领和宗旨出发，立党为公，大公无私，要求自己代表人民群众的根本利益，一切行动符合人民群众的根本利益，全心全意为人民服务。不仅在政治斗争和革命战争中勇往直前、不怕牺牲，而且在建立根据地和人民政权后高度重视法制建设，把自己的纲领和宗旨写进法律中。关于这一点，我们可以从《中华苏维埃共和国宪法大纲》《陕甘宁边区宪法原则》中看得很清楚。

（二）依法惩治腐败，提倡廉洁政治

中国共产党从建立人民政权开始，就高度重视建立相关的法律，依据相关的法律开展危害人民群众利益的腐败行为的斗争。早在1933年12月，中华苏维埃共和国中央执行委员会就颁发了《中华苏维埃共和国临时中央政府执行委员会关于惩治贪污浪费行为》的训令，申言"为了严格惩治贪污及浪费行为，特规定惩罚办法"。第二年春天，即1934年1月，在第二次全国苏维埃代表大会上，中央执行委员会主席毛泽东在《中华苏维埃共和国中央执行委员会与人民委员会对第二次全国苏维埃代表大会的报告》中指出："每个革命的民众都有揭发苏维埃工作人员的错误和缺点之权。当着国民党贪官污吏布满全国，人民敢怒不敢言的时候，苏维埃制度之下

则绝对不容许此种现象。苏维埃工作人员中，如果发现了贪污腐化消极怠工以及官僚主义的分子，民众可以立即揭发这种人员的错误，而苏维埃则立即惩办他们，决不姑息。这种充分的民主精神，也只有苏维埃制度方能存在。"①在第三次国内革命战争期间，各解放区人民政府根据当时形势的变化和斗争的需要，加大了惩治腐败和提倡廉洁政治的力度，颁布和实施了一系列的临时性法规和条例，如《东北解放区惩治贪污条例》（1947年）、《晋冀鲁豫边区惩治贪污条例》（1948年）、《苏北区奖励节约惩治贪污暂行条例》（1949年）。《苏北区奖励节约惩治贪污暂行条例》还对贪污的行为作了具体的惩罚规定，如"贪污杂粮500斤以上2000斤以下，或同等价值之物及现金者，处1年以上3年以下有期徒刑"，"集体贪污者，以其行政负责人为主犯，其余得按情节轻重，以分别治罪"，等等。这些法规，打击了当时的违法犯罪，对于保障革命战争取得全国性的最后胜利起到了至关重要的作用。

（三）推行一律平等的法律原则

先秦法家曾鼓吹过"法律面前人人平等"的思想，但他们所追求的是法律形式上的平等，即所谓"法律面前的平等"，而不注重"法律规定本身的平等"精神。这种带有阶级特性的根本缺陷，从国民党统治时期的法律制度中也可以看得很清楚。

历史上的这种缺陷，在中国共产党领导中国人民进行革命斗争的过程中所制定的法律中得到了根本性的纠正。《中华苏维埃共和国宪法大纲》有这样的规定："在苏维埃政权领域内，工人、农民、红军战士及一切劳苦民众和他们的家属，不分男女、种族、宗教，在苏维埃法律面前一律平等。"《陕甘宁边区宪法原则》有这样的规定：边区人民不分民族，一律平等。妇女除有与男子平等权利外，还应照顾妇女的特殊利益。按照平等原则，不论共产党员和非党群众、首长和一般公务员、公务员和人民群众、指挥员和战士犯了法，都严格依法判刑，对于资格老、功劳大、地位高而

---

① 转引自邱远猷：《中国近代法律史论》，合肥：安徽大学出版社2003年版，第368页。

触犯刑律的人，不允许对他们有任何特殊和例外。

很显然，与过去相比较，以上这些关于法律面前一律平等的思想是一种极为重要的历史进步，因为它们强调的是一种真正无差别意义上的法不阿贵的公平、公正的法制精神。

（四）实行革命人道主义

在中国共产党领导的革命根据地，普遍彻底地废除了肉刑，严禁刑讯逼供。主张"把犯人当人看"，尊重犯人的人格尊严，不打骂，不体罚，不虐待；强调维护犯人的合法权利，包括申诉权、辩护权、控告权等；强调给犯人以人的待遇。

从革命人道主义出发，革命根据地强调司法人员要严格遵守司法道德，办案过程要注重实事求是、调查研究，重证据不轻信口供；同时又强调有错必纠，有错必改。

为此，在革命根据地，还强调办案要走群众路线，联系群众，深入群众。在陕甘宁边区，当年曾广为传颂的"马锡五审判方式"，就充分地说明了这个特点。据有关材料称，马锡五是当年陕甘宁边区陇东分区专员兼高等法院分庭庭长，他每年办案的时候，特别是办疑难案件的时候，都会有计划地带上卷宗深入基层，深入群众，在广泛深入的调查研究中查清案情，从而正确地处理了许多疑难案件，包括缠讼多年的疑难案件，在当时当地曾被传为佳话。

最后，需要强调指出的是，了解和把握中国共产党领导的革命根据地的司法伦理思想，除了注意以上两点主要内容和基本特征之外，还应当注意其他两个问题：一是它与在此以前中国司法伦理思想的相比较已经有了一些质的变化，二是它为新中国的司法伦理思想的形成奠定了一种良好的基础。可惜的是，新中国成立后，由于受到"左"的思想的长期的干扰、破坏和不良影响，我们没有借用好这一良好的基础，留下了诸多的教训，这是另一个话题，此处我们不再展开分析了。

第四章　社会主义司法道德的基本原则及共同规范

　　在我国，人们通常是在狭义和广义两种意义上使用司法这一概念的。狭义的司法概念，一般是指审判和检察两种司法活动，不包括立法、公安和法律服务，更不包括守法。广义的司法概念，是相对于守法而言的，包括立法、检察、审判、公安和法律服务等。本章是从广义的司法概念的意义上提出社会主义司法道德的基本原则和共同规范的。

　　作为职业道德范畴，司法道德的基本原则在司法道德体系中处于核心地位，起着指导作用；其共同规范是所有司法执法部门包括司法服务机构的从业人员都应当遵循的职业道德。

第一节　社会主义司法道德的基本原则

一、司法道德基本原则及其特征

　　人类社会出现法的现象以后就有了作为职业道德的司法道德。司法道德出现以后，随着国家治理的需要和社会不断走向文明进步而得到相应的丰富和发展，渐渐地演变成为一种道德体系，在这个体系中有一种居于核心地位、起着主导作用的根本性的道德规范和价值标准，这就是司法道德的基本原则。所谓司法道德基本原则，简言之，指的是司法执法者在其职业活动中用以调节各种法律和伦理关系所应当遵循的基本的行为准则。

如同一个社会的道德原则是这个社会的道德体系区分于其他社会的道德体系的基本标志一样，司法道德的基本原则是区分不同社会制度下的司法道德体系的基本标志。诚然，学习和研究中国社会主义的司法道德，需要继承和吸收中国历史上司法伦理思想的有益成分，如儒学代表人物孔子、孟子、荀子等人的民本思想，法家代表人物管仲、商鞅等人的法律至上性、司法官吏须"守德"的思想；特别是应当注意继承和吸收中国共产党在领导革命根据地人民政权期间的法伦理思想，如立法司法为民、法律面前一律平等、对犯罪当事人给予人道主义待遇等。但是，这些继承和吸收，包括继承和吸收中国共产党领导革命根据地人民政权期间提出的法伦理思想，目的都是为了建立社会主义的司法道德体系，因此，最重要的是要提出能够体现社会主义制度特征的司法道德的基本原则。这是社会主义司法道德体系建设的首要问题。中国司法道德的基本原则应当是什么？学界有些学者认为应当是司法公正，因为人类自从有法的现象以来公正就是司法的灵魂，这种看法是需要商榷的。诚然，从人类法伦理思想的历史发展过程看，任何一个社会的司法道德都十分看重司法公正，强调将公正作为司法执法者的基本的行动准则和价值标准，这是没有问题的。但是，司法公正是一种历史范畴，在阶级社会里同时也是阶级范畴，不同历史时代、不同社会制度下的司法公正其实质内涵是不一样的；如果将公正作为司法道德作为社会主义司法道德体系的基本原则，就不能说明社会主义司法道德与以往历史时代的司法道德的本质差别。在上一章中，我们对中国司法伦理思想的历史发展作了简要的考察，从中我们可以看出，自奴隶制的西周开始，我国司法道德就强调公正，但是，这种所谓公正的内涵实际上是十分有限的，一般只适用于王族以外的同一阶级内部。不同阶级之间，特别是统治阶级与被统治阶级之间是不存在"一律平等"的公正标准的，这就是所谓"刑不上大夫"。中国的奴隶社会和封建社会的司法公正，都是以"刑不上大夫"这种不公正为前提的。其间，虽曾有过先秦法家主张的法不阿贵、刑无差等的思想，后来又有"王子犯法与庶民同罪"的习俗性的司法思想，但在奴隶制和封建制的专制统治下都没有成为司法活动的基本指导思想，也包括成为司法活动的基本指导思想。

在西方资本主义的法治国家，司法公正的时代特征和阶级属性同样也是很明显的。虽然，它推崇"平等""博爱"等人道主义观念，鼓吹法律面前人人平等的司法伦理思想，但是垄断的剥削制度及其维护"有产者"的本质要求，致使它的这些公正主张毕竟是有限的。据《北京日报》2001年10月23日报道，时年63岁的美国著名妇产科医生尼尔斯·劳尔森，在1987年到1997年的十年间因帮助不少承担不起高额手术费用的贫苦妇女解决不能生育的问题而"违规操作"，侵犯了私人保险公司的利益，被判七年零三个月的徒刑，赔偿保险公司230万美元的损失，并处罚款17万美元。10月15日开庭那天，法庭内外聚集了数不清的人，许多人为劳尔森受到庭审和判刑而热泪盈眶，有的甚至痛哭失声。新闻媒体不仅不谴责劳尔森，反而为其鸣不平，大力赞颂他的"义举"。这个案例，生动地说明法律是一个历史范畴，司法公正也是一个历史范畴，在阶级社会里具有阶级性都是为保护"有产者"的利益而设置的。其次也说明，在阶级社会里，法律往往与某些具有全人类性的道德之间存在矛盾或不一致的地方，劳尔森的同情弱者、见义勇为的"义举"反映了自古以来人类普遍认同的道德价值标准，因而得到了社会舆论的广泛同情和支持，但却同时侵犯了资本主义相关法律的尊严。在这里，道德无疑充当了法律的婢女，其所以如此又是法律及司法公正的阶级性使然。再次，正因为如此，所以司法公正也就生动地体现了时代和阶级的特征——法官公正执法，惩罚了劳尔森，遵守了法官的职业道德，维护了"有产者"的利益，却与此同时背离了"普世伦理"和"大众道德"，违背了法律维护社会基本正义的历史使命。

因此，不能简单地把公正作为社会主义司法道德的基本原则，否则就模糊了司法道德基本原则的时代性和阶级性的特征，掩盖了社会主义司法道德的本质特性。

二、提出社会主义司法道德基本原则的依据

从理论上看，提出社会主义司法道德的基本原则应当考虑到如下一些基本依据：

第一，能够反映社会主义法律的本质。社会主义法律在本质上是广大劳动人民意志和根本利益的体现。我国的立法和司法执法机关是人民民主专政的工具，是保卫国家安全、保证社会稳定和经济发展的强制性的必备力量。根据这个本质要求，立法和司法执法工作者肩负着保护人民利益、惩治犯罪、打击敌人、保卫社会主义制度的神圣职责。因此，作为职业道德要求，立法和司法执法工作者的一切言论和行动都应当从人民的利益出发，以维护人民的利益、保卫社会主义制度为自己的神圣职责。这就要求立法和司法执法工作者都要忠实于社会主义法律，视社会主义法律为最高的准绳，具有这方面的职业信念和执业精神。

第二，能够体现社会主义职业道德的基本原则的精神。社会主义的司法道德是社会主义职业道德的有机组成部分。依此逻辑推论，社会主义司法道德的基本原则应当是社会主义职业道德的基本原则的有机组成部分，应当充分体现社会主义职业道德基本原则的基本精神。我国社会主义职业道德的基本原则是为人民服务，忠于职守、爱岗敬业，要求各行各业的从业人员都应当从人民的利益出发，忠实地维护广大人民群众的利益，为广大人民群众谋利益，这就是我们平常所说的不论干哪一行都要为人民服务，都要忠于职守、敬业奉献。这个有关职业道德的总的基本原则的精神，要求我们所提出的社会主义司法道德的基本原则，能够充分体现忠实于广大人民群众利益的精神，而要如此就必须忠实于社会主义的法律。

第三，在社会主义司法道德的规范体系中能够居于核心地位，起着指导作用。什么样的道德规范和价值标准，才可以在社会主义司法道德的体系中居于核心地位、对其他道德规范起着指导作用呢？这样的道德规范和价值标准必须具有高度的概括性和涵盖性，最能反映社会主义司法道德的

本质特征，它只能是忠实于社会主义的法律。只有忠实于社会主义法律的司法执法工作者，才可能遵循其他方面的司法职业道德要求，全面具备一个司法执法工作者应当具备的职业道德素质。

就是说，只有忠实于社会主义法律才能充当社会主义司法道德的基本原则。

忠实于与忠于之间既有联系也存在区别。两者之间的联系表现在都强调"忠"。忠，本义是说为别人办事要尽心竭力、一丝不苟。"曾子曰：'吾日三省吾身——为人谋而不忠乎？与朋友交而不信乎？传不习乎？'"①这里的"忠"，所指就是这种意思。忠实于与忠于，无疑都具有"为别人办事尽心竭力、一丝不苟的意思"。两者的区别主要表现在，忠实在强调"忠"的同时还强调了"实"，即强调按照事情的本来情况、本来面貌办事，忠实就是要按照事情的本来情况、本来面貌尽心竭力、一丝不苟地为他人办事。而忠于只强调尽心竭力、一丝不苟的办事的态度和精神，并没有强调按照事情的本来情况、本来面貌办事。另外，从历史上看，"忠"历来有"愚忠"与"实忠"的差别，而"忠实于"却从来都是"实忠"，不含有"愚忠"的意思。

三、社会主义司法道德基本原则的具体体现

作为社会主义国家司法道德的基本原则，忠实于社会主义法律不是一句空泛的道德要求，而是有其具体内容的，这就是：在有法可依的前提下，厉行有法必依、执法必严、违法必究。

有法必依，是忠实于社会主义法律的思想道德基础。它强调的是司法执法者要尊重法律，视法律为唯一、最高的准绳。具体来理解，它又包含两层意思：第一层意思是指一切司法执法活动都必须要有法律依据，不能另搞一套，在法律之外办事；第二层意思是，司法执法必须要执行法律，在法律之内办事，不要违背或背离特定的法律规定。

①《论语·学而》。

执法必严，是忠实于社会主义法律的主要体现。严，严肃、严格，强调的是态度要认真，执行法律不可马虎，不可懈怠。执业态度要严肃，人们一般对此都易于理解和接受，不会出现歧义；但是，对待严格的理解，人们往往是不一样的。有的人认为，"严"就是要高标准要求，即所谓"高标准严要求"，标准越高越好，这种看法其实是对"严"的误解。严要求应是相对于特定的标准而言的，指的是要求人的行为合乎特定的标准的规定，既不降低标准，也不越过标准，即所谓无过无不及。从这点看，执法必严，指的就是严在法律规定的标准上，在司法执法的过程中要视法律规定为最高的唯一的准绳，既不降低法律规范的要求，又不超越法律规范的要求，严格按照法律的规定办事，强调的是执行法律要到位，不能打折扣，该怎么办就怎么办。在保护公民权利和惩治犯罪的问题上，要依照法律该怎么办就怎么办，该判什么刑就判什么刑，该判5年、10年的就判5年、10年，该判死刑的就判死刑，如此等等。

违法必究，是专门针对惩治和打击违法犯罪而言的。司法执法人员在自己的执业活动中，要有高度的责任心和勇气，对违法犯罪的行为不可姑息养奸，更不可包庇或纵容。对刑事案件，要坚决按照诉讼程序加以追究，对犯罪分子绳之以法。为维护法律的尊严和受害方的正当权益认真给予追究，司法执法者不能拘泥于"不告不理"，视而不见。对恶性的刑事案件，采取"不告不究"的态度，既是缺乏司法专业知识的表现，也是缺乏违法必究的司法道德的表现。

概括起来看，以上三个方面的内容反映了我们国家对司法执法工作者忠实于社会主义法律的基本要求。在引申的意义上，所谓忠实于社会主义法律，就是忠实于社会主义的司法公正，就是忠实于社会主义国家人民的根本利益，就是忠实于社会主义制度下法律生活领域内的客观事实。因此，忠实于社会主义法律，作为社会主义司法道德的基本原则，它在根本上决定了我国司法道德的社会主义本质，在总体上体现了我国社会主义司法道德的各个方面的职业道德要求。因此，从根本上来说，在我国，看一个司法执法者是否具备了应有的职业道德素质，就是要看他能否做到有法

必依、执法必严、违法必究。

第二节 社会主义司法道德的共同规范

在我国，司法主要是指立法、检察、审判、公安和法律服务等机关和部门里的职业活动。从职业分工来看，这些部门的职责及其具体活动的内容、方式是不一样的，职业道德却有些共同的规范和价值标准，这就是社会主义司法道德的共同规范。社会主义司法道德的共同规范，一般称其为社会主义司法道德规范，简言之就是反映司法各部门的共同特点、所有司法执法人员都应当遵循的共同的道德规范和行动准则。

一、社会主义司法道德规范及其特点

社会发展与进步的协调性要求和人的个性存在差异的客观事实，需要社会提出各种各样的规范或行动准则来规约和引导人们的行为，确认人与人之间及个人与社会之间特定的关系，各种各样的行动准则中就包含着道德规范。道德规范是一定社会对其应有的特定的道德关系的确认形式，它是以善恶为标准、依靠社会舆论和人们内心信念来评价和维系的行为准则。

道德规范属于道德价值体系的组成部分。如果说道德关系是道德价值体系的事实部分，体现道德对社会和人的终极关怀的话，那么，道德规范就是道德价值体系的可能形式，它所反映的通常是道德价值的可能，在价值取向上追求的是道德价值的事实。就拿与人为善来说，作为一项道德规范，它蕴涵着一种在人际相处和人际交往过程中的善的价值可能，追求的则是在人际相处和人际交往过程中的善的价值事实。所以，从这种意义上看，没有道德规范，也就没有道德价值，没有道德；道德价值的实现，道德进步的可能，都离不开道德规范。

在职业活动中，道德规范的意义更为明显。职业活动是否具有善的价值趋向，是否可以变为善的价值事实，离不开职业道德规范的约束。司法职业活动自然也是这样。

司法道德规范，是一定社会就司法执法实践中应有的职业关系提出的确认形式和行为准则，也是司法执法工作者评价和判断司法执法活动中的是非善恶的标准。司法活动中的职业关系，内含道德关系，司法道德规范就是针对这样的道德关系提出来的，它是保障司法活动有效进行的思想观念基础。在我们司法执法界，乃至法学界，一直存有这样一种不正确的认识和看法：司法执法工作者只要有法制观念就行了，不需要什么司法职业道德规范的观念。这种看法自然是不对的。实际上，一个司法执法工作者的法制观念的确立是离不开其职业道德观念的。在一个司法执法工作者的职业观念结构中，这两种观念之间的关系是：法制观念是主体部分，司法职业道德观念是主导部分。从许多先进的司法执法工作者的事迹来看，他们都不仅具备很强的法制观念，而且具有很强的司法职业道德观念；不仅熟知社会主义法律，而且忠实于社会主义法律。而从一些司法执法工作者的知法犯法的案件来看，一般都不是因为其缺少法制观念，而是缺少司法职业道德观念。

与其他社会道德规范相比较，职业道德具有调整对象和范围上的有限性、规范形式的多样性、规范内容的稳定性等特点，社会主义社会的职业道德规范也是这样。社会主义司法道德规范，与其他职业道德规范相比较同样具有调整对象和范围上的有限性、规范内容方面的稳定性等特点，除此之外，尚有一些不同于其他职业道德规范的特点。

首先，具有鲜明的时代性，在阶级社会里具有阶级性，道德的阶级性特点在司法道德领域表现得比较突出。这是因为，法在本质上是国家意志的体现，在阶级社会或有阶级的社会里它是统治阶级意志的体现，司法道德规范作为司法活动的"行规"必然体现统治阶级的意志。恩格斯说："实际上，每一个阶级，甚至每一个行业，都各有各的道德。"[1]这个著名

---

①《马克思恩格斯选集》第4卷，北京：人民出版社1995年版，第240页。

论断，当然适用社会主义的司法道德。指出司法道德具有阶级性的特点，并不是要否认司法道德的历史继承性，而是要强调社会主义司法道德在继承中国传统的司法伦理文化遗产、吸收现代西方社会的司法道德文明的同时，必须坚持自己的社会主义方向，充分表现自己的社会主义的时代内涵。

其次，与国家和人民的利益具有更直接更密切的联系，表现为鲜明的人民性与阶级性的统一。由于人民和国家历来都是一种历史范畴，所以，所谓的人民性、阶级性及两者相统一的情况是不一样的，适用于一切时代一切阶级的司法道德规范，并不存在。在我国，法律作为国家意志的体现，也是人民利益的体现，本质上表现为阶级性与人民性的高度统一。这种特性必然反映在司法道德上，使得司法道德也具有人民性和阶级性相统一的特点。人民是一个政治概念，公民主要是一个法律概念。在我国，在一般情况下这两个概念不存在本质的不同，而是具有质的同一性，司法执法者不能将两者对立起来，以至于头脑里只有公民的概念而没有人民的意识。须知，忠实于社会主义法律就是忠实于人民的根本利益，秉公执法就是为民执法，就是维护广大人民群众的利益，打击危害人民群众利益的违法犯罪活动。我国的司法执法工作者，要通过学习提高政治觉悟，牢固树立人民观念，从思想认识和行为方式上养成代表广大人民群众根本利益，为民掌权、为民执法的思维和行为习惯。

最后，与司法执法活动的关系更为密切，比其他职业道德规范更具有约束力。一切职业道德规范与其职业活动都有不可分割的联系，如职业道德规范与职业纪律及操作规程通常是相互交叉重叠的、执业行为通常也是职业道德行为等，同时也都对从业人员具有约束力，但司法道德规范在这两个方面更为突出。在其他职业活动中，职业道德要求与其职业操作规程和纪律的要求，往往具有不确定性，也不是那么十分的严格，易于掌握。如教师职业道德强调的教师要热爱学生、尊重学生，就不是那么容易具体理解、掌握和操作的，食品行业要求从业人员要做到货真价实、讲究卫生，但是究竟怎样做才叫货真价实、讲究卫生呢？也具有一种不确定性，不容易说得一清二楚。也许正因为如此，在其他职业活动领域，职业道德规范的约束力是有限的，往往并不能很有成效地发挥它应有的作用，需要借助于其他方面的规范，如行政法规、法律规范等。而司法道德规范与司法执法活动的关系则不是这样。一个司法执法工作者是不是遵守了司法道德规范，给人们的印象是一目了然的。你究竟是一个好法官、好警察、好律师，还是一个坏法官、坏警察、坏律师，这个问题并不难，因为看看你是否忠实于社会主义法律，依法办事，遵守了明文规定的司法道德规范就行了。这是因为，司法道德规范与法律的关系最为密切，司法道德规范的条款都是具体的，严肃的，严格的，其间不存在什么不确定的因素，具有很强的可操作性。

二、社会主义司法道德的共同规范

相对于社会主义其他行业的职业道德而言，社会主义司法各个系统各个部门有其共同的职业道德规范，这主要有如下几点。

（一）立场坚定，爱憎分明

立场，在新中国成立后相当长的一段时间是人们很喜欢、经常不离口的一个名词概念，使用率很高。进入改革开放历史新时期以来人们就很少使用这一概念了，它的名声一直不好，一说到立场问题，不少人就很反感，认为又在搞"左"的一套。这种看法其实是不正确的。诚然，在极"左"思潮盛行的"文化大革命"时期，立场确实被政治化、阶级化了，"坚持立场"成为推行极"左"一套的托词和幌子，"立场问题"因此而成了整人害人的工具。这使得人们不能看到立场的普遍意义，看不到坚持正确的立场的极端重要性。

实际上，不论是从主观上看还是从客观上看，人在思考任何问题、做任何事情的过程中都存在一个立场问题。所谓立场，简言之就是人们在思考某个问题和选择某种行为的过程中所实际持有的根本看法和采取的基本态度。立场因人们思考的问题与选择的行为的不同而具有不同的内涵，表现出不同的形式，如在政治活动中有政治立场，在职业活动中有职业立场，在学习活动中也有一个学习立场的问题等。在职业活动中，每个人都不可能不考虑为谁职业、采用什么样的态度职业的问题，这就是职业立场。

在司法执法活动中，司法执法者在行为选择方面自然也存在如上所说的立场问题。在审理一个案件的过程中，你是忠实于社会主义法律、从维护社会主义法律的尊严和公民合法的权益出发，还是忠于某个领导或从维护领导面子和亲朋好友的利益出发，在这里难道不存在一个立场问题吗？

对待立场，在态度上既有一个是否正确的问题，也有一个是否坚定的问题，以坚定的态度坚持正确的立场是最为可贵的。要做到立场坚定，并不是一件容易的事情。它要求司法执法人员一是要有原则意识，也就是说要有立场，要忠实于社会主义的法律；二是要有勇气，敢于坚持原则，也就是要有一种坚定的精神。在这里，勇气更为重要，也最富有司法道德的价值，因为没有坚定精神，所谓立场和原则往往就会丧失。在我国当前的司法界，人们一般都能够看出立场和原则问题，也都能做出正确的选择，问题在于不能坚持正确立场到底的人却也并不鲜见。因此，在主张选择正确的立场的前提下强调立场要坚定，是很有必要的。

司法执法者在办案的过程中能否做到立场坚定，与其是否具有爱憎分明的职业道德情感是直接相关的。立场坚定与爱憎分明是相辅相成的，只有爱憎分明才能做到立场坚定，而只有立场坚定才能体现爱憎分明。作为一个司法执法者，是爱法律、爱受害者，还是爱权势、爱亲友、爱金钱，至关重要，它与立场问题直接联系在一起。情感如果错位，该爱的却憎，该憎的却爱，势必会站错立场。

在人的道德品质结构中，道德情感是最活跃的因素，它是对道德认识进行内心体验的产物，是主体将正确的道德认识（善知）转化为正确的道德行为（善举）的必备的中间环节。道德情感中最有价值的方面就是爱与憎的情感。在公共汽车上，一个人看到小偷在作案，他在认识上知道自己这时应当见义勇为，上前加以制止，但他始终没有这样做，这当中就存在一个缺乏道德情感的问题——对被偷者缺乏爱，对小偷缺乏恨。可见，主体对道德行为进行选择的时候仅持有正确的道德认识是不够的，还必须在持有正确的道德认识的同时具有相应的道德情感。职业活动中的道德情感便是人们常说的职业情感，在绝大多数职业活动中职业情感的内容和形式都是爱，恨的情感不是那么突出，而司法活动对爱与恨的情感要求都是很突出的，要求司法执法者要爱憎分明。对合法权利受到侵害的公民，要满腔热情地给予同情，坚决维护其合法权利；对不法侵害者要怀有强烈的憎恶情感，给予坚决打击。

总之，立场坚定与爱憎分明，是从不同方面说一个问题，一种要求。在这里，立场坚定说的是司法执法者在办案过程中的基本态度，一般说来，能够持这种基本态度，在办案的过程中就会爱憎分明，同样，能够爱憎分明的人，一般就能够做到立场坚定。

（二）公正执法，求真求实

在司法界，公正执法是人们最熟悉、使用率最高的概念。理解和把握公正，首先要看到公正是一个多学科的历史范畴，在西方思想史上源于古希腊的"Orthos"，即"表示置于直线上的东西，往后就引申来表示真实的、公平的和正义的东西。"①其次要注意公正的要义或实质内涵是权利与义务的对等性。虽然公正是历史范畴，不同社会制度和同一社会制度下的不同阶级持有不同的公正观，但是在其要义和实质内涵上都表现为特定的权利与义务的对等性关系，这一点上是一样的。再次还需要注意的是，历史上的公正不论是以何种形式出现，也不论其调整手段是国家形式、社会方式还是人与人之间的契约，所反映的都是普通的、处于弱势的人们对于整体或他人提出的要求，都是义务主体对于权利的呼唤。就是说，当主体在呼喊和要求某种公正的时候，那就意味着反映在主体身上的权利与义务的关系失衡了，而且一般都是因应有权利的失缺。

① ［法］拉法格：《思想起源论》，王子野译，北京：三联书店1963年版，第59页。

　　权利与义务的关系是一切法的核心问题，也是法伦理学关注的核心问题。在这种意义上我们可以说，司法就是"司"权利与义务之间的某种特定的对等性关系，维护这种关系的应有状态，纠正这种关系的失衡情况，即公正执法是司法执法者的神圣职责。

　　在中国，人们理解和把握公正的时候还应当看到，我们这个民族缺少公正意识和要求公正的传统。这是由中国几千年的封建社会的基本结构方式造成的。中国历史上一方面是汪洋大海式的小农经济，一方面是封建专制政治。小农经济是自私自利的小农"伦理观念"之根，专制政治是"大一统"的整体伦理意识之根。小农经济自私自利的"伦理观念"具有离心离德的道德心理和自以为是的自由主义作风倾向，这是不利于封建国家的整体稳定和繁荣的，需要"大一统"的整体观念来改造和化解，由此，而造就了用高度集权的政治扼制普遍分散的经济，用封建整体观念来统摄自私自利的小农意识的中国封建社会经济政治和文化的基本结构模式。在此基础上产生的儒家伦理文化也因此而内含着两个基本的价值趋向。一是与"大一统"相一致，教人无权利地服从整体，调整的对象是个人与国家及宗族之间的关系，属于政治伦理范畴。二是与自私自利的小农意识相左，劝人无条件地善待他人，调整的对象是人与人之间的关系，属于所谓"人伦"伦理范畴。政治伦理以"三纲"即君为臣纲、父为子纲、夫为妻纲为主体，既是政治标准，也是伦理规范，强调臣、子、妻必须绝对地对君、父、夫负责，绝对地听命于君、父、夫的安排，故而古时有"天子""父亲大人""夫君"之称谓，有"君要臣死，臣不得不死""父要子亡，子不得不亡"之训条。在这里，一方专握权利，一方专担义务，"三纲"所规定的权利与义务关系是严重失衡的。"人伦"伦理以所谓"仁、义、礼、智、信"为主体，表现在"推己及人"，律己待人，有诸如"己所不欲，勿施于人"①、"己欲立而立人，己欲达而达人"②、"君子成人之美，不成

――――――――――

　①《论语·卫灵公》。

　②《论语·雍也》。

人之恶"①之类的劝诫之说，其间，确可见其人与人之间需相互爱护关心之意，但基本的价值倾向还是强调小视自我，重看他人。

中国进入新的历史发展时期特别是大力推进社会主义市场经济、实行依法治国的发展战略以来，公平、公正问题越来越受到人们的重视，但还远远没有深入人心。种种情况表明，轻视以至忽视公正、公平这种不良的传统影响，也渗透在我们司法执法工作者的队伍当中。如一些人在审理案件过程中，总是自觉或不自觉地考虑上级指示和人情关系多于维护和捍卫法律的尊严，偏离适用法律的范围，置当事人的正当权益于不顾。因此，从司法职业道德建设的实际需要看，今天强调公正执法是具有明显的针对性的。司法执法是一种特殊的职业，从业人员的职责也是一种职权，手中一般都掌握着一定的权力甚至是生死予夺的大权，是否公正执法至关重要，有时甚至是人命关天的大事。因此，司法执法者应当严格自我要求，自觉克服一切有悖于公正执法的旧的道德意识，真正做到办事公道、对任何公民都能做到在适用法律上一律平等，具体来说就是事实要清楚，定性要准确，量刑要适当，程序要合法。

要做到公正执法，就要求真求实。这是关于思想路线和工作作风方面的职业道德要求。所谓求真求实，指的是要尊重客观事实，做到实事求是、从实际出发，而要如此就要自觉克服和反对见风使舵、徇私办案、趋炎附势的不良思想和作风。

首先，要正确认识和对待司法独立与听取领导机关或领导者意见的关系。在我国，司法执法工作者应当具备依法独立办案的清醒意识，在办案的过程中应当视法律为最高、唯一的准绳，坚决依法行事，不受来自领导机关或领导者的意图的干扰。但这并不等于说，来自领导机关或领导者的指示、意图，可以一概不听，一概不从。我国是社会主义国家，实行的司法独立不是西方资本主义国家"三权分立"意义上的司法独立，司法工作应当接受中国共产党的监督。中国共产党是代表广大人民群众的根本利益的，从理论上说，司法独立与接受中国共产党的领导不应当存在不可克服

①《论语·颜渊》。

的矛盾。当然，从实际情况看，一些地方的领导机关或领导者对一些司法工作的干预是不恰当的，中国共产党也充分注意到这种有碍公正执法的不良现象，并在注意加以纠正，也正因如此强调司法独立是十分必要的。总而言之，不应当因强调司法独立而轻视甚至排斥中国共产党从代表人民群众的根本利益出发对司法实行的监督，也不应当因实行这种监督而轻视甚至否认司法独立的必要性，动辄干扰正常的司法工作。从这点看，司法执法者对待来自上级机关或领导者的指示和意图所采取的正确态度应当是：在尊重法律的前提下，给予科学的分析，吸取有益的意见，以提高办案的质量和水平。

其次，要正确对待自主判断和尊重客观事实的关系。自主判断是司法独立的主要表现，司法执法人员在审理案件的过程中如果不能自主判断，所谓司法独立也就无从谈起。但是，自主判断不是主观主义的判断，即不是一切从主观推理和想象出发的判断，而应当是以客观事实为基础，立足于客观事实、从客观事实出发的判断。从我国司法界目前的实际情况看，司法人员一般都能够较好地处理自主判断与尊重客观事实的关系。有两个长相很相似的"哥们"，其中一人承认故意杀人因而被判处死刑。后来有一位法官介入此案，他根据蛛丝马迹察觉这个案子有一些疑点，经过审慎的调查最终发现，真正犯故意杀人罪的是"哥们"中的另一人，从而翻了这个"铁案"。同时也应当看到，目前一些司法人员不能正确处理自主判断与尊重客观事实的关系，突出的表现便是不尊重客观事实，不注重做必要的调查研究，调查案情时也往往只是走马观花、浮光掠影，在取证不足的情况下乱下结论。

公正执法与求真求实是相互联系的，实际上是一种要求的两个方面。两者之间，公正执法是目的，求真求实是方法；公正执法具有指导思想的意义，从公正执法的指导思想出发，人们就会注意求真求实。而能够注意求真求实，执法就易于做到公正，反之，就会是另外一种情况了。

（三）廉洁奉公，不徇私情

社会主义司法道德的这项共同规范要求，是立足于如何正确处理公与私的关系问题而提出来的。公与私的关系问题，是人类自古以来伦理思维的基本问题，也是人们一切道德生活的核心问题。司法执法者是人，不是神，在自己的职业道德中自然会与其他行业的人们一样，遇到如何处理公与私的关系问题。因此，需要相应的职业道德调节，这就是：廉洁奉公，不徇私情。

在中国，从古到今，"公"所指都是"公利""公务"，亦即"公家的利益""公家的事情"。在中国封建社会，"公"实际上有两种不同的含义，一是封建统治阶级的"公利""公务"，本质上是剥削阶级私有利益的代名词，其反映劳动人民的利益和社会的"公有"性是十分有限的。二是社会公益或公众意义上的"公利""公务"，虽然具有历史的局限性，但相对于一家一户的小农经济和个人之"私"来说，还是具有"公有"的特质的。社会主义实行人民当家作主的制度，中国共产党代表广大人民群众的根本利益，"公利"和"公务"的内涵和形式发生实质性的变化。中国人话语系统中的私，自古以来有多方面的含义，如"私利"（个人的利益）、"私欲"（个人的欲望）、"私人"（即个人的身份）、"私情"（个人的情感）等。所以，中国人所说的公与私的关系实际上是比较复杂的，随着"私"的内涵不同而表现出不同的内容和形式。

在司法实践中，公正主要是指司法执法者在办案过程中为履行职责所开展的一切公务活动。司法执法人员的私情，主要是指其个人与亲朋好友之间的情感。"廉"本义是指清楚，"洁"本义是指干净，所谓廉洁指的是在处理公私关系问题上所采取的公私分明的态度。廉洁奉公、不徇私情，说的是用公私分明的态度对待司法执法活动中的一切公务。

要做到廉洁奉公、不徇私情，就要过好三关，即金钱关、美色关、人情关。一案当前，当事人为了做出有利于他们的判决，往往会请你吃饭，给你送钱送色，或者请你的熟人亲友上门说情送东西，这时候能否做到不贪，不徇私情，坚持依法办事，就是一种严峻的考验。钱毕竟是好东西，爱美之心人皆有之，问题在于是否遵守了"君子爱财，取之有道""君子爱色，爱之有道"的道德要求。人非草木，孰能无情？谁没有亲友呢？在与人相处和交往的过程讲究私人感情不仅是正常的，也是必要的，无可厚非。但是，问题在于不可将私人感情带到司法执法实践中来，不可在司法执法工作中讲私人感情，不可为讲私情而将维护当事人正当权益和打击违法犯罪搁置一边。所谓"法不容情"，正是在这种意义上说的。

（四）忠于职守，无私奉献

忠于职守，在我国是所有行业共同的职业道德要求，自然也是司法执法工作者共同的职业道德要求。司法执法者忠于职守，是遵循社会主义司法道德的基本原则——忠实于社会主义法律的直接表现。忠实于社会主义法律不是一句空话，它需要通过忠于职业岗位的实际行动具体地体现出来。

改革开放和发展社会主义市场经济以来，我国实行了人才流动的政策，许多地区特别是一些沿海的开放地区如深圳、珠海等，正是得益于人才流动政策而发展起来的。有的人据此认为，忠于职守的职业道德要求已经不合时宜，不能再提倡了，这种看法是不对的。这涉及如何正确理解忠于职守的含义的问题。过去，由于受到一些不良的传统观念的影响，人们往往是在"从一而终"的意义上理解忠于职守的，一个人干一行就得在这一行干一辈子，直到"光荣退休"，如果调动那是组织和领导上考虑的事情，个人是不能提出来的，否则就违背了忠于职守的职业道德要求。其实，忠于职守应当被理解为忠于自己的职责，即干一行干好一行，它与是否"干一行就得在这一行干一辈子"不应当存在必然的联系。你干一行可以不爱这一行，可以不在这一行干一辈子，但既然干了这一行就得干好这一行，干一天就得干好一天，这才是一个忠于职守的问题。由此观之，忠于职守与人才流动并不是矛盾的。在当代中国，一个从业人员可以根据自己的业务素质和兴趣选择自己的职业，从一个单位流动到另一个单位，这不仅有助于充分发挥人才的作用，而且对整个社会的发展进步也是大有益处的。但这不等于说你可以不遵守忠于职守的职业道德要求，当你还没有流动到你所希望去的工作岗位时，你就应当做好眼前的工作，做到尽职尽责。

无私奉献，是对忠于职守的补充说明，强调的是高度的职业责任感和兢兢业业、无私奉献的工作态度。一个忠于职守的人总是能够做到敬业奉献的。

关于无私奉献，在我国理论界和思想领域，人们的理解一直存在分歧。不少人认为，无私奉献是不可能做到的，主张无私奉献是"左"的影响没有肃清的表现，因为，一个人的道德再高尚都不可能做到不要个人的利益、个人的名誉和地位。这种理解是有失偏颇的。这种偏颇与中国人对"私"的理解一直存在不确定性是很有关系的。在中国古代伦理文本中，"个人问题"一般都用一个"私"字来表示，而其实际涵义却有"私人""私利""私欲""私心""私情"等多种，其中多数并不属于道德范畴，既不能一概用今日的私利即个人利益来说明，也不能用今日的"利己主义"或"个人主义"即所谓的"私心"来表达，但是文言文的伦理文本多不能做出这样的区分。这种历史文化现象作为一种传统其影响一直存在，20世纪关于究竟是提倡大公无私还是提倡公私兼顾的争论，就是一个典型表现。实际上，大公无私的"私"所指是"私心"即个人主义或利己主义，公私兼顾的"私"所指只能是"私利"即个人利益，因此那场争论其实是不必要的。不难理解，无私奉献的"私"所指只能是"私心"，属于职业道德，不属于"分配道德"，强调的是不要带着"私心"即个人主义或利己主义的目的去执业，不是说不要个人利益去"奉献"。不作如是观，就把社会主义的职业道德当成宗教的戒律了。作为职业道德，正确理解的无私奉献应当是：一个从业人员在自己的工作岗位上不要以职权和职责谋取个人利益，而要毫无保留地贡献自己的聪明才智，为人民服务。

在我国社会主义的职业道德体系中，无私奉献的道德要求层次较高，属于政治道德范畴。从职业道德的分类来看，任何国家的司法道德都属于

政治道德范畴。因此，向司法执法者提出无私奉献的职业道德要求，是完全必要的。事实也证明，一个司法执法者只有自觉做到无私奉献，才能真正做到秉公执法，忠实于社会主义法律。

（五）谦虚谨慎，团结协作

社会主义司法道德的这一项共同规范要求，是从"同心同德"的意义上提出来的。同事需要同心同德，是所有行业共同的职业道德要求。

谦虚，说的是实事求是地看待自己和对待他人。谦虚，自然不是虚夸和自大、自以为是、目中无人，具有后者不良品性的人在与人相处共事时总是认为"就我行"，这样的人在工作中不易与同事做到同心同德。谦虚，也不是无意或有意贬低自己，总是说"我不行"。无意贬低自己，是自卑心理的典型特征，这样的人由于心理导向不正确往往真的把自己引导到"不行"的地步。有意贬低自己，是一种虚伪心态的表现，这样的人往往在内心里认为"就我行"，却给人以一种谦虚的假象。谦虚的人，在看待自己和对待他人的问题上，其思维方式的特点既不是"就我行"，也不是"我不行"，而是"我也行"。谨慎，是一种优良的作风，它与谦虚有着"天然"的联系，谦虚的品性需要谨慎的作风维护，谦虚的人在待人接物上一般也会是谨慎的。

在司法执法实践中，与同事相处共事抱有谦虚的态度是十分必要的，它易于在同事之间形成同心同德的职业风尚，做好工作。一方面要正确看待自己，处理好与自己的关系，对自己的工作已经取得的成绩，不要自满，不要骄傲，不要故步自封，不要不思、不求上进，不要急躁，不要马虎，更不要敷衍了事，而要谦虚谨慎。另一方面，要正确看待别人，处理好与同事的关系，不要妒忌同事，而要尊重同事的劳动和人格尊严，不要傲慢对待同事，更不要有意或无意贬低甚至诋毁同事，以打击别人的方式抬高自己。

这就涉及团结协作问题。团结，是人的本质的体现，是做好工作的必备条件，团结就是力量。团结之所以有力量，是因为团结起来可以协作办事，提高工作效率。换言之，团结不是目的，目的是为了协作，为团结而团结是不必要的。而要做到团结，就要培养同心同德的良好品德。须知，同事"同"得如何，关键不是"同"的是什么事，而是如何"同事"。在这里，最重要的是"同心"和"同德"，这是同事的思想道德基础。同心同德——团结——协作，这是任何职业活动都不可缺少的职业道德要求。

换一个角度看，谦虚谨慎、团结协作也是一种生活艺术。有的人总是认为只要自己有学问、有本事，就可以实现自己的理想，实现自己的人生价值，因而不注意谦虚谨慎、团结协作，与身边的同事处好人际关系。这样的情况在司法执法部门也是屡见不鲜的，他们往往把自己放到一个尴尬的工作环境，因而甚至陷入一种困境。当代美国著名学者卡耐基经过多年的研究发现，一个人的人际关系的状态，在他的事业成功中所起的作用，与他的专业技能相比占85%。这个比例虽然不一定科学，但其强调人际关系的重要性则是完全正确的。

从哲学认识论看，人的本性决定了每一个人都是生活在特定的社会关系网络中，一个人只有谦虚谨慎、注意与人团结协作，善于处理和调整自己在人际关系中的适当位置，扮演恰当的角色，才可能赢得自己生存和发展的空间，最充分地实现自己的人生价值，干出一番事业来。

从人的价值实现的评价机制看，一个人是否成功，他的人生价值如何，实际上并不是他自己说了算的，而是需要他人和社会的认可的。你说你行，还是不行，非得社会和他人说你行，得到社会和他人的承认，那才是真正的行。而要达到这样的境地，就需要一种良好的人际关系，这种人际关系的形成不靠别的，靠的就是平时谦虚谨慎、团结协作。

第五章 司法执法职业部门的道德规范

在前一章里，我们分析和阐述了司法职业道德的基本原则和各个部门应当遵循的共同的道德规范，这一章我们分别介绍司法执法各个部门包括司法服务部门具体的职业道德规范。

司法执法各个部门具体的职业道德规范与其共同的职业道德规范，是个别与一般的关系。共同规范是从具体规范中抽象出来的，具体规范是共同规范存在的逻辑基础，因此在理解和把握司法执法各个部门具体的职业道德规范的时候，不可忽视它们共同的职业道德规范。

第一节 检察人员的职业道德规范

在我国，检察机关大体上可以分为两种基本类型，一类是从中央到地方的各级人民检察院，另一类是专门的检察院，如军事检察院、铁路运输检察院、水上运输检察院等。

检察人员在自己的业务活动中，通常面临如下多种业务关系：检察人员与当事人之间的关系、检查人员相互之间的关系即同事关系、检察系统内部各个部门之间的关系、诉讼参与人与法定代理人之间的关系、检察人员与其他司法工作者之间的关系、检察活动与国家行政机关及企事业单位和社会团体之间的关系，等等。调整这些业缘关系，使之适应检察工作的实际需要，保障检察工作有序正常的进行，就需要制定相应的行为准则。这样的行为准则主要有两种．一种是相关的法律法规，如《中华人民共和国人民检察院组织法》《中华人民共和国检察官法》等。1979年7月1日第五届全国人民代表大会第二次会议通过的《中华人民共和国人民检察院组织法》，对检察人员的职权做了这样一些规定：（1）对于叛国案、分裂国家案以及严重破坏国家的政策、法律、法令、政令的重大犯罪案件，行使检察权。（2）对于直接受理的刑事案件，进行侦查。（3）对于公安机关侦察的案件，进行审查，决定是否逮捕、起诉或者免于起诉；对于公安机关的侦察活动是否合法，实行监督。（4）对于刑事案件提起公诉，支持公诉；对于人民法院的审判活动是否合法，实行监督。（5）对于刑事案件判决、裁定的执行和监狱、看守所、劳动改造机关的活动是否合法，实行监督。不难看出，这些关于职权范围的法律规定，都是因检察活动中的各种业务关系而确定的。

另一种是职业道德规范，这就是检察人员职业道德规范。检察人员的职业道德是因检察工作的实际需要提出来的，它是依靠社会舆论、传统习惯和检察人员的内心信念来评价和维系的行为准则。所谓检察人员的职业道德规范或检察道德规范，指的是各类检察机关的工作人员在从事检察工作业务时应遵循的特殊的职业道德规范。

2002年3月7日我国最高人民检察院发布的《检察官职业道德规范》，共提出四条规范：（1）忠诚——忠于党、忠于国家、忠于人民，忠于事实和法律，忠于人民检察事业，恪尽职守，乐于奉献。（2）公正——崇尚法治，客观求实，依法独立行使检察权，坚持法律面前人人平等，自觉维护秩序公正和实体公正。（3）清廉——模范遵守法纪，保持清正廉洁，淡泊名利，不徇私情，自尊自重，接受监督。（4）严明——严格执法，文明办案，刚正不阿，敢于监督，勇于纠错，捍卫宪法和法律尊严。

与《中华人民共和国法官职业道德基本准则》相比较，《检察官职业道德规范》这四条规范是相当简略的，其实只是职业道德基本原则意义上

的规范；同时，《检察官职业道德规范》的前两条即"忠诚"与"公正"，属于司法执法各个系统各个部门的共同规范，并不是检察系统和部门特有的。因此，在理解和把握上有必要对《检察官职业道德规范》加以展开，做一些适当的补充。

一、正气当先，敢于碰硬

这项职业道德规范，最能反映检察业务的职业特点，也最能体现检察人员应当具备的品格。从某种意义上说，检察就是一种必须正气当先、敢于碰硬的司法活动，不具备正气当先、敢于碰硬品格的人是不能担任检查工作的，担任了也是做不好工作的。俗话说的"心正秤才平，人正事才公"，说的就是正气当先、敢于碰硬的重要性。

正者，刚正、端正也；气，即气节、风气、气派。所谓正气，指的是刚正的品行或气节，端正的作风或风气。在中国伦理思想史上，正气一般属于政治道德范畴，是封建统治阶级向其成员包括司法官吏提出的道德要求，讲正气或正气当先也是我国封建社会一些有作为的司法官吏推崇的政治品质，形成了一种司法道德传统。明朝的海瑞（1514—1587）一生为官清廉，刚正不阿，因锐意惩治贪官污吏而屡获罪于朝廷和地方恶势力，但他矢志不渝，坚忍不拔，最后死在任上。检察机关在司法职业系统中的地位非常特殊，它既是法律监督机关，又是国家的执法机关。这种特殊的使命和责任，要求检察人员一案当前必须首先能够做到正气当先，一身正气。只有这样，才能做到光明磊落、正气凛然，不畏权势，秉公办案。

正气是与邪气相对立的，要正气当先就得敢于与邪气相对垒，也就是说要敢于碰硬。事实表明，目前干扰检察机关依法办案的"邪气"多来自一些领导机关或领导者个人。这种人受特权思想影响较重，时而无视法律秩序，利用自己的地位和影响干预检察机关办案，使得检察人员处于一种四面罗网、八面歪风的境地。由于他们手中握有实权，因而使得来自他们身上的这种"邪气"往往比较"硬"，因此，检察人员如果没有敢于碰硬的精神是很难坚持正气当先的。由此看来，只有敢于碰硬，才能做到正气当先。

而要做到正气当先、敢于碰硬，就需要发扬大公无私的大无畏精神，正确认识和处理个人得失与司法公正的关系，把个人的名利、地位、得失置之度外。做不到这点，不要说正气当先、敢于碰硬，做到有法必依、执法必严、违法必究，就连该办的案子也可能被搁置了。

二、甘于清贫，清正廉朗

这项职业道德规范，是就检察人员应当如何正确认识和处理个人物质利益与自己的检察业务活动之间的关系提出来的。任何人都有自己的正当的物质利益，检察人员也不例外。所谓正当的个人物质利益，主要是指通过自己的劳动所获得的报酬，就当代中国的分配体制看，正当的个人物质利益一般是指从业人员的工资收入和从单位的福利分配中所获得的收益。

从目前我国的工资收入情况看，国家公务员的工资是普遍比较低的，而公务员所在的机关或单位一般也都很少有什么额外的福利，所以，公务员一般都比较清贫。各级检察机关工作人员也是这样。有鉴于这种情况，我们国家在财力有限的情况下还一直坚持力图提高公务员的工资水平，尽可能地提高他们的物质生活待遇。

应当看到，目前国家公务员队伍中贪污腐败的问题之所以依然存在，与工资收入普遍比较低的情况不是没有一点关系的。一般来说，一个国家公务人员事实上如果不会为购置房产、抚育孩子等问题所需要的费用发愁，就不会去贪污受贿，做出违背道德和法律的事情来。也许正因为如此，中国学界一直有人主张实行"高薪养廉"的政策，即以高额的工资收入让公务员觉得没有必要去在工资之外捞钱。从一定的意义上看，这种主张无疑是有道理的。但同时也应当看到这样看问题又是不全面、不准确的。高薪，对于养廉无疑会有帮助，但仅仅靠高薪来遏制以至消除贪污腐败现象，是十分有限的。提高了工资待遇之后并不一定就能够保证不出现贪污腐败的问题，这一点可以从西方一些实行高薪的国家的情况得到说明。本来，可以用来"养廉"的"高薪"的标准就是一个不确定的因素，什么样的"高薪"才可以"养廉"谁也无法说得清楚。何况"欲壑难填"，人对物质利益的期望和追求是没有止境的，所谓"高薪养廉"只具有相对的意义。

实际上，从根本上说，是否因为清贫而丧志、做出违背道德和法律的事情来，是一个是否具备相应的职业道德水准的问题。为什么同样是处在比较清贫的环境中，有的检察人员贪污腐败，有的却能够做到清正廉明呢？道德是做人的根本。

须知，人类社会发展至今，特别是在今天市场经济的条件下，不同的职业给人们带来的物质利益是不一样的，甚至是千差万别的，有的职业让人富有，有的职业让人清贫，这是一种普遍的社会现象。而在社会发展与进步的进程中，让人富有的职业不一定就是最重要的职业，让人清贫的职业不一定就是不重要的职业，更不一定是最不重要的职业，这也是一种普遍的社会现象。这种现象的存在，有的属于分配不公的问题，有的则属于社会发展过程中的正常现象，不应该统统归于"改革"的对象。属于分配不公导致的清贫问题，纠正起来一般也是有一个过程的，这就决定了对待清贫的职业需要有一种甘于以至乐于清贫的献身精神。怎么办？就从业人员来说，当然有选择自己职业的权利和自由，但不论选择哪一种职业，应当都有忠于职守的敬业精神。当然，你可以不选择清贫的职业，但既然选择了清贫的职业，就应当甘于清贫。如果你不能甘于清贫，那就应当去谋求和选择可能让你富有的职业。就像教师这种职业，很多人都说它清贫（其实并非如此），你可以不选择教师，但如果选择了教师，那就应当甘于清贫，甚至乐于清贫。

在检察系统工作的人们，一般都很热爱自己的职业，因为这种职业代表着国家的意志，代表着社会的正义力量，这种职业特性容易使人获得职业尊严感和自豪感。但是，从目前的实际情况看，却有一些人不能忍受检察工作的清贫状态，时常想着如何才能弄点"额外收入"，有的甚至接受不正当的赠送——贿赂，以身试法，最终陷入犯罪的深渊。每一位检察人员都应当明白，当你选择了检察这项神圣的事业的时候，那就意味着你同时选择了清贫，只有甘于清贫以至乐于清贫，才能做到清正廉明，秉公执法。

三、不枉不纵，明察办案

这项职业道德规范是就检察人员应当具备的职业责任心和审慎的工作作风而提出来的。

枉，本义为弯曲，引申为行为不合正道即违背道德或法律；纵，放纵、听任之义。就检察工作来说，不枉不纵说的是不做不合正道、违背道德或法律和放纵犯罪、听任犯罪的行为。

不枉不纵是检察人员应当具有的职业责任心。在办案的过程中，检察人员所依据的只能是法律和事实，不能冤枉一个好人，也不能放过一个坏人；该逮捕的就逮捕，该起诉的就起诉，不该逮捕的就不逮捕，不该起诉的就不起诉；绝对不能不问青红皂白，捕了再说，先起诉再说，由此而在检察这个环节造成冤假错案。更不能感情用事，譬如觉得当事人对自己的态度不好，就认为必须"杀杀他的威风"，先抓先批捕再说。有两位基层检察机关的检察人员到一个企业去调查经济案件，业主是一个血气方刚的小伙子，没有给予应有的配合，还出言不逊说"我没有问题，你能把老子怎么样"。两位检察人员觉得面子上过不去，便以"妨碍公务"为名将那个小伙子带走了，并羁押了十几天，在后来证明确实没有问题的情况下才放了出来。这小伙子因精神上受到刺激，无心再办企业了，逢人便说"草菅人命"。在这个案件中，小伙子的言论当然有不适当的地方，但检察人员的做法事实上是违背法律的。须知，公民在没有明显触犯法律的情况下，他的人身权利和人格尊严是神圣不可侵犯的，检察人员不能在不明情况的情况下，动不动就以"妨碍公务"而加以拘留甚至批捕，剥夺公民的自由权利，损害公民的人格尊严。否则，就会影响到司法工作者的职业形象。

明察办案，作为一种审慎细致的工作作风也是十分重要的，它是不枉不纵的保证。检察人员办案不能马虎，不能敷衍，不能虎头蛇尾，这样才能做到不枉不纵。1995年12月28日晚11点多钟，内蒙古农牧学院土默特右旗分院学生、班团支部书记包XX，因为怕冷，到别的宿舍借宿，当晚发生了女学生崔X上厕所时被强奸的恶性案件。学校领导和公安局刑警大队，根据包XX所在寝室的O型的带血床单和包XX口袋中的带血手帕，认为铁证如山，锁定包XX是作案嫌疑人（崔X是O型血，包XX是B型血）。包被拘捕后，开始拒不承认强奸了崔X同学，后来经不住一浪高过一浪的审讯攻势，供认了自己就是强奸崔X同学的人。一年后，案子移送到土默特右旗人民检察院。检察官李荣、满都呼两人在审理案情的过程中，并不轻信公安局的刑侦结论，而是采取了审慎的态度，对案情进行了全面的调查和分析。首先发现床单的来历不明，接着发现包XX并不是B型血，而是与崔X同学一样，也是O型血，土默特右旗公安局为此作了改正证明，说当初是弄错了。1997年4月8日，检察官李荣和满都呼向包XX同学送达了不起诉决定书，但这时包XX已被羁押328天。1998年5月7日，包头市人民检察院做出决定：①为包XX恢复名誉；②在侵权行为影响范围内为包XX消除影响；③给予国家赔偿8354.96元。①后来，强奸崔X的罪犯落网，使得这个冤案划上了完整的句号。从这个案例中我们可以看出，不枉不纵是何等的重要，而明察办案对于不枉不纵又是何等的必要。

《中华人民共和国国家赔偿法》规定："对没有犯罪事实的人错误逮捕的，做出逮捕的机关为赔偿义务机关。"检察院如果因错误地批捕而对当事人造成伤害，是要承担赔偿责任的。如果因违背不枉不纵、明察办案的一切而造成冤案，不仅损害了当事人的正当权益，而且损害了检察人员的职业形象，给国家利益造成损失。

---

① 参见《检察官明察秋毫，平反校园强奸案》，《法制日报》2001年12月3日。

四、据理力争，不激不怒

这项职业道德规范要求，是从检察人员应当具备的职业智慧和职业情感的角度提出来的，特指的是检察人员在庭审过程应当具备的职业形象。

在人类的学习和工作的过程中，智慧是把知识理论转化为实际效率的方法和能力，在任何职业活动中从业人员都需要具有采用这样的方法，运用这样的能力，这就是职业智慧。职业智慧本身不属于职业道德范畴，但由于其影响职业活动的效率，所以具有道德意义。

在庭审过程中，检察人员出庭支持公诉，揭露和证实犯罪时，为维护受不法侵害的公民的正当权益，惩治犯罪，捍卫法律的尊严，必须据理力争，但能否有理有节，力争取胜，关键要看是否具备相应的职业智慧，在办理疑难案件的时候更是这样。所谓据理，应当从两个方面来理解：一是"据"法理，即依据适用法律，在法律上说话；二是"据"事理，也就是要摆事实讲道理，在事实上说话。

有必要指出的是，据理力争不可盛气凌人，更不可以势压人。检察人员不可把庭审中的辩论变成公诉人与辩护人之间的争吵，说气话、讽刺挖苦的话、与庭审无关的话。就是说，据理力争需要沉着冷静、不激不怒。俗话说"有理不在声高"，检查人员代表的是国家的利益和形象，在工作过程中必须时时处处保持这种清醒的头脑。

第二节　审判人员的职业道德规范

审判是继检察之后的极为重要的司法活动，是司法系统的中心环节。审判活动是人类最早的司法实践活动，因此审判人员的职业道德也是司法道德规范的最早形式。审判人员的职业道德规范，指的是审判人员在履行审判职责的过程中应当遵循的道德规范。

在我国，审判活动的职能，不仅仅表现在惩治犯罪、遏制犯罪、减少犯罪，还表现在教育公民爱国守法等方面。《中华人民共和国人民法院组织法》规定："人民法院的任务是审判刑事案件和民事案件，并且通过审判活动，惩办一切犯罪分子，解决民事纠纷，以保卫无产阶级专政制度，维护社会主义法制和社会秩序，保护社会主义的全民所有的财产、劳动群众集体所有的财产，保护公民私人所有的合法财产，保护公民的人身权利、民主权利和其他权利，保障国家的社会主义革命和社会主义建设事业的顺利进行"。"人民法院用它的全部活动教育公民忠于社会主义祖国，自觉地遵守宪法和法律。"这也就是说，应当从法庭内外的两个方面来理解审判活动的职能，审判活动在法院之内进行，而真正的价值和意义是在法院之外。因此，如果仅仅认为审判活动就是为了打击几个罪犯，判决几个坏人，这种认识是远远不够的。

审判活动涉及三个方面的人际关系，即：审判人员与诉讼当事人之间的关系，审判人员相互之间的关系，审判人员与其他司法工作者之间的关系。下面分析和阐述的审判人员的职业道德规范，就是基于这三个方面的业缘关系提出的。

一、慎审明断，秉公执法

所谓慎审，简言之就是要谨慎、细心地审理和判决；明断，简言之指的是判决一要准确，二要清楚；概言之，就是审理案件要谨慎细心，判决要以事实为根据，以法律为准绳。

具体来说，庭审前要认真调查研究，仔细阅读卷宗，做到基本熟悉案情。庭审中，要认真听取公诉人或自诉人的陈述，认真听取原告和被告当事人的陈述及其辩护人的辩护。判决时要说清事实，交代清楚适用法律依据。庭审结束判决之后，可以上诉的要向当事人交代清楚，如此等等。

审判人员只有做到慎审明断，才可能做到秉公执法。就是说，在审判活动中，秉公执法不是一句空话，只有经过慎审明断才可能体现出来。云南财贸学院学生孙万刚因女友被人残忍杀害而蒙受不白之冤，三次被判死刑（包括一次死缓），忍受了8年的"冤狱生涯"。在中央电视台、上海东方卫视、新华社、《中国青年报》《北京青年报》《新民周刊》等数十家著名媒体的干预下，该案引起云南省高级人民法院、省检察院、省公安厅等部门及领导的高度重视，还被最高人民检察院列为2003年的四大挂牌督办要案之一。2004年1月15日，云南省高级人民法院经过审慎的审理后，依据《刑法》和《刑事诉讼法》中"无罪推定"的基本原则，宣告孙万刚无罪，同时根据《国家赔偿法》的规定做出165608.73元的《赔偿决定书》。当孙万刚从云南省高级人民法院财务处拿到自己8年冤狱的国家赔偿的现金支票时，他双手战栗，除了一连串的"感谢感谢，感谢人民法院、感谢国家的法律，感谢媒体长期的报道和关心……"的"感谢"之外，就哽咽着什么都说不出来了。[①]孙万刚从8年冤狱到无罪释放并获国家赔偿的过程说明，作为审判人员能否做到慎审明断是何等的重要！

审判人员要做到慎审明断就需要注重调查研究。四川省泸州市张学英（《法制日报》报道时用名为爱姑），与比她大近30岁的黄永彬是情人关系。黄患癌症后立下遗嘱并经过公证，将自己的遗产约合6万元人民币赠与张。黄死后，遗嘱生效，张依据遗嘱向黄的原配妻子蒋伦芳索要财产。蒋不给，张上诉到泸州市人民法院。原告律师张永红和韩凤喜，依据《中华人民共和国宪法》第十三条和《中华人民共和国民法通则》第七十一条的规定，作了公民对自己的财产有处分的权利的辩护，希望法庭支持原告。法庭经过审理，对黄的遗嘱不采信，对张的上诉不予支持。理由如下：

遗嘱形式上表示了黄的真实意思，但在实质赠与财产的内容上存在以下违法之处：1.抚恤金不是个人财产，不属于遗赠财产的范围；2.遗赠人黄的补助金和公积金是黄与蒋夫妻关系存续所得，应属于夫妻共同财产，按照《中华人民共和国继承法》第十六条和司法部《遗嘱公证细则》第二条规则，遗嘱人生前在法律允许的范围内，只能按照法律规定的方式处分其个人财产。黄在立遗嘱时未经蒋的同意，属于无权处理，其无权处理部

---

① 参见《生活新报》2004年10月26日。

分无效。3.房产连赠与加扣税款，所剩无几，遗嘱上所立的情况不符合事实。4.《中华人民共和国民法通则》第七条规定，民事活动应当尊重社会公德，不得损害社会公共利益。遗嘱公证违背了《四川省公证条例》第二十二之规定"公证机构对不真实不合法的行为事实和文书，应做出拒绝公证的决定。"①

这一案子的判决是否无懈可击，我们今天已经没有必要再去追问。虽然，当时的法学界、司法系统和社会思想领域曾经对判决结果发表过不同看法，有关的报刊还曾辟有专门的讨论栏目，但是有一点是公认的，这就是：在这一案件的审理过程中，审判人员所采取的态度是极为审慎的，调查取证是非常细致的，其职业道德精神值得称道。

审判人员要做到慎审明断、秉公执法，还需要如同检察人员那样甘于清贫、清正廉明，自觉抵制行贿等社会不正之风的影响。目前我国各级审判机关的工作人员大多数是能够做到这一点的，但也有一些人存在着这样那样的问题。某法院原院长王辉（女），住房近400平方米，装修豪华，充满"神气"，客厅四角挂着金属制的青龙、白虎、麒麟、独角兽。二楼的书房摆着佛教和占卜方面的书，三楼专门辟有一间佛堂，案几上摆着香烛和供品，终日香烟缭绕。为什么会这样呢？王辉在交代书中说道："自己丢掉了共产主义的理想信念，忘记了党的全心全意为人民服务的根本宗旨，脑子里经常想的是官爵升迁，想的是捞取钱财，但又怕出事，只得求神灵保佑。"她因捞钱而无视法律。一人打瞎了另一人的左眼，构成伤害罪，按律应判三年以上七年以下的有期徒刑，但因送了钱，而改判缓刑。在群众中造成了极坏的影响。王辉捞钱有时心里也害怕，但她信神。法院新建办公楼和职工宿舍，施工单位给她送了20万元钱。她知道如果收下，则是严重问题，收不收呢？她问神。她来到佛堂，点了几炷香，向菩萨拜了几拜，又将神符拿出来看了看，上面清楚地写着："自天佑之，吉无不利"。最后收下了这20万元钱。最为可笑、也最令人愤慨的是，逮捕她时，她还希望能够得到神灵的保佑：身佩玉佛，怀揣佛像；关押时她成天

---

① 参见《法制日报》2001年11月5日。

双手合十，不是祷告，就是祈求神灵保佑。①

二、平等待人，文明审判

在职业系统中，有些职业由于代表着国家和社会整体的利益而给人们有一种威严的感觉，容易使从业人员产生职业尊严感，这种职业尊严感对于体现职业的性质、做好工作无疑是很有意义的。但是，也易于使一些从业人员产生高高在上、高人一等的思想，在工作中不能平等待人，言行往往背离文明要求。审判就属于这样的职业。平等待人、文明审判这项职业道德规范，正是基于这种情况而提出来的，它的着眼点是要求审判人员具备良好的工作态度和作风。

平等待人、文明审判应主要体现在如下三个方面：

一是要以平等的态度对待告诉、申诉人员，包括非告诉申诉的信访人员。要热情、诚恳、耐心地对待他们，避免"告状难"的情况出现。（我国目前有不少地方的人民法院都建立了院长接待日制度，这一举措普遍受到人民群众的欢迎）即使是面对不具备法定立案条件的告诉、无理申诉或申诉时提出不合法的要求的人，也应善言相劝，做好工作，而不要动辄训斥、加以指责，甚至谩骂。

二是要以平等的态度对待辩护人员。在庭审中要耐心地听取律师的意见，合理的就要采纳，而不能简单粗暴地加以干涉和压制，更不能随便剥夺律师的辩护权。

三是要自觉克服特权思想，牢记自己是人民的审判人员。由于几千年的封建专制统治，加上目前体制上仍然存在一些弊端，特权思想在一些审判人员的身上还是存在着的。这些人，当他们接到一个案件，坐上审判员或审判长的席位后，所感觉到的主要不是国家的尊严，法律的尊严，而是个人的尊严。诚然，在法庭上，审判人员需要一种威严，但威严与平等待人不应当是相背的。在我国，要做到平等待人、文明审判，就需要具备人

---

① 参见《中国纪检监察报》2002年2月20日。

民观念。审判人员应当牢记自己是人民的审判人员。我国目前一些地方的人民法院积极开展司法援助活动，就是具备人民观念的生动体现。他们对诉讼当事人实行免收、缓收或减收诉讼费的做法，就是出于平等待人、文明审判的人民观念的司法道德出发的。

三、刚正不阿，不畏权势

刚正不阿是相对于不畏权势而言的，即要做到刚正不阿就必须具备不畏权势的品格，只有不畏权势才能体现刚正不阿。这是国家对审判人员提出的最重要的职业道德要求，也是审判人员必须具备的最重要的品格。从某种意义上说，审判人员的职业道德就是刚正不阿、不畏权势。正因如此，刚正不阿、不畏权势是自古以来一切国家所提倡的审判人员的美德，也是最受诉讼当事人和社会民众称赞、称颂的美德。一国之中，司法道德对社会道德的影响，主要也是审判人员刚正不阿、不畏权势的品行。中国历史上的包拯、海瑞等都曾因为能够做到刚正不阿、不畏权势而被广为传诵，成为家喻户晓的传奇人物，成为引导和鼓舞人们敢于向恶势力做斗争的人格典范。在今天，他们身上所展示的品德不仅是包括审判人员在内的一切司法人员应当继承和发扬的传统美德，而且也是整个中华民族应当认真学习、继承和发扬的优良的民族精神。

之所以会存在某些不良现象，根本的原因是一些审判人员过分地看待个人利益，不能正确对待自己的利益得失。根据《中华人民共和国法官法》的规定，各级人民法院的审判员须由同级人民代表大会常务委员会任免，这种法律规定无疑会保证审判员队伍的可靠性和纯洁性，但不可否认，同时也会影响到一些在任或有志从事审判事业的人恪守或培养刚正不阿、不畏权势的职业品格。从目前的实际情况看，一些心术不正而又握有实权的人总是试图通过人民代表大会的常设机构，把他们不喜欢的审判人员"选掉""赶出"审判人员的队伍，而有些人大代表由于自身素质存在着缺陷往往不能坚持原则，给了一些心术不正的实权人物以可乘之机。除了存在这种不正常的情况以外，还有些法制观念淡薄的领导者往往直接干涉审判工作，也影响到一些审判人员养成刚正不阿、不畏权势的品格。有的领导者为了影响审判人员对某个案件的审理和判决，在打电话或写条子的时候还故意特别地说明："我这只是个人意见，按照法律该怎么办还是怎么办，不要受我的影响。"显然，这是此地无银三百两，既然是要按照法律办，你还写条子干什么？对于审判人员来说，这无疑是一种压力，因为不按照他们的意见办，他们往往会让你"穿小鞋"，甚至让你"吃不了兜着走"。

因此，审判人员要做到刚正不阿、不畏权势，最重要的就是要能够做到无私无畏。

每一种职业都有自己最重要的职业道德要求，这样的职业道德要求体现了职业的根本特性，从业人员能否遵循这样的职业道德要求从根本上决定其是否称职。比如说，不能做到廉洁奉公就不能担任执政党的领导者和国家公务员，不能做到热爱学生就不能担任人民教师，不能恪守买卖公平就不能经商，不能做到清正廉明就不能担当检察工作，如此等等。一个不能做到刚正不阿、不畏权势的人，是不能进审判机关的。

第三节 人民警察的职业道德规范

人民警察是一个含义宽泛的概念。因为，人民警察以其职责和任务的不同可以分为不同的种类，如刑事警察、狱政警察、交通警察、治安警察、户籍警察等。在司法执法工作系统中，人民警察的职责和任务范围最广，主要有如下几个方面：（1）预防、制止、侦查犯罪活动，对罪犯实行专政。（2）警戒劳改、劳教场所，对判刑的罪犯实行监督改造。（3）维护社会治安、公共秩序、交通秩序和安全，维护公共场所群众集会活动的安全和旅客安全。（4）安全保卫和警戒工作，包括保卫党和国家领导人，来华元首或政要及重要外宾，保卫重要机关、企事业单位和重点工程的安全，保卫各国驻华使馆和国际组织驻华机构的安全，参与保卫边防。（5）居民户籍、国籍、出入境的办理工作和治安管理。（6）法律治安宣传和救助，后者主要包括为群众追查失物、查找迷失儿童和下落不明的人、救援处于危险境地的人等。

在我国，人民警察不是义务军人，它是一种职业，因此不但要遵守相关的职业法规，也要遵循相关的职业道德规范。我国现行的人民警察的法律法规主要有《中华人民共和国警察条例》《公安派出所组织条例》《人民警察惩罚条例（试行）》等。根据这些法律法规，人民警察应当遵守如下一些职业道德规范。

一、服从领导，听从指挥

服从领导、听从指挥，是自古以来被一切国家的军人崇奉的天职，即最高的职业道德准则。这种职业道德准则可以概括成一句话：服从命令。人民警察是特殊的、有组织的武装职业集团，服从命令同样也被看作是天职。人民警察与人民军队相比较，共同点在于都是武装集团，区别在于人民警察是职业集团，不是义务人员的集团。从古到今，不论是哪个国家组建或承认的武装集团，国家都要求其服从命令，即服从领导，听从指挥。这既是职业纪律要求，也是职业道德要求。在我国当然也是这样。

人民警察服从领导、听从指挥主要体现在三个方面：

一是服从党和国家的领导。这是由我国的国体与政体的性质决定的，也是由人民警察职业的性质和特殊地位决定的。我国是实行社会主义制度的国家，依据宪法的规定，中国共产党是一切社会主义事业的核心领导力量，当然也是人民警察的领导力量。中国共产党是广大人民群众根本利益的代表者，人民警察只有接受中国共产党的领导才能保持自己的"人民本色"不变，担当"人民警察为人民"的历史使命。

二是服从系统内上级领导机关的领导。这是由人民警察的组织结构所决定的。人民警察队伍，自上而下是一个有着严密的组织原则和机构的系统，服从上级领导机关是保障其整体性和接受统一指挥、统一管理的必要条件。

三是警察个人服从指挥员的领导。这是人民警察服从领导的具体体现。其要求就是在执行任务的时候，特别是在执行重大的任务，如对敌斗争、抢险救灾等，要听从指挥员的统一指挥，绝对不能各行其是。从实际情况看，我国的人民警察在服从领导、听从指挥方面，一直是做得很好的，这是建设一支政治和作风上过得硬、职业道德素养优良的人民警察队伍的前提条件。

二、热爱人民，遵纪守法

人民警察的权力是人民赋予的，人民警察只能用人民赋予的权力为人民服务，因此人民警察应当是人民的勤务员，应当是人民的公仆，应当热爱人民。这是人民警察与旧社会的警察的根本区别所在。从司法执法的职业道德要求看，就是要时刻把人民的冷暖放在心上，涉及执法问题就要秉公办事，把维护人民群众的正当权益放在第一位。

热爱人民，最重要的是要时刻把人民的利益放在心上，积极开展同犯罪分子的斗争。在这方面，全国的典型事例真是很多，但也有不少令我们不大理解，甚至使我们感到愤怒的事情。有一篇题为《疯狂歹徒覆灭记》的报道，本意是要对河南某县公安局的人民警察向犯罪分子做斗争的事迹大加赞赏，但读后叫人百思不得其解：文章列举的23起案件中有18起是发生在一个仅有20个行政村、不到5万人的乡里，而作案同伙大多数就是这个乡里的人，前后横行乡里5年之久。歹徒猖狂到什么程度呢？在许多日子里几乎是每日一案。但这个县的公安局过去却基本上是置若罔闻，听任歹徒横行乡里，危害百姓5年之久。如今破案了，究竟是该表扬还是该批评呢？当然是该批评，但该报在报道的时候却持大加赞扬的态度，真令人费解。①

----

① 参见《法制日报》2001年11月12日。

热爱人民，还应当注意尊重人民群众上面。人民警察一定要尊重人民群众的人格和尊严，文明执勤，礼貌待人。在这里，从思想认识来说，有一个问题需要弄清楚，这就是：在对象和范围上热爱人民与代表人民的利益是有区别的。代表人民的利益，说的是代表人民的根本的利益，并不是说要代表人民群众中所有人的利益；对于一些违背人民利益的个别人，警察是应当加以干涉以至惩处的。而热爱人民，说的是热爱人民群众中的所有的人，不论是男是女、是老是少、是领导还是普通群众，只要他是人民中的一员，就应当有热爱之心，尊重他们，做到文明执勤，礼貌待人。比如，你驾车违背了交通规则，被警察拦住了，他会首先向你敬一个礼，然后对你说：罚款200元。这叫文明上岗、礼貌执勤。向你敬礼，是表示对你的尊重和一份爱心，要你掏钱是表示对你的惩处，因为你违背了人民的利益。

人民警察遵纪守法的职业道德，可以从两个方面来理解：第一，人民警察作为特殊的武装力量和准军事组织，必须遵守警纪军规；第二，作为国家的执法人员，必须成为知法、守法、依法办事的模范。只有这样，才能充分恪守人民警察的职责，取得人民的信任和拥护。

应当看到，在目前存在社会风气不正的情况下，人民警察要想做到遵纪守法并不是一件容易的事情。这除了一些警察自身的素质存在缺陷以外，还有就是社会不正之风"包围"性的侵害，正如有些人所说的那样"它逼着你变坏"，"你没有办法不变坏"。但是，这只是问题的一个方面，问题的另一个方面是警察自身的高素质，高素质是抵制"变坏"的关键因素。2004年12月新华网发过一篇报道，称湖南省华容县公安局大院内曾经贴出过一张"公告"，吸引很多人驻足观看。"公告"是一位叫罗绍武的派出所所长贴的，上面写道："本人深感人情往来麻烦，请客送礼之忧虑，常常因为忘记吃酒，不自觉得罪了很多人。办酒与吃酒令我身心疲惫。因此，本人决定从中解脱出来，从今往后，除个别我还没有还清的人情外，如逢红喜事相邀，我将送鲜花以示祝贺；凡遇白喜事，我一定携带花圈和鞭炮前往悼念。从今天起，我决定不再收受人情礼金，如有不妥，敬请原谅。"人们从这张"公告"的内容，我们一方面可以看出目前的社会不正之风是在一些地方较盛行，另一方面也可以看出要抵制不正之风也不是一件容易的事情。它需要人民警察具有热爱人民、遵纪守法的良好的职业道德素质。也许正因为遵纪守法不是一件容易的事情，所以在目前人民警察队伍中违法乱纪的情况真是屡见不鲜。

早在2003年6月，公安部就曾颁布《公安部机关廉洁从政若干规定》，重申并制定了九条禁止性规定，以规范公安部机关工作人员的从政行为。根据规定，如有违反者轻则纪律处分，重则辞退或开除。这九条禁止性规定主要内容包括：不准利用职务便利和影响，过问职责范围内不应该知道的案件情况，采取各种方式为案件当事人说情，干扰地方公安机关执法办案；不准默许或授意配偶、子女及身边工作人员打着自己的旗号，通过干扰执法办案、干预人事安排等手段谋取私利；不准接受管理或服务对象、主管范围内的下属单位或个人、外商或私营企业主及其他与行使职权有关系的单位或个人赠送的现金、有价证券、支付凭证或移动电话充值卡等，以及安排的旅游、度假、探亲等活动。规定还要求，不准公安部机关工作人员在赴外地执行公务时接受超标准接待。要轻车简从，不得要求地方公安机关主要负责人到机场、车站、码头迎送或派员到辖区交界处迎送；食宿要从简，住宿在地方公安机关的内部招待所或当地政府指定的内部接待宾馆，用餐时间一般不得超过30分钟。①

这九条禁令应当成为全国公安战线上人民警察恪守的职业纪律和职业道德准则。

三、机智勇敢，不怕牺牲

人民警察尤其是诸如刑事、狱政、治安等警察，其工作有一个非常显著的特点，这就是经常性地站在与犯罪分子斗争的前列，站在应对各种紧急情况的最前面，这使得他们的工作所面对的情况不仅复杂，而且充满着

---

① 参见《法制日报》2003年6月18日。

危险。就我国的情况看，每年因公殉职的警察多在几百人。广大人民群众永远会记住他们的不朽英名，如在与犯罪分子搏斗中英勇献身的广东省五华县锡坑派出所民警李东辉、舍身救战友的哈尔滨市全国司法系统一级英模关群海，等等。人民警察的职业特点要求人民警察必须具有勇敢机智和不怕牺牲的品格。

机智勇敢本身并不属于司法职业道德范畴，但由于与人民警察履行自己的职责及办案质量直接相关，维系着人民群众的切身利益，故而具有十分明显的道德意义，应当将其作为一种职业道德要求提出来。在职业道德要求方面，这种情况实际上是具有普遍性的。比如，人民教师职业道德体系中的"注意语言仪表"的道德规范要求，本身并不属于道德范畴，但由于其与"为人师表"问题密切相关，对学生具有明显的道德教育意义，所以仍然作为教师的职业道德要求提了出来。

关于不怕牺牲，在理解时应当注意的是：提倡不怕牺牲并不是"主张牺牲"，不关心人民警察的生命。不怕牺牲，是就作为一种难以预料的特殊情况和不可避免的不幸而言的。提倡发扬不怕牺牲的勇敢精神与尽量避免牺牲不仅不是矛盾的，而且是必须统一的。须知，不论是机关的组织和领导者，还是警察个人，都应当珍视人民警察的生命，绝对不能视避免牺牲的行为为违背职业精神的行为，不能将因鲁莽行为造成的无谓牺牲与不怕牺牲混为一谈。

作为一种客观上存在危险和风险的职业，提倡不怕牺牲是十分必要的，面对牺牲和可能出现的牺牲，每一位警察都必须要有不怕牺牲的精神。不怕牺牲并不是意味着牺牲，真正不怕牺牲的人往往恰恰可以避免牺牲，这就要求把不怕牺牲与机智勇敢紧密结合起来。机智勇敢可以减少甚至避免牺牲，但这并不是等于说不需要牺牲。

在全国公安战线上，有许多"老公安"正是凭借机智勇敢、不怕牺牲的精神，既建立了卓著的功劳，又保全了自己的性命，他们的职业道德品质和职业智慧是值得人们认真学习的。

第四节 律师职业道德规范

在我们共和国的司法工作系统中，律师职业是一种很年轻的职业。关于律师的职业道德规范的研究，也处在发展的初始阶段。目前，制约和引导我国律师职业行为的法律法规和职业道德规范主要是：1996年5月15日第八届全国人民代表大会常务委员会第十九次会议通过、并经2001年12月29日第九届全国人民代表大会常务委员会第二十五次会议修正的《中华人民共和国律师法》（该法律自2001年1月1日施行），2004年颁发的《最高人民法院、司法部关于规范法官和律师相互关系维护司法公正的若干规定》及《律师和律师事务所违法行为处罚办法》，2004年3月20日全国律师协会第九次常务理事会通过的《律师执业行为规范（试行）》。这些法规和职业道德规范，对于规范律师服务、提高司法工作质量和加强我国社会主义法制建设起到重要的作用。

根据以上的法律法规和执业行为规范，我们认为律师应当遵循如下职业道德规范：

一、依法服务，严肃求实

这是律师职业首先遵守的道德要求。《律师执业行为规范（试行）》在第二章"律师的职业道德"中指出，"律师必须忠实于宪法、法律"，"必须诚实守信，勤勉尽责，依照事实和法律，维护委托人利益，维护法律尊严，维护社会公平、正义。"这就要求律师要依法服务、严肃求实。

具体来说，依法服务、严肃求实，就是依照法律为当事人提供法律服务，在决定如何为当事人进行辩护的时候，要有法律依据，要有事实根据。有的律师认为，"收人钱财，替人消灾"，我既然收了当事人的钱，就要想尽办法为当事人辩解，因而在整个辩护过程中，往往不顾法律规定和事实根据。这实际上已经离开了律师职业的宗旨。须知，律师的工作是辩护，辩护工作的价值在于辩清实用法律的规定，辩清当事人案件的事实情况，而不是要黑白颠倒、是非混淆，把活的说成死的，把死的说成活的。

还有一种观点认为，律师就是要站在法律的对立面，就是要钻法律的空子。这种观点对不对？这要做具体分析。说律师就是要站在法律的对立面，这是不对的，因为律师是护法者。说律师就是要钻法律的空子，看怎么理解——如果公诉人或原告、被告对实用法律的理解和把握有问题，可以钻法律的空子；如果判决与实用法律存在着逻辑上的问题，可以钻法律的空子，这些都是无可非议的，因为这些正是律师的职责所在。反之，如果公诉人或原告、被告对实用法律的理解和把握没有问题，判决与实用法律不存在着逻辑上的问题，说律师的工作就是要钻法律的空子，是不对的。

严肃求实是从律师的工作作风的角度提出的道德要求，它是依法服务的保障。2004年9月20日《中国剪报》摘自《都市女报》的一篇报道，读后让人深受感动。报道称：2004年7月13日，广州市中级人民法院以"案件模拟现场"做依据，为一位弱女子洗清了三年冤情，伤害她的凶手也终于落入法网。这是我国首例在没有直接证据的情况下通过现场模拟鉴定平反三年冤案的案件。而这个"模拟现场"的创举，正是出自一位依法服务、严肃求实的律师之手。

2000年12月1日下午2点多，车主杨某与另一车的司机曹某发生口角，曹趁杨不备，将车转向驾车而去，将杨撞倒在地致残。杨起诉到法院，经查杨伤残是事实，但曹的车却没有擦痕，曹称是杨从自家车上跳下时摔伤的，并有所谓目击证人，被法庭采信，杨败诉，上诉到省高院，维持原判。三年后，经人介绍，杨找到律师王某。王看了杨的伤情（均是凹的部位——两腿内侧，下身）后，觉得不可能是自己摔伤，征得公安部门同意后，决定做"模拟现场"鉴定。由一司机驾车，拦车、减速、加油、抓后视镜……学着曹的样子向左打轮……这时王律师惊讶地发现，本来在车体内的车轮猛然突出车体，有10厘米，当初正是这突出的车轮致使杨伤残，伤残的部位与车轮正好吻合！案子重新审理时，曹承认是他伤了杨，当初的所谓目击证人也是串通好了的。

从这篇报道我们不难看出，律师能否做到依法服务、严肃求实，与当事人的切身利益是密切相关的。

二、仗义执言，不贪私利

仗义，即主持正义。仗义执言，说的是为主持正义而敢于说话。

从某种意义上看，律师是一种敢于说话的职业，一种敢于说正义话的职业。不能仗义执言的人，没有正义感的人，是不能当律师的。所以，仗义执言，是对律师提出的基本职业道德要求，也是律师的基本职业道德素质。

一个律师在自己的工作中能否做到仗义执言，与能否正确对待个人利益是密切相关的。在司法工作系统中，律师是一种特殊的职业，不像其他司法工作者那样属于国家公务人员范畴。担任专职律师的人不能再担任公职，公职人员通过国家司法考试取得律师资格后，欲担任专职律师则必须辞去公职。这就使得律师不仅要为自己的事业发展奋斗，有时甚至还要为自己的生存奋斗。这是一种严峻的考验。考验的实质是如何正确对待个人利益。说律师仗义执言，仅仅是为了提供法律服务，捍卫法律的尊严，维护当事人的合法权益，是不全面的。全面的看法应当是：律师仗义执言，既是为了提供法律服务，捍卫法律的尊严，维护当事人的合法权益，也是为自己谋取合法利益，说通俗一点即也是为了替自己赚钱，以至于为了自己发财。

想挣钱、想发财是不是不道德、不光彩的事情，关键要看采取什么方式和手段弄钱和发财。凭自己的诚实劳动挣钱和发财，就是符合道德的，光彩的，反之就是不道德、不光彩的。作为一名律师，通过依法服务、仗义执言的司法服务活动为自己谋取合法的利益，显然是无可厚非的。在这里，"君子爱财，取之有道""君子爱财，爱而不贪"，应当成为律师的座右铭。而要做到"爱而不贪"，就应当注意处理好几种关系：一是不能无根据地提高服务费。二是要正确看待标的大的案子与标的小的案子之间的关系，不能只接受标的大的案子而拒绝标的小的案子，更不能拒绝一些必要的法律援助业务。三是不接受当事人的馈赠和吃请。四是正确处理与律师事务所的利益关系，按规定该上缴所里的费用及时上缴。

三、文明辩护，尊重同行

这是从律师职业情操和素养方面提出的职业道德要求。

在诉讼和审判过程中，由于公诉人、审判人员和律师的职能不同，对同一个案件的看法往往会有所不同；就辩护律师来说，由于所站的立场不同，原告和被告律师对同一案件的看法也往往会有所不同。这些都是不足为奇的正常现象。正因为如此，律师服务才成为一种必要和可能。通过法庭辩护，可以各扬其长，互攻其短，互相取长补短。假如，大家的看法完全一样，那么，律师就成为一种画蛇添足的工作了。所以，在律师服务工作中，强调文明辩护、尊重同行是十分必要的。

要做到文明辩护，首先就要求律师要具备独立的诉讼地位意识，依法开展独立的调查活动，依法提出独立的辩护意见，依法出庭实行独立的辩护，不受任何人的意见所干扰，也不受当事人的意见所约束。其次，要善于听取不同的意见。我们要求律师在自己的工作中具备独立的诉讼地位意识，并不是主张律师可以不尊重同行，目空一切，唯我独尊，在庄严的法庭上把自己摆在至高无上的位置。实际上，坚持独立的诉讼地位意识，与养成善于尊重同行、听取不同意见的作风并不是矛盾的。相反，善于听取不同的意见，是确保独立的诉讼地位意识的可靠性、准确性的必要条件。（在平时的学习和工作环境中，我们常常可以见到这样一种情况：有的人习惯于把独立性与兼容性对立起来，以为既然强调独立就应当拒绝一切外来的声音。从哲学认识论上看，这种思想方法是把不同的个性及个性与共性对立起来了。）实践证明，一个律师在自己的工作中，如果把独立意识与兼听意识对立起来，不注意听取不同意见，往往就会影响自己的辩护质量，以至于会使自己的工作陷入被动。再次，注意文明用语。在庭审的辩论过程中，律师的态度应当是诚恳的，语言应当是规范的，语气应当是平和的；不应当态度生硬、强词夺理、哗众取宠，更不应当使用讽刺语言，出语伤人，甚至奚落谩骂对方。在这里，有一个问题应当弄明白：幽默不是奚落，也不是讽刺。有的律师在庭审中，时常不注意这个问题，开口说话便很刻薄，特别是当自己在辩护中处于劣势时更是这样，这是很不好的，不仅影响自己的辩护质量，也影响自己的人格形象。

中国有句老古话"同行是冤家"。这话只是经验之谈，并不是科学的总结。同行之所以会被有些人看成是冤家，首先是因为同行之间本来就存在着同一种利益之间的个人竞争，其次是因为这些人不能正确看待这种竞争。在科学的意义上，或者说在社会需要的意义上，同行应当既是竞争的"对手"，也是合作的朋友，即使是"对手"也不应当是冤家，因此应当相互尊重。一个律师尊重同行，就要像尊重自己的工作那样尊重同行的工作，像尊重自己的人格那样尊重同行的人格。

要真正做到尊重同行，最重要的就是要自觉防止和克服嫉妒心理。嫉妒心理，是一种非常有害的不健康的心理状态。嫉妒心并不是像有的人所理解和宣传的那样是一种所谓的进取心，它是一种十分消极的心理状态，没有丝毫的积极性。一个人嫉妒心严重，看到别人比自己强心里就难过，他们首先想到的不是如何奋发图强，努力赶上比自己强的人，而是如何贬低别人的长处和成就，诋毁和压制别人，试图把别人"拉"得与自己一般齐，以求得自己的心理平衡。嫉妒心特别严重的人，甚至还会想到消灭比自己强的人的肉体来求得自己的心理平衡，最终走上违法犯罪的道路。

律师职业，就其特性和风格来说，极富挑战性和竞争性，有时还会表现出某种攻击性，最易使人产生嫉妒心理。因此，强调律师在自己的工作中养成尊重同行的道德品质，自觉克服嫉妒心理是十分必要的。

第六章　司法职业道德的基本范畴

在法伦理学体系中，司法道德范畴与司法道德规范是两个既相互联系与相互区别的学科领域。联系主要表现在，两者都属于国家和社会对广大司法执法工作者提出的司法道德要求。区别主要表现在，司法道德规范是具体的道德要求，形式简明，多种多样，司法道德范畴是抽象概括的道德要求，它以观念的形式体现司法执法各个领域、各个部门之间的共同的基本的道德要求。

范畴，在语言学上有范围与基本概念两种含义，而在学界人们一般都是作为概念的含义使用的。一个学科，在某种意义上就是由有着内在逻辑关系的不同范畴构成的范畴体系。道德范畴，指的是反映和概括道德现象的特性、诸多方面和各种关系的基本概念。换言之，一切与道德有关的基本概念，都是道德范畴。道德的基本范畴，指的是那些反映个人与他人、个人与社会集体之间最重要、最普遍，也是最一般的道德关系的概念，如公平（公正）、义务、良心、荣誉、幸福、节操，等等。同样之理，职业道德的基本范畴，指的就是那些反映职业系统各个部门、从业人员与职业部门、从业人员相互之间的最重要，也是最普遍的利益关系的基本概念。我们正是在这种意义上提出司法职业道德的基本范畴的。关于司法公正或公平这个基本范畴，我们在前面的一些地方已经作了不少的探讨，在这一章里不打算单列出来作为一个专门范畴来分析和阐述，我们主要从道德上探讨四个基本范畴，即：司法义务、司法良心、司法荣誉、司法幸福。

第一节　司法义务

在学界、职业活动和人们的日常生活中，义务这一范畴使用率很高。根据内容的不同，义务表现为很多种形式，如政治义务、法律义务、道德义务、教育义务、职业义务、家庭义务，等等。在职业活动中，人们所说的义务往往同时具有多方面的含义，这是一种普遍的现象。

一、义务与司法义务

什么是义务？简言之，义务就是个人应尽的责任。这种应尽的责任，既可能是关于国家和社会的，家庭的，也可能是关于他人和自己的。正因如此，义务通常被人们与责任、职责、使命等作为同一种含义加以运用。

义务，对于每个现实的人来说都是客观的，因此也是必然的，这是它的本质特性。马克思曾经说过："作为确定的人，现实的人，你就有规定，就有使命，就有任务，至于你是否意识到这一点，那都是无所谓的。这个任务是由于你的需要及其与现存世界的联系而产生的。"①马克思的这个论断所阐明的思想就是义务的客观必然性。在如何对待义务的问题上，人与人相比较不存在有没有义务的问题，只存在对承担的义务和责任有没有自觉意识的问题，也就是有没有应有的义务感和责任心的问题。马克思是从人的社会本性的角度阐发他关于义务的客观必然性的思想的，从中我们不难理解，义务感和责任心的问题其实也是一个人性的问题，义务感和责任心强的人其人性发展水平就是正常的，否则就是不正常的。一个社会如果普遍存在义务感和责任心淡化的问题，也就表明这个社会的人性出现了普遍失落的问题。2001年10月中共中央颁发的《公民道德建设实施纲要》

---

① 《马克思恩格斯全集》第3卷，北京：人民出版社1960年版，第329页。

指出，当代中国社会存在较为严重的"道德失范"问题，这个问题的深层原因就是人的义务感和责任心淡化了。从这点看，加强义务感和责任心的教育，是道德建设的基本途径。

不论是从社会还是从个体的角度看，义务是多样的。从社会角度看，义务大体上可以分为四种基本类型：一是法律义务，二是政治义务，这两者的命令方式都是"必须"，是依靠国家的强制力来加以保障的。三是道德义务，其命令方式一般是"应当"，主要依靠社会舆论和人们的内心信念来实现其价值。四是职业义务，其命令方式既有"必须"，也有"应当"，作为职业责任通常借助道德、法律来实现自己的价值。每个社会对人们承担的这些义务都以一定的形式加以确认，这样的确认形式分别就是：法律规范、政治规范、道德规范、职业规范（职业纪律和操作规程）。

义务，随着主体的社会角色的转换而表现出多样性的特点。一个人在家庭生活中，可能是孩子，同时也可能是妻子或丈夫、母亲或父亲，在传统家庭中你还可能同时是哥哥或弟弟、姐姐或妹妹；而在亲戚关系中，你还可能同时是什么表亲之类的角色，如此等等。那么，你就相应地承担着孝敬父母的孩子的义务，相敬如宾的妻子或丈夫的义务，抚养孩子的父亲或母亲的义务，以及"情同手足"的哥哥或弟弟、姐姐或妹妹的义务，如此等等。再比如在校读书期间，一个人相对于老师来说是学生，同时也是别的学生的同学，是男同学或女同学，是班长或其他什么班干部；而从学缘关系看，还可能既是某些老师的学生，也可能是某些学生的老师。因而要相应承担立志成才、学习成才的义务和责任，互相关心、互相帮助的同学的义务和责任，相互尊重和爱护的男女同学之间的义务和责任，为同学服务的班长或其他什么学生干部的义务和责任，教书育人、为人师表的义务和责任。而当一个人走出校门进入社会生活海洋的时候，他又可能是游客、食客、顾客，也要相应承担一定的义务和责任，如此等等。职业义务，是义务的最基本也是最重要的义务形式，一个人的义务感和责任心主要是通过其对待职业的态度体现出来的。

义务，还会随着社会生活领域和内容的不同而呈现不同的内容和形式。如道德义务，在家庭生活中有家庭的道德义务，在社会公共生活领域有遵守社会公德方面的道德义务，在职业岗位有职业道德义务，等等。可以说，人类有多少种社会生活形式就会相应有多少种道德义务。道德义务是以主体的自觉意识为基础的，这是道德义务的基本特征。

司法义务是一个职业概念，包含一般意义上的职业义务即职责和职业道德义务两种基本形式。在司法执法活动中，司法职责与司法职业义务的关系很密切，既有区别也有联系。联系主要体现在两者都是司法执法活动中的义务和责任。区别主要表现在，司法职责的实施依靠的主要是职业法规和职业行为规范，如《中华人民共和国法官法》《中华人民共和国法官职业道德基本准则》《中华人民共和国检察官法》《检察官职业道德规范》《中华人民共和国律师法》《关于规范法官和律师相互关系维护司法公正的若干规定》《律师和律师事务所违法行为处罚办法》等，而司法职业道德义务的实现依靠的主要是司法执法者的义务感和责任感。正因为如此，职责意义上的司法义务和责任，其履行方式是强制式的，不以主体是否自觉自愿，而司法道德意义上的义务和责任其履行方式则是规劝性的，依赖的是主体的自觉自愿。也正因为如此，司法道德义务一般不与物质利益方面的权利直接相联系。在其司法职业活动中，作为职责，一般是与其权利直接相联系的，并以按劳分配的方式体现出来，衡量的标准是公平、公正，即物质利益上的权利与其职责上的义务的对等和均衡。而作为司法道德义务一般则不是这样的。你办的案子的多与少，办的是大案还是小案，办案的过程中是尽心尽责还是敷衍了事，其肯定和调节一般不是、也很难做到以按劳分配的方式体现出来。道德上的公平、公正，一般不是以物质利益的方式体现出来，其权利的获得往往是精神方式，如表扬、表彰等。正因为如此，对于一个崇尚职业道德的人来说，讲道德总是意味着伴随着或多或少的物质利益上的自我牺牲。从职业道德的要求上来看，司法执法工作者绝对不能抱有给多少钱办多少案子、怎么给钱就怎么办案的态度。这就要求司法执法工作者，不能立足于图谋物质利益回报来对待自己的工作。

二、司法道德义务的内容和要求

（一）热爱司法工作，自觉培养司法工作兴趣

爱，是最重要也是最典型的道德自觉意识，是一种最为普遍的道德情感形式。每个人总是希望能够得到社会和他人的关心和爱护，同时，除了极端自私的人也都希望有机会能够关心和爱护别人，这是人之常情。从一定的意义上可以说，人与人之间、个人与社会集体之间就是一种相互关心和爱护的关系，没有这种关系就会"人情冷漠"，从根本上影响人和社会的文明进步。

人与人之间、个人与社会集体之间的关心和爱护，从来不是抽象的，也从来不是无缘无故的，而是具体的，表现为特定的形式。热爱职业，是一个人关心和爱护他人与社会的具体表现；也是最重要的表现形式。假如有这样一个人，他说他是热爱和关心别人的，热爱和关心社会集体的，但却不热爱他的工作，我们能够相信他的这种"热爱"吗？当然不能。热爱自己从事的工作，是职业道德义务感和责任心的集中表现，也是做好工作的最重要的保障，对于司法工作者来说也是这样。

热爱某一项工作的心理基础是兴趣。兴趣是最好的老师，学习兴趣是鼓励和鞭策人热爱和努力学习的最好老师，工作兴趣是鼓励和鞭策人热爱和做好工作的最好老师。一个人对自己从事的工作没有兴趣，就不可能热爱自己的工作，这是常理。兴趣依靠培养，培养兴趣是培养热爱工作的职业情感的基本途径。首先，兴趣不是与生俱来、自然生成的，它本是人接受教育和培养的结果，没有兴趣可以培养起兴趣。其次，兴趣本是一种心理过程，已有的兴趣可能会渐渐地淡化变成没有兴趣，或发生转换变成另一种兴趣，因此，要保持或改变必要的兴趣，就要不断地学习和培养。再次，从社会的必要分工来说，总是有一些人从事的职业是使人感兴趣的职业，而有些职业是不能使人感兴趣的职业。这就要求，当某人担当一种自

己不感兴趣的工作职责时，不论是从分工的要求还从自己的工作需要看，都要培养他的工作兴趣。因此，从热爱工作、做好工作出发，认真培养工作兴趣是十分必要的。

人们认为，司法工作是让人感兴趣的职业，令人向往。很多青年人在报考大学时都填写了法学类的专业，也是这种心态的反映。但是事实证明，不论干哪一行，如果不抱有正确的职业观念，不注意培养自己的职业兴趣，都会"生厌"的。从自然的心理过程看，真正"干一行，爱一行"的情况很少，"干一行，厌一行"的情况却比较多，从事司法职业也是这样。有的司法执法工作人员说："干我们这一行，容易找到一种职业尊严感，因而热爱自己的职业。但由于天天跟坏人打交道，接触社会的阴暗面，也容易使人产生厌烦的心理。因此，不注意培养职业兴趣，就容易懈怠"。

一个司法执法工作者要坚持热爱自己的工作，培养司法执法工作兴趣，首先要认真学习，丰富和改善自己的知识结构，提高自己的专业技术能力。其次，要尽力做好自己的工作，不断做出实际成绩。成绩、成就，可以使人产生职业的尊严感、自豪感，由此而维护和增强职业兴趣。再次，要调整自己的心态，自觉克服"这山望着那山高"的失衡心理。如今，一些司法执法人员看到社会上一些人发财了，成了大款，心理不平衡，对自己本来热爱的工作渐渐地失去了兴趣，有的甚至干出违法犯罪的事情来。据2004年7月31日《都市晨报》报道，一件经济纠纷案落在陕西省汉中市略阳县法院民二庭审判员左成瑞手里审理，左看到原告李XX是个有钱的商人，便借机要李请吃饭，请游山玩水，直至沦为阶下囚。

（二）遵守司法工作机密

遵守司法工作机密，既是职业纪律意义上的职业义务和责任，也是职业道德义务。

司法工作的许多环节都具有机密的性质。这些机密对于开展正常的业务活动，取得预期的工作成效是至关重要的。因此，司法工作者应当要有

强烈的遵守机密的意识，自觉承担遵守工作机密的义务。

具体来说，一要做到不该知道的机密不问，不该说的机密不说，不该看的机密不看。二要做到不该记录的机密不做记录，该做记录的机密不在非保密性的记录本上做记录。三是做到不在私人交往如通信、电话、谈话中涉及和透露机密。四是不携带机密材料外出参观、游览、探亲以及出入公共场所。

是否自觉遵守司法工作的机密，也是一个是否自觉承担法律义务的问题，在这个问题上要特别注意故意泄密的违法犯罪行为。有些义务感和责任心淡薄的人，为了一己之私利，故意将重要的机密透露给不知道机密的人，甚至透露给负案在身的犯罪嫌疑人或罪犯，犯下了不可饶恕的罪行。

（三）不断进取，精益求精

不断进取，提高工作能力和水平以对工作做到精益求精，于国有利，于己有益，是从业人员的义务。

有的人说，"我就这样""平平淡淡才是真""平平淡淡过一生，得了"。因此，在工作上得过且过，不求高标准、严要求。在职业道德上，这种思想情绪实际上是缺乏义务感和责任感的表现。"平平淡淡才是真"的价值观，在20世纪80年代曾一度盛行，被许多人奉为做人做事的准则。今天看来，是需要做具体分析的。如果作为一种生活态度和消费观念，有它的合理性，如果作为一种工作态度和职业观念，就不那么合理了。人在工作和事业上应当有远大的目标，有脚踏实地、不断进取的态度和作风。就社会的整体需要来说，只有这样才能不断赢得发展和进步；就个人来说，只有这样才能立于不败之地。

只有不甘平淡，不断进取，在业务上才能做到精益求精。司法职业是一种捍卫正义，遏制邪恶的神圣的职业，事关国家的安宁，社会的稳定，法律的尊严，人民的合法权益。如果业务上不能做到精益求精，就很难担当起作为一个司法工作者的神圣使命。今天，不断进取、精益求精对于司法工作者来说，显得尤其必要。中国"入世"后，在经济全球化的国际环境里，在改革开放和大力推进社会主义市场经济的历史条件下，我国的法制建设要与国际接轨，面临着一系列的新的问题。司法工作者只有不断进取，努力提高自己的业务素质，才能适应形势发展的客观需要。

第二节 司法良心

司法执法工作是否需要良心？这个问题过去在司法界很少有人认真考虑过。人们一般认为，良心是不分是非善恶的共同道德，属于"底线道德"范畴，司法执法是惩治犯罪、维护公民正当权益的正义事业，与良心无关。这种认识是不正确的。诚然，良心是属于共同道德和"底线道德"，但绝不是不分是非善恶的道德。良心是一切道德意识的心理基础，一个人如果连起码的良心都不具备，就不可能具备其他道德品质。在职业活动中，一个从业人员如果不具备职业良心，也就不可能形成职业活动所要求的道德品质。

一、良心的概念

良心与义务不一样，它只是道德范畴，任何良心都是道德意义上的，当人们说到良心的时候，都是立足于道德或是从道德出发的。所谓良心，指的是人们对自己应履行的道德义务的自觉意识和自我评价能力。

这种自觉意识和自我评价能力，是怎么来的？在这个问题上，中外伦理思想史曾有过两种不同的看法。一种认为良心得之于天，是"天意""天命"的产物，中国思想史上的天命观或天命论属于这种看法。这种看法的基本思想是："天命之谓性。"①在哲学史上，这种看法属于客观唯心主义的范畴。另一种看法认为，良心是人固有的，与生俱来的。这在哲学史上属于主观唯心主义的范畴。在中国伦理思想史上，它的典型代表人物

———————
① 《中庸·第一章》。

是孟子。孟子提出人生而具有四种"善端"，即"恻隐之心，仁之端也；羞恶之心，义之端也；辞让之心，礼之端也；是非之心，智之端也"①。"四端说"是最为典型的主观唯心主义的命题。

以上两种看法显然都是不科学的。实际上，任何一种良心，任何人的良心，都既不是天生的，也不是人自身固有的，而是在后天接受教育的过程中逐步形成的。

良心与义务的关系最为密切。良心，作为自觉意识本质上是关于义务和责任的意识，作为自我评价能力是主体依据社会对义务和责任的确认形式即规范标准，对自己的行为是否合乎义务和责任要求的评价能力。你看到有个人发生了天灾人祸，或者遇到了暂时克服不了的困难，你就感到心里难过，就产生了同情心，就想伸出援助之手，为什么会这样呢？良心在起作用，你觉得自己与他是"同类"，存在着某种义务和责任关系，帮助他是你应尽的义务和责任。

良心作为自我评价的能力，通常以追求做人的尊严感和荣誉感的形式表现出来。你看到有个人发生了天灾人祸，或者遇到了暂时克服不了困难，你就感到心里难过，就产生了同情心，就想伸出援助之手。如果你这样做了，你就会感到心安理得、心满意足、心情舒畅，感到你作为一个人的尊严和价值，就会产生一种荣誉感。反之，你没有这样做，你就会感到不自在，感到心里有愧，感到羞耻，感到后悔，甚至追悔莫及，感到你"不是人"，生怕"半夜三更鬼敲门"。这类感触，就是自我评价的能力反映。

良心是人的道德品质形成和得以优化的心理基础。一个人如果具备了应有的良心，他在道德上就易于成为一个高尚者或比较高尚的人；反之，如果没有应有的良心，他的道德品质肯定就会有问题，甚至是大问题。没有良心的人，常被同类视为"异类"。当代中国社会存在的诸多道德问题和违法犯罪问题，说到底还是一些人缺乏良心所导致的。比如，生产和经营假冒伪劣商品者，坑蒙拐骗者，挥霍劳动人民血汗钱的腐败分子，见死

————————
① 《孟子·公孙丑上》。

不救者，以及大量存在的只拿钱不干活或消极怠工者，等等，都与缺乏起码的良心密切相关。人无良心，猪狗不如。对缺乏良心的人，需要进行有关良心的教育，而良心教育首先还得从法制教育做起。

二、司法良心及其特点

所谓司法良心，指的是司法执法工作者在自己的职业活动中，在履行对他人和社会的职责的过程中，形成的职业责任感及自我评价能力。

司法道德良心的特点，首先表现在具有鲜明的阶级性和时代特征。马克思在说到良心的特性的时候曾经指出："共和党人的良心不同于保皇党人的良心，有产者的良心不同于无产者的良心，有思想的人的良心不同于没有思想的人的良心。特权者的'良心'也是特权化了的良心。"①这就是说，在阶级社会或有阶级的社会里，良心总是带有阶级性和时代特征的，超阶级、超时代的良心并不存在。这是因为，司法活动是阶级社会或有阶级社会里统治阶级管理国家的活动，直接体现统治阶级的意志和时代发展的客观要求。这使得司法良心与其他一般意义上的良心存在着重要差别。在其他社会生活领域，包括其他的职业活动领域，行为主体建立在自觉意识基础之上并由此出发进行自我评价的良心活动，其对象都是"无差别"的。如在经营活动中，经营者从良心出发所遵从的买卖公平，就不仅适应于童叟之间，做到童叟无欺，而且也适应于好人坏人之间，做到"好坏无欺"。然而，在司法活动中就不能这样来看待问题，讲良心就要分清"好人"与"坏人"。司法执法所强调的法律面前人人平等，说的是在法律面前既要对所有的"好人"一视同仁，也要对所有的"坏人"一视同仁，崇尚的是要分清"好人"与"坏人"，一个司法执法者如果做不到这点，他就违背自己的职业良心了。可见，司法良心所主张的"无差别"是以"有差别"为前提的。

其次，司法良心是在司法职业活动中接受教育、进行自我修养的过程

① 《马克思恩格斯全集》第6卷，北京：人民出版社1961年版，第52页。

中逐渐形成的。作为一个职业道德范畴，一个司法执法者的司法良心既不是与生俱来的，也不是在上岗之前就形成的，而是在执业的过程中通过接受司法职业道德教育和同时进行这方面的修养逐步形成的。当然，任何行业的从业人员的职业良心的形成都离不开其执业岗位，但是，司法良心的形成在这方面显得突出一些。这主要也是因为，司法执法工作是一项极其严肃和重要的正义事业，从业人员的良心只有在善与恶的较量中，经过长期的锻炼和考验才能逐渐形成。

三、司法良心的具体内容和要求

良心不是抽象的，司法良心更是如此，它有如下几方面的具体内容和要求。

（一）要有爱憎心

作为一种道德情感，爱与憎是一种情感的两个不同方面。这两个不同方面既是彼此对立的，又是相互补充和说明的，不能离开憎来讲爱，也不能离开爱来讲憎。司法执法者要爱社会主义祖国，爱社会主义法律，爱一切知法守法的同胞，爱一切受到不法侵害的公民；同时要憎恶一切破坏国家安宁和社会稳定的违法犯罪现象，憎恨一切不履行公民的应尽的义务和侵害公民自由权利的违法犯罪现象，憎恨一切有损健康文明生活的社会丑恶现象。

（二）要有同情心

所谓同情心，简言之说的是对别人的遭遇在感情上发生共鸣。司法执法是伸张正义的职业活动，从某种意义上说就是同情别人遭遇的职业。司法执法工作者要同情一切受到不法侵害的人，同情一切需要受到法律保护的弱者，同情身边需要给予帮助的同事。在审判活动中，审判人员在一些情况下发扬同情心是很有必要的。比如，当适用法律不甚明确而"无法可依"或者有争议、需要使用自由裁量权的时候，审判人员就应当从同情弱者或弱势群体出发，做出有利于弱者或弱势群体的判决。在适用法律不甚明确的情况下，那种不敢越雷池一步的行为，看起来是遵循了"有法必依"的原则、体现了法律面前人人平等的法制精神，实际上却是缺乏同情心的表现，是不道德的。

（三）要有自尊心

自尊心是对自己的尊严和价值所进行的自我肯定的一种心理状态，一般由自知、自爱、自重、自强等心理要素构成。自尊心人皆有之，但却有健康与否之别，人们平常所说的自尊心指的是健康的自尊心。从自尊心的内容看，自尊心有与人相处和交往意义上的，有职业活动意义上的，这里所说的自尊心属于职业意义上的自尊心。职业自尊心来自对职业的社会意义与价值的深刻理解和认识，本质上是一种职业责任心。司法执法工作者要明白自己肩负的重大责任，努力做好工作；在不正当的物质利益和其他诱惑面前，要爱惜自己的名誉，经得住考验，维护自己的人格尊严。

四、司法良心的作用

良心在司法执法活动中的作用，集中表现在它是司法执法活动的心理基础。从道德心理分析来看，一个司法执法工作者能否做到有法必依、执法必严、违法必究，是受其职业良心的制约和影响的。

具体来看，这种制约和影响主要表现在如下几个方面。

（一）对司法执法的行为选择起着价值导向的作用

一案当前，是根据法律规定和道德要求办案还是根据别的什么因素办案，是用认真严肃的态度办案还是用马虎敷衍的态度办案，这是一个行为选择问题，而这种选择是受到司法执法人员的职业良心的制约和影响的。这也就是我们平常所说的行为动机是否纯洁的问题。动机纯洁就能依法办

案，不纯洁，办案时就可能会昧着良心，甚至"丧尽天良"。

（二）对司法执法的行为过程起着监督的作用

人的行为一般有三个环节，即动机、过程、结果或目标。动机和结果或目标有时会不一致，善良的动机有时会没有预想的结果或目标，甚至会出现"事与愿违"的情况，其中的原因就是行为的过程偏离了行为的出发点即行为的动机。偏离的原因，既有客观的因素，也有主观的因素，不论是客观的因素还是主观的因素，都需要进行适时的调整，这对于取得预想的结果，实现预期的目标是至关重要的。这种适时的调整，就是对行为过程的监督，而在其中起着关键作用的则是良心。在行为过程中，良心不仅对影响行为过程的主观因素具有监督和调整的作用，而且对影响行为过程的客观因素也具有监督和调整的作用。也就是说，良心在我们司法执法活动中，对我们的行为的监督作用是全方位的。以本书前面提及的张学英的案子为例，现在我们做这样一些假设：1.在审理过程中，主审法官发现张学英的父亲是泸州市的市长，或别的什么重要领导，给主审法官写了条子，要求法官手下留情；2.在审理过程中，主审法官在外地工作的儿子忽然向父亲提出要调到泸州市来工作的要求；3.在审理过程中，主审法官发现自己正面临着升迁的所谓关键时期。试问：这位主审法官还会不会做出不支持原告张学英的判决呢？在这里，实用法律未变，道德规范要求也未变，那么起决定作用的是什么？就是主审法官的良心了。

（三）对司法执法的行为结果起着评价作用

经验告诉我们，在职业活动中，人们做了一件事情之后一般都会对事情的结果做出评价：这事做得怎样？这就是自我评价。

自我评价是十分重要的。因为，获得成功的事情经过自我评价可以取得经验，遭遇失败的事情经过自我评价可以得出教训，而经验和教训对于今后的行动和成功来说都具有指导的意义。生活表明，聪明的人、讲职业道德的人、对工作负责任的人、对自己负责任的人，都十分重视自我评价，因此事业有成；而糊涂的人，不讲职业道德的人，对工作不负责任的人，对自己不负责任的人，都不太注意自我评价，怎么干、干得好还是坏，从来不注意，从来不关心，因而人生坎坷。在关于职业活动结果的自我评价中，经常起作用的就是良心。良心，使人在取得成功和经验之后，会感到做人的尊严和价值，感到愉悦和幸福，同时又会不骄不躁；在遭遇失败和得出教训之后，会感到耻辱，十分自责，同时又不会气馁，不会灰心。从这一点看，我们可以说，良心是人内心的天平，内心世界的检察官和审判官。没有良心，人的心理就会失衡，追求就会失态，行为就会失范。

第三节　司法荣誉

荣誉，对每个人来说都是一个美好的字眼。很多人一生忙忙碌碌，辛辛苦苦，就是为了"让人说一声好"，也就是一种荣誉。然而，人们对荣誉究竟是什么、人怎样才能获得荣誉、应当怎样对待荣誉等这些与荣誉有关的重要问题，却缺乏理性的思考。荣誉的获得和丧失，与人的职业活动关系最为密切，因此，研究职业荣誉是很有意义的。司法荣誉属于一种职业荣誉。

一、荣誉及荣誉感

人人都希望获得荣誉，司法执法工作者也是这样。有的人一生为荣誉而奋斗，因此而不断获得成功，不断体验着做人的尊严和价值；有的人一生为荣誉而奋斗，因此而不断招致挫折，招致失败，招致烦恼；有的人一生为荣誉而奋斗，因此而不断蜕变，走向虚荣，甚至成为一个伪君子。如此等等，又使得荣誉似乎成为一种不可捉摸的问题。

究竟什么是荣誉？荣誉是客观范畴还是主观范畴？荣誉是客观范畴，

是一种与评价活动相关的客观范畴。所谓荣誉，指的是社会或他人对行为主体（个人或集体）的行为包含的社会价值所做的肯定性的客观评价。比如，你办的案子是公正的，伸张了正义，因此而得到当事人的称赞，或者同时得到同事的称赞，你就便获得了一种荣誉。

荣誉与义务和良心密切相关。它是社会或他人对行为主体履行了特定的道德义务和责任的回报，体现了特定的良心之后的回报。在职业活动中讲良心、认真履行义务和责任的人，一般都会得到荣誉；反之，不讲良心、不认真履行义务和责任的人，一般都与荣誉无缘。

荣誉有两种最常见的形式，这就是个人荣誉和集体荣誉。不论是哪一种荣誉，其实质内涵都是社会或他人对行为主体（个人或集体）的行为包含的社会价值所做的肯定性的客观评价。在这里，个人荣誉是集体荣誉的实质内涵。一个集体获得了某种荣誉，一般意味着这个集体的某个或某些成员获得了荣誉。就是说，追求集体荣誉，通常是通过个人追求荣誉实现的，这是一个集体获得自己荣誉的基本途径。聪明的领导者，在为集体争取荣誉的过程中，一般总是要把主要精力放在动员和组织个别或一些成员争取个人荣誉上，用"为个人争光"的方法实现他们"为集体争光"的计划。一个真正集体荣誉感很强的人，一般都会把"为集体争光"理解为从自己做起，强化自身，力争上游。

获得荣誉的主体对荣誉有了认识，有了内心的体验，就产生了荣誉感。古人曰"哀莫大于心死"。这里的"心"，说的就是荣誉心，即荣誉感。在古人看来，没有荣誉感的人，是没有希望的，是一种最大的悲哀。这话很有道理。

荣誉和荣誉感都很重要。荣誉的积极作用是不言而喻的，一个人如果长期与荣誉无缘，就会失去前进的动力。同样，荣誉感也是很重要的，正常的荣誉感是一种健康的心理状态，荣誉之所以会成为一种动力，归根到底还是荣誉感这种健康心理在起作用。试想一下，一个人如果在工作上做出了突出成绩，得到了来自社会方面的肯定性的评价，但他对这种肯定性的评价却没有内心体验，感到无所谓，觉得"不怎么样"，那么这对调动他继续努力工作、做出更大成绩的积极性肯定是没有什么好处的。实际上，荣誉的真正价值并不在于其本身，而在于主体由此产生的荣誉感，因为荣誉感才可能真正成为继续前进的动力。所以，一个人获得了某项荣誉，就应当感到高兴，甚至应当兴高采烈，以此来激发自己继续努力工作的热情，争取做出更大的成绩。社会和他人不能把为获得荣誉而高兴看成是骄傲自满或盛气凌人的不良品德，获得荣誉的人也没有必要有意压抑自己的愉悦心情，甚至故意装出一副不高兴的样子。

二、司法工作者应正确对待荣誉和荣誉感

司法荣誉是一种职业荣誉，指的是国家和公民对司法执法工作者的行为所包含的法律和道德价值所做出的肯定性的客观评价。同样之理，司法道德荣誉感就是司法执法工作者在得到这种客观评价之后所产生的内心体验，它是一种职业尊严感。司法荣誉及荣誉感对司法执法工作者具有鼓励和激励的作用。

司法执法工作者要正确对待荣誉。首先，要积极地争取荣誉。这可以从两个方面来理解：一要积极争取在过程之中而不是过程之末。不要平时不努力，到了有获取荣誉的机会的时候才伸手。二要正确对待"见荣誉就让"的道德要求。在荣誉面前，有时会碰到需要自己谦让的问题，在这种情况下怎么办？是不是应该采取"见荣誉就让"的态度？需要做具体分析，该让就让，不该让或者可以不让的就不要让。什么叫该让？比如自己与另外几个人同时有获得同一种荣誉的机会，他比我资格老，更有适时获得荣誉的需要，那我就应该让。什么叫不该让？比如，在荣誉面前，有的人在平时根本没有做出努力，是见了荣誉就伸手的人，我们就不该把荣誉让给他，如果你让了，实际上就是降低了荣誉的价值，助长了一种不正之风。什么情况下可以不让呢？比如，在可以获得同一种荣誉面前的几个人中，大家从资历、贡献来说都差不多，谁得到荣誉都可以，在这种情况下就可以不让。总之，在荣誉面前，我们既要有"见荣誉就让"的道德态

度，又要善于提出和解决"让给谁"的问题。

积极争取个人荣誉，是不是一种自私行为？对此也需要做具体分析，不可一概而论，把积极争取荣誉的正当行为同私心混为一谈。私心，作为道德范畴，指的是这样的一种伦理思维方式和道德态度：在处理个人与他人与社会集体之间的利益关系的问题上，坚持以个人为中心，为了实现个人利益甚至不惜损害和牺牲他人与社会集体的利益。积极争取荣誉，是希望自己的工作能够得到他人和社会集体的肯定性的评价，其间并不存在什么损害他人和社会集体利益的问题，是不能相提并论的。实际上，职业意义上的荣誉感或荣誉心，正是人们追求自己的社会价值，为社会提供服务的原初的推动力。在追求个人荣誉的过程中为人民服务，在为人民服务的过程中获得个人荣誉即个人的尊严和价值，这既是人生的实际过程，也是人生的最终目标。

在有些情况下，如何正确对待"见荣誉就让"的问题，实际上也是一个如何正确对待集体荣誉的问题。因为，如前所说，个人荣誉与集体荣誉从来都是联系在一起的，"为个人争光"是"为集体争光"的基本途径。不加具体分析地"见荣誉就让"，在很多情况下是把集体的荣誉让给别的人或别的集体了，这是不必要的。

其次，要着眼于争取大的荣誉，立足于争取小的荣誉。所谓着眼于争取大的荣誉，也就是要争取成为地区内、系统内的劳动模范、先进工作者，如某某市、某某省，乃至全国的先进工作者、劳动模范；不要斤斤计较于平时的一次表扬，一次表彰。所谓立足于争取小的荣誉，也就是要立足于做好平时的每一项工作，争取自己每做的一件事情都能得到肯定性的社会评价。这就叫大处着眼，小处着手。

再次，要正确对待该得到荣誉而没有得到荣誉的"遭遇"，也就是要正确对待客观上应该得到社会肯定性的评价而没有得到肯定性评价的情况。由于有些地方风气不那么正，有些领导者处理事情不那么公正，人们的认识又往往存在着差距，会发生该得的荣誉有时会得不到，该属于你的荣誉有时没有属于你的情况。这种情况在司法系统同样存在。当我们遇到这种"倒霉的事情"的时候，应当有一个正确的态度，不能因此一蹶不振，放弃了原来认真工作的态度和积极性，因为我们的目的说到底不是为了获得荣誉，而是为了执行和捍卫社会主义的法律。

第四节　司法节操

节操是一个十分重要的伦理道德问题，在中外伦理思想史上是人格理论的一个重要领域。

在中国历史上，节操作为一种人格理想或人格模式，其内涵一般属于政治伦理范畴，历来为政治官吏和司法官吏及其士大夫阶层所重视、阐发和推崇，由此而形成了源远流长的人格理论传统。节操思想，是中国传统法伦理思想的一个重要方面。

一、节操及其意义

节，有节制、气节之意；操，有操行、操守的意思；节操，通常是指一个人在政治人格和道德人格方面所表现出来的坚定性和坚持精神。夏明翰说的"砍头不要紧，只要主义真"，是政治人格意义上的节操，革命先驱者李大钊说的"宁可断头流血，决不出卖灵魂"，既是政治人格意义上的节操，也是道德人格意义上的节操。

在中国伦理思想史上，节操也称德操，荀子说："生乎由是，死乎由是，夫是之谓德操。"[①]在日常用语中，节操一般与气节、志气、骨气的意思相通。我国古代就有"渴死不饮盗泉之水，饿死不食嗟来之食""不为五斗米折腰"之类的美谈。改革开放以来，在神州大地上发生了许多为恪守良心、维护自己人格和民族尊严而不怕丢掉自家饭碗的事情，如曾在珠海市打工的青年农民孙天帅宁愿被"炒鱿鱼"也不向洋老板下跪、上海市

---

①《荀子·劝学》。

柳女士为不买假货而自动失业、天津市四青年为拒绝编制不良软件而集体辞职，①等等，都是这方面的典型。

节操就其表现形式来说，有很多种。有为人处世、待人接物方面的，有对待国家和民族利益方面的，有职业活动方面的，有对待个人情感方面的，等等。不论是哪个方面的，归结起来可以分为大节和小节两种基本类型。一般来说，为人处世和待人接物、对待个人感情方面的节操属于小节，对待国家和民族利益及职业活动方面的节操属于大节。

大节通常表现为孟子所说的"富贵不能淫，贫贱不能移，威武不能屈"、陶行知说的"富贵不能淫，贫贱不能移，威武不能屈，美人不动心"的气概和骨气。体现在对待和处理个人与国家民族利益关系方面的大节，表现为坚定的爱国意识和坚强的爱国精神，也就是人们平常所说的国格和民族气节。如面对外敌入侵或占领，面对敌人的淫威，爱国的意识和精神不动摇，不变节。古时的屈原、苏武、岳飞等，在当时是这方面的典型代表。革命烈士夏明翰说的"砍头不要紧，只要主义真"，革命先驱者李大钊说的"宁可断头流血，决不出卖灵魂"，都是这种大节的生动体现。体现在职业理念和职业信念上，大节主要表现为公而忘私、爱岗敬业、忠于职守，以至于"鞠躬尽瘁，死而后已"的奉献精神。在当代中国，在党和国家公务员和司法执法人员中推崇和提倡这种大节的重要意义是不言而喻的，它有助于反腐倡廉，加强党的建设、廉政建设和法制建设。

上述两种大节是相互联系的。一般来说，能够正确对待个人与国家民族利益关系的人，在职业活动中就能够做到恪尽职守、乐于奉献。

二、司法执法工作者的节操要求

从实际情况看，目前的司法执法工作者在守护个人节操方面应当注意如下几点。

---

① 参见《解放日报》1996年10月9日。

（一）树立"法律至上性"、唯法是举、唯法是从的价值观念

一个法律工作者是否守节，本质上是一个是否"守法"的问题，即是否有法必依、执法必严、违法必究的问题。

作为一个司法执法工作者，应当眼中只有法律，视法律犹如自己的生命。在司法执法过程中，为了维护和捍卫法律的尊严，将一切私情、私欲置之度外。为此，能够做到不附权势，不顾权势，不畏权势，即所谓"威武不能屈"；能够做到耐得清平，耐得清贫，耐得清静，即所谓"贫贱不能移"。毛泽东曾经称赞鲁迅说："鲁迅的骨头是最硬的，他没有丝毫的奴颜和媚骨，这是殖民地和半殖民地人民最可宝贵的性格"①，称赞闻一多的"横眉冷对国民党的手枪，宁可倒下去，不愿屈服"的革命精神，朱自清具备的"一身重病，宁可饿死，不领美国的救济粮"的民族气节。②司法执法工作者应当具备鲁迅、闻一多、朱自清这样的节操。

（二）保持民族气节，维护民族的尊严，树立正常的民族心态

在实行对外开放的发展环境中，司法执法工作时常会接触到涉外的业务，如涉外的经济案件、出入境及涉外户口的迁移办理、涉外遗产的纠纷，以及涉外的公证等。在办理这些案件和业务的过程中，司法执法工作者难免会与外国人或与外国人有这样那样关系的人打交道。有些司法执法部门的业务就是专门对外的，更是要天天与这样的人打交道。在处理这些司法业务时，司法执法者需要保持民族气节，维护民族的尊严。不论处理何种业务都要有理有据、不卑不亢、依法审理、依法办理。在"洋人"面前，在办理出境手续的过程中，既不要横眉冷对、另眼相看，也不要恭维讨好，媚态可掬。在办理涉外经济案件中，既不要庇护自己的同胞，也不要庇护外国人。在审理涉外遗产的案件中，也要依法办理，既不可投以羡慕的眼光，也不要投以鄙夷的眼光。而要如此，最重要的是要培养正常的

---

① 《毛泽东选集》第2卷，北京：人民出版社1991年版，第658页。
② 《毛泽东选集》第4卷，北京：人民出版社1991年版，第1384页。

民族心态。

民族心态，是一个民族自尊心问题，常以民族的尊严感、自豪感等形式表现出来。正常的民族心态是爱国主义的心理基础，在国际交往中，一个民族在处理与别个民族的关系时如果心态不正常，其爱国主义的情感就会失去平衡，最终影响国家和民族之间的关系的正常化。正常的民族心态，是相对于民族狭隘主义和民族虚无主义的思想与情绪而言的，是一种既不盲目自大也不盲目自卑的民族精神和民族性格。在经济全球化趋势之下，我们的爱国主义教育的基本目标和任务应当是使受教育者树立正常的民族心态。

在中国历史上，民族狭隘主义与"大一统"的封建专制及在此基础上形成的"中国""泱泱大国"的价值观念密切相关，而民族虚无主义则是随着外敌入侵、国门被破、"大一统"封建专制社会沦为半封建半殖民地社会的直接产物。民族狭隘主义表现为闭关自守、夜郎自大，将中华民族看成是世界上独一无二的最优秀民族，在抵御门户开放、拒绝外援的意义上理解民族的尊严和爱国的问题。民族虚无主义作为中国近代史上的产物，在价值倾向上恰与民族狭隘主义相反，认为中华民族是"一分象人九分象鬼的不长进民族"[1]，要想实现民族振兴惟有实行"全盘西化"。

有的人认为，在经济全球化趋势下我们的主要任务是反对民族狭隘主义。对这种看法是需要做具体分析的。若是指反对那种不欢迎别国的先进科学技术和管理经验涌进国门的思想情绪，是对的；若是指因欢迎别国的先进科学技术和管理经验涌进国门而可以轻视、无视中华民族的利益和尊严，放松以至于放弃爱国主义教育，那就错了。在经济全球化趋势下，一切漠视自觉维护国家的主权和民族的尊严，对敌视我国的西方发达国家的政治对抗、军事扩张和文化渗透保持高度警惕的心态为民族狭隘主义。诚然，今天也确有一些同胞抱有一种民族狭隘主义情绪，他们看到别国的老板大踏步地走进来，心里就感到不舒服，有的甚至担忧中国"入世"以后会丢掉中华民族的自主自强意识，被"殖民化"了，因此抱有一种宁愿闭

---

[1] 参见许金声：《走向人格新大陆》，北京：中国工人出版社1988年版，第171—173页。

门造车、关起门来过苦日子，也不愿借用发达国家的一片阳光的态度。但从目前同胞的心态的实际情况看，我以为主要的问题还是民族虚无主义。据媒体披露，在上海等地，有的同胞竟将"昔日法租界的风光"和"大日本"的广告悬挂在街道的显眼处，以招摇市民、招揽生意，而市民不以为然者并不在少数。在河南洛阳还发生了这样一件怪事：为了"换钱"，春节期间将白马寺的钟点提前一个小时，只打日本钟点而不打北京时间。有人或许会用落于俗套的思维方式说，这些都是个别现象，但国人不禁要发问：我们难道不应当在社会心理的层面上思考一下此等"个别现象"何以会发生？

因此，在经济全球化浪潮中，在开放的中国，司法执法工作者也需要树立正常的民族心态。既要自觉地克服民族虚无主义思想情绪，也要自觉地克服民族狭隘主义的思想情绪。

（三）拒腐防变，自觉抵制不正之风

腐败问题历来是一个问题两个方面：一方面是有人行贿，贿赂金钱和美色；另一方面是有人受贿，贪念金钱和美色。这是一种苍蝇与有缝的鸡蛋之间的关系问题。所以，反腐败斗争必须既要抓有缝的鸡蛋，又要抓苍蝇，才能奏效。所谓"鸡蛋有缝"也就是人格上有问题，这个"缝"作为内因是接受不良外来因素的侵入，因而会被腐蚀、发生变质的条件。内因是变化的根据，外因是变化的条件。所以，反腐败斗争的关键还是"鸡蛋无缝"的问题，而要做到"鸡蛋无缝"，没有别的办法，只有拒腐防变。为什么虽然是一个问题两个方面，我们仍然要将反腐败斗争的重点放在贪念钱与色的腐败分子身上，而不是放在行贿者的身上，道理就在这里。

司法执法者大权在握，依法行使着国家的权力，其行为决定当事人的命运，乃至决定当时者生与死的命运。所以，司法执法者能够自觉做到拒腐防变、抵制不正之风，显得尤其重要。

本章所阐述的四个司法道德范畴之间存在着一种内在的逻辑关系。这就是：节操是最根本的范畴，它是其他三个基本范畴的概括和结晶形式，荣誉是对义务和良心的认知和实践的心理产物，良心是对义务的体认和体验的心理产物。在实践的意义上，一般来说，一个人有了义务感就易于形成良心；有了义务感和良心就易于做好工作，获得荣誉，而珍惜义务感和责任心、注重荣誉的人，一般都会看重节操，能够做到守节。

第七章 司法道德行为的选择与评价

学习和研究道德问题，主要目的不是为了掌握相关的道德知识，而是为了运用相关的道德知识选择和评价自己的道德行为，分析和评价社会道德现象，以培养自己的道德品质，促使社会道德不断走向文明进步。

作为司法执法工作者，学习和研究司法伦理学中的道德问题的主要目的，也不是为了掌握相关的司法道德知识，而是为了运用相关的司法道德知识，尤其是司法职业道德知识，选择自己的道德行为，培养自己的道德品质，评价司法执法活动中的道德现象，促进司法道德建设，形成良好的司法道德风尚。

第一节 司法道德行为的选择

为了阐明司法道德行为选择相关知识，有必要首先在一般意义上探讨一下道德行为选择的问题。

一、人的行为及其道德行为

行为是人类特有的，是人类生存和繁衍的基本方式。人的行为一般是受人的意识——动机和目的支配的，这是人区别于动物的基本标志。动物的行为就是其本身，而人的行为是其对象化思维活动的结果。

人的行为，不论是社会意义上的集体行为还是所谓"纯粹的个人行为"，都是多种多样的，道德行为是其中一种最普遍的形式。所谓道德行为，简言之指的是在一定的道德意识的支配下表现出来的有利或有害于他人和社会的行为。需要注意的是，从这个简单的界定我们应当看到，作为道德范畴的道德行为是一个中性概念，在具体运用中实际上包含两层意思，即道德的行为和不道德的行为。在伦理学的视野里，道德的行为通常也被称之为伦理行为。

道德行为具有不同于一般行为的明显特点。首先，道德行为总是与特定的利益关系相联系，具有善或恶的价值倾向。一个人，当其与他人（包括家庭成员）或集体构成某种利益关系的时候，他在这种利益关系中的行为就具有善或恶的倾向，就属于道德行为。从一定的利益考虑出发，在行为中调整某种利益关系，追求某种利益的实现，是一切道德行为的基本特点。其次，由道德的广泛渗透性特点所决定，道德行为一般都不是"纯粹"的，而是渗透在其他行为之中、以其他行为的方式表现出来的。再次，主体在选择某种道德行为的时候都不可能是盲目的，而总是要受一定的自觉意识——动机和目的支配，所以从道德上看，人对自己行为所造成的不良后果都应当负责任。

道德行为是人的道德品质结构中的重要组成部分。人的道德品质在结构上可以分成四个基本层次，即：道德认识、道德情感、道德意志、道德行为。其中，道德认识是道德品质的认识论基础，道德情感是对道德认识的心理体验，道德意志是道德认识和道德情感长期交互作用的产物，这三者都属于主观范畴，而道德行为则是主观见之于客观的表现。所以，一般来说，道德行为与其道德认识、道德情感、道德意志是一致的。就是说，其道德认识、道德情感、道德意志是善，其道德行为就趋向善，结果也是善。当然，这也不是绝对的，有时会出现不一致的情况。道德认识、道德情感、道德意志是善的，道德行为却可能趋向恶，结果也是恶，反之，道德认识、道德情感、道德意志趋向恶，道德行为却可能趋向善，结果也是善。应当怎么看待这类特殊的情况？总的来说，对趋向善或结果是善的行为应当肯定其客观上存在的道德价值，但也要具体情况具体分析，只根据行为趋向和结果的善恶与否来对一个人的道德品质做出总体性的评价，显然是片面的。

在人的道德品质结构中，道德行为是最有价值、最需要引起人们高度重视的部分，因为它使道德品质的价值可能转化为价值事实。从道德价值分析来看，人的道德认识、道德情感、道德意志只是道德价值的可能，并不是道德价值的事实，而道德价值的可能说到底是没有道德价值的。我们说这个人的道德认识是正确的，道德情感是热烈的，道德意志是坚定的，但他就是没有什么付诸实际行动的道德行为，我们能够评价这个人的道德品质吗？能说这个人是一个高尚的人么？显然不能。

在理解和把握道德行为的时候，还应当注意将其与道德活动联系起来，同时也要注意将其与道德活动区别开来。两者的联系主要表现在，道德行为是道德活动的一个组成部分，一个方面，都以善或恶为内容和目标。两者的区别主要表现在，道德行为属于个体道德品质的构成要素，而道德活动一般指的是社会意义上的道德行动，如道德教育、道德评价、道德提倡等。

二、行为选择及道德行为选择

人的行为总是从选择开始，在选择的过程中展现其轨迹。人的希望之所以必然是选择的结果，是有其主客观原因的。从主观上看，是因为人对自己行为的选择其实是有关价值问题的比较和选择，而影响一个人的价值比较和选择的主观意愿——理想、目标等，往往又是多样的，如中学生考大学时的填写志愿、大学生毕业时的双向选择等。从客观上看，人在价值追求的过程中通常会面对多种可供选择的情境和条件，如报考大学填志愿时会有多个大学的不同专业供你选择，大学毕业择业时会有多个单位供你

选择，而你的素质也为你作这类选择提供了不同的条件。

如果说行为创造了实际价值，那么，从一定意义上我们就可以说，这种实际价值的创造正是选择的结果。没有选择就没有行为，没有行为的价值。人类告别一般动物界而演化成为一种特殊的动物类——人类，就是选择的结果，人类的进化、发展和不断走向文明进步也是不断进行选择的结果。一个人的一生，除了父母不可选择，处于意识尚未觉醒的婴儿期不可选择，其他时期都可选择，都在选择；人生道路就是选择，人生价值就是选择，人的一生就是不断选择的一生。一个人的人生价值是选择的结果，一个社会的发展模式和水平也是选择的结果。在这种意义上我们完全可以说，没有选择的人生是没有希望的人生，没有选择意识和选择行动的人是最没有希望的人，不重视选择的社会也是最没有希望的社会。

行为选择是一种系统概念。大而言之，有整体性、规划性的选择，这样的选择，在个人有如上所说的上大学前的志愿选择——所选择的实际上是一生的发展方向，大学毕业时的就业选择——选择的是人生价值实现的基本途径，在社会有执政党关于治国方针和路线的选择。中国共产党的十一届三中全会确立的方针、政策和路线，是关于中国社会的发展模式的选择，是关于国家和民族的前途与命运的选择，如此等等。小而言之，是具体行为的选择，包括平常学习、工作、生活中一举一动的选择。

道德行为的选择，一般来说，属于小而言之的"一举一动"的选择。所谓道德行为选择，简言之指的是主体在面对多种善恶行为方案的时候，对自己的道德行为所做出的决断。在伦理学界，道德行为选择时常也被简称为道德选择。

影响道德行为选择或道德选择的根本因素是主体的道德意识——道德认识、道德情感、道德意志的发展所实际达到的水准。比如，小偷正在公共汽车上作案，一个人发现了，按照他的行为能力他是能够见义勇为、加以制止的，但是他却视而不见、若无其事。在法律上这叫不作为，在道德上这叫"缺德"。两种不同选择的差别，所反映的是主体道德认识、道德情感和道德意志上存在的差别。

　　道德选择或道德行为选择，就其本身的状态而论是一种行为倾向，这种倾向在道德心理学范畴体系中被称为道德态度。我们平常所说的态度积极、消极，所说的实际上多是一种与道德行为选择有关的行为倾向。

　　道德行为选择作为一种态度，是至关重要的，它是由道德认识、道德情感、道德意志构成的动机或目的通达道德行为的中间环节。一种道德行为从萌发到完成，其完整过程是这样的：善或恶的动机（目的）→道德选择（态度）→道德行为（过程）→道德行为结果（善或恶的事实）。由此观之，没有道德选择，道德行为就不可能出现，就善的倾向来说，道德认识、道德情感、道德意志就不可能转化为道德价值事实。

三、道德选择中的自由和责任

　　不论是在社会的意义上还是在个体的意义上，主体所做出的道德选择都是个人意志的结果，都是一种个人自由，这是毫无异议的。从社会的角度看，一个统治集团可以选择以经济建设为中心的发展战略，也可以选择以阶级斗争为纲的发展战略，可以选择以德治国与依法治国相结合的治国方略，也可以选择人治、专制的治国方略，如此等等，这是统治集团的自由。从个体的角度看，公共汽车上的小偷在作案，他发现了，可以选择见义勇为，也可以选择见义不为，这是他的自由。一个大学生，可以选择发奋读书、立志成才，也可以选择得过且过、平平淡淡过四年，这也是他的自由。一个执业人员，他可以选择自强不息、大有作为，也可以选择敷衍塞责、做一天和尚撞一天钟，这也是他的自由。作为一个司法执法者，你在审理某个案件的时候，可以选择依法办事，也可以选择违法办事……如此等等，选择对每个主体来说都是一种自由。

　　如此说来，自由在选择的问题上似乎成了一种没有客观标准、没有约束的"纯粹意志"现象，是一个"想怎么就怎么干的"问题了。这样来理解选择的自由对不对？当然不对。为什么不对？回答这个问题就涉及自由与责任的关系问题。

任何行为选择都会有后果，后果对社会和他人来说总是或者是有利的，或者是有害的。这就使得在任何选择面前，选择的主体都成了一种双重角色：既具有选择行为方式和行为过程的自由，又必须承担行为选择后果的责任。你可以有选择行为方式和过程的自由，但你不可以有不承担选择后果的责任的自由。这是一个主观意志与客观规律的关系问题。社会和国家选择自己的发展模式，不可背离社会发展的规律，背离国家治理的普遍法则。个体作为社会关系网络中的现实存在物，其行为选择的方式和过程，不可妨害周边的人或社会与集体。假如没有这样的限制，任何社会、任何个人都可以对自己选择的行为的后果不承担责任，那么，社会的发展就如同脱缰的野马，个人就如同禽兽不如的东西了。总之，社会和个人的选择自由必然要受到限制，选择的自由从来是有条件的，从来是有限的。

道德行为选择只有两种情况，即道德的选择和不道德的选择，一般不存在既不是道德的选择又不是不道德的选择的"第三种路线"，这是道德行为选择的最大特点。其所以如此，是因为道德行为选择都是在特定的利益关系中发生的，都是主体在其自觉意识的支配下发生的，选择的实质都是主体对"利"与"害"的关系做出的"有利"（自己或他人，或自己与他人）还是"有害"（自己或他人，或自己与他人）的抉择。

在学理上，道德行为选择的自由与责任的关系可以叙述为：一种对立统一的关系，相互依存、相互制约、相互说明、相得益彰的关系。承认自由，并不意味着可以违背规律和法则，可以不负责任；强调责任，并不意味着可以无视自由，可以贬低和随意限制正当的自由。自由使人的主观意志和潜能得到充分发挥，社会和人的发展与进步因此而获得最重要的动力因素；责任使人的主观意志和潜能的发挥保持常态。发现小偷作案，你可以选择不作为，但舆论和良心会使你难堪，甚至产生负罪感，成为你的一桩心事，一道与你同在的阴影。这是道德义务和责任对你自由选择的惩罚。

在实际的道德行为选择过程中，自由与责任的辩证统一关系通常是以一种"自由度"的方式表现出来的。不同的主题有不同的"自由度"，不同的选择有不同的"自由度"。相对于一般意义上的行为选择来说，主体选择道德的行为的"自由度"要大得多，如你想帮助人，几乎是"想怎么帮助就可以怎么帮助"了，但这也还是有限度的，这个限度就是你帮助人的能力。而主体选择不道德的行为，"自由度"就要小得多，因为有外在的舆论和内在的良心在监督你，警示你要承担不道德选择的责任。

四、司法道德行为及其选择问题

司法道德行为，是指司法执法工作者在一定的职业道德观念的支配下表现出来的有利或有害于他人和国家的行为。在这里，作为道德范畴的司法道德行为，在司法执法实践领域同样既指道德的行为，也指不道德的行为。

有的人说，在司法道德实践中，司法执法者的所有行为都具有道德意义，不存在有害于他人和国家的不道德的行为问题。这种观点是值得商榷的。当然，一般来说，司法执法者在自己的工作中不会有意识地选择不道德的恶的行为，故意要办一件假案、错案，给他人和国家造成危害，甚至是无法挽回的损失。但是，由于一些司法执法者的业务素质和职业道德素质与其承担的工作不那么适应，其行为在道德上会出现恶的结果。这有两种情况：一是法制观念不适应造成的偏差和危害，二是司法道德观念不适应造成的偏差和危害。两种偏差和危害又集中表现在背离了有法必依、执法必严、违法必究的司法公正，由此而给涉案人和国家造成危害。这就表明，司法执法工作中同样存在着道德行为的选择问题。

司法道德行为的选择，最为明显的特点是"自由度"小，更强调的是责任。众所周知，职业活动都承担一定的社会责任，即职责。但是，不同职业对职业人员的责任要求是不一样的。就职责的大小看，一个社会大体上有三种类型的职业。一是承担的责任不大或不怎么大，职业人员工作得好与差，对他人和社会集体所发生的好或坏的影响一般并不明显，或不怎么明显，这样的职业的道德选择的"自由度"相对来说一般要大一些，甚至很大。二是承担的责任虽然重大，但由于衡量职责履行情况的标准具有不确定性，不易细化，难以掌握，所以选择的"自由度"也比较大，这样的职业过去一般被称为"自由职业"，教师就属于这样的职业。一个教师的教学行为选择虽然受到教学管理条例等职业纪律和规则的约束，但衡量其工作质量的标准就具有不确定性：怎样才算教学质量高，怎样才算教学质量低，并没有一个可以量化的客观标准。三是承担的职责重大，以至特别重大，职业人员工作得好与坏，对他人和社会集体所发生的影响很明显，甚至会有举足轻重的影响。这样的职业的道德选择的"自由度"相对来说就小得多，它们更强调职业的责任。司法执法部门的工作就属于这样的职业。一个案子办好办坏，它的标准是客观的，绝对的，这就是事实和适用法律，两者是衡量司法执法工作者工作质量的准绳。这个准绳限制了司法执法工作者道德行为的选择自由，司法执法者只有在这个限制内才能真正获得自由。

但是，这样说，并不是说在司法执法活动中主体就没有什么道德选择的自由。实际情况是，一案当前，怎么办案，仍然会面临着多种选择的可能。首先，可以做出道德的或不道德的选择。从实际情况看，虽然有实用法律的规约和限制，有案件的基本事实存在，但仍然会有一些司法执法工作者"自由"地选择了不能按照事实说话、依法办案的不道德的行为。其次，在选择道德行为的过程中，还存在着选择不同的道德价值的区别，就有法必依、执法必严、违法必究而言，存在着是"必依"还是"可依"、是"必严"还是"可严"、是"必究"还是"可究"的选择差别，而其不同选择的结果又总是不一样的。再次，在办案的实际过程中，还存在着是否选择对当事人负责、是否审慎从事和注重调查研究的行为的区别。

这就告诉我们，在对待自由和责任的关系问题上，司法执法者应当更看重责任，赋予自己的职责以一种神圣性。这也是国家和社会对司法执法工作者道德行为选择的最基本的道德要求。

第二节 司法道德行为的评价

在中国学界，道德行为的评价一般被简称为道德评价。道德评价是社会和自我的道德监督机制。从某种意义上可以说，社会和个人的道德进步正是依赖道德评价实现的，没有道德行为的评价就无所谓是非，无所谓善恶，社会道德就会失去标准，个人的行为就会无所适从，最终引起道德失范和道德堕落。

一、道德评价及司法道德评价

评价是人的主要精神活动之一，也是人的一种重要的精神生活方式。一个人活在世上，难免会时时对发生在社会上和他人身上的事情以及自己身上的事情进行思考判断，发表自己的意见，这就是评价。评价的意见和方式通常都是道德意义上的。

道德评价是道德活动重要的形式之一，指的是人们依据一定的道德规范和标准，通过社会领域和内心体验，对他人或自己的行为进行善恶判断，表明褒贬的态度和活动。从这个界定中我们可以知道，道德评价的主体大致有两种类型，一是他人或社会性的组织，二是个人；对象也大致有两种类型，一是他人或社会性组织的道德活动，二是个人的道德行为。前者一般称为社会道德评价，后者一般称为自我道德评价。司法道德评价，既指的是社会和他人（当事人）对司法执法者的职业道德行为所做的善恶判断、表明褒贬的态度和活动，也指司法执法工作者相互之间和自己所进行的这种褒贬态度和活动。社会和他人（当事人）对司法执法者的职业道德行为所做的善恶判断、表明褒贬的态度和活动，我们通常称其为社会舆论监督，在我国其基本形式是新闻传媒。司法执法工作者相互之间和自己所进行的这种褒贬态度和活动，我们通常称其为司法监督。社会的舆论监督和司法执法者自身的司法监督，都以或褒或贬为基本内容和形式。

道德评价的依据和标准不是抽象的，而是客观的、历史的、具体的。在一定社会里，道德评价的主要依据和标准是社会经济、政治与法制建设和道德进步的客观要求，是社会所提倡的思想道德体系。在当代中国，道德评价的主要依据和标准就是改革开放和社会主义民主与法制建设、社会主义道德建设和道德进步的客观要求，就是中共中央颁发的《公民道德建设实施纲要》提出的社会主义思想道德体系。司法道德评价的主要依据和标准，就是实施依法治国和依法治国与以德治国相结合、建设社会主义法制国家的客观要求，就是我国社会主义司法道德的基本原则和共同规范以及各个司法部门的人员应当遵循的司法道德规范。有人认为，道德评价的依据应当包含人们的动机和目的，这种看法是不对的，它抽去了道德评价必须依照的客观标准。依照个人的动机和目的进行道德评价，势必会使道德评价陷入"公说公有理，婆说婆有理"的窘境。

司法道德评价的意义，首先表现在它是司法职业道德建设的必备环节。社会生活任何领域内的道德建设都离不开一定的环境，道德评价本身是道德建设的环境，同时又是建设道德建设的环境的机制。司法道德建设假如没有必要的社会舆论监督，没有司法执法者必须的自我监督，那就缺乏必要的外部和内部环境及其建设机制了，就成了"说起来重要，做起来不要"的可有可无的事情了。这样的司法道德建设只会流于形式。

其次，有助于提高司法执法者的思想道德素质，建设社会主义法制国家。提高人们的思想道德素质是一切道德评价的出发点和最终目标。司法道德评价通过营造一定的内外部环境，提高司法执法人员的思想道德素质，这就从根本上有助于加强社会主义法制建设，促进依法治国和建设社会主义法制国家的发展战略的贯彻落实。

再次，有助于推动和引导整个社会的道德和精神文明建设。司法道德的实际状况历来是全社会关注的一个热点，因此司法道德评价不仅具有鼓励和鞭策司法执法人员严于自律的积极作用，而且对全社会的道德进步也具有广泛、深刻的影响。关于优良道德的褒扬性评价可以为全社会树立道德榜样，关于不良道德的批评性评价可以为全社会提供一种警示。

二、道德评价的规律和原则

探讨司法道德评价的规律和原则，首先需要对一般意义上的道德评价的规律和原则作简要的分析和阐述。

道德评价，本身是一种关于道德行为的价值评价，但在实际的评价过程中又不可能不涉及关于是与非的真理评价的问题，从而呈现出一种关于如何认识和把握价值判断与逻辑判断的关系问题。所谓价值判断即意义判断，其功用在于区分和把握善与恶、美与丑，体现人的精神需求和德性水准。逻辑判断又称科学判断或真理判断，其功用在于辨明真与假、是与非，体现人的智慧水平和认知能力。

人做任何事情的行动原则都是由与对象有关的行动过程的客观规律所决定的。道德评价的过程所展示的是什么样的规律呢？为了说这个问题，我们先来分析几种现象。

第一种现象，可称其为"君子国现象"。18世纪至19世纪期间，李汝珍写过一本书叫《镜花缘》，书中讲到一个叫唐敖的人，决意四海漂流，最终到了一处叫"君子国"的地方。他在"君子国"的市井中看到了许多不同于其现实社会境况的有趣事情。如他看到一个买主（衙役小卒）拿着货物向着卖主大声叫道："老兄货物如此之好，价钱却这么低，叫我心中如何能安！务必请你将价钱加上去，若是你不肯，那就是不愿赏光交易了。"卖主辩解道："出这个价，我已是觉得厚颜无耻，没想到老兄反而说价钱太低，非要我加价，岂不叫我无地自容。我是漫天要价，你应当就地还钱。"两人因此相持不下。买主无奈，照数付钱，拿了一半货物就走，卖主执意不让走，最后还是一位老者出来调停才解决了问题：让买主拿了八折的货物。再如，有两个人为付银子的事争执不下。付银子的一方坚持说自己的银子分量不足、成色不好，收银子的一方坚持说你的银子分量、成色都超过标准，并指责买方违背了买卖公平的交易原则。付银子的一方无奈，丢下银子就走，收银子的一方紧追不舍却始终追不上，无奈便将他认为多收的银子称出来，送给了过路的乞丐。

不难看出，"君子国现象"在道德上内含两种推理与结论：一是在"君子国"里，有"君子"就必然会有"小人"，"君子"是以"小人"的存在为前提的；"君子"越多就意味着"小人"会越多，人的道德境界必然发生两极分化。而这种情况不仅是"君子"们不愿看到的，因为这有悖于社会文明进步的客观要求。二是在"君子国"里，吃亏的总是"君子"，得利的总是"小人"，这与社会调控机制和道德价值导向是相背的。

第二种现象，可称其为"学雷锋现象"。雷锋是一位乐于助人的共产主义先进分子，他把自己的时间、精力和金钱，都无私地献给了社会主义事业，献给了他人。如今五六十岁的这代人就是在接受雷锋精神的教育下成长起来的，他们中的很多人的身上都具有乐于助人和奉献社会的优良品质。可是，20世纪90年代以来一些人对雷锋精神和学雷锋活动提出了质疑：有人说，他亲眼看到一个人在街头"学雷锋"——给别人修补铝锅，"雷锋"的身后站了十几个等待修补锅的人，甚至还有一个人随便地在垃圾堆上捡了一只破铝锅，也加入那十几个等待修补锅的行列。他忿忿不平地说：这些人都是试图无偿占有"雷锋"劳动的"剥削分子"。

细想一下，提倡"学雷锋"在道德上也内含两种推理和结论：一是一人学雷锋，必然会"培养"一个、几个甚至一批批的不学雷锋的人，这些人都是爱占别人便宜的不劳而获者；由此看，提倡学雷锋与社会主义道德与精神文明建设是相背的。二是"学雷锋"的人越多，无偿要求他人给自己"补锅"的人便越多，于是，"造锅"的企业就得跟着一个一个地倒闭；这必然会给市场经济带来冲击，道德建设与经济发展在这里发生了矛盾。

第三种现象，可称其为"法轮功现象"。"法轮功"的反人类、反科学、反社会的邪教本性，作为一个政治问题早已引起全社会的普遍关注，受到人们的唾弃，取缔"法轮功"是人心所向，采取强制性措施强迫其中一些骨干分子和痴迷者接受教育，翻然改进也是应该的。但是，这并不等于说，参加"法轮功"、痴迷"法轮功"的人都是抱有险恶的政治企图。

实际情况是，他们中的绝大多数人是想锻炼身体，会会朋友，寻找一种精神家园和精神寄托。也就是说，很多的"法轮功"练习者，愿望是善的，是出自一种有意义的价值思考和选择，但结果却是事与愿违、适得其反，不但没有得到强身之善，反而遭受害身之苦，被别有用心的人利用了。

毫无疑问，"君子作风"和"雷锋精神"都是善的，任何社会都需要提倡学习"君子作风"和"雷锋精神"，用某种"练功"的方式锻炼身体和结交朋友，也是无可厚非的。但是，在这些有意义的判断和选择中都存在事与愿违、适得其反的问题。究其原因，就是因为在这些判断和选择的过程中，价值判断和逻辑判断脱节了，存在着价值判断与逻辑判断的矛盾。这种内在的矛盾势必会导致"道德悖论"，即一种选择的结果同时出现道德的和不道德的两种不同的结果。

我们不妨再以"乞丐与我"为例对这一"道德悖论"现象作一具体分析：

"我"做出"帮助乞丐"的道德选择的过程实际上包含着两个方面的先导性的判断：一是"乞丐"需要"我"帮助；二是"我"应该帮助"乞丐"。这两个先导性的判断是否合乎实际情况，需要做具体的分析。第一个方面的判断客观上存在几种不同的实际情况：（1）"乞丐"是真的，而且真的需要人给予帮助；（2）"乞丐"是假的，他是为了做"万元户"或出于别的什么动机，并不真的需要人给予帮助；（3）"乞丐"所需要的"我"的帮助，也可以通过其自身的努力来实现；（4）"乞丐"通过自己的努力来解决自己的问题会对其造成某种"损失"，但对"我"和别的人乃至于社会却是有利的。概括起来，第一个方面的判断在客观上存在两种实际情况：一是客体的需要有真假之别，二是满足客体需要的方式不同会造成两种不同的结果。这种分析和推论属于逻辑判断范畴。第二方面的判断客观上也包含如下几种不同的实际情况：（1）"我"应该帮助"乞丐"是因为"乞丐"有此需要；（2）"我"这样做只是出于"乐于助人"的德性习惯；（3）因为"乞丐"有此需要"我"才帮助他。显然，不论是哪一种情况，这方面的判断都是从主观意志和情感需要出发的，属于价值判断范畴。

从以上分析可以看出，主体的道德选择过程包含着逻辑判断与价值判断。两种判断不一致便产生矛盾，"道德悖论"正是由此而产生的。其结果就是"我"帮助了一个并不真的需要帮助的人，除了表示"我"的崇高以外，所带来的多是不良的后果。因此，要防止和避免"道德悖论"情况的出现，就要注意遵循道德评价的规律。

第一，要使道德的价值判断与逻辑判断达到一致。"君子国"的"君子"们只懂得价值判断，不懂得逻辑判断。这表现在两个方面：（1）他们无视对方同样具有关心他人、善待他人的道德需要。（2）他们不知道如果双方都不考虑对方的道德立场，结果必然是小人得利，这违背了社会整体的道德需要，不利于社会道德的进步。就是说，从逻辑上来讲，只讲君子必然培养一大批小人。相比之下，"学雷锋"的人的做法要比"君子国"的"君子"之举合乎逻辑一些，因为它并不忽视和排斥对方同样的道德立场和道德需要，但它同样存在着这样的"悖论"：雷锋精神的价值趋向在客观上是以众多的"非雷锋精神"为基础和客观目标的，所以大力提倡雷锋精神的逻辑走向必定是雷锋精神的失落。这就是说，如果道德的价值判断与逻辑判断脱节、忽视了逻辑判断的基础作用，就必然会最终导致对道德价值自身的否定，使主体由道德价值判断出发的道德选择在更广泛的意义上失去道德价值。因此，在道德生活中，主体必须将价值判断与逻辑判断统一起来，并且以逻辑判断为前提和基础。

第二，道德的价值判断要以逻辑判断为前提和基础。对主体的道德行为做出善或恶的评价，要以分清科学意义上的是与非为前提和基础。道德上的善与恶，由于受人的不同的动机和目的的支配，其实际的社会功效客观上是存在差别，所以本身历来存在着"真善"与"假善"的区别。如"拜年"，看起来是善的，但"黄鼠狼给鸡拜年"与我们逢年过节给亲人、同事和朋友拜年就有本质的不同；外婆是慈祥的、可亲可敬的，但"狼外婆"与我们的外婆就有着本质的不同。在这里，善在客观上存在的真假之别，属于逻辑判断范畴。当然，从动机和目的看，"君子国"的"君子"们和学习发扬雷锋精神都是合乎道德要求的，这没问题。但从其实际的社会功效看，则又是另一回事。有的人或许会说：道德是注重动机和目的的，但如果仅仅是这样看问题人们就不禁要问：只讲动机和目的而不讲社会功效的道德，提倡又有何用？在动机与效果的关系的问题上，我们应是统一论者，而且更应当看重效果。而对效果的事前和过程判断则属于逻辑判断。用这个观点来看待提倡雷锋精神问题，就应当把提倡乐于助人与鼓励自主、自立、自强精神结合起来，而且应当以后者为基础和目标。雷锋精神的普及与发扬，要在自主、自立、自强意识的基础上进行，这样才真正具有道德意义。从帮助人这点看，雷锋精神之所以可贵，值得人们学习，就因为他帮助了确实需要帮助的人。他把主观上的"乐于助人"与"善于助人"即"帮助了应该得到帮助的人"统一起来了，并且总是以"帮助应该得到帮助的人"的逻辑判断为前提的。

第三，要注意道德行为选择中的一些特殊情况。在实际的道德判断和选择中，有些情况并不像理论分析这么简单。在有些情况下，人们对其身临其境的道德境遇并不能迅即全面做出是与非的判断，选择完全合乎实际情况的道德行为。一位武警战士在执勤时发现有人落水呼救，待救起来才发现是一个越狱在逃犯。战士的行为是不是道德的？回答应当肯定。因为，他救人的道德选择是出于见义勇为，所救的虽然是罪犯但也是一个活生生的人。在实际的道德选择中，在主体的身上有时还会出现"好心办坏事"的情况。电视剧《女巡按》中有一个女角色叫如意，用卖身所得资助了一个为葬父而当街乞讨的小伙子，没想到晚上来嫖她的却是白天躺在街头的那个已经"死"了的父亲！这个典型事例说明，"好心不得好报"的情况古已有之。对这类特殊情况应当做具体分析。如果选择之中注意到价值判断与逻辑判断的统一，就应当允许和原谅，因为实际的道德生活情况有时比较复杂；如果选择之中没有注意到这种统一，则不可原谅，因为如前所说，"好心"人并不一定就能办成好事。

道德评价的功能正在于在社会舆论和内心信念的意义上，促使主体在做出道德判断和行为选择的过程中能够将价值判断与逻辑判断统一起来，而要如此，就应当提倡把德性与智慧统一起来，使主体既具备选择善行之德，又具备选择善行之智。中国传统道德本质上是一种义务论、主观论的道德体系，在道德选择上注重的是价值判断而轻视以至于忽视逻辑判断。在儒家"仁学"伦理文化的长期浸润和熏陶之下，"己所不欲，勿施于人"①、"己欲立而立人，己欲达而达人"②、"君子成人之美，不成人之恶"③等，早已成为传统中国人立身处世的人生理念和基本原则。它的基本特征是强调人生在世要尽自己的道德义务，凡事须从自己应有的良心出发。由于这种深重的历史影响，中华民族在世界大家庭里成为最善良的民族，成为一种实实在在的"礼仪之邦"。今天，我们无疑要吸收这种珍贵的精神遗产，但同时也应当看到它的历史局限性。在改革开放和大力推进社会主义市场经济的历史条件下，我们在强调"以善德待人"的同时，也要注意"以智慧待人"，既做真诚善良的人，也做有智慧的人。

三、司法道德评价的特点

开展司法道德评价，自然要尊重一般道德评价的规律，遵循一般道德评价的原则，但同时也应当充分注意了解和掌握司法道德评价的一些特点。

一方面，作为职业道德评价，司法道德评价的内容集中体现在有关司法责任的评价。一般意义上的道德评价，是从责任心（动机）、履行责任的过程、履行责任的结果三个方面来把握的，司法道德评价更注意的是关于责任履行过程和结果尤其是关于结果的评价。所以，在司法道德评价中，人们更关注的是司法执法的行为结果，而不大注意司法执法者的责任心（动机）和履行责任的实际过程。如果你办的案子质量不高，甚至办成了冤假错案，尽管你申辩自己的动机是如何的好，都是无济于事的，这种申辩也不会有人听取。

另一方面，司法道德评价的主体是多种多样的。这种主体大体上有两种，一种是进入司法程序的当事人。在社会生活的其他领域，道德评价的

①《论语·卫灵公》。
②《论语·雍也》。
③《论语·颜渊》。

主体一般并不是当事人，而是旁观者。比如，有人落水，遇到生命危险，你能够救他性命却无动于衷，这时候指责你违背道德的人往往并不是需要你救的落水者，而是其他的人。再比如，你不讲文明礼貌，不尊重他人，当事人不一定会怎么批评你，倒是旁边的人会批评和指责你。在职业活动中，道德评价的主体可以分为三种情况：（1）做出评价的一般不是当事人，而是其他人者为多。比如教师，你教学马马虎虎，不求质量，学生不一定会说你，更不会批评或指责你，倒是你的同事或教学主管部门会批评你，指责你，甚至惩罚你。（2）做出评价的既可能是当事人，也可能不是当事人。如服务行业（餐饮、宾馆等），若是服务质量高或不高，当事人和不是当事人都可能会做出评价，因此而都可能"一传十，十传百"，形成一种评价氛围。（3）做出评价的一般只是当事人。如在生产和经营生产资料和消费资料的行业，产品的质量如何，评价的主体一般都是当事人，即消费者。司法执法活动中道德评价属于第三种情况，主体多为当事人。其所以如此，是因为司法执法者与当事人之间存在着直接的"面对面"的利益关系。或者受益，或者受害，都集中地体现在当事人的身上。或者传播溢美之词称赞你，或者送旌旗表扬你，或者到别处喊冤叫屈，或者上诉告司法执法者的状，这些道义上的道德评价都发生在当事人的身上。

另一种是大众传媒。在别的许多行业，道德评价一般是很少通过大众传媒的，而关于司法执法活动的道德评价则时常上大众传媒。这不仅反映在司法执法工作的专业传媒上，而且也反映在其他许多非专业性的大众传媒上。如今，人们关于司法执法活动的情况的评价，主要并不是从亲身经历中获得的，而多是从媒体上获得的。

司法道德评价的上述特点告诉我们，作为一个司法执法工作者，应当始终注意提高自己的道德评价能力。

四、司法执法者的道德评价能力及其培养

道德评价都需要主体具备一定的能力。这种能力不是与生俱来的，而

是在后天的人生经历中培养起来的。职业道德评价能力，是从业人员在职业活动中通过接受思想政治教育尤其是职业道德教育、进行自我修养逐渐培养起来的。看待司法执法者职业道德评价能力自然也应当作如是观。

道德评价能力的道德心理基础，主要是良心和责任感。一个人具备应有的良心和责任感，就不仅会随时注意对自己的行为做出道德评价，对发生在他人身上的行为也会适时做出道德评价，并且，既不会对自己不符合道德的行为姑息放纵，也不会对他人违背道德的行为视而不见。对社会道德规范和价值标准的理解和运用能力，是道德评价能力的智力因素。一个人如果缺少这种理解和运用能力，他的良心和责任感就不仅不能发挥应有的作用，甚至会适得其反，在道德评价上离开社会的规范和标准。由此看来，道德评价的能力，在结构上实际上是良心、责任感和理解与运用社会道德规范和价值标准的有机统一。

在职业活动中，道德评价能力还是一种职业能力即"工作能力"。一个从业人员，在对自己和他人的职业精神和态度做出道德上的"善"或"恶"的评价的同时，实际上也就是对自己和他人表现为职业水平和质量的"工作能力"做出"强"或"弱""好"或"坏"的评价。中国学界有人认为道德也是一种生产力，如果这种看法可以自成一理的话，那么它所说的道德就包含道德评价的能力。司法执法者道德评价能力，也是一种司法执法能力。它以主体的义务感、责任心和良心的监督和反思，引导司法执法主体不断对自己的职业行为做出道德评价，规约和鞭策主体严于律己，端正态度，做好工作。

正因为如此，司法执法者要提高自己的道德评价能力，除了通过学习和修养使自己具备应有的良心和责任感之外，就是要在工作实践中注意不断总结经验和教训以提高自己的工作能力，后者是提高道德评价能力的基本途径。

第八章　司法道德的教育与修养

通过前面各章的学习和探讨，我们已经大体上了解到法伦理学的知识体系所涉及的内容，这就是：立法活动中通过立法理念和程序所体现的道德观念和价值标准问题、法律体系中渗透的精神、司法实践活动中的职业道德规范和要求以及行为选择和评价中的道德问题。

在上述分析和阐述中所涉及的道德问题，都属于立法、司法活动中的社会要求和社会标准范畴。须知，它们的价值实现不在于人们对其本身的知识性说明，就法伦理学的建设而言也并不是告诉人们这些知识就完成了自己的任务。立法、司法及其道德评价的社会要求的价值实现，最终需要主体具备相应的素质，需要把社会的要求转化为个人的道德品质，而要如此，就需要对立法、司法者进行道德教育，引导他们自觉进行道德修养。因此，法伦理学的体系不可不涉及司法道德教育和修养的内容。

第一节　司法道德教育

任何形式的教育活动都属于社会活动范畴，都是由社会作为主体承担教育的责任和任务的。同样之理，任何形式的道德教育活动也是这样。

一、道德教育及司法道德教育

道德教育有广义和狭义两种不同的理解。广义的道德教育，泛指一切具有道德影响意义的社会活动，包括家庭、学校和社会实施的专门的教育活动，集体组织开展的各种各样的社会公益活动，如支援灾区和希望工程、扶危济贫等，个人选择的合乎社会道德标准的行为及其所产生的积极影响等。推而广之，一切主观上并无道德教育上的考虑，客观上却具有道德影响力的社会实践活动形式，也都可以看成是具有道德教育意义的活动。狭义的道德教育，特指家庭、学校和社会实施的专门的教育活动，学界和日常生活中人们平常所说的道德教育，正是在这种意义上说的。

所谓道德教育，是指社会（包括阶级）或集体为了使人们自觉地履行道德义务，具备合乎其需要的道德品质，有组织有计划地对人们施加一系列道德影响的活动。

道德教育是社会道德活动的重要形式，是传统道德不断得到继承和创新、现实道德不断得到确认和普及的基本途径，也是一定社会营造适合的道德风气、从道德上培养合格的建设者和接班人的重要途径。人类社会自古以来的道德精神的传播和积累，一代代的德才兼备的人才的培养和造就，正是通过家庭、学校和社会坚持不懈地进行道德教育而实现的，从这种意义上我们完全可以说，没有道德教育也就没有人类社会的道德文明，没有一代代德才兼备的人才。

司法道德教育是整个社会道德教育的一个重要方面，指的是一定的国家和社会依据当时代法伦理思想提出的道德价值理念和行为标准，有组织有计划地对司法执法施加一系列的道德影响以促进其形成适应法制建设需要的道德品质的活动。

司法道德教育是整个社会道德教育和精神文明建设的一个重要方面。在现代社会，人们不可离开司法道德教育来谈论社会道德教育问题。作为司法系统内的职业道德教育，司法道德教育也是国家法制建设的一个重要组成部分。法制建设不只是一个立法与法律制度建设的问题，也是一个提高司法执法者的素质的问题，在建设法治国家的历史条件下后者应被看作是法制建设的根本所在。这是因为，法制职能的有效发挥，在根本上取决于司法执法者的相应素质；而职业道德素质是司法执法者素质结构中的主要成分，以"愿不愿"的方式从根本上影响司法执法者综合素质的作用的发挥。在这种意义上我们可以说，那种离开司法道德教育来谈论法制建设，甚至把司法道德教育与法制建设对立起来的看法是不可取的。因此，在我国，司法道德教育应当既被列入整个社会主义思想道德教育和建设的重要组成部分，也应当被列为社会主义法制建设的有机组成部分，有关部门应当建立专门的研究机构、组建我们的队伍来开展这方面的工作。从一定的意义上说，是否这样来看待问题，事关我国法制建设的成败。

司法道德教育属于职业道德教育范畴，具有不同于其他职业道德教育的一些特点，这主要体现在：

一是有特定的主体和特定的对象。在学校道德教育中，人们强调的是教育主体是学生，教师是主导的方面，从教育者方面说一般不做主体和对象的区分。司法道德教育则不同，它的特定的主体是国家和司法执法部门，特定的对象是司法执法工作者。国家和司法执法部门作为教育的主体，当然也是教育的主导方面，但这种主导只能是方法意义上的，必须以承认主体的地位和作用为前提。

二是有着特殊的教育目的和任务。这就是：为巩固国家政权、加强法制建设和人民利益服务。这与其他任何形式的道德教育都是不一样的。

三是有着特殊的教育内容和方法。特殊的内容就是司法职业道德的原则、规范、基本范畴。特殊的方法，集中表现在两个字上：灌输。

四是有着比一般社会道德教育和职业道德教育更严格的要求。一般的社会道德教育，包括家庭和学校的道德教育，对受教育者的要求一般是"应当"，虽然有目的、有计划、有组织，但由于不与职业、从业问题相联系，所以要求并不需要很严格。一般的职业道德教育，要求是严格的，但由于没有如同司法执法职业那样承担着重大的责任，所以，虽然常以"必须"为自己的命令方式,但也包含"应当"的成分。而司法执法工作由于责任特别重大,职业道德要求实际上也是职业要求,是职业要求的重要组成部分,所以提出的要求特别严格。任何司法道德教育所发出的命令都是"必须",如必须忠实于社会主义法律,必须立场坚定、爱憎分明,必须公正执法、求真求实,必须廉洁奉公、不徇私情,必须谦虚谨慎、团结协作,等等。

正因为有如上所说的特点,所以司法道德教育历来都是强制性的,对于司法执法工作者来说接受司法道德教育不是可有可无的事情。

我国司法道德教育面临的任务十分重大,也十分艰巨。在任何国家,在任何历史时代,司法执法工作者都承担着重大的社会责任。我国经济的持续繁荣,国家的安宁,社会的稳定与发展,人民的幸福,在很大程度上取决于司法执法工作的质量,取决于司法执法工作者的职业道德素质。在我国实行依法治国的社会历史条件下,司法执法工作者的职业道德素质对于这个治国基本方略能否有效地实行,起着举足轻重的作用。依法治国,顺乎民心民意,顺乎中国社会发展的客观要求,也顺乎人类进步的历史步伐。依法治国的主体是公民,而其具体操作的主要责任和任务却是由司法执法工作者承担的,司法执法工作者的道德素质如何,维系着我国实行依法治国发展战略的前途和命运。从这点看,在现代社会,司法执法工作者的职业道德素质和个人的德性水平,在全体公民和从业人员中应当是最高的,而要如此就需要进行司法道德教育。

总的来说,目前我国司法执法工作者队伍的职业道德素质是好的,但存在的问题也不少,有的甚至很严重。突出的表现就是一些司法执法者不仅不依法,而且违法,甚至犯罪,失去了民心,失去了公民的信任。它表明,这些人与其承担的重大责任不甚相称,状况令人堪忧。必须看到,这种情况必须从根本上得到改变。

二、司法道德教育的内容

在一般意义上来理解，道德教育的内容就是特定社会制定、推行和倡导的道德知识体系和价值标准。历史上，我国封建社会道德教育的基本内容，是以"大一统"的整体主义和"三纲五常"为主体的道德体系。西方资本主义社会的道德教育的基本内容，一直是以民族狭隘主义、个人主义和人道主义为核心的道德体系。

我国现阶段道德教育的基本内容是社会主义思想道德体系，2001年9月颁发的《公民道德建设实施纲要》对此做了系统的阐发。这就是：以为人民服务为核心，以集体主义为基本原则，在全体公民中提倡遵循爱国守法、明礼诚信、团结友善、勤俭自强、敬业奉献的基本道德规范，文明礼貌、助人为乐、爱护公物、保护环境、遵纪守法的社会公德规范，爱岗敬业、诚实守信、办事公道、服务群众、奉献社会的职业道德规范，尊老爱幼、男女平等、夫妻和睦、勤俭持家、邻里团结的家庭美德规范。概括起来就是一个核心，一个基本原则，四个方面的80个字20条具体道德规范。

司法道德教育的内容自然首先是社会主义道德规范体系的内容。司法执法工作者首先要通过接受一般意义上的社会道德教育，使自己成为合格的公民，在这个问题上任何高人一等的思想都是不可取的。社会主义道德体系的内容，同时也是提出司法道德教育的内容的基本依据，两者在价值趋向上不能相背，相互矛盾。

在阶级社会或有阶级存在的社会，司法道德教育的内容具有阶级性。这不仅表现在不同历史发展阶段的阶级社会或有阶级存在的社会之间，也表现在同一历史发展阶段的阶级社会或有阶级存在的社会之间。人类社会自从出现司法道德教育现象以来，适用于一切历史时代的教育内容实际上是不存在的。在任何一个国度里，司法道德都是整个民族道德的组成部分，都不可避免地会受到整个民族道德传统的影响，因此司法道德总是会打上民族特性的烙印，具有民族性的特征。司法执法者在理解和把握司法

道德教育的内容的时候，也应当充分注意到这一点。

我国司法道德教育的内容，总的来说，首先是《公民道德建设实施纲要》中提出来的社会主义思想道德体系。其次是我国社会主义司法道德体系，包括这个体系中的基本原则和相关的司法部门的职业道德规范。再次是司法道德基本范畴体系所包含的社会主义法制精神。最后是关于司法行为的道德选择和评价的基本要求。

三、司法道德教育的基本途径和方法

在一般的意义上，人类社会自古以来道德教育的基本途径有三个，这就是：家庭道德教育、学校道德教育和社会道德教育。

家庭道德教育在内容上是不全面的，甚至是单一的，在形式上是不规则的。这决定了家庭道德教育必然处于各行其是的状态，是一种不规范、不完整的道德教育。但是，家庭道德教育对于人的全面发展和社会的全面进步来说，却是至关重要的。因为，家庭道德教育对于社会常态发展和个人健康成长来说，都是一种奠基工程。在现实社会里，人与人在道德上相比较所存在的差别，很多方面都可以从其所受到的家庭道德教育中找到根据。过去流传的"龙生龙，凤生凤"的说法，当然是一种先验论，但如果换成"龙教龙，凤教凤"，则是有道理的。在道德上，家庭教育是人成长的摇篮。家庭道德教育的规范化，取决于对家长的教育。所以，现代社会都比较重视对家长的教育，改革开放以来中国一些地方之所以兴办家长学校，正是基于这种考虑的举措。

学校的道德教育是整个社会道德教育体系的重要构成部分，它是一种有组织、有计划、有目标的道德教育。人的健康成长，社会的文明进步，在很大程度上依赖于学校的道德教育。相对于家庭道德教育和人的健康成长的实际需要看，学校道德教育的重要作用体现在两个方面：一是强化和发展家庭道德教育的良好结果，淡化和矫正家庭道德教育的不良后果。二是通过灌输和传导新的道德教育内容，为受教育者健康成长和全面发展、走上职业岗位打下必须的基础。当然，由于学校的道德教育乃至整个学校教育，总是要受到统治者的政治思想和人才观念的制约和影响，学校道德教育历来存在着科学与不科学或欠科学、先进与落后的分野。道德教育的阶级性和时代性的差别，一般正是通过学校道德教育反映出来的。

社会道德教育的内容多样多变，形式各种各样。这可以从两个方面来看：一是有组织和计划性的教育，一般通过社会团体（如共青团、妇联等系统）和基层政权组织（如村民委员会、居民委员会等）的形式出现，这种道德教育的形式和内容，是对学校和家庭道德教育的重要补充。二是发散性的教育。如前所说，它是一种"影响"式的道德教育，也是社会道德教育的主要途径和形式，在价值取向上一般呈现出多元性，既有与学校道德教育相一致的内容，也有与学校道德教育不一致的内容，因而难免时常冲淡、消解学校道德教育的积极效果。

在一般的意义上，道德教育的方法主要是知识灌输、情感熏陶、实践锻炼、心理调整等。

道德教育首先是关于道德的知识教育，知识教育的基本方法就是灌输。其内容主要涉及道德是什么、什么是道德、怎样为道德等方面的知识。道德是什么，是关于道德的规范形式和价值标准等方面的知识。什么是道德，是关于道德社会现象的认知和评价等方面的知识。怎样为道德，是关于道德行为与活动方面的指导意见。情感熏陶，是教育者利用社会环境因素和教育者自己的"身教"因素所创设的教育情境，对受教育者进行感染和熏陶的方法。这种教育方法强调的是创设教育情境的重要性。人们都有这样的体验：在特定的教育情境之中，自己比较易于接受教育者传递的教育信息，发生心理上的共鸣。实践锻炼的方法，是一种通过有目的、有计划、有组织的实践活动，训练和培养受教育者良好的行为习惯、进而形成优良的道德品质的教育方法。心理调整的方法，在道德教育中是一种非常特殊和行之有效的重要方法。其所以如此，是因为健康的心理对于形成良好的道德品质是十分有利的，而健康的心理就其构成来说，通常包含着道德心理因素。从道德心理分析的角度看，道德心理状况如何与人的心理健康与否是直接相关的，不仅与人的心理健康与否相关，而且与人的身体健康也很有关系。人们有时会听到某人说他"我肺都气炸了""气得我三天吃不下饭""真是气死人了"等，说的就是道德心理状况与人的心理健康与身体健康相联系的道理。在司法执法实践领域，特别是在检察和公安机关，人们往往正是通过心理咨询的方式，纠正一些犯罪嫌疑人的扭曲心态，让其交代问题、认罪服法的。这种心理调整，实际上就是一种与道德教育有关的工作方法，对此，司法执法部门一般都比较重视，要求从事法律专业学习和司法执法工作者需要学习《犯罪心理学》类的学科。但是，仅仅如此是不够的，还应当同时把心理调整作为进行司法道德教育的一种基本方法。因为，司法执法工作责任重大，负荷重，易于使职业者产生焦虑、急躁等不良心理，影响工作质量。

在具体实施道德教育的活动中，知识灌输、情感熏陶、实践锻炼和心理调整的方法，通常是被人们综合使用的。

进行司法道德教育，首先要系统、有针对性地灌输司法道德知识，传授司法道德规范和价值标准，这是司法道德教育应当首选的基本途径和方法。过去，我国司法制度在选用检察、审判、公安人员方面，通用的做法是补充和调配，而不是经过一定的司法考试。检察官、法官虽然要经过人大投票选举，但由于某种原因，实际上多流于形式。而被补充和调配的人，不少都是没有经过法律专业学习或培训的转业军人或其他社会人员，这样就使得司法执法队伍在构成上不仅缺少专业水平，而且也缺少职业道德水准。为了改变这种落后的做法，目前我国已经普遍实行了经过特定的司法考试选用司法执法者的做法，这对于在改善和提升司法执法者的素质，提高其职业道德水平，无疑是有益的。但是，过去未经严格考核进入司法执法队伍的人依然大量存在，即使是经过严格考核进入司法执法队伍的人也存在需要不断"充电"的客观情况，因此，系统、有针对性地灌输司法道德知识还是十分必要的。

其次要坚持采用榜样示范和典型案例警示相结合的方法。我国目前的司法执法工作队伍虽然存在一些问题，但先进模范人物仍然很多。榜样的力量是无穷的，榜样的力量在于示范。司法道德教育活动，应当将那些典型的先进模范人物的事迹加以介绍，号召司法执法工作者向他们学习。同时还应当将那些知法犯法的典型案例加以分析和解剖，要求司法执法工作者从中吸取教训。反面典型的力量也是无穷的，其无穷的力量表现在提供一种警示，叫人注意，叫人警觉，叫人防微杜渐，反腐防变。榜样示范和典型案例警示相结合的方法，目前实际上已经被人们采用，新闻传媒上报道的那些优秀检察官和法官，披露的那些知法犯法和违法犯罪的检察官和法官，所运用的就是这样的方法。但是，这些做法主要还是社会评价意义上的，司法执法系统内部则做得不够。另外，就传媒报道的情况看，也多是典型案例警示和批评，榜样示范和表扬做得很不够，这在某种意义上说还会产生副作用。

再次要采用公民监督的方法。我国审判制度，早已实行非涉案公民可以到庭旁听审判的做法，这当然是好的。但仅仅如此又是不够的。旁听旁听，只能在一旁听着，而且只能听不能说，旁听者除了自己接受法制教育之外几乎起不到其他什么作用，更谈不上司法监督了。这是一个可以研究和探讨的问题。除了审判活动，检察乃至公安等司法活动能否实行公民监督，像政府部门实行听证会那样呢？这同样是一个值得研究和探讨的问题。公民监督，既监督了司法执法者的业务能力，也监督了司法执法者的道德水准，其道德教育的意义是显而易见的。

第二节　司法道德修养

人的优良道德品质的养成，不仅需要接受道德教育，而且还需要自觉进行道德修养。司法执法者优良道德品质的养成也是这样。道德教育属于社会教育范畴，道德修养属于自我教育范畴。

一、道德修养及司法道德修养

道德修养是一种自我道德教育形式，内含两种意思，一是道德上的自我教育活动，二是道德上自我教育活动所达到的水平或境界。在日常生活中，人们常说的"要加强修养"指的是道德上的自我教育活动，"这人的修养很高"指的是自我教育活动所达到的境界。所谓道德修养，指的是人们在道德品质方面的自我教育、自我锻炼的过程以及这种过程所达到的境界。

道德修养的实质，是将社会所提倡的道德规范和价值标准转化为个体内在的道德品质。一个人道德上的成熟，本质上是在接受道德教育的基础上自觉进行道德修养的结果，与道德教育相比较，道德修养更为重要。这首先是因为，道德教育所传递的一切知识只有通过自我教育、自我锻炼，才能转化为个人的道德品质，才是有意义的。从这点上看，没有道德修养，也就没有人们良好的道德品质。其次是因为，道德问题，说到底是人的素质问题，社会的道德进步，说到底是人的道德品质的进步。实行改革开放以来，在中国共产党的领导下，中国社会一直实行"两手抓、两手都要硬"的战略发展方针，道德教育是新中国成立后抓得最好的时期，但是正如《公民道德建设实施纲要》指出的那样，存在不少"道德失范"问题。究其原因自然是多方面的，但根本的原因还是人们普遍地缺少进行道德修养的自觉性，不能通过自我教育和自我锻炼将社会主义的思想道德体系提出的要求转化成个人的思想道德素质。从根本上说，一个社会的道德进步取决于其成员普遍进行道德修养的自觉性。

司法道德修养，指的是司法执法工作者将司法职业道德要求转化成为自己道德品质的过程和境界。司法道德修养，属于职业道德修养范畴，它是发生在司法执法职业活动过程中和过程之外的与司法执法职业修养密切相关的自我教育活动。

司法道德修养具有极为重要的意义。任何一种职业，从其自身发展来说，都要求从业人员加强职业修养，以提高自己的职业技能水平；同时也需要加强自身的职业道德修养，以提高自己的职业道德素质。用现代教育观念的观点来看，这叫接受继续教育，或接受终身教育。"入世"以后，我国的法制建设面临着一系列的问题需要调整，加以解决，这对每一个司法执法工作来说，都需要"充电"，不仅要适时地提高业务水平和工作能力，而且也要相应地提高思想道德水平。因此，在学习和提高业务能力的自我教育过程中，同样也需要通过加强自身的道德修养，提高自己的职业道德素质。

二、司法道德修养的内容

总的来说，司法道德修养的内容，当然是司法道德教育所灌输的司法道德知识，如同前面所说的那样，如忠实于社会主义法律，立场坚定、爱憎分明，公正执法、求真求实，廉洁奉公、不徇私情，谦虚谨慎、团结协作，等等。具体来说，可以从如下几个方面来理解和把握：

一是司法道德的文化知识。这是关于司法道德认识的修养，它是自我修养的前提和基础。只有知是知非、知善知恶者，方可求真求善，做有道德的人。中国司法道德文化知识源远流长，其中不乏通过改造可以为今日所用的优秀文化传统。改革开放以来，特别是国家实行依法治国和建设社会主义法治国家以来，司法道德的研究越来越受到学界和司法界的高度重视，发展很快，其中不乏真知灼见。学习历史和现实优良的司法道德文化知识，不仅可以为司法执法者进行道德修养提供认识论意义上的前提和基础，而且可以丰富司法执法者的文化知识结构。司法执法部门应当为其成员学习这方面的文化知识提供必要的条件。

二是司法道德情感和意志的修养。在人的道德品质结构中，道德情感是最活跃的部分，道德意志是最稳定的部分，两者的有机结合构成道德意识的实质内容，共同发挥作用展示人的道德品质的基本价值趋向。司法执法工作者应当通过自我修养，培养爱憎分明的道德情感，坚定不移的道德

意志，视公正司法执法为自己的生命。

三是司法道德行为的修养。人的优良的道德品质的形成离不开"知"和"说"，但根本的问题还是"做"和"行"。如果说，道德知识的获取是养成优良道德品质的逻辑前提的话，那么，道德行为的修养则是养成优良道德品质的逻辑过程和结果。俗话说，积土成山，积善成德，说的就是这个意思。道德行为的修养，目标是养成道德习惯。"习惯成自然"，一个人养成优良道德品质的最终标志，是形成优良的道德行为习惯，视"思善"——"说善"——"行善"为一种自然而然的习惯。司法执法工作者如同普通公民一样，在一件事或几件事情上遵循职业道德的标准一般说并不是很困难的，困难的是作为一种"自然而然"的习惯，习以为常，一以贯之。

三、司法道德修养的主要途径和方法

人生在世，想做成任何一件事情都要讲究方法，道德上的自我修身也要讲究方法。司法道德修养的主要途径和方法，大体上可以从如下几个方面来认识和掌握：

一是认真学习。认真学习的目的是增强法制观念和职业道德意识。首先要认真学习上面提到的司法道德文化知识。其次要认真向自古以来司法执法系统内道德高尚的先进人物学习，学习他们秉公执法的高贵品格。

二是躬行实践。一方面，要躬行职守，兢兢业业做好本职工作，做到在任何情况下一案当前都不懈怠，不草率。另一方面，在道德上严格要求自己，坚持自我反省，实行自我监督。平时，要经常检查和克服不正当的名利思想，在办案的过程中能够经得起各种不正当的名利的诱惑。

三是"慎独"。这是中国古代官吏和知识分子极力推崇和躬行实践的道德修养方法。事实表明，凡是有大成就者，都是能够做到"慎独"的人。在传统的意义上，慎独的意思是：一个人独处即在别人看不见、听不到的时候，能够高度警惕自己，自觉地按照社会倡导和推行的道德标准行事而不做坏事。《礼记·中庸》说："君子戒慎乎其所不睹，恐惧乎其所不闻，莫见乎隐，莫显乎微，故君子慎其独也。""慎独"作为一种自觉进行思想道德修养的方法，实行的是自我监督、自我约束。但凡道德上不求上进或堕落的人都与做坏事有关，而坏事一般都是在一人独处、无他人监督的情况下做的，真正合伙干坏事的情况很少。从一些知法犯法、违法犯罪的案件看，当事人走上这种泥潭，也基本上是一人所为。它说明，一个人在独处的时候，如果没有强烈的自我监督、自我约束的意识，就很可能放弃社会道德标准去做坏事。在一些不良的环境中，"慎独"的主张强调的实际上也是一种"自我防范"，提醒和约束自己不要与坏人为伍，不要接触坏事。因此，强调"慎独"是十分必要的。

"慎独"同时也是一种道德境界，一个人能够做到"慎独"，也就表明他的道德品质是高尚的。不论是作为修养的方法还是作为道德境界，"慎独"都具有典型的人格特征，能够做到"慎独"者其人格必定是健康的。

今天来理解"慎独"还应当赋予它新的内容。不仅是要监督、约束自己坚持不要做坏事，而且也要监督、约束自己坚持去做好事。"慎独"对于司法执法者来说尤其重要，因为司法执法工作者时常会碰到"一人独处"的情况，面临金钱和美色的诱惑和挑战。

这里需要强调的是，要实行和做到"慎独"，就要特别注意防止"一念之差"。世界上真正坚持做坏事、"坏透了顶"的人很少，即使是在违法犯罪的人当中，真正的"惯犯"也不多见。大多数道德上有问题乃至违法犯罪的人，都是因为"一念之差"或是从"一念之差"开始的。而"一念之差"的情况，一般都是在一人独处、无人监督的情况下出现的。从这点看，"慎独"作为一种修身的方法，在一定意义上就是要防止一人独处的时候可能出现的"一念之差"。一些司法执法者的堕落事实，证明了这一点。

四是"慎始"。"慎始"语出《左传·襄公二十五年》："慎始而敬终，终以不困。"说的是良好的开端对于此后发展的重要意义。在一般的意义上，可从两个角度来理解"慎始"的含义。一是从一个人一生的发展过程和阶段来理解，强调的是要慎重地对待人生的起点和起初阶段所面临的人生课题，有一个良好的开端，不至于在此后的人生发展中陷入被动，或留下遗憾。二是从做一件事情的角度来理解，强调的是应当注意有一个正确、良好的开端，防止出现一失足而成千古恨的事情发生。这就是所谓的"第一印象"。

作为一种职业道德方面的修养方法，"慎始"强调的是道德上要严格自我要求，给他人和自己有一个良好的"第一印象"。从认识的规律看，"第一印象"具有"先人为主"的功效，形成某种"成见"，好的"第一印象"会形成好的"成见"，不好的"第一印象"会形成不好的"成见"，不论是哪一种"成见"对今后的认识发展都是至关重要的。一个人道德上的进步，往往也受到"先人为主"的"第一印象"的深刻影响，好的"第一印象"会在别人的记忆里形成好的道德评价意见，会给自己一种鼓舞和信心，反之，就是另外一种情况了。

"慎始"对于刚走上司法执法岗位的人来说，显得尤其重要。这样的人，应当赶紧地学会工作，学会向他人学习，学会生活，学会处人，学会在政治、思想和道德方面锻炼成长。工作，要从学会做好第一件事开始；学习，要从学人家的长处开始；生活，要从从简方便、不求奢侈开始；政治和思想道德方面的锻炼成长要严格要求自己开始，如此等等。如果遇到困难或挫折，甚至犯了错误，就应当认真克服，认真改正，并且要从克服第一个困难或挫折、改正第一个错误做起，从总结第一次经验、吸取第一次教训做起。这样积少成多、防微杜渐，就会不断进步，最终达到你的既定目标，因为能"慎始"者一般都能"善终"。

关于中国法治的几个认识问题*

一、中国法治是劳动人民当家作主的社会主义法治

什么是中国的法治或依法治国？目前学界通常的解释是"人民依照法律治理国家"。我以为这种一般化的解释并没有涉及中国法治的本质。在不同的国度里，"人民""法律"和"国家"存在着差异甚至根本不同，因此法治的本质和实际内涵是不一样的。法或法律本是统治阶级意志的体现，法治即依法治国作为一种治国方略，本质上反映的是国家的社会制度，以及由谁在国家和社会管理上"当家作主"。《中华人民共和国宪法修正案》明确规定："中华人民共和国实行依法治国，建设社会主义法治国家。"在整体上，中国法治的本质应当被理解为：中国劳动人民当家作主、依照社会主义法律治理社会主义国家。

就是说，理解和把握中国的法治，必须树立正确的"人民观念"和"制度观念"，把体现广大劳动人民当家作主和社会主义制度的性质放在第一位。因此，在认识上划清两种界限是十分必要的。

一是要划清社会主义法治与封建专制社会的"法治（刑治）"的界限。封建专制社会的法律是刑律，其职能主要是镇压，是封建统治者对广大劳动者进行压迫和剥削的工具，所谓"法治"实则是"刑治"或"罚

＊原载《淮北煤师院学报》(哲学社会科学版)2000年第2期。

治"，与人民当家作主完全脱节。由此而形成的传统观念，在今天仍然有着不可忽视的不良影响，以至于一讲到加强法制、实行依法治国，不少人马上就想到甚至只想到加大逮捕、判刑、枪毙的力度。他们把社会主义法治与社会主义的民主当成了两回事。建设中国社会主义法治国家，本质上是要巩固人民民主政权，体现广大劳动人民的意志，实现劳动人民当家作主。

二是要划清社会主义法治与资本主义国家的法治的界限。首先我们应当明确，只有社会主义制度才可能真正建立起人民当家作主的法治国家。中国消灭剥削制度、建立社会主义制度已经半个多世纪。在党的十一届三中全会召开以前，由于经济和政治体制上存在着种种弊端，社会主义制度并没有使"劳动人民当家作主"得到充分体现。我们应当从这段历史中得到这样的启示：在社会主义制度下，要充分实现人民当家作主就必须实行依法治国，建设社会主义的法治国家，而不能对社会主义制度所真正具有的"劳动人民当家作主"的本质发生怀疑，将其与法治对立起来。错误地认为在实行依法治国的问题上中国人必须"淡化"社会主义的制度意识，向西方资本主义制度看齐。资本主义国家的法治，不论其理论形态和制度形式如何完备，如何具有人民性，本质上都是与资本主义制度一致的，都是为了实现"有产者"当家作主，维护"有产者"的根本利益。我们不应当也不可能兼收并蓄。除非我们放弃自己的社会主义制度。因此，像有些人那样只是凭借资本主义国家的法治思想和法治模式来发表自己的各种宏论，却将我们的社会主义的国情完全丢在了一边的研究方法，并不可取。

二、中国共产党对于中国法治的领导地位不容动摇

在实行依法治国、建立社会主义法治国家的过程中，中国共产党应当居于什么样的地位？是在所谓的"法治之上"还是在所谓的"法治之下"？目前理论界有人公开主张是在"法治之下"而不能在"法治之上"，更多的人采取的是含糊其词的态度，给人们的印象似乎这是一个最不容易说得

清楚的问题。在我看来，问题并不复杂：中国共产党在中国实行依法治国、建设社会主义法治国家的过程中的领导地位，是毋庸置疑、也是不容讨论的。

中国共产党对于法治的领导地位是中国法治的题中之义。《中华人民共和国宪法修正案》在确认中国共产党在过去的革命和建设事业中的领导地位和作用之后，重申社会主义初级阶段的各项事业，包括"发展社会主义民主，健全社会主义法制"，都必须在中国共产党的领导下进行。中国共产党是执政党，党章规定："中国共产党是工人阶级的先锋队，是中国各族人民的忠实代表，是中国社会主义事业的领导核心。"执政党的宗旨和性质，决定了依法治国作为一项治理国家的基本国策，一项促使国家繁荣昌盛的根本性的社会主义事业，必须置于中国共产党的领导之下。党的光辉历程早已证明了一个在今天不应当再有任何置疑的历史经验：只有共产党才能够领导广大劳动人民救中国，只有共产党才能够领导广大劳动人民建设和发展中国。中国法治要真正实现其人民当家作主的社会主义本质，就必须将自己置于中国共产党的领导之下，在党的领导下，由人民制订法律，执行法律，对法律执行实行监督。

有些人之所以对中国共产党在实行依法治国的过程中的领导地位发生怀疑，认识上的一个重要原因是没有区分两种"至上性"，即"法律的至上性"和"法治的至上性"。所谓"法律的至上性"，是就法律的具体执行而言的，指的是法律在其具体执行过程中的绝对权威性。在依法治国的环境里，无疑要保证"法律的至上性"，所有公民、一切社会团体包括共产党组织，都必须在法律的范围内活动，并且实行有法必依、执法必严、违法必究。中国共产党领导法律的制订、执行与监督，同时又必须自觉、模范地遵守法律，接受法律的监督。但是，"法律的至上性"与"法治的至上性"，两者不是一回事。在中国，法治是中国共产党领导广大人民依照社会主义法律治理国家，指的是关于管理国家和社会的基本方略和模式，如前所说它必须在中国共产党的领导下进行。既然如此，在关于国家和社会的管理系统工程中，中国的法治就不应当、也不可能是至上的。如果不是这样来看问题，将"法律的至上性"等同于"法治的至上性"，那么人们不禁要问：在加强法制，实行依法治国的当代中国，中国共产党的"领导核心"地位从何谈起？有人认为"依法治国是对依党治国（党治）的否定。"①这种认识的错误首先在于包含着一种似是而非的概念问题："党治"或"依党治国"是指党的领导还是指"一党专制"？若是指前者，那就把坚持四项基本原则中的"坚持党的领导"与实行依法治国对立起来了。可能问题的提出者指的是后者，但人们又不禁要问：中国共产党何时实行过"一党专制"，她的执政地位是不是"一党专制"？如今提出反对"党治"或"依党治国"究竟有何必要性？或许问题提出者的本义是：提出"党治"并将其与法治对立起来加以反对，是为了防止以"党治"代替法治，使法治成为空架子。这种担心是不必要的。党章规定："中国共产党以马克思主义、毛泽东思想、邓小平理论作为自己的指导思想。"坚持党在实行依法治国中的领导地位，就是要坚持用马克思主义、毛泽东思想和邓小平理论对法制建设和依法治国的指导，也就是用马克思主义、毛泽东思想和邓小平理论武装广大人民群众，指导和制约法律的制订与执行，使之与社会主义制度相一致，与人民的根本利益相一致。这也是有中国特色的社会主义法治与资本主义法治的一个重要区别。显然，这里并不存在什么"党治"或"以党治国"的问题。

三、中国法治需要"德治"作为社会基础

中国是一个"道德大国""礼仪之邦"，有着几千年重视"德治"的传统。从治国的角度看，应当如何评价"德治"的历史意义和现实价值？目前研究法治的文论虽然见仁见智，但许多人在有一点上是共同的，这就是：传统"德治"与现代法治是根本对立的，要加强法制，实行依法治国，就必须彻底否定"德治"。

以孔孟为代表的儒家伦理文化，其核心是"仁"，基本的价值标准是

①　王道才、李萍：《中国法治化问题的若干研究》，《哲学动态》1999年第4期。

"仁政"与"仁人",在国家和社会管理上基本的政治主张是"德治"。传统"德治"是否与法治根本对立,本文不便展开去说,此处只是指出三点特别值得今人注意的历史现象:

第一,儒家伦理文化关于"德治"的主张并不一般地反对封建社会的法("刑")。从《论语》中说"刑"与"刑罚"(共5处)的意思看,孔子对"刑"是给予肯定的,他甚至将此作为区分"君子"与"小人"的一个标准:"君子怀德,小人怀土;君子怀刑,小人怀惠。"①因此,将"德治"看成是与封建"法治(刑治)"完全对立的治国策略,有失偏颇。

第二,从基本的价值内涵和价值趋向看。"德治"与封建"刑治"确实不一致,但值得注意的是,正是"德治"为封建刑治提供了最深厚、最可靠的社会基础。从历史上看,大凡经济比较繁荣、社会比较稳定的"盛世",也都是"德治"行时的"盛世"。其表现是统治者施行了得民心的"德政",社会形成了良好的"德风"。从一定意义上可以说,没有"德治"的主张和实行及其形成的伦理文化氛围,就没有中国封建社会的长期稳定和几经繁荣。

第三,从治国方略的总体看,历史上中国实行的实际上是"礼治",而不唯独是"德治"。《礼记·曲礼》曰:"道德仁义,非礼不成;教训正俗,非礼不备;分争辨讼,非礼不决;君臣、上下、父子、兄弟,非礼不定;宦学事师,非礼不亲;班朝治军、莅官行法,非礼威严不行;祷祠祭祀、供给鬼神,非礼不诚不庄。是以君子恭敬、撙节、退让以明礼。"由此可见,在封建社会,"礼"是"道德""政治""法律"的共有范畴;"德治"与"刑治""政治"等都内涵在"礼治"之中,而不是游离在"礼治"之外;中国封建社会的治国方略在总体上是"德治""刑治""政治"并举,我们只能在相对的意义上来理解重视"德治"的传统。凡是了解中国封建社会发展史的人,都会承认这一点。

这些生动的历史现象表明,在中国历史上,"德治"与封建"刑治"(当然包括专制政治)不仅不是矛盾的,而且为后者提供了最可靠的社会

①《论语·里仁》。

基础。在传统的意义上，将封建"德治"与"法治（刑治）"看成是两种根本对立的治国方略，也是没有任何道理的。

实际上，中国的这种历史现象，反映了人类在国家和社会的治理方面普遍存在的一种客观规律。美国传教士阿瑟·史密斯（中国名：恩明溥）说："'中国问题'现在已变得远非一个国家、一个民族的内部问题了。可以说，它已经是一个国际性的问题，而且有充分的理由相信，在未来的二十世纪，它将是一个比现在更紧迫的问题。任何一个对人类生活抱有美好愿望的人，对如此庞大的一个民族的进步、发展，不可能不产生兴趣。"①今天要不要实行具有现代意义的"德治"？如果需要，那么它能否作为法治的社会基础？回答应当是肯定的。

总的来说，道德历来对立法、司法、执法、守法，乃至法学理论和法律价值观念的形成和发展，都具有不可轻视的重要影响，在今天它仍然是实行依法治国、建立和维护法治社会的基本保障。具体来看，首先，关于立法、司法、执法和法学理论建设的各种活动，都不可避免地包含着对于善的价值追求，因此，树立正确的道德价值观念，是立法机构和法律、法学工作者从事正常职业活动的必要前提。正如恩格斯所说的那样："在社会历史领域内进行活动的，全是具有意识的、经过思虑或凭激情行动的、追求某种目的的人；任何事情的发生都不是没有自觉的意图，没有预期的目的的。"②其次，作为控制和调节人的行为的准则，法律规范和道德规范不仅对象和范围相近，而且价值形式和趋向也基本相同，两者之间存在着内在的逻辑联系，具有质的同一性，区别主要是调控的手段存在差异。正因为如此，违反了法律规范一般同时也违反了道德规范并往往是从违反道德规范开始的。再次，就包括法律工作者在内的公民的思想素质来说，道德良知是其司法、执法和守法意识的基础。为什么有些法律工作者作奸犯科、知法犯法？原因不在于他们缺少法律知识而在于他们"缺德"。生活经验几乎天天都在证明，能守法者一般都是道德品质优良的人，而违法犯

---

① ［美］阿瑟·史密斯：《中国人的特性》，匡雁鹏译，北京：光明日报出版社1998年版，第6页。
② 《马克思恩格斯选集》第4卷，北京：人民出版社1995年版，第247页。

罪者一般都是"缺德"者。

毫无疑问，道德的上述这些社会功能，都离不开"德治"，离不开"德治"指导之下的"德政"，离不开"德治"培养的"德性"、营造的"德风"，虽然今天的"德治"与传统"德治"在内容和形式上不可同日而语。而"德治"的形成又离不开各个领域里的道德建设，道德建设的目的是实现"为政以德""为人以德""执法以德""执业以德"等。所以，加强法制建设与加强道德建设、实行依法治国与推行"以德治国"，在今天仍然是一致的。在实行依法治国的社会里，法治不仅不可将"德治"看成是异己的力量，而且还必须将"德治"看成是自己必不可少的社会基础，并且要自觉地为"德治"立法。

一些搞道德研究的人，曾把道德社会调控功能的重要性说到了无以复加的地步，硬是叫人相信只要实行"德治"就足可以"平天下"，这种幼稚的想法早已为事实所纠正。近读一些法学和法律工作者研究法治的文章，那气势让你感到惟有他可以端坐大堂之上，其他人等只能立在大堂之下听其治国宏论，似乎只要加强了法制就可以实行依法治国，就足可以"平天下"。在我看来，这同样是幼稚的。

四、中国建设法治国家是一个相当长的历史过程

中国实行依法治国，建设社会主义的法治国家，将是一个相当长的历史过程。其所以如此，从根本上来说，是因为中国封建社会的历史很长，总体上没有形成法治传统，公民缺少法治意识；没有系统的社会主义法治理论的指导，更没有现成的完备制度和结构模式。我们需要总结自己的历史教训，批判地吸收别人成功的经验，进行中国的法治理论和法治制度的创新，如此来逐步建立具有中国特色的社会主义法治国家。这些都需要我们在艰难的探索中走自己的路。世界上每一个国家实行法治都曾经历过一个很长的历史过程，中国要建成法治国家所走的路将会更长。

具体说来，首先，对中国依法治国的规律的认识，有一个把握历史方

法论的过程。我们需要探索中国社会主义法治建设的客观规律，而要如此，就需要认真学习和自觉运用历史唯物主义，客观地分析中国的历史和现实，坚持从中国社会主义初级阶段和改革开放与社会主义现代化建设的国情实际出发，而不是从本本出发，更不是从西方某些国家的现成结论和模式出发。同时，要用系统的方法看待法制建设问题，承认并自觉地与其他社会治理手段结合起来，特别是要运用文化和道德建设的手段加强法治的力量，而绝对不可将它们作为"异己"排斥在法治之外，推到法制建设的对立面，错误地认为法治可以包打天下，只要抓法治就可以抓好法治。其次，在中国社会主义制度下，法治社会的形成不是仅仅依靠立法、司法、执法机构或法学家们，而是必须紧紧依靠广大的人民群众，才能最终奏效。因此，我们需要在公民中深入持久地开展普及法律知识，加强法制教育的学习活动，以普遍提高公民的法律意识，这是实行依法治国、最终建成法治国家的必经之路。中国幅员辽阔、人口众多，公民的文化素质参差不齐、普遍较低，在这样的国度里普及法律知识，以增强人民群众的守法意识和用法能力，必定是一个相当长的历史过程。很难设想，在一个公民的法制意识普遍淡薄的国度里，能够很快建成真实意义上的法治国家。再次，法律工作者素质的培养和提高需要一个过程。在我国，法律工作者的素质无疑必须适应社会主义法治建设的需要，但是毋庸讳言，由于种种原因，我国目前法律工作者队伍的素质尚存在着不少的问题，如"科班出身"的比例不相称，在中、基层的司法执法机构中这种情况更为突出，一些法律工作者，包括法律中介和服务机构人员，常常畏权贪财、徇私枉法，不能依法办事，有的甚至根本不是为了护法，而是为了赚钱，如此等等。对于这些，人民群众是很有看法的。改革开放以来，全国人大已经通过正常的立法程序制订了不少的法律，地方权力机关也制订了一些法规和条例，它们对于深化改革和社会主义现代化建设事业的健康发展起到了至关重要的作用。但是同时也应当看到，一些法律和法规在执行过程中并不能做到"有法可依、有法必依、执法必严、违法必究"，其原因与公民的法律意识不强，甚至一无所知，特别是一些法律工作者执法、护法不严、不力，是很有关系的。从这点看，推进中国的法制建设，实行依法治国，以最终建成社会主义的法治国家，一定要有长期作战的思想准备。

为此，我们需要克服急躁情绪，防止搞形式主义。虽然，为适应改革开放和发展社会主义市场经济的迫切需要，我们必须抓紧时间积极推进法制建设，但是绝不可因此而草率行事，盲目蛮干，甚至热热闹闹地搞一阵风，不切实际地缩短加强法制、建设法治国家的必经路程。

关于人治、德治与法治问题的若干思考*

改革开放以来，人治与德治问题一直受到学界的关注，所发表的文论的基本倾向是将德治与人治视为同一含义的历史范畴。全国人大九届二次会议通过和颁布《中华人民共和国宪法修正案》，将依法治国提升到宪法原则的应有地位，人治被作为与法治相对立的范畴，成了学界批评的焦点，而许多批评意见也都将人治与德治相提并论。党中央提出以德治国并强调要将依法治国与以德治国结合起来以来，一些人一直不以为然，以一种不以为然的口吻对以德治国随便地发表着各种非议，有的人还担忧实行以德治国会导致走人治的回头路，削弱以至葬送实施不久的依法治国这项基本的治国方略。这些情况表明，客观地评析中国历史上的人治与德治及其相互关系，正确理解法治，摆正法治的位置，对于科学地认识和把握今天的依法治国，进而将依法治国与以德治国结合起来，是很有必要的。

一

人治、德治与法治，三者不是同一层次的范畴，将德治与人治看成是一回事，进而将法治与德治对立起来，都是不妥当的。作如是观，是我们思考和评论人治、德治与法治的一切问题的逻辑前提。

在我看来，人治应有三层含义。一是指"治"人者和被"治"者凭借其个人的智慧（包含道德智慧）和德性，参与国家和社会的治理、管理活动，此即所谓德治；二是指个人或少数人"治"多数人，这是集权和专制社会的基本特征；三是指个人说了算，通常指的是统治者的管理方式和作

---

*原载《中共合肥市委党校学报》2002年第1期。

风，此种方式和作风一般是专制制度的派生物或专制观念的表现形式。

那么，我们究竟应当在什么含义上来讨论人治与德治的关系？无疑应当是在第二种含义上。在这种意义上，我们不难看出人治与德治及其联姻方式是与人类社会同步诞生的，并非为中国封建社会所特有，两者共同经历了原始社会、奴隶社会和封建社会三个发展阶段。

从根本上说，人治与德治的诞生及其联姻方式可以归因于历史的选择，是一种历史的必然。在原始社会，低下的生产力和低微的消费水平客观上需要将社会生产和社会管理的决定权和指挥权集于一个或极少数的"智者"，"智者"组织生产和消费活动靠的是个人的智慧、道德经验（风俗习惯）和德性，这可以视作人类社会早期的人治和德治或人治和德治的萌芽。那时，"治"者"治"人既靠其"智"，也靠其"德"，德治与人治在当时具有同质的含义和功能，人治就是德治。这种情况甚至延续到早期的奴隶制时代，故而有流传至今的"美德即智慧"的古希腊哲理。

到了专制的奴隶社会和封建社会，人治的性质和职能发生了不同于原始集权社会的根本性变化，它直接体现的是专制国家的政权性质（国体）与政权组织形式（政体），实际上已经不属于"治世"方略的范畴，而成了社会根本制度即专制制度的代名词，专制即人治。专制集权国家的人治与原始集权社会的"人治"已经有了本质的不同。在封建专制国家，治国的一切权力归中央，中央权力归一人（天子），所谓"朕即国家""征伐礼乐自天子出"等，正是人治国家本质特征的反映。须知，这时的德治及其与人治的联姻关系也相应发生了变化，德治由原始社会的"治世"方略转而演变成治国方略，失落了当初与人治同质的性质和功能，没有也不可能随着人治的变迁而上升到国家根本制度的地位，而只是成了人治的一种工具。所以，不做具体分析地将德治与人治混为一谈，简单地认为封建专制社会的德治就是人治，在与人治同质的意义上批评传统德治，是缺乏科学态度的，也不符合封建社会的实际情况。

世界各国，在专制时代都无一例外地实行过人治的根本制度，同样也都在人治之下实行过德治的治国方略。其所以如此，主要是出自专制统治者的政治和道德经验。少数人治多数人，尽管可以依据"君权神授"的说教从天或神那里找到某种根据，但这种根据在现实世界里最终毕竟是如冰之见火，显得苍白无力，统治者在力量对比之中不得不接受"民可载舟，亦可覆舟"的经验和客观真理。怎么"治"家天下？常供选择的工具只有两种：法律（刑法）与道德。前者是"猛"，后者是"宽"，而经验又总是表明"法不责众"，道德却可以"得民心"。于是，强调用道德来"治"民心，施教化，"绝恶于未萌，而起教于微眇，使民日迁善远罪而不自知"①，以弥补人治力量的"先天"性匮乏，主张"为政以德""德政"，就势必会成为"开明"的专制统治者的首选方略。

在人治社会和国家，德治对于人治的关系和功效可以概要地表述为："治"者如何治世、治国和治世、治国如何，受其道德智慧和个人"德性"即是否"为政以德"、是否"己身正"的制约和影响。传统人治之所以通常带有德治的特色，炎黄帝和后来的"明君明臣"之所以必然高度重视德治，大力推行"明德慎罚""德主刑辅"的治国方略，原因正在这里。不论怎么说，中国传统德治的历史功绩是不应抹杀的，它使中国封建社会赢得了几度"太平盛世"，使当时代的中华儿女得以修身养性。但是，问题的另一方面是，德治既是一种策略，就既可用，也可不用。所以，中国历史上的专制国家虽然历朝历代无一例外地都实行了人治，但没有同时实行德治并由此而造成民不聊生的"荒政""苛政"的情况，也并不鲜见。如果我们不是从国体和政体的意义上来认识专制国家的人治的本质，从经验和策略的意义上来理解德治及其对于人治的依赖关系，而是将德治与人治看成是一回事，以为德治就是人治，当如何来解释这一历史现象？

二

人治适应的是特定历史发展阶段在治世治国问题上的客观需要，而德治反映的则是一种治世治国的普遍法则。这是德治与人治的又一重要区别。

———————————

① 《汉书·贾谊传》。

在不发达和欠文明的社会里，人治是不可避免的历史过程；封建专制社会的人治发展到极致，最为完备，也最终走向了自己的反面，对此今人都不应当刻意的指责。中国封建社会的经济基础是普遍分散、汪洋大海式的小农经济。这种经济形式在实际的运作过程中，需要"大一统"的专制——人治制度与之相适应；这种经济形式在自发的意义上是自私自利、离心离德的社会意识之根，易于滋生小农自由主义和无政府主义的自然倾向，这又是不利于国家和社会的稳定的，在社会调控上势必要求"大一统"的社会意识形式加以导向。就是说，"竖立"于小农经济经济基础之上的政治只能是人治，只能是"替民做主"，而不可能是"法治"和"民自做主"。封建国家只能选择人治，不可能选择民主。时下有些人批评传统中国的人治，常用"民主政治"加以鞭笞，用意虽好，但未免显得苛求古人了。

德治之"德"的产生根源，自然是人类社会特定历史发展阶段的经济基础，但其"治"则是作为普遍实用法则存在的社会功能。所以，尽管在人类社会不同的历史发展阶段存在着由不同的经济基础"派生"的不同道德，德治的具体内涵也因此而不一样，但德治作为一种治世治国的普遍法则却具有永恒的价值，适用一切社会，只不过在原始集权社会和将来无阶级无国家的"大同社会"不具有"治国"的意义罢了。其所以如此，是因为道德作为一种特殊的社会意识形式，不仅对经济基础具有反作用，而且对其他上层建筑和社会意识形式也具有反作用；作为一种特殊的精神生活内容和需要，不仅构成人的精神家园的最基本也是最重要的消费资料，而且构成人的发展和完善的必要层次。

资本主义国家的经济与政治结构从根本上改变了封建统治的人治基础，实行法治成为一种历史必然。但是，资产阶级并没有因此忽视传统德治对于治国的意义，相反却始终注意在法治之下对全社会进行道德价值观导向，同时利用宗教的伦理精神慰藉和梳理人的灵魂，这是一种人所共知的事实。正如有的学者所指出的那样，资本主义社会是"法治武装到牙齿"，"德治深入人心"。一些人由于将出现在封建专制社会的德治归结为人治，将德治与人治看成是一回事，因此认为资本主义社会的法治对于封建专制社会的人治所进行的历史性否定，也是对德治的否定，进而否定社会主义社会实行德治的必要性，这实在是一种以讹传讹的历史性误解。任何社会的治理，都离不开发挥政治、法律、道德等多方面的综合功能，在社会主义国家，我们犹如可以实行有别于资本主义的市场经济一样，也可以实行有别于封建社会的德治。

由此看来，在人类社会历史发展的长河中可以实行两种不同性质的德治，一种与人治形影相随，另一种与法治相辅相成。后一种在内涵和形式上又存在着资本主义的德治与社会主义的德治的差别。

三

在历史的视野里，德治与人治不是一回事，今天实行德治自然不是要走人治的回头路。社会主义制度从根本上铲除了封建人治的基础，实行德治不论是在"治政""治世"还是在"治人"的意义上，都不具有国体和政体的性质，都不可能产生封建专制意义上的人治问题，这本是不言而喻的。但这不应当等于说，在有些情况下，在特定的环境里，今天的德治就不存在转变为人治的可能性。

作为一种思想理论体系和社会意识形式，法治与德治的思想和理念都还远远没有世俗化和尘世化，而人治作为一种传统的文化因素依然在现实社会中顽强地表现其"历史惯性"。这些，都是滋生和表现人治的土壤和气候，这是不应争辩的事实。而我们的政治体制还存在一些需要改革和完善的地方，其弊端的消极影响集中表现在可以冲淡以至消解正在建立的法律制度和市场经济体制，以及与其相适应的伦理道德氛围。本来，在"治"的方式上，不同层次含义的人治就存在某种相通之处，基本特征就是"为民做主"，表现为个人说了算，乃至于个人只说不做，习惯于把道德乃至法律等一切的社会规约和价值标准转变成只律他人而惟独不律自己的教条和工具。政治体制存在的弊端为这种"转变"开了方便之门。

现实社会中的人治现象，主要表现为：政治活动中的以言代政的特权行为和官僚作风，司法执法活动中的以言代法的违法犯罪现象，百姓生活中大量存在的只注视"官品"而漠视"民品"的新自由主义风气，等等。其危害在于：从"官"到"民"都会渐渐地将道德和法律变成仅律他人的工具，甚至变成自己手中的玩物，消解法治和德治在"治政""治世""治人"上的国家职能和社会功能，最终真的会使以德治国和依法治国变成一种"口号"，出现新的"人治"问题。历史是一面镜子：中国历史上，男盗女娼、作奸犯科的人中既有官也有民，他们不正是一些满口仁义道德却满肚子男盗女娼、天天讲"秉公执法"和"以德服人"的衣冠楚楚者吗？所以，也不要以为，我们今天实行依法治国，又要实行以德治国，强调两"治"并举，就会永远地告别人治。

四

以德治国与依法治国的成功与否，关键是"以德"和"依法"者即人的素质，而不是道德和法律本身。在这种意义上，说法治、德治归根结底还是人"治"，也无可厚非。

德治与法治及其统一的基础是人的"德性"。

法治与人治是根本对立的，在实行依法治国的国度里必须反对人治，确立"法律至上性"的价值理性，因为没有法律的绝对权威，法治就会形同虚设，其路向最终必定会走到人治。同样，德治不同于人治，在实行以德治国的国度里必须反对人治，确立"道德崇高性"的价值理性，因为没有道德的价值导向，德治也无疑成了一句空话，最终也会走向人治。

依法治国的关键是"依法"。人是否"依法"，前提自然是有法可依，但在此前提之下是否就能做到有法必依、执法必严、违法必究了呢？不一定。这并不取决于有法必依、执法必严、违法必究的"依法"者所"依"的是什么样的法，也不取决于"依法"者懂得了多少法律知识，是否为司法、执法、护法者，而是"依法"者的"德性"。事实也证明，许多违法犯罪的人并非缺少"依法"办事的法律知识，而是缺少"依法"办事的"德性"，他们实际上不是什么司法、执法、护法者，而是执业于此位的伪君子。某政法委书记包养一个情妇十几年，见情妇与其反目便雇凶杀人，案发时此公竟然还带领刑侦人员勘查现场，并发表一通"尽快破案"的指示。此例固然是"极个别"的，但不正说明此类"伪君子"确实存在吗？同样，以德治国的前提自然也是有德可"以"，但在此前提之下是否就能够做到有德必循、背德必问、行德必是呢？这也是问题。一个真正能够按道德要求"治政""治世""治人"的人，并不取决于他知道了多少道德知识，而是取决于他是否为一个有道德的人。这应该是一个常识性的问题。人是一切社会活动的主体与决定因素，实践是检验真理的标准，在一定意义上我们是否可以说，"依法""以德"者的德性决定着法治和德治的现实状态和成败、法治和德治最终还是人之"治"，无疑是正确的呢？回答应当是肯定的。以为只要有了趋向完备的法律和法制系统，建立了一套完整的道德原则规范体系，推行"法律至上性"和"道德崇高性"，"治政""治世"乃至于"治人"的一切问题就解决了，是不是也是一种天真？

依法治国提出和实行后，法学界乃至整个理论界有些人对在学理上分辨"依法"还是"以法"的问题颇感兴趣，现在又有人对区分"以德"和"依德"的问题津津乐道。在我看来，"依"也好，"以"也好，其实都不重要，重要的是"依"者或"以"者的德性，在于"依"者、"以"者是否会将法律和道德仅仅变成工具，是否会仅仅律他而不律己，如此而已。根本的问题就在这里。

应当重视司法人员道德人格的榜样示范作用*

党的十六届六中全会做出的《中共中央关于构建和谐社会若干重大问题的决定》强调指出，构建和谐社会必须坚持民主法治，在加强社会主义民主政治建设、发展社会主义民主的同时，实施依法治国基本方略，建设社会主义法治国家，促使全体公民树立社会主义法治理念，增强全社会法律意识。笔者认为，实现这一目标离不开司法执法者的道德人格在全社会的榜样示范作用，从某种意义上可以说，这比发挥"官德"和"师德"的榜样示范作用更重要。

（一）我国具有重视司法执法者的道德人格及其在全社会发挥榜样示范作用的优良传统。历史上中国是一个举世闻名的 "道德大国"，一贯强调"榜样的力量是无穷的"。重视先进的道德人格对于世风民俗的榜样示范作用，而且多以文本形式加以记述，得到统治者的认可和宣示，形成一种源远流长的传统。然而有意思的是，这种记述和宣示多限于为政者的"官德"和为师者的"师德"，而又以前者为著，如"政者，正也。子帅以正，孰敢不正？"①"师者，人之模范也"②等，却很少有司法人员的"司德"。这种历史现象易使今人产生一种错觉：中国古人并不重视司法人员的"司德"对于世风民俗的榜样示范作用。其所以如此，主要是因为几千年的专制统治实行的是政法不分、民刑合一的国家管理体制，天子之下的各级主政官吏集行政权和司法权于一身，而选拔官吏自隋大业初年始，长期采用的是科举制度，这一制度其实又是"读书做官"和"学而优则仕"

---

* 原载《淮北煤炭师范学院学报》(哲学社会科学版)2007年第5期。

① 《论语·颜渊》。

② 《法言·学行》。

的教育指导思想和理念的实践形式，致使教师在全社会享有特殊的声誉，统治者和全社会对教师的道德人格也有特殊的要求和期待。只要我们拨开这种易于使今人产生错觉的历史现象的谜面就会发现，早在西周初年，摄政王周公姬旦在总结商代灭亡的惨痛教训之后提出的"明德慎罚"的治国方略中，就有关于司法执法官吏须谨防"五过之疵"的要求。所谓"五过"，即"惟官，惟反，惟内，惟货，惟来"[①]。意思是说，办案切莫依仗权势，乘机报复反对过自己的人，庇护自己的亲友，贪图他人财物和受贿，接受他人登门请托。这些规则和要求，较为全面地概括了司法执法官吏应当具备的优良的职业道德人格，不仅在可以粗暴剥夺奴隶生存权的奴隶专制社会是难能可贵的，即使在今天也具有直接示范的借鉴意义。先秦法家的代表，从法律至上、唯法是从的立法理念出发，强调司法官吏须"守德"，不可有任何"偏私"之举。进入封建社会以后，统治者更是重视司法官吏的道德人格。起于西汉的"察举"制度，就把"善事父母"的"孝"和"清正廉洁"的"廉"这两种道德人格素养，作为选拔和任用官吏包括司法官吏的主要标准。诸如此类的价值理念和实用标准，构成中国封建社会司法伦理思想发展史的重要内容。我国有一些流传至今的脍炙人口、赏心悦目的文学艺术作品，对此做过十分精彩的表达，以至于如包拯、海瑞的铁面无私和刚正不阿的精神，早已成为老少皆知、家喻户晓的美谈。这种现象，一方面表明普通的中国人是何等的看重司法人员的道德人格及其榜样示范作用，另一方面也表明良好的"司德"对全社会的道德价值导向和教化发挥了多么重要的实际影响。在这种意义上我们甚至可以说，中华民族之所以具有注重道德、崇尚美德的传统，乃至最终成为一种"道德大国"，与历史上一些司法执法官吏个人的优良道德人格所发挥的榜样示范作用是很有关系的。

（二）以孔孟为代表的儒家伦理思想，同样高度重视司法执法官吏的道德人格在全社会的榜样示范作用。长期以来，中国学界尤其是法学界存在着一种似乎不必争辩的看法，这就是：当代中国的法制建设缺乏本土文

---

①《法言·学行》。

化，没有形成司法职业道德的优良传统。在我看来，这是一个需要讨论、加以重新认识的问题。实际上，在我国伦理文化的历史视野里，我国重视司法执法官吏的道德人格在全社会的榜样示范作用的传统，与儒家伦理文化的长期浸润和影响是密切相关的。我们知道，在孔子看来，统治者个人高尚的道德人格对其他人等起着示范和效法的作用，因此可以巩固自己的统治地位。他说："为政以德，譬如北辰居其所而众星共之。"①"政者，正也。子帅以正，孰敢不正？"②"其身正，不令而行；其身不正，虽令不从"③，"不能正其身，如正人何？"④这里需要特别注意的是，如上所说，由于中国封建国家实行政法不分、政刑合一的领导管理体制，因此孔子关于"仁政"思想也具有"仁法（刑）"的意思，"为政以德"也是"为法（刑）以德"，所记述和宣示的"官德"标准和要求，也是"司德"标准和要求。在这里，孔子所表达的是国家和庶民对"官德"的示范性要求与对"司德"的示范性期待，是完全一致的。诚然，以孔孟为代表的儒家学说的基本倾向是重德轻罚（刑罚），但这并不表明他们轻视司法（"司刑"）者的道德人格对全社会的良性影响和示范作用。孔子一生，以创建"仁学"伦理文化、改造由周而来的传统礼制、极力推行"仁政"和"仁人"为己任，主要的治学方向不在研究和阐发当时的法制问题。但从《论语》仅有5处说到法（刑）的情况看，他对法（刑）的作用是给予充分肯定的，如他说："化之弗变，导之弗从，伤义以败俗，于是乎用刑矣。"⑤意思是说，对于教化不起作用、引导不愿跟从、以至伤风败俗的人，就必须用刑法来惩治了。不仅如此，孔子还认为，司法官吏的道德应当合乎"君子"的高标准要求。自孔子始，儒学所推崇的"仁人"的人格标准是"君子"（"君子"又可分为"圣人君子""贤人君子"和"士君子"等不同类型）。在孔子看来，对待刑法的态度也可用作区分"君子"与"小人"的

①《论语·为政》。
②《论语·颜渊》。
③《论语·子路》。
④《论语·子路》。
⑤陈士珂辑：《孔子家语·刑政》，《孔子家语疏证》，上海：上海书店影印出版1987年版，第188页。

标准，如他说："君子怀德，小人怀土；君子怀刑，小人怀惠。"①根据封建专制社会政、法不分的体制特点我们不难看出，"怀刑"的司法官吏自然被孔子列在"君子"之中。由此推论，儒家伦理文化重视对"官德"的示范性要求，本来就包含对"司德"的示范性要求。就是说，在历史的视野里，对司法人员道德品质的示范性要求，本是"仁政"——以德治国思想的一个基本构成部分。忽视这点，以至于认为以孔孟为代表的儒家伦理文化只重视"政德"而反对"司德"的榜样示范作用的看法，显然是不正确的。

（三）从西方社会法制文明和道德文明发展史看，要求司法人员的"司德"在全社会具有榜样示范作用，早已形成一种优良的道德传统。在西方，从古希腊罗马开始就一直重视在法律至上的理念指引之下，强调司法公正，要求司法人员"头脑清醒，深思明辨"，具有"富贵不能淫之精神"②。所谓"大法官"，既是"大"在精通法律，也是"大"在忠实于法律，"大"在最富有正义感，敢于秉公执法，因此德高望重，被全社会视为楷模。当代西方法治国家，更是高度重视法官和检察官的道德素养，要求司法人员的道德品质必须是为全社会可以效法的典范。比如在美国，你要想当法官或检察官，先要获得学士学位，证明你具有一定的文化素养，然后取得法律专业的学位，表明你具备了相当的司法知识结构，接着须进入律师学会从事律师职业，获得一定的司法经验，同时必须被公认为道德上无可挑剔，这样才获得了当法官或检察官的前提条件；然后再经过提名，在议会选举中获得通过，方能最终获得司法资格。这一规定已经成为美国司法制度的一个重要方面，其宗旨十分明确：司法人员不仅业务素质必须是过得硬的，道德素质在全社会也必须是最好的。

（四）从逻辑上来分析，在实施依法治国、建设社会主义法治国家的历史条件下，将司法人员的道德人格视为全社会的典范也是一种必然要

①《论语·里仁》。
②西方法律思想史编写组：《西方法律思想史资料选编》，北京：北京大学出版社1983年版，第208页。

求。在建设法治社会的整个过程中，法律必须是调整社会生活的最高准绳，社会必须实行"法律面前人人平等"的价值理念，党和国家机关及其公务人员的一切活动必须在法律的范围内。这势必使检察和审判机关成为维护社会公正、惩治腐败问题的最后一道防线，司法执法者的"司德"在全社会具有特殊的地位和作用，成为全体公民关注和效法的楷模。《包青天》这部电视连续剧，论艺术水平恐怕没有多少人会给予称赞，但其数次连续播放期间却每每出现万人空巷的盛况。这种"民心所向"的现象表明，公民对"依法办事""秉公执法"这类"司德"的要求是何等看重，对当代中国的司法执法者寄予多么热切的希望。实行法治，究竟是"依法"还是"以法"，学界至今仍有争论，在我看来，这种争论其实并没有多少实际意义，因为人们是否依法从根本上说并不取决于是"依法"还是"以法"，也不取决于所"依"或"以"的是什么样的法，有多少的法律可"依"或可"以"，而是取决于是具备什么样的"司德"的人"依法"或"以法"（当然，也包括怎样"依法"或"以法"之技）。从古到今的司法实践证明，司法执法者能否做到有法必依、执法必严、违法必究，关键不在于是否有法可依即是否"缺法"，而在于是否"缺德"。"为政在人"①，"为法"岂不也"在人"？"为政以德，譬如北辰居其所而众星共之"，"为法以德"岂不也是此理？荀子在比较"治人"与"治法"孰更重要时明确指出："有治人，无治法。"②此话虽然说得有些绝对，但强调"治法在人"是合理的。很难设想，在当代中国，司法执法者如果普遍不注意"司德"，没有普遍形成"北辰"那样的道德人格，能够教育和带动全体公民增强法制意识，最终建设成我们的社会主义法治国家！

（五）强调司法人员在道德上为全社会做出榜样，也是目前加强司法人员队伍职业道德建设的迫切需要。现在，公民对我国政治和司法活动领域内存在的一些贪污受贿、贪赃枉法、知法犯法、作奸犯科的问题，是很有看法的。近几年来，媒体不时揭露的司法执法领域内的腐败案件，有些

①《中庸·二十章》。
②《荀子·君道》。

案件真的是骇人听闻，如《深圳特区报》2004年4月16日披露的武汉市中级人民法院的两名原副院长（柯昌信和胡昌尤）伙同下属10名法官受贿400余万元的案件、《第一财经日报》2006年1月22日关于上海看守所原所长黄坚因接受案犯周正毅家属的贿赂被刑拘的报道等。这些问题虽然发生在少数人的身上，但影响极其恶劣。除此之外，公民对一些司法部门及司法人员存在的"门难进、脸难看、事难办"的"衙门"作风，也是很有意见的。这些问题的存在，原因虽然是多方面的，但无疑与一些司法人员缺乏起码的"榜样示范意识"直接相关。须知，管理人的"官"首先要管好自己，为被"管"者率先垂范——若自己不像"官"谁能服"管"？教育人的"师"首先要教育好自己，为受教育者乃至全社会确立"师表"的形象——若自己不像"师"，谁会在心目中拜你为师？同样之理，司法者若不具备应有的"司德"，直至贪赃枉法、作奸犯科，那么所谓法律面前人人平等、秉公执法，谁信？司法，说到底是"司人"，"司人"者首先得"司"好自己。两千多年前，柏拉图在他的《理想国》里说到司法道德时打了个比方：医生是医治人身体上的毛病的，法官是医治人心灵上的毛病的，司法就是"以善意之心治恶念之心"——"心正"者方可"治"好别人的"心病"。柏氏所言，讲的是司法人员要有一颗超乎常人的正义之"心"，强调的正是道德人格的示范作用。在我国，司法人员的道德人格若是普遍不能为全社会做出榜样，对公民的道德建设和道德修养不能发挥示范作用，那么不仅会严重影响社会主义法制的权威，而且也会严重影响人们对党和政府的信任，从根本上动摇社会主义和谐社会的思想道德基础。

综上所述，应当高度重视和充分发挥司法人员的道德人格对于全社会的榜样示范作用。为此，就要充分认识"司德"在实行依法治国、建设法治国家和社会主义和谐社会过程中的极端重要的意义，坚持按照德才兼备的原则选拔和培训司法执法者，加强司法职业道德建设，建立必要的司法听证和监督制度；而作为司法执法者自身来说，应当注意加强"司德"修养，牢固树立"榜样示范意识"。

第二编　教育伦理研究

高校师德师风教育

第一章　导论

当前，全党全国人民正在大力推进公民道德建设，实施依法治国和以德治国的发展战略。在这种形势下，开展高校师德师风教育，加强高校师德师风建设，是很有必要的。

实施依法治国与以德治国的发展战略，归根到底要靠人来实施，而高层次的人才一般都是高校教育和培养出来的。科学技术是第一生产力，高校学科群立，人才济济，集中体现了先进生产力发展的根本要求和先进文化的前进方向。高校通过教育和培养一批批合格人才，促进人的全面发展，推动社会全面进步。因此，高校应当站在实施依法治国和以德治国的前列，带头认真学习和贯彻文件重要精神。

这就要求高校领导更新观念，确立依法治校、以德治校的办学思想，加强社会主义精神文明与道德建设。同时也要求高校的教师具备相应的法制观念和职业道德观念，实行依法执教、以德执教，通过接受师德师风教育，养成良好的师德师风。

一、教育是立国之本，教师是立教之本

早在20世纪80年代，邓小平同志就强调指出："我们多次说过，我国的经济，到建国一百周年时，可能接近发达国家的水平。我们这样说，根

据之一，就是在这段时间里，我们完全有能力把教育搞上去，提高我国的科学技术水平，培养出数以亿计的各级各类人才。我们国家，国力的强弱，经济发展后劲的大小，越来越取决于劳动者的素质，取决于知识分子的数量和质量。一个十亿人口的大国，教育搞上去了，人才资源的巨大优势是任何国家比不了的。有了人才优势，再加上先进的社会主义制度，我们的目标就有把握达到。"①

他揭示了这样一个真理：一国的国力在根本上受到经济发展状况的制约，经济发展状况受着科学技术的发展水平的制约，而科学技术的发展水平又受着人才的数量和质量的制约，人才的数量和质量又受着各级各类学校办学的指导思想和办学质量的制约。正是在这种意义上，我国把教育放在优先发展的战略位置，把教育看作是立国之本。

教师是人类灵魂工程师，是道德建设的重要实践者，是全面推进素质教育的主力军。建设一支具有良好师德师风的教师队伍，是教育改革和发展的根本保证。学校教育的指导思想能否真正得到贯彻落实，办学质量能否真正得到保证，关键在教师，因为教师是一切学校教育活动的主体和主导力量，决定着学校的办学质量和人才培养质量。从这点看，教师又是学校的立教之本，其工作状况不仅维系着学校的兴衰，而且事关国家民族的兴衰，社会整体的文明进步。因此，抓教师队伍建设、不断提高教师的素质，应是学校改革和发展的永恒主题。

二、良好的师德师风是教师的立业立身之本

教师的师德师风与其业务素质是一种辩证统一的关系。其中，师德师风是决定的因素，决定着教师业务素质的发展水平和实际价值。这是因为，师德师风总是作为教师的政治观念、政治态度、人生价值观和职业价值取向的方式，在"愿不愿"的层面上支配着教师"能不能"的业务素质及其展示的实际过程。科学技术是一把双刃剑，既可以被用来发展生产

---

① 《邓小平文选》第3卷,北京:人民出版社1993年版,第120页。

力，为人类造福，也可以被用来破坏生产力，给人类带来灾难，是福是祸完全取决于掌握科学技术的人的"德性"。其实教师的业务素质，也具有这种两面性，其强弱的分野、实际价值发挥得如何，并不取决于业务素质本身，而是取决于支配业务素质的师德师风。因此，应当看到，师德师风是教师的立业之本，也是教师的立身之本。

正因为如此，世界各国自古以来都十分重视对教师进行师德师风教育。我国有着重视师德师风的优良传统。孔子创建"私学"以后，高度重视教师的以身作则和率先垂范的道德意义。他说："其身正，不令而行；其身不正，虽令不从。"①"不能正其身，如正人何？"②强调教师的德行和作风要"正"，这样才可以教育和影响学生。同时他认为，教师如果有缺点和错误，一定要勇于承认，坚决改正，说："过则勿惮改"③，"过而不改，是谓过矣"④。孟子认为教师要以"得天下英才而教之"⑤为最高的人生追求，要注意"知耻""养心""寡欲"的修身之道。秦汉以后，历代教育家和教育思想家都强调教师要重视自己的师德师风要求，如汉代儒学大师董仲舒认为，教师应当"以义正我"，"说不急之言，而以惑后进者，君子之所甚恶也……为人师者可无慎邪夫！"⑥强调教师要以身作则，治学严谨，不要给学生造成不良的影响。在我国现代教育史上，伟大的人民教育家陶行知先生主张，学生的本分是"千学万学，学做真人"，教师的天职是"千教万教，教人求真"。无产阶级教育家徐特立先生认为，在师生之间教师是领导者，不可不高度重视自己的道德人格，既要做学生的"经师"，也要做学生的"人师"，将"经师"与"人师"统一于教育教学的全过程。

1997年，江泽民同志在会见全国高校党建和中小学德育工作会议代表

①《论语·子路》。
②《论语·子路》。
③《论语·学而》。
④《论语·卫灵公》。
⑤《孟子·尽心上》。
⑥《春秋繁露·重政》。

时说："要把教师的思想道德建设摆在突出地位，努力建设一支政治坚定、思想过硬、知识渊博、品格高尚、精于教书、勤于育人的教师队伍。"[1]显然，他是立足于树立良好的师德师风向全国教师提出要求的。

在当代中国，党和国家对师德师风的要求一般都是以法律或政令的形式加以确认的。如：《中华人民共和国教师法》规定教师要"遵守宪法、法律和职业道德，为人师表"；《中华人民共和国高等教育法》规定："高等学校应当对教师、管理人员和教学辅助人员及其他专业技术人员的思想政治表现、职业道德、业务水平和工作实绩进行考核，考核结果作为聘任或者解聘，晋升、奖励或者处分的依据。"2001年10月25日，党中央颁发的《公民道德建设实施纲要》指出："学校是进行系统道德教育的重要阵地。各级各类学校必须认真贯彻党的教育方针，全面推进素质教育，把教书与育人紧密结合起来……要发挥教师教书育人的作用，把道德教育渗透到学校教育的各个环节。"显然，贯彻和落实《公民道德建设实施纲要》这一指示精神，需要教师发挥主体和主导作用，而要如此，就必须具备良好的师德师风。

三、加强师德师风教育的必要性和重要性

高等教育是学校教育体系的最后一个阶段，本质上是准职业即就业教育，其使命是在中等教育的基础上将受教育者培养成为国家和社会所需要的合格人才。根据我们党关于德智体诸方面得到全面发展的教育方针的要求，高校教师实际上肩负着双重使命：传授就业之技，示范就业之德。这就决定着高校教师必须具有良好的师德师风，在执教的过程中能够按照党的教育方针的要求，做到教书育人、为人师表。

高等教育的经验证明，良好的师德师风会使大学生终身受益，不良的师德师风则会给大学生造成终身的不良影响，社会上的人们总会在大学生的身上或多或少地看到他们老师的影子。调查材料表明，大学生最喜欢的

---

[1]《安徽日报》1997年6月12日。

是那些既有较深的专业造诣、又有良好的师德师风的老师，最不喜欢的是造诣不深或造诣虽深却师德师风不良的老师。

目前高校教师的师德师风，总的看是好的，大多数教师能够忠诚于人民教育事业，严于律己，教书育人，为人师表，给学校的领导和大学生们留下了美好的印象，赢得了党和人民政府的信任，受到了社会各界和人民群众的赞誉。但是必须清醒地看到，目前高校的师德师风也存在着一些必须引起注意的问题。如有的教师职业道德观念淡薄，对学生缺乏应有的关爱；有的教师执教不负责任，对学生放任自流；有的教师为追求个人利益而不务正业，没有把主要精力放在教学和研究上，热衷于搞"个人创收"；有的教师以教谋私，接受或索要学生的财物；有的教师学术作风浮躁，剽窃他人学术成果；甚至有个别教师道德败坏，违法乱纪，触犯法律。这些问题虽然发生在少数教师身上，情况和程度也有所不同，但却严重影响高校教师的应有形象，危害大学生的健康成长。

存在这些问题的原因是多方面的。就社会原因而言，与受到改革开放特别是发展市场经济过程中出现的拜金主义、个人主义、享乐主义的影响直接相关。就个人原因而言，首先是缺乏集体观念，不能正确处理个人利益与国家集体利益的关系。有少数高校教师把"个人创收"摆在了第一位，抓得很紧，把教育教学的本职工作放在了第二位，马马虎虎，有的甚至采取不正当的手段"捞钱"，走上了蜕化变质的道路。其次是放松了自我要求，缺乏自我教育的自觉性和"为人师表"的自觉意识，忘记了自己作为高校教师的应有形象。

对目前高校师德师风优良的教师，应当给予表彰，号召大家向他们学习；而对存在的问题必须引起高度重视，坚决加以纠正。因此，有必要把师德师风教育的问题提到高校改革和发展及精神文明建设的议事日程上来。

为了我国高等教育事业的发展，为了迎接新世纪的机遇和挑战，高校广大教师在树立良好的师德师风方面应当与时俱进，自觉接受教育，严格自我要求，争做德、识、才兼优的优秀教师。

四、党员教师应做树立良好师德师风的模范

中国共产党是无产阶级的政党，代表着中国先进生产力发展的根本要求，中国先进文化的前进方向，中国最广大人民的根本利益。中国共产党的根本宗旨是全心全意为人民服务，共产党员不论从事何种职业都应当在自己的工作中恪尽职守、敬业奉献，发挥先锋模范作用，以最好的思想道德和工作作风影响身边的人，以最优异的工作实绩报效祖国和人民。

高校教师队伍中党员所占的比例较大，在诸如马克思主义理论、思想政治教育等人文社会科学专业所占的比例更大，有的甚至占了绝大多数。所以，发挥党员教师的先锋模范作用，不仅是搞好高校教学与专业学科建设工作的关键所在，也是搞好师德师风教育的关键所在。

目前，高校教师中的共产党员的师德师风状况总的来说是好的，但也存在着一些必须引起高度重视的问题。其突出的问题是，一些共产党员的党性观念不强，平时不能按照共产党员的标准严格要求自己，把自己混同于普通的老百姓。具体来说，一是不能自觉地学习党的路线、方针和政策，对党中央的决策，思想认识上不到位，实际行动上敷衍塞责，甚至抱有抵触情绪，阳奉阴违。二是不愿按照组织要求积极参加党的组织生活，开展批评和自我批评，思想政治上不求上进。三是党的纪律观念淡薄，热衷于传播所谓政治笑话和小道消息；对党内存在的一些腐败问题不痛恨，对党所领导和开展的反腐败斗争不理解，甚至以玩世不恭的态度随便发表不负责任的言论。四是工作上没有高标准的自我要求，做一天和尚撞一天钟，得过且过，工作态度和实际状态甚至不如党外教师。五是不能正确对待个人与组织和学校的关系，要求调动工作时可以不顾一切地跟学校领导和组织上"泡蘑菇"，争争吵吵，甚至骂骂咧咧，根本忘记了自己是一名共产党员。六是不能正确对待个人名利，公开向学校和组织上要名要利，跟党外群众争名争利。

凡此种种，表明高校一些共产党员已经忘记了党的宗旨，失去了共产党员的本色。他们身上存在的问题损害了共产党人的应有形象，败坏了师德师风，给党的组织造成了极坏的影响。

党员教师应当明白，自己首先是党员，其次才是教师，首先应当按照共产党员的标准严格要求自己。在这次师德师风教育中，党员教师应当以身作则，率先垂范，带头接受教育，带头开展自我批评和批评，带头纠正师德师风方面存在的问题。不难理解，党员教师若能普遍做到这样，高校的师德师风教育就一定能够抓出成效来。

第二章　职业道德与师德师风

师德师风作为教师的内在素质和外在行为特征，其形成是依据依法治教和以德治教，接受教师职业道德教育和自我教育，遵循教师职业道德的结果。

在任何一个社会里，道德的规范和要求都是一个完整的体系，这个体系大体上可以分为公民道德、社会公德、职业道德和家庭道德四个基本层次。四个基本层次也分别自成体系。职业道德体系随着职业门类或部门的不同而又表现为不同的形式或层次，教师职业道德是职业道德体系的一个重要形式或层次。

一、道德及其特征和社会功能

1.理解和把握道德的涵义及其方法论原则

要了解教师职业道德，首先需要了解什么是道德。

关于道德，中国古人既将其看成是社会之"道"，也将其看成是个人之"德"，后者是个人"外得于人，内得于己"的产物。有意思的是，在中国古代，具体来说是在西周时期，当时的"德"与"得"是相通的——"德者，得也"，强调个人的道德品质是"得"社会之"道"的结晶，所谓道德在当时其实是"德（得）道"。中国古人对道德的这种理解方式一直延续到今天，所不同的是，今人不是从"得天命""得纲常"的意义，而是从"得"社会规范要求的意义上来理解"德（得）道"罢了。

西方人对道德的理解一直遵循着这样的传统：将道德看成是"一种在行动中造成正确选择的习惯，并且，这种选择乃是一种合理的欲望"[1]，认为道德所反映的是人们"行为、举止的正直（正当）和诚实"[2]。

那么，究竟什么是道德呢？马克思主义认为，道德是由一定社会的经济关系决定的，依靠社会舆论、传统习惯和内心信念来评价和维系的，用以说明和调整人们相互之间以及个人与社会集体之间的利益关系的知识和行为规范体系以及由此而形成的个人品质的总和。

正确理解和把握道德的涵义，在方法论上需要注意三个问题。

一是要看到特定的社会经济关系是道德之根，这是道德的本质之所在。恩格斯说："人们自觉地或不自觉地，归根到底总是从他们阶级地位所依据的实际关系中——从他们进行生产和交换的经济关系中，获得自己的伦理观念。"[3]所以，不同的社会有不同的道德，同一个社会的不同历史时期道德也会有所不同。道德的这个本质特点，我们可以从社会主义社会的集体主义同资本主义社会盛行的个人主义的区别，同奴隶社会和封建社会极力推行的专制整体主义、原始社会的平均主义的区别中看得很清楚，也可以从改革开放以来中国人道德观念所发生的巨大的变化中看得出来。过去大学生为我们教师做事如担任孩子的辅导教师等，一般是尽义务的，而现在一般是要给报酬的，即使学生不会主动要，老师也会主动给。这个道德观念上的变化，就与在改革开放和发展社会主义市场经济过程中产生的公平观念有关，它是一种进步。

二是要看到道德是一种社会规范体系和人们的素质的统一体。诚然，道德作为一种特殊的社会现象包含着一定的道德规范体系，但这只是道德的一个方面，而且不是主要方面。道德的真谛和价值，不在于制定了多少

---

① 周辅成：《西方伦理学名著选》上卷，北京：商务印书馆1987年版，第311页。

② 《朗文当代英语词典》，中文1987年版，第677页。

③ 《马克思恩格斯选集》第3卷，北京：人民出版社1995年版，第434页。

道德规范，不在于道德规范体系制定得如何完备，而在于社会能够在多大程度上将道德规范体系转变为人们的内在素质，人们在多大程度上能够自觉地接受这种转变，从而实现社会的道德规范与个人的道德品质之间的统一。如果我们只是把道德看成是一种社会规范体系，那么道德就无须建设，只要请一些伦理学家进行一番研究，提出道德规范体系，只要将道德规范贴在墙上，说在嘴上，就行了。事实证明，如此看道德，道德就成了名副其实的形式主义。把道德仅仅看成是个人的素质即道德品质也是不行的。因为，个人的道德素质不是与生俱来的，其后天的发展不是无缘无故的，必然会受到来自家庭、学校和社会的教育与影响，所不同的仅仅是因受教育和影响的不同而有所不同甚至根本不同而已。把道德仅仅看成是个人的素质，在认识上是自然主义的典型特征，它实际上承认了不良以至"恶"的道德品质存在的合理性，这样，对一个社会来说也就无道德可言了。

所以，看道德不能仅仅看它的某一个方面，而要看它的全貌。社会主义道德建设的目的，就是要实现社会道德规范要求与个人道德素质之间的统一，还道德世界以"庐山真面目"。

三是要看到道德作为社会的规范要求和个人的素质，其调节方式是规劝式的。它通过社会舆论、传统习惯和人们的内心信念发挥其社会价值。在这种意义上，我们可以说道德是调节社会生活的一种"软件"。有些人包括高校的一些教师认为，道德既然是调节社会生活的"软件"，就没有什么实际用处。这种"道德无用论"的看法，产生于对道德调节方式的真谛缺乏中肯的认识和理解。道德的"软件"特性，既是它的短处，也是它的长处。说其短，是因为它不具有法律那样的威慑力；说其长，是因为它立足于人的内心信念——"良知"，从根本上解决问题。事实证明，在面临多种道德选择的时候，人们一般都会选择道德的行为而规避不道德的行为，否则就会"脸红""难为情""不好意思""内心有愧""羞愧难当"，甚至感到"无地自容""痛不欲生""活着不如死了的好"等而走上轻生的不归之路。就是说，道德作为一种"软件"，具有十分明显的精神强制作用。因此，对道德的"软件"特性是需要做具体分析的。

2.道德的广泛渗透性与相对独立性相统一的特征及其启示

道德具有阶级性、时代性、继承性、民族性、自律性等特征，对这些，人们一般都比较熟悉。除了这些，道德还具有广泛渗透性与相对独立性相统一的特征。

道德是以广泛渗透的方式存在于其他社会生产、社会生活和人们的思维活动之中的。

首先，作为社会的规范形式，道德规范与其他社会活动领域里的规范交叉重叠在一起，这种情况在职业活动中尤其突出。比如，救死扶伤，既是医务职业规范，也是医务职业道德规范；讲究卫生，既是饮食行业的职业操作规程，也是职业道德规范；公正执教，既是教师的职业纪律，也是教师的职业道德规范，等等。

其次，作为价值观念，道德表现在人们的人生追求活动之中。人对真理的认识和追求，对美的发现和欣赏，总是同时包含着对善的思考和追求，并往往以对于善的追求为自己的人生目的和价值取向。马克思一生清贫，但追求真理矢志不渝，目的正是为了无产阶级和劳苦大众翻身解放做主人，其高尚的品格一直是共产党人和广大劳动群众的学习榜样。一个教师严谨治学，兢兢业业，孜孜不倦地追求提高教学质量，目的正是为了不"误人子弟"，使自己教育和培养的学生成为国家和人民所需要的合格人才。

再次，作为价值形式，道德反映在各种物质和精神产品的价值构成中。物质生产和经营活动中产品与生产经营者的人品总是一致的，货真价实与其诚实守信相一致，假冒伪劣与其坑蒙拐骗相一致。大学毕业生的质量，一般总是内含着教师的师德师风，优秀毕业生的身上体现着教师良好的师德师风。精神产品的价值包涵道德价值的情况更为明显，更为普遍。各种书籍报刊、学生的教材等精神产品，无不包含着"劝善"的内容和意义。《红楼梦》《水浒》《三国演义》《最后的晚餐》《故乡的云》《流浪歌》《常回家看看》等文学艺术作品之所以流芳百世，流传甚广，以至家喻户晓，其魅力主要是因为其中包含着善的价值和善恶冲突的主题。一些精神产品之所以不合格，一些文艺作品之所以被列在"扫黄"之列，就因为它们所包含和宣扬的是某种恶。

最后，作为一种素质，道德体现在人的素质结构中。一个思维正常的人，其素质结构不可能与道德无关，差别仅仅在于有的人的道德素质倾向是善，有的人的道德素质倾向是恶，如此而已。一个人从接受家庭道德教育开始，就与道德结下了不解之缘。优良的道德伴其成长，伴其成功，伴其走向辉煌；不良的道德伴其长大，伴其挫折，伴其堕落，直至伴其走向毁灭。这是社会的生活经验，也是每个人的人生经验。

从以上简要分析，我们可以看出，道德作为一种特殊的社会意识形态，一种特殊的社会现象，一种特殊的素质，是真真切切地存在着的，同时又是以相对独立的形式存在着的。人类社会自古以来无处无时不存在道德问题，同时人们却又看不到"纯粹"意义上的道德。

道德存在方式的这种特殊性，一方面表明其他社会活动离不开道德发挥其社会价值，人的成长和成功离不开道德的精神动力和价值指导。因此，在其他社会活动中讲道德、教育和培养主体具备相应的道德素质，是促使其他社会活动发挥应有效益的基本途径。就教师的职业活动而言，加强教师师德师风的教育和建设，正是促使学校改革和发展的基本途径之一。另一方面也表明，道德的发展和进步离不开其他社会活动和人的其他素质发挥其社会价值。正因为如此，我们不能就道德讲道德，不能就道德建设讲道德建设，道德建设必须紧密结合其他实际工作来进行；就教师的师德师风教育来说，应当与教师的教育教学活动紧密结合起来进行。

3.道德的结构及道德关系的意义

道德的结构，可以分成道德意识、道德活动、道德关系三个基本结构层次。

道德意识的客观基础是特定历史时代的社会经济关系，既表现为人们在"进行生产和交换的经济关系中"获得的"自己的伦理观念"，也表现为社会对这种"伦理观念"进行"加工"而形成的知识和理论形式，还表现为人们接受这种知识和理论形式而形成的道德认识和情感。

道德意识在结构上，可以分解为社会道德意识和个人道德意识两个基本层次。前者主要表现为一定社会的道德原则和规范体系，一般包括公民道德规范、社会公德规范、职业道德规范、婚姻家庭和恋爱道德规范等层次。后者可分解为道德认识、道德情感、道德意志、道德理想等层次。在个人道德意识中，认识是前提和基础，它解决的问题是什么是道德，旨在帮助主体分清是非与善恶。道德情感是道德意识中最活跃的因素，在个体身上通常以喜、怒、哀、乐等形式表现出来。道德意志是道德认识与道德情感在行为过程中长期交互作用的结晶，它是人的道德意识中最稳定也是最宝贵的部分，表明一个人道德上的成熟或定型。有的人在这件事情上做出合乎道德的判断和选择，而在另一件事情上可能又会做出违背道德的判断和选择，原因就在于尚未形成一定的道德意志。常言道，"江山易改，本性难移"，说的就是不良的道德意志的稳定性特征。道德理想是对道德认识、道德情感、道德意志的升华，一般反映的是一个人对社会道德和精神生活及其发展前景的期盼，体现在个体身上则一般以道德人格的形式表现出来，也就是关于"做一个什么样的人"的思维模式和价值理念。

道德活动可以分解为群体活动和个体活动两种基本形式。群体活动，通常是以有组织、有计划的形式出现的，如抗洪救灾的募捐活动、支持"希望工程"等；也有以自发的形式出现的，如见义勇为、向暂时遇到突出困难的人伸出援助之手等。群体的道德活动由于一般是集体活动，所以总是以集体的代表者及其成员的道德觉悟为基础。个人的道德活动即道德行为，有自觉和不自觉两种不同情况。自觉的道德行为，一般以主体优良的道德意识为心理基础，是"由心而发"的行为。不自觉的道德行为是"随大流"使然，别人那样做了，自己若不"随大流"会觉得"没面子"，于是乎跟着跑。相比之下，自觉的道德行为更具有道德价值。

道德关系属于思想精神关系范畴，通俗地说，是指合乎道德规范要求的人际关系及由此而形成的社会道德风尚。后者，如家庭中的家风、学校中的校风、行业部门中的行风（包括教师的师德师风）、公务员活动中的政风、公共生活领域里的民风，等等。

道德关系作为思想和精神形态的社会关系，是以渗透的方式存在于物质形态的其他社会关系之中的。比如，领导与被领导之间的工作关系，就包含着互相尊重、互相信任、互相支持的道德关系；师生之间的教学关系，就包含着师生之间共知共识、互相关心、互相尊重和互相爱护意义上的道德关系等。

道德关系的重要性，人们一般都会有自己的体验，但在认识上又往往不能说得清楚。人际关系和谐，社会和单位的道德风尚良好，人的心情就会舒畅，学习和工作就会得到必要的互相帮助和互相支持，这对于成就事业、贡献社会和实现自我价值都是非常重要的。很难设想，在一个人际关系不协调、道德风尚不好的环境里，人们会有一种健康舒畅的心情，会焕发工作的积极性，从而有一番作为。就一个国家的经济建设和社会治理来说，如果没有一个适宜的道德关系环境，也是很难奏效的。

这就告诉我们，在高校，不论是领导还是教师，在自己的工作中都不可不重视协调各种人际关系，营造适合工作需要的伦理道德氛围。从这点看，高度重视加强师德师风教育，努力营造一种良好的校风，是推动高校改革和发展的必要条件。

4.道德的三大社会功能

道德根源于经济关系，同时又对经济关系及"竖立其上"[①]的其他上层建筑具有反作用。在实践的意义上，这种反作用就是道德的社会功能。

道德的社会功能，首先表现在认识和鉴别。道德是一种知识，一种价值，可以用来作为评判社会生产和社会生活领域中的是与非、善与恶、好人与坏人的尺度和标准。我们平常议论的目前社会上存在的道德失范问题，如以权谋私、不讲信誉、个人中心等，对身边的同事时而发表评论或在心里留下的"不错"或"差劲"的印象等，所用的标准正是道德标准。假如没有道德标准，我们当如何认识和评论这些事和人呢？

其次表现在教育与培养。从教育与培养的内容上看，道德历来是家庭

---

①《马克思恩格斯选集》第2卷，北京：人民出版社1995年版，第32页。

和学校教育与培养的重要内容。一个人从婴儿期的"认生"开始就接受家庭教育，父母在教育孩子成为"聪明的孩子"的同时，总是包含着"做好孩子"的内容，尽管这可能是不自觉的。古今中外的学校教育总是包含着道德的内容。我们平常所说的社会教育，其实只是一种社会性的影响，因为它的内容是多元的、不规范的，方式是发散性的、不规则的，而社会对人的影响基本上都是道德意义上的。从教育与培养的目标上看，道德历来是关于教育和培养人的目标的重要组成部分。自古以来，任何一个国家对人的教育都有"成为什么样的人"的道德目标要求，并且一般以教育方针的形式公之于世。我们党的教育方针要求教育工作者促使受教育者在德智体等方面得到全面发展，并且一直强调要把德育放在首位。

最后表现在控制和调节。金无足赤，人无完人，加上各种社会环境因素的影响，人们相互之间和个人与社会集体之间发生矛盾的事情是常有的。人们有时会看到这样的情景：两个人发生了不该有的矛盾，起初都持着势不两立的心态和架势，似乎"非打倒对方不可"，但是最终还是偃旗息鼓，握手言和。其原因就在于，两人心中都存有某些道德标准，而在一旁"和稀泥"进行调节的人们所用的标准一般也是道德。个人与社会集体之间发生矛盾，最终得到解决的往往也与道德有关，或者是领导者以道德之理服人、以道德之情动人，或者是当事者以道德标准律己。假如没有道德，那么人世间所发生的矛盾就全要上法庭了，那将是一种什么样的社会生活情景？

我国正在实行把依法治国与以德治国紧密结合起来的发展战略，以德治国正是对道德所具有的认识和鉴别、教育与培养、控制和调节的社会功能的肯定和发扬。

二、职业道德及其特征

职业是社会分工的结果和形式，是人们专门从事的承担特定社会责任的业务活动。

从科学的意义上理解职业，最需要注意的是要看其"承担特定的社会责任"。有的人把职业仅仅看成是一种谋生的手段，这是不正确的，因为有些谋生手段可以与承担特定的社会责任无关，如诈骗、偷盗、卖淫、乞讨等。

职业随着社会生产力的发展和社会分工的不断深化而不断发展和繁荣。我国关于职业分工的记载，最早是在《周礼·考工记》中，称当时"国有六职"，曰"王公""士大夫""百工""商旅""农夫""妇功"。"王公"之职是"坐而论道"，"士大夫"之职是"作而行之"，"百工"（手工业者）之职是"审曲面势，以饬五材，以辨民器"，"商旅"（"跑生意"的）之职是"通四方之珍异"，"农夫"之职是"饬力以长地财"，"妇功"之职是"治丝麻以成之"。据史籍记载，我国唐代有36行，宋代有72行，元代有120行，明代有360行。当然，这里所说的多少行，说的是行业之多，而不应看作是具体的多少行。

在现代社会，随着科学技术和社会生产力的全面高速发展，职业呈现出枝繁叶茂、蓬勃发展的态势，出现了由过去的单一基础型向跨专业复合型转化、继承型向创新型转化、对从业人员的素质提出更高要求等新的特点。

职业道德，是伴随着职业分工的历史演变而形成和发展起来的，指的是人们在职业活动中共同遵守的职业道德规范和与之相适应的个人品质。

职业道德的特征，首先表现在它既具有阶级性、时代性，也具有全人类性。阶级性和时代性，更多地体现在政治类型的职业道德中，如过去的官吏道德与今天的公务员道德、旧社会的司法道德与今天的司法道德等，就明显地存在着阶级和时代的差别。除了政治类型的职业道德以外，世界各国各民族的职业道德存在着诸多的共同之处，全人类性因素较为突出。如在生产经营活动中都要求货真价实、买卖公平，在社会公共生活领域都崇尚尊老爱幼、见义勇为，在学校教育活动中都要求教师要具备为人师表的师德师风，等等。

其次表现为多样性，有多少种职业就会有多少种职业道德。正如恩格斯所说的："实际上，每一个阶级，甚至每一个行业，都各有各的道德。"①所以，一般说来，不同行业部门的职业道德是不能相互"借用"的，如经营活动中实行的等价交换、买卖公平的道德就不能直接"借用"于教师的执教活动中。

最后是形式简明，便于记忆和遵循。一个行业的职业道德，虽然从理论说明上必须要有"长篇大论"，如同高校教师的师德师风要求，就需要用一本书的形式加以阐明，但就其规范形式看通常就是那么几条，容易使人一目了然。

三、教师职业道德及师德师风

1.教师职业及其社会责任与社会地位

教师职业的出现、形成于脑力劳动与体力劳动发生社会分工的过程中。就我国看，教师职业萌芽于奴隶制的夏代，正式形成于春秋战国时期，标志是孔子创建不同于此前的"官学"的"私学"。

教师职业从一开始，就承担着为国家和民族教育和培养接班人和建设者的重大社会责任。具体来说，我们可以从三个方面来认识和理解：

一是继承和传播人类优秀的文明成果。人类自古至今，在生产劳动和社会管理中所积累的经验和理论思维的成果，是通过教师的劳动继承和传播的。这种传播不是简单的重复，其中包含着创造，即教师的创造性思维活动及其新成果。

二是开发和发展人的智力与德性，为经济建设和社会发展培养各方面的专用人才。康德说过："人只有靠教育才能成人。人完全是教育的结果。"②人刚出世还是个"小动物"，什么也不知道，到了"认生"阶段智力开始萌发，但所接受的只是家庭父母和周围的人们的简单教育。到了上学的年龄，在接受教师的教育过程中，智力不断得到开发，快速地发展起

---

① 《马克思恩格斯选集》第4卷,北京:人民出版社1995年版,第240页。
② 瞿菊农编译:《康德论教育》,北京:商务印书馆1926年版,第5页。

来，与此同时德性也不断地得到矫正和优化。不难设想，如果没有教师的辛勤劳动，人的智力和德性就不可能真正地得到开发，真正得到发展，从而成为一定社会的有用人才。乌申斯基说："如果我们把我们的健康信托给医学家，那么，我们就要把我们的子女的道德和心智信托给教育者，把子女们的灵魂，同时也把我们祖国的未来信托给他们。"[①]

三是加速人的社会化过程，促使人性得到健康全面的发展。人的社会化是社会实现全面进步的前提条件。在现代社会，一个人受教育的过程也是其实现社会化的过程。在老师的教育和培养下，青少年渐渐地成为一种社会角色，一方面能够正确地认识、理解社会，另一方面能够为社会所悦纳，成为社会所欢迎的人，从而实现改造社会、推动社会不断进步的有用之材。

正因为教师担负着如此重大的社会责任，所以中国历代先哲对教师的社会地位都给予了极高的评说。如先秦末期的儒学大师荀子就曾将教师与天地、君、先祖相提并论，列为"礼三本"之一，并将教师归于"治之本"，他说："礼有三本，天地者，生之本也；先祖者，类之本也；君师者，治之本也。无天地，恶生？无先祖，恶出？无君师，恶治？"[②]在他看来，教师的实际地位、社会对待教师的态度，是看一国兴衰的重要标准，即所谓"国将兴，必贵师而重傅……国将衰，必贱师而轻傅"。[③]并且认为，没有经过教师的教育与培养，不尊重教师的人，是不可重用的："言而不称师，谓之畔；教而不称师，谓之倍（背）。倍畔之人，明君不内（纳），朝士大夫遇诸涂不与言。"[④]

2.教师职业的特点

教师这种职业有着许多不同于其他职业的特点。一是劳动的目的是特殊的，既不是为了生产物质生产资料和物质生活消费资料，也不是为了生产精神生活消费资料，而是为国家的建设与繁荣富强培养一代代新人。教

---

① [俄]乌申斯基：《人是教育的对象》,李子卓等译,北京:科学出版社1959年版,第11页。

②《荀子·礼论》。

③《荀子·大略》。

④《荀子·大略》。

师是为未来而劳动，苏霍姆林斯基说："教师的教育劳动的独特之处，是为未来而工作。"[1]

二是劳动的对象是特殊的，既不是土地，也不是机器，而是人，是亟待健康成长的儿童和青少年。因此，把学生当人看，尊重学生的人格，了解和掌握学生身心发展的客观规律，是教师始终应当注意的基本问题。

三是劳动的"产品"是特殊的。教师劳动的"产品"是人，不是物。中小学教师劳动的"产品"是为中学和高校输送合格生源，高校教师的劳动"产品"是为国家和社会建设输送合格人才。

四是劳动的手段是特殊的。任何劳动都需要特定的手段或工具。教师劳动的手段是什么？不是一般意义上的工具，也不是必备的教育教学活动的设施和条件，而是教师自身的素质。教师自身的素质如何也就是劳动手段的优劣好坏。教师品德的高低、知识的多少、能力的强弱，直接影响着教师劳动的效果，也就是教育教学质量的高低。所以，在看待劳动手段和提高教育教学质量的问题上，教师所关注的首先应当是提高和优化自己的素质。

五是劳动的过程是特殊的。以物为对象的劳动，劳动者与对象之间是主动与被动的关系，在劳动过程中被动一方一般不会影响主动的一方，教师的劳动则不是这样。在教师的劳动过程中，教师的教育与学生的接受教育是双向的。学生尤其是大学生在接受教育的过程中时常会出现"反教育"的思维活动，或者不赞成教师的观点和看法，或者有新的见解，这时候，教师向学生学习是很必要的，它有助于促使教师提高自己的专业水平，提高自己的教学质量。

高校教师，又有着一些不同于中小学教师的特点。比如，就继承和传播人类优秀文明成果来说，高校教师更多的是站在社会文明发展的前列，继承和传播的同时又在创造，加入自己的思考，发表自己的新成果。就我国而论，高校教师在每年国家的科研立项和成果的统计中都占有较大的份额。因此，作为一个教师特别是高校教师，认为自己是"教书匠"的看法

---

[1] 包连宗：《教师职业道德修养》，上海：华东师范大学出版社1985年版，第113页。

是不对的。

3.教师职业与教师的师德师风

所谓师德，就是教师的道德品质，师风就是教师的工作作风、学风以及学术作风，简言之亦即我们平常所说的教风。教风，与教师的思维方式、性格、气质等心理品质因素有关，但其基本构成则是道德品质因素。因此，师德师风在价值构成上是一致的，品德优良的教师一般都会有良好的教风，反之，是不可能有良好的教风的。

师德师风与教师职业是一个不可分割的整体。这可以从三个方面来理解：首先，从教师的业缘关系看，也就是从师生之间、教师相互之间、教师与学校领导之间的工作关系看，三个方面都体现师德师风。其次，从教师的行为规范形式看，教师职业规范——职业纪律、职业操作规程，一般都包容着教师的师德师风。如教师上课要备课，上课不能迟到也不能提前下课，这是教学纪律，不这样做就是"误人子弟"，这"误人子弟"就是道德问题。再次，从教师的行为方式看，教师在其职业活动中的执教行为与其师德师风一般是一致的。如在课堂上，一个教师的一言一行一般都与其师德师风联系在一起。

所以，作为一名教师，在自己的教育教学活动中要想摆脱师德师风问题的"烦恼"是不可能做到的。积极的态度应当是正确对待自己执教活动所面临的道德问题，自觉接受师德师风教育，加强师德师风修养，具备良好的师德师风。

第三章　良好的师德师风教育的总体要求

在职业道德体系中，总体要求也就是职业道德的基本原则。如前所说，每一个社会所提倡的道德都是一种体系，这个体系一般是由公民道德、社会公德、职业道德和家庭道德四个基本层次构成的，每一个层次也都自成一种道德体系。

需要注意的是，在每一种道德体系中，都有一个居于核心地位、对整个体系起着指导作用的根本性的规范要求，这就是道德原则。教师职业道德是职业道德体系中的一个"小体系"，其中也有一种居于整个教师道德体系的核心地位、对整个教师道德体系起着指导作用的根本性的规范要求，这就是教师道德的基本原则。我们正是在道德原则的意义上，提出高校教师师德师风的总体要求的。

高校师德师风的总体要求应当体现在如下几个方面。

一、坚持社会主义的办学方向

1.认清坚持社会主义办学方向的必要性和重大意义

学校教育随着阶级和国家的产生而诞生，历来都不是超阶级超国家的，其职能在于为国家教育和培养各方面的管理和建设人才。这就决定了学校教育客观上必然存在着一个办学方向的问题。

在我国，各级各类学校教育都必须坚持社会主义的办学方向，因为我们是为祖国的社会主义现代化建设事业教育和培养各种有用人才的。

在目前高校，有的教师认为，20多年来中国的经济和社会生活已经发生了重大的变化，现在又加入了世界贸易组织，投身到经济全球化的时代浪潮之中，成为"地球村"的一员。在这种形势下，强调坚持社会主义的办学方向是不合时宜的，以至于"社会主义"也成了一些教师讳莫如深的概念。这种看法和情绪自然不对。

我国的改革开放和发展市场经济，不是如同有的人所理解的那样，是要走"有中国特色的资本主义"，而是为了巩固社会主义制度，不断提高广大人民群众的物质文化生活水平，实现中国共产党人全心全意为人民服务的宗旨。

"地球村"是怎么回事？无疑，这个空前无比的"大村庄"能够给我们社会主义现代化建设事业带来巨大的好处，使我们更多地获得发展的机会和活力。但是，同时也应当看到，在"地球村"内，"大户"与"小户"、"穷户"与"富户"、善良"人家"与霸道乃至恶霸"人家"的差别直至对立依然存在。不仅如此，由于"大户""富户"为了多谋得自家的利益，总是要凭借其实力欺侮"小户""穷户"，并进行政治颠覆和军事扩张，所以"小户""穷户"为了防止自己随时被欺侮以至被吃掉，便要从政治和军事上加强自家的防范。于是，就形成了这样的"地球村"格局："各家各户"为了要谋得各自的利益，需要彼此相安无事，建设一个和平的"地球村"，同时，也因为要谋得各自的利益，必然要提高警惕，建设一个只属于自己、足以不惧怕直至随时抵御和战胜对手的"家庭"。

概言之，经济全球化浪潮中出现的"地球村"的真实情况是：一方面是全球化趋势在发展，另一方面是国家化和民族化趋势在增强；一方面是存在机遇与机会，另一方面是存在危险与危机；全球化与国家化、民族化，机遇、机会与危险、危机，既彼此对立和消解，又相互依存和适应。

这是因为，经济全球化本质上不是世界各国各民族的经济利益的全球化，而只是各国获取经济利益的手段和方式的全球化。由于经济手段和方式的运行能否奏效，从来不取决于经济手段和方式本身，而取决于"竖立其上"的制度和文化，这就使得经济全球化根本不可能是各国社会经济制度的全球化，不可能是社会政治制度的全球化，不可能是军事或军事联盟的全球化，更不可能是社会意识形态的全球化。为什么在经济全球化趋势下的"地球村"内，会出现政治格局的单极与多极、军事布局的单控与联盟的纷争与对抗，会出现文化价值观念上的分野、渗透和碰撞？原因就在这里。

我国是"地球村"内最大的发展中国家，又是一个爱好和平、正在迅速崛起的社会主义国家。"地球村"内那些富户、霸道、恶霸而在"家政""家风"上与我们一向不同的"人家"是不希望我们成为"经济大户"的，更不希望我们能够成为政治、军事强国。为此，他们正在"地球村"内无孔不入地加紧干些政治颠覆、军事扩张、文化渗透的勾当（军事上的扩张甚至试图涉足"地球村"之外的太空），企图阻挠和破坏中国的社会主义现代化进程。因此，在经济全球化的趋势下，我们的社会主义现代化建设事业必然会受到一系列的严峻挑战。

高校是直接为国家和社会建设输送合格人才的教育机构，大学生在思想道德上是否合格关系到祖国社会主义现代化建设事业的前途和命运。因此，在改革开放和发展社会主义市场经济的历史大潮中，身处经济全球化趋势下的"地球村"，高校坚持社会主义办学方向是极其重要的。高校教师对此应当有深切的感受，始终保持清醒的头脑。

2.高校坚持社会主义办学方向关键在教师

坚持社会主义的办学方向，就是要坚持以党的教育方针促使大学生在德智体等方面得到全面发展，坚持制定和实施能够体现德智体全面发展的教育教学计划。而要如此，关键在教师。

高校的主业是教学和科研，全局工作以教学科研为中心，所实施的教育教学计划是否能够体现党的教育方针，归根到底要看教师的教学和科研实践。从这点看，把坚持社会主义办学方向作为高校师德师风总体要求的一个方面，也是贯彻党的教育方针的需要。

高校教师要坚持社会主义的办学方向，首先就要从自己做起，始终注意运用马克思主义的基本立场和观点，正确分析和认识当代中国改革和发展所面临的国际和国内形势，在自己的实际工作中坚决奉行国家和民族利益重于一切、高于一切的价值理念，视捍卫国家和民族尊严为神圣职责，热爱社会主义祖国，做坚定的爱国者。目前，我国思想领域和理论界存在着一些"持不同政见"的错误观念和言论，其中有些涉及对执政党和国家根本制度的大是大非问题，这种问题在高校教师队伍中也有程度不同的反映。对此，高校教师不仅应当通过不断学习提高自己，坚持正确的立场和态度，切不可人云亦云，随波逐流，而且还应当敢于向那些错误的言论开展积极的思想斗争。

高校教师要坚持社会主义办学方向，还应当自觉地用社会主义、爱国主义的思想和价值观念教育大学生，促使他们在将来的工作岗位上，在国际竞争的潮流中，自觉、勇敢并善于为中华民族谋取正当的利益，捍卫国家和民族的应有尊严，而切不可误导学生，引导他们做所谓的"世界公民"。

高校校园历来是社会舆论的一个中心，现在的大学生接受传媒的渠道很多，受到各种不正确的观点的影响也增多。上文提到的一些"持不同政见"的观点和言论，在大学生中也并非绝无仅有。帮助他们确立正确的政治观点、坚持社会主义的成才和发展方向，是高校教师责无旁贷的社会责任。

二、忠诚于人民的教育事业

1.忠诚是中华民族的传统美德

忠，在中国传统伦理思想史上是一个极为重要的范畴。在孔子那里，主要是指替别人办事要尽心竭力，既具有人伦伦理的含义，也具有政治伦理的含义。如《论语·学而》记载："曾子曰：'吾日三省吾身：为人谋而不忠乎？与朋友交而不信乎？传不习乎？'"①意思是说，我每天多次反省自己：替别人办事是否尽心竭力了呢？《论语·颜渊》有这样的记载："子贡问友。子曰：'忠告而善道之，不可则止，勿自辱焉。'"②子贡问对待朋友的方法。孔子说："忠心地劝告他，好好地引导他，他不听从，也就罢了，不要自找侮辱。"《论语·宪问》记载："子曰：'爱之，能勿劳乎？忠焉，能勿诲乎？'"③孔子说："爱他，能不叫他劳苦吗？忠于他，能不教诲他吗？"《论语·八佾》说："君使臣以礼，臣事君以忠。"④在以后的历史演变中，忠的涵义发生了一些变化，常被与忠君扯在一起，但其"替别人办事要尽心竭力"的基本涵义并未失落。

诚，在中国伦理思想和道德文明发展史上有多种意思，基本的含义是真心实意、表里如一、言行一致，所以常与"信"连用，即所谓"诚信"。

忠与诚连用，本义是指为别人办事要尽心竭力、真心实意、表里如一、言行一致，属于人伦伦理范畴，后来渐渐地同时具有政治伦理含义，表达对君主和国家一如既往、不改初衷的真挚之心和坚定态度。前者，我们可称其为"大忠""大诚"，后者可称其为"小忠""小诚"。

忠诚，是中华民族的传统美德。历史上，先辈们为维护国家和民族利益尊严而讲忠诚大义，与人相处和交往恪守忠诚守信，给我们留下了许多可歌可泣的千古绝唱。当代中国人，不仅在对待国事家事和处理人际相处与交往中的各种关系的时候，继承和遵从了这一传统美德，而且在评价社会道德现象时也习惯以这一传统美德为论定是非的重要标准。《公民道德建设实施纲要》指出："社会的一些领域和一些地方道德失范，是非、善恶、美丑界限混淆，拜金主义、享乐主义、极端个人主义有所滋长，见利忘义、损公肥私行为时有发生，不讲信用、欺骗欺诈成为社会公害，以权谋私、腐败堕落现象严重存在。"⑤试想一下，这些道德失范的问题是否或

---

① 《论语·学而》。

② 《论语·颜渊》。

③ 《论语·宪问》。

④ 《论语·八佾》。

⑤ 《〈公民道德建设实施纲要〉学习读本》，北京：学习出版社2001年版，第4页。

直接或间接地与对国家民族、对自己的同胞没有做到忠诚守信有关？是的。

2.高校教师要忠诚于人民教育事业

忠诚于人民教育事业，属于"大忠""大诚"，特指教师对人民教育事业矢志不渝、坚定不移的深厚情感和执着精神。在我国，它是全心全意为人民服务的核心要求和集体主义的道德原则在师德师风上的集中表现。

在社会主义道德建设中，忠诚人民教育事业的师德师风要求属于先进性道德要求的范围。我们知道，社会主义道德体系是由先进性要求和广泛性要求两个部分构成的，而先进性要求的基本内容就是要发扬全心全意为人民服务和集体主义精神。先进性要求面向共产党员和其他社会先进分子，广泛性要求面向全体社会成员。高校教师，受其特殊的历史使命与职业特点所支配和影响，师德师风应当能够体现社会先进分子的品格，应当遵循先进性的道德要求。因此，高校教师应当把忠诚于人民教育事业同发扬全心全意为人民服务和集体主义精神结合起来，忠诚于国家和人民，摆正个人利益与国家民族利益的关系，做到时时处处以国家和人民利益为重，以集体利益为重。

忠实地遵守国家的法令，依法执教，做一个守法的好公民，是忠诚于人民教育事业的重要表现。改革开放以来，我国一直在抓紧社会主义的法制建设，初步建立了社会主义的法律体系和相关制度，正在大力实施依法治国的发展战略。这一战略决策能否切实地得到实施，最终建成社会主义的法治国家，关键在于全体公民守法。如上所说，高校教师应当是全社会的先进分子，因此在守法、促进依法治国的实施方面同样应当率先垂范，为其他公民做出好的榜样。

爱岗敬业、乐于奉献是忠诚于人民教育事业的主要表现。人类社会自古以来的职业道德，都强调爱岗敬业和乐于奉献，在现代社会更是这样。比如在美国，选拔任用管理者常用"通常何时上下班""工作节奏是快、慢还是适中""竭尽全力工作还是半心半意工作""工作质量是好还是坏"等"工作习惯"的标准进行考察。不难看出，这些标准实际上都是围绕爱岗敬业和乐于奉献而设计的。《公民道德建设实施纲要》强调指出，在职业活动中要大力提倡"爱岗敬业、诚实守信、办事公道、服务群众、奉献社会"①的社会主义道德风尚，高校教师应当认真学习，落实在自己的执教活动中。

人类社会自古以来的职业，许多本身并不具有乐于奉献的特质。比如手工业作坊中的师傅教徒弟，师傅一般都要"留一手"，不愿将自己的"看家本领"或"绝招"教给徒弟。教师职业则不同。教师，是一种"为他人做嫁衣"的职业，一种"甘为人梯"、让后人踩着自己肩膀向上攀登的职业，一种想方设法让后人超过自己的职业。在学校，包括高校，有谁见过哪个教师不愿把自己的"看家本领"或"绝招"传授给学生呢？没有。这种职业的本质特性，决定了教师职业是一种奉献的职业，没有奉献精神是不能当教师的，当了教师也不可能成为好教师。

3.忠诚于人民教育事业，正确看待"跳槽"问题

高校教师"跳槽"的问题，已经引起有关主管部门的高度重视。如何看待"跳槽"呢？当然，我们不能说要求"跳槽"调动工作就是不道德的，就违背了爱岗敬业、乐于奉献的师德要求，因为在我国到哪里工作、做什么工作都是为人民服务。但现在的问题是，这里的工作需要你，你却坚持要调走，甚至在学校不同意的情况下就"陪校长上班"，或不辞而别，这就不对了。既然到哪里都是为人民服务，为什么不能留下来在原校服务呢？

问题的实质是如何看待个人需要与高等教育事业发展需要的关系。凡是要求"跳槽"调去的地方，一般来说都比原来学校的条件要好一些，能够改善自己的生活和工作条件，对于个人需要来说是有利的。但是，从高等教育事业的发展需要来看，越是条件较差的高校越需要高质量的人才。从这点看，自己成长起来、强大起来即要求"跳槽"调走是不对的。目前，国家的人才流动政策鼓励的是"顺向流动"，即"人往低处走"，鼓励人才特别是优秀人才到条件较差的地方和单位工作。关于这一点，我们可

①《〈公民道德建设实施纲要〉学习读本》，北京：学习出版社2001年版，第8页。

以从党中央关于西部发展战略的决策中看得很清楚。留在条件较差的高校工作，对于教师个人来说确实是一种奉献，甚至是一种牺牲，而这种精神对于促进高等教育事业的发展却是必不可少的。

三、教书育人，管理育人，服务育人

承担专业课教学和思想政治教育及管理工作（学生辅导员、机关干部和后勤人员等）的高校职工，在大学生的心目中都是老师，他们的言行对大学生的成长都会产生影响，因此强调教书育人、管理育人、服务育人是十分必要的，都应是良好的师德师风的总体要求。需要注意的是，这里的育人，特指对大学生进行政治和思想道德方面的教育与影响，也就是德育意义上的育人。

1.高校专业课教师要做到教书育人

在世纪之交，江泽民总书记强调指出："老师作为'人类灵魂的工程师'，不仅要教好书，还要育好人，各个方面都要为人师表。"[①]这个重要讲话指明了教师的天职是教书育人、为人师表。

所谓教书育人，主要是指专业课教师在传授文化科学知识和技能的过程中，有意识地从政治和思想道德方面对学生施加积极的影响。它在内涵上有两层意思：一是在传授科学文化知识的过程中根据教学内容提供的可能条件，从政治和思想道德方面对学生施加积极的影响。二是在传授科学文化知识和平时与学生相处与交往的过程中，注意自己的"师表"形象。

党的教育方针中的德育目标，其实现自然要依靠专门从事党务和思想政治工作的教师，但也离不开专业课教师。大学生以学习专业文化课为主，大学生身上发生的思想道德和政治方面的认识问题多与专业课的教学活动有关，多在专业课学习中表现出来。如果专业课教师注意实行教书育人的原则，那就抓住了高校德育的一个重要渠道和场所。专业课教师与大学生的关系最接近，从专业学习的角度看，大学生最易于形成对于专业课

①《关于教育问题的谈话》，《中国教育报》2000年2月1日。

教师的向师性，一般都愿意向专业课教师敞开心扉，倾诉自己对于学习、社会和人生的思想认识和情绪，甚至自己的心理问题，向老师讨教。这就为专业课教师实行教书育人，开展对大学生进行思想道德和政治方面的教育，乃至心理疏导和调整，提供了极好的机遇。

专业课教师所讲授的每门专业课程都包含着思想道德乃至政治方面的教育因素，即所谓"书中有思想""书中有道德""书中有政治"。这可以从如下几点分析中看得出来：一是大学生学习和掌握每门课程都有一个学习目的、目标和方法的问题，而其中多与人生价值观、世界观和方法论有关。如过去人们常说的"学会数理化，走遍天下都不怕"，说的是学习目的和目标；孔子说的"学而不思则罔"，说的是学习上的思想方法。专业课教师在开讲一门课时，完全有条件将课程学习的目的、目标和方法中所包含的人生价值观、世界观和方法论的问题，分析给大学生听，对他们施加积极的影响。二是不论哪一个专业课程的教材，都包含着思想道德乃至政治教育方面的内容。文科教材不用说，因为文科各专业的教材都是围绕社会历史和人的问题展开它的内容体系的，有些文科专业的教材本身就是关于政治和思想道德方面的内容。理科专业的教材所包含的思想道德和政治教育方面的内容，通常是以"隐性"的方式而存在的，不像文科那样一目了然，但只要我们稍加分析就不难发现，也是"处处留心皆学问"的。自然科学教科书中关于原理、定律、公式、成果等的分析和阐述，其内涵及其在被发现、发明的过程中，在其被运用的过程中，无不包含着诸如公平、公正、宽容、创造、奉献等人类公认的道德价值标准和人生追求精神。某高校一位教师在讲我国人造同步卫星研制和发射一课的时候，在讲同步卫星技术的同时，介绍了我国研制和发射卫星的科学技术人员的先进事迹和艰苦的创业过程，使大学生受到的教育不仅仅是专业技术方面的，也是"做人"的"德性"方面的。有关调查材料表明，大学生最喜欢听的课是富有"育人"意义的课，他们觉得这样的课不仅使他们学到了科学知识和技术，而且学到了"做人"的道理，"立体感强"。总之，问题不在于"书"中有无思想、道德和政治方面的内容，而在于我们有无发现"书"

中内涵这方面的内容的自觉意识和智慧。

高校"两课"即马克思主义理论与思想品德课，是高校对大学生进行思想道德和政治教育的主渠道和主阵地。其性质决定了承担这类课程的教师必须具有强烈的"育人"意识，严于律己，具备良好的师德师风，在教学活动中善于驾驭和运用教学内容所包含的"育人"因素，切不可将"两课"仅仅讲成知识课，失去其应有的教育价值。

实际上，我国历代教育家和教育思想家都对教书育人高度重视，发表过许多精到的见解。如唐代著名教育家韩愈说："古之学者必有师。师者，所以传道、授业、解惑也。"[1]伟大的人民教育家陶行知先生说："教师的职务是：'千教万教，教人求真。'"[2]苏联著名教育家苏霍姆林斯基说："学校里所做的一切都包含着深刻的道德意义。"[3]"每一个教师不仅是教书者，而且是教育者。由于教师和学生在精神上的一致性，教育过程不是单单归结为传授知识，而且表现为多方面的关系。共同的、智力的、道德的、审美的社会和政治兴趣把我们教师中的每一个人都跟学生结合在一起。课——是点燃求知欲和道德信念火把的第一颗火星。"[4]赫尔巴特说："教学如果没有进行道德教育，只是一种没有目的的手段；道德教育如果没有教学，就是一种失去了手段的目的。"[5]

有的高校教师认为，教书是专业课教师的天职，育人是党务和思想政治工作者的事情，这种看法是片面的。

2.高校学生管理工作者要做到管理育人

高校面对大学生的思想政治工作包含着重要的管理内容。一个高校学生管理工作水平如何，与该校的学风、校风建设紧密地联系在一起。科学的管理易于营造良好的学风、校风，良好的学风、校风本身就是一种育人

---

[1]《中国古代教育家语录类编》下编，上海：上海教育出版社1988年版，第70页。

[2]《陶行知文集》，南京：江苏人民出版社1981年版，第821页。

[3]［苏］苏霍姆林斯基：《给教师的建议》上册，杜殿坤编译，北京：教育科学出版社1980年版，第158—159页。

[4]［苏］苏霍姆林斯基：《给教师的建议》下册，杜殿坤编译，北京：教育科学出版社1981年版，第290页。

[5]转引自《上海教育》1981年第10期。

环境，对于大学生的健康成长是很有益处的。

高校专职从事学生党务和思想政治教育工作的人员，应当注意遵循管理育人的师德师风要求。这可以从三个方面来理解和把握。一是关于管理工作方案的设计，指导思想要明确，富含政治和思想道德方面的教育内容，不能就事论事，或见事不见人；不能把大学生放在自己管理工作的对立面，而要建立在相互信任和尊重的基础之上。

二是在具体的管理过程中，要运用科学的方法，体现科学的精神。大学生不同于中小学学生，他们的自尊心和进取心正处于鼎盛时期，心理上需要得到老师的尊重和爱护，在被尊重和爱护的道德关系和伦理氛围中接受老师的教育。管理过程中要注意亲自深入学生，调查研究，不能仅仅依靠几个班级干部同学的汇报来开展工作。对大学生的优点和长处，要给予恰当的表扬或表彰，对他们身上的缺点或所发生的过错，要采取恰当的方式给以批评包括处分。既不随便表扬，也不要随便批评，更不能动辄训人、骂人，甚至动手打人。

三是与专业课教师一样，注意自己的"师表"形象。高校思想政治工作者特别是政治辅导员、班主任，与大学生打交道最多，有的甚至就住在学生生活区，与学生朝夕相处，因此注意自己的"师表"形象十分重要。哪怕你很年轻，在大学生的心目中也是老师，是他们学习和仿效的榜样。在这个问题上，目前高校一些年轻的思想政治工作者是做得不够的。这些人将与学生打成一片误解为与学生混为一体，有的甚至与学生一道"斗地主""上网聊天"。我们反对师道尊严，但不能允许师道不严，处处没有教师的样子。

提倡管理育人，需要纠正一些不正确的思想认识。如有的思想政治工作者缺乏管理育人的自觉性，认识上不到位，实践上不规范。或者认识不到管理本身就是一种教育，不能按照学校的有关规定抓管理工作，让学生放任自流，得不到应有的教育；或者没有树立科学的管理观，认为管理就是对学校领导负责，只要自己管理的班级不出问题、能够向领导有个交代就行了，就是最好的管理。因此，管理的方式比较简单，作风比较粗暴。

结果，"问题"虽然没有出，能够向领导交代，却往往不能真正起到管理育人、教育学生的效果，在有些情况下，甚至还出现了"反效果"。

高校的管理，应当是科学意义上的管理。在管理目标上，要立足于全面贯彻党的教育方针、促进大学生健康成长，在管理过程中要按章办事，体现尊重大学生、爱护大学生的管理理性，实行思想政治和道德教育中以理服人、以情动人的管理原则。

3.高校后勤工作者要做到服务育人

服务育人，就其内涵来看，可以从广义和狭义两个方面来理解。从广义上理解，高校的一切工作都是为教育和培养大学生服务，专业课教师的业务活动是服务，各种管理——从学校各级领导到后勤管理也是服务，都应当注意在各自的服务活动中"育人"。从狭义上理解，所谓服务主要是针对高校后勤工作而言的。服务育人，指的是高校后勤工作人员在自己的实际工作中，自觉地以热情的服务态度和周到的服务质量，对大学生施加积极的教育和影响。

后勤工作是高校正常运作的基础，也是高校学生工作的重要方面，搞得好坏会直接对大学生产生或好或坏的影响。大学生对自己所在学校办学水平和质量的认识与评价，良好的思想道德和健康的心理素质的养成，总是与后勤工作的实际状况有关。当大学生得到后勤工作者热情周到的服务时，也会生发这种心理感受，产生对学校乃至对国家和社会的热爱之情，从而受到教育。

面对大学生，后勤工作人员应当始终增强服务意识，提高服务质量，青年工作人员更应当注意这一点。

第四章　良好的师德师风在师生之间的具体要求

师生之间的教学关系是学校人际关系的主体。因此，规范高校师生之间教师的师德师风的具体要求，应当被放在师德师风教育的首要位置。

我们可以从如下四个方面概括高校教师良好的师德师风在师生之间的具体要求。

一、热爱学生，严格要求

1.热爱学生的教育价值

从一定意义上可以说，教育就是一种爱的事业。从爱祖国爱人民出发，关心和爱护青少年的健康成长，是教育的真谛，也是教育工作的全部。学校里不能没有爱，更不能没有老师对于学生的爱，没有这种爱也就无所谓教育。所以，热爱学生，应作为各级各类学校教师的基本条件。

在教育教学过程中，热爱学生具有多方面的教育价值和意义。首先，它可以营造一种适宜于开展教育教学活动的心理定势和伦理氛围，有助于促进学生的健康成长。罗素说："凡是教师缺乏爱的地方，无论品格或其智慧都不能充分地或自由地发展。"[①]生活的常识表明，在一个具有爱的环境里，人们易于接受他人传递的信息和提出的要求，反之则比较困难。一

---

① 宋从礼、汪应峰:《教师职业道德概论》,合肥:安徽大学出版社1998年版,第147页。

个教师走进教室，一个管理者走进学生群体之中，如果学生的第一反应，你是一个关心和爱护他们的老师，那么你的教学和教育活动就易于收到预想的效果；反之则势必会受到很大的影响，以至毫无效果。

其次，热爱学生可以改善和优化教师个人的人格形象，提高教师的教育威信，增强学生的向师性。威信对于成就事业的重要性是不言而喻的。一个领导者如果没有威信，"台上他说人，台下人说他"，他将如何领导人？威信对于教育活动的主体来说更为重要。在苏联某一个小学里发生过这样一件事情：有一次，一群女学生到她们的女校长那里告某一位老师的状，说那个老师从来不喊她们的姓名，只直呼她们为"丫头们"。校长心里很纳闷，便问道：我平时不也是这样称呼你们吗，你们为什么不反感呢？学生们解释说：您像我们的母亲，对您这样称呼我们，我们感到特别亲切，而她（那位老师）没有这个权利。女学生们在这里所说的"母亲"和权利，就是教育威信。这种威信的获得，显然与女校长平时对学生的关心和爱护是直接相关的，它使女学生形成了对于女校长的向师性。

大学生对他们的老师也是这样。一位老师在自己平时的教育教学活动中，如果能够关心和爱护学生，在大学生的心目中形成诸如良师益友的印象，形成一种向师性的心理倾向，那么，这位老师的教育教学活动就易于成功。在高校，人们有这样的经验：一个大学生犯错误了，不同的教师批评教育他，在他身上所表现出来的接受程度往往不一样。其中的原因当然与不同的教师批评教育的水平和方法有所不同有关，但与不同教师在大学生心目中的不同形象即是否热爱他们也很有关系。

注意热爱学生以形成教育威信，对于高校专职从事大学生思想政治工作的教师来说，尤其重要。这些教师，对学生首先要有一片至诚的爱心，做学生的良师益友，赢得学生的信任和爱戴，才能真正开展思想政治教育工作。

苏霍姆林斯基说："当我思考教师工作时，得出一个结论：孩子们所喜欢的是那种本人就喜欢孩子、离开孩子就不行而且感到跟孩子交往是一种幸福和快乐的人。"[①]高校教师难道不也应当是这样的吗？

① 宋从礼、汪应峰：《教师职业道德概论》，合肥：安徽大学出版社1998年版，第147页。

目前，高校一些大学生爱给他们的老师起绰号，有的是带有尊敬、崇敬意义的，如"大哥""叔叔""大姐""大妈"等，也有的带有明显的"恶意"，如"警察队长""猫头鹰"等。给老师起绰号当然是不好的，这些绰号所包含的意思也不尽准确，但作为教师，我们是否应该从中得到某些启发呢？

2.热爱大学生的具体要求

首先，热爱大学生要注意尊重大学生的人格尊严。大学生正处于自尊心全面发展的鼎盛时期，自尊心特别强。但如同其他人一样，大学生的自尊心也有健康与否之别，健康的自尊心有助于激发大学生努力学习、发奋成才的热情和志气；不健康的自尊心则可能会使大学生爱慕虚荣，甚至为维护自己的面子而做出出格的事情来。在某高校曾发生过这样一件事：大个子甲同学不小心弄了两滴水在小个子乙同学的书上，乙笑着说要甲擦掉，甲也笑着说"就不擦，你能怎么样"，于是由玩笑而动起了真格，最终扭打了起来，结果没想到大个子甲却被小个子乙压在身下。这时，寝室的同学认为好玩，在一旁起哄，却没注意到大个子甲已经羞愧难当、无地自容，他在"忍无可忍"的情况下，拔出裤带上的水果刀，照准乙的胸口就是两刀，乙当即死亡，甲也因负刑事责任而丧命。这个曾震惊全国高校的"两滴水两条人命"的恶性案件，从反面说明，大学生的自尊心若是得不到应有的尊重，有时就可能造成严重后果。

作为高校教师谁都希望学生尊重自己，这是人之常情，也是应该的。但尊重历来是相互的，唯有尊重大学生的教师才能真正得到大学生的尊重。高校教师的文化素质一般都比较高，有的还是名人大家，加上其职业的特点，容易受到师道尊严这种传统的不良的师德师风的影响，在教育教学活动和平时交往中用不平等的态度对待大学生，忽视尊重大学生的人格尊严，这种现象应当注意加以扭转。

其次，热爱大学生要做到诲人不倦。"诲人不倦"最早是孔子提出来的，在后来的中国教育史上渐渐地形成一种优良的师德师风。所谓诲人不倦，意思是说教育学生要不厌其烦、不知疲倦。

诲人不倦是一种积极而又美好的道德情感，能够激发教师对自己劳动的兴趣和爱好，促使教师改进教学，创造出各种优良的受学生欢迎的教学方法，提高教学质量。高校教师的诲人不倦与中小学的教师应有所不同，它主要应体现在两个方面：一是坚持不懈地认真备好课，上好课，不断地改进教学方法。二是坚持不懈、循循善诱地辅导学生，与大学生一道探讨专业学习领域里的问题。在目前高校普遍存在着这样的情况：下课后，教师拿起教案就走，一般想不到留下来听取学生的学习问题，有的教师甚至在学生提出问题的情况下也不愿留下来，更不愿接待学生的家访；教学安排上虽然设有辅导课，但真正上辅导课的教师不多。这种不好的作风是应当加以纠正的。

再次，热爱学生还应当体现在关心大学生的健康成长。大学生正处于世界观、政治观、人生观、价值观和个性走向定性、定型的关键阶段。要教育和指导学生在政治上不要犯错误，尽快地成熟起来；要教育学生正确对待金钱、名利、爱情，树立正确的人生观和价值观；要帮助学生排除各种可能出现的心理障碍，培养良好的心理品质，如此等等。

3. 要把热爱学生和严格要求学生结合起来

热爱学生与严格要求学生是一致的，应当把两者结合起来。严格要求本身就是一种爱，没有严格要求的爱是溺爱，是放任和放纵，是不利于大学生的健康成长的。

不过也须注意，对严格要求要有一种科学的认识和态度。严格，说的是要"严"在"格"上，也就是要按照党的教育方针和学校的教育教学计划、校纪校规要求学生，而不能随心所欲地想怎么要求就怎么要求、想怎么办就怎么办。就是说，严格要求也是合理要求，要"严"在理上。就目前高校的实际情况看，不能严格要求和在"格"外要求大学生的现象都存在，前者是放弃了教育，后者是扭曲了教育。因此，强调在合理的"格"的意义上严格要求学生是必要的。

二、公正执教，因材施教

1.公正执教的含义

公正或公平，在西方思想史上来源于古希腊的"Orthos"，即表示置于直线上的东西，往后就引申来表示真实的、公平的和正义的东西。

公正，是一个多学科的历史范畴。如在政治经济学中，公正反映生产关系中主体对于生产要素的占有和投入之间的平等地位，生产和经营活动中主体对于机会均等及公平交换的认同和追求；主体对于生产要素的投入能够获得相应的回报，亦即人们通常所说的公平分配。在法学领域，公正是其核心范畴，司法活动实际上是司法公正的活动，所追求的是法定的权利与义务的某种合理性平衡关系。

教育公正，是公正价值体系的一个特殊范畴，主要体现在公正执教上。就思想渊源来说，公正执教可以追述到孔子提倡的"有教无类"[①]，意思是说，在教育对象上教师要不分贵族和平民，不论来自何处，人人都给予教育。显然，它强调的是教师对愿意接受教育的学生要做到一视同仁，持无差别的态度。孔子提出的"有教无类"的教育原则，与奴隶主贵族官学的办学方针是对立的，打破了奴隶主贵族"礼不下庶人"的教育陈规，适应了当时社会发展进步对教育提出的客观要求，在中国教育史上是一大进步。但是，在阶级对立的封建专制社会里，教育不可能真正实行"有教无类"。所谓"有教无类"，在历史上基本还只是知识分子的一种教育理想和主张，从来没有成为真正的教育伦理原则，得到过普遍的实行。

新中国成立后，"有教无类"的原则得到了真正的贯彻和实施，但在义务教育的体制之下，人们对公正执教的理解多限于政治和阶级的范畴。今天的情况则大不一样了，实行改革开放和发展社会主义市场经济以来，我国人民的伦理道德观念发生了巨大的变化，其中包括公正公平观念的生发、形成和深入人心。同时，随着教育体制改革的深化，我国高等教育正

---

①《论语·卫灵公》。

在由义务型向有偿型转轨，大学生上学须按规定缴费。这就意味着，宪法所规定的公民应享受的受教育权利已经有了经济的保障和说明形式。任何一个学生在按照规定缴纳了学费以后，就一方面有权要求学校给予相应的教育，另一方面也有权要求享受与其他同学同等的受教育的权利。从这种意义上看，公正执教已经超越了以往纯粹道德的意义，而同时具有了法律的意义了。所以，今天强调公正执教，既有依德执教的含义，也有依法执教的含义。

2.公正执教的基本要求

公正执教的基本要求，是对所有的大学生做到一视同仁。

在我们授课和担任管理工作的任何一个班级里，通常什么样的大学生都会有。有男同学和女同学之分；有的是我们的老乡，有的不是；有的学习努力，有的学习不认真；有的关心集体、爱帮助人，有的却比较自私；有的自尊，有的自卑；有的与我们的关系走得很近，甚至"混"得很熟，有的则比较疏远；有的沉默寡言，有的特别爱表现；有的长得漂亮、可爱，有的很一般，如此等等。对这些不同情况的学生，我们应当做到一视同仁。

假如一个学生考试只得了55分，或平时表现并不怎么好，就因与你关系比较接近，或者给你送了礼，或者有人给他讲了情，你就给他60分，结果会怎样呢？有的学生平时表现并不怎么出众，就因与你关系比较亲近，你就让他入了党、当了"优秀"，结果又会怎么样呢？结果无疑会引起其他同学的不满，也影响你在同学中的威信，甚至最终会使你陷入难以正常执教、难以正常工作的被动境地。而被你特别优待的学生也会因此而被其他同学孤立起来，对这样的学生的健康成长不利，对形成良好的班风也不利。

3.因材施教的含义及要求

因材施教，强调的是区别对待，要求教师要根据学生不同的天赋条件和文化基础给予不同的教育。它是孔子教育实践活动的一个重要做法和经验。后来，孟子还把需要给予不同教育的人分为五种，并做了比较与分析："君子之所以教者五：有如时雨化之者，有成德者，有达财者，有答问者，有私淑艾者。此五者，君子之所以教也。"①意思是说，对于那些修养最好、才能最高的学生，只要及时提醒点化，就会像及时的雨露润泽万物那样生长发育起来；对于那些在德行或才能方面比较出众的学生，如果加以教育，也会成为在道德修养或知识才能方面的优秀分子；而对于一般的学生，则可用问答的方式来解决他们学习上碰到的疑难问题；至于一些不能上门接受教育的学生，则可用"闻道以善其身"的方法进行教育。不难看出，历史上儒学大师们所阐述的这些因材施教的思想和主张，在今天仍然有其实际意义。

因材施教是世界各国通用的教育原则。苏霍姆林斯基在说到关于中小学教师的言传身教的时候，曾说到因材施教的问题："注意每一个人，关怀每一个学生，并以关切而深思熟虑的谨慎态度对待每个孩子的优缺点——这是教育过程的根本之根本。"②他的主张和看法，无疑也适应于高校教师，值得我们借鉴。

从实际情况看，大学生最需要他们的老师对其实行因材施教的教育伦理原则。诚然，大学生是在同一个起跑线——分数线上跨入高等学府门槛的，表面看来他们的天赋条件和文化基础差不多，实际上他们在思想道德素质、文化科学知识基础、思维方式与能力等方面并不是一般齐，由此决定了他们在大学读书期间不同的发展方向和发展水平。当然，差别是绝对的，无差别是相对的，我们不必要也不可能在四年或五年的时间内，使自己教育和培养的学生整齐划一。但是，如果我们能够注意到大学生之间不同的天赋条件和文化基础，实行因材施教，那么就会使天赋条件和文化基础不同的学生各得其所，各自赢得最佳的发展和成长的机遇。这对于大学生成才和祖国的社会主义现代化建设事业来说都是大有裨益的。

应当看到，如同公正执教方面存在的问题一样，目前高校教师在因材施教方面存在的问题也是不少的。不少教师缺乏因材施教的自觉意识，不

---

①《孟子·尽心上》。

②转引自宋从礼、汪应峰：《教师职业道德概论》，合肥：安徽大学出版社1998年版，第148页。

但不能做到因材施教，反而认为因材施教是对中小学教师提出的要求，与高校教师无关。突出的表现就是让学生"吃大锅饭"，"大锅饭"之外极少有"小灶"和"点心"，使得天赋条件和文化基础较好的学生"吃不饱"，天赋条件和文化基础较差的学生"吃不完"。这种"分配不均"的教育不公问题，不仅在本、专科生教育阶段存在，在研究生教育阶段，也是比比皆是的，这一问题不能不引起我们的注意。

4.因材施教与公正执教是一致的

因材施教强调区别对待，公正执教强调一视同仁，表面看来两者是矛盾的，其实不然。

作为一种良好的师德师风，因材施教与公正执教其实是一项要求的两个方面。公正执教主张的是教师对待所有的教育对象都要一视同仁，同样地给予教育；因材施教强调的是在实际的教育过程中，对不同的学生要给予不同的教育。如果说，公正执教是立足于无差别意义的教育公正的话，那么因材施教则是立足于有差别意义的个人发展意义上的教育公正，两者的价值取向是共同的——让每个学生得到最好的教育和发展。

三、学而不厌，严谨治学

1.学而不厌及其意义

孔子提出的"学而不厌"，指的是教师在业务上要有不断进取、不断提高的追求精神。

作为良好的师德师风的一个方面的具体要求，学而不厌在中国教育史上早已形成一种优良的传统，许多教育家和教育思想家在这方面都发表过精到的见解。伟大的人民教育家陶行知说："想要学生好学，先生须好学"，"惟有学而不厌的先生，才能教出学而不厌的学生。"①他说的就是学而不厌的重要性。

学而不厌是从教师职业的要求，反映教师基本的职业态度和执业精

---

①《陶行知教育文选》，北京：教育科学出版社1981年版，第82页。

神，因为教师的教与学本是同一个过程的两个方面。《礼记·学记》用富有哲理智慧的笔触生动地描绘了这一过程："虽有佳肴，弗食不知其旨也；虽有至道，弗学不知其善也。是故学然后知不足，教然后知困。知不足，然后能自反也，知困然后能自强也，故曰教学相长也。"[①]事实表明，凡是一个认真从事教学和研究工作的教师，总会时常感到"教而有困"，并能做到"困而有学"，在不断"有困"和不断"有学"的矛盾运动过程中，不断地提高自己的教学质量和治学水平。

在这个问题上，目前高校教师队伍存在的一些不良现象是需要引起高度重视的。有的教师评上教授或副教授以后，认为自己已是"船到码头车到站"，不想继续前进了。而一些高校的校园内也或隐或显地存在这样的评价心理："这人当了教授以后，怎么还在这么拼命地干？真是想不开！"有的教师对晋升职称缺乏正确的认识，从事教学和科学研究主要是为了晋升职称，教学上能够达到晋升职称的要求，所发的文章或出版的著作够上晋升职称要求的"数量"，就停步不前了。有些青年教师站上了讲台以后就心满意足，得过且过、不思上进，把课堂教学之外的大量时间用在炒股、"斗地主"和其他玩乐上，浪费着宝贵的青春时光。

对学而不厌也应做全面的理解。不能把"不厌"之"学"仅仅看成是埋头读书，以为书读得越多就越好。除了读书之"学"，还应有思考之"学"，实践之"学"。

2.严谨治学及其要求

严，是严肃，严格；谨，是谨饬、谨严、不苟且。严谨治学，也就是要以严肃认真的态度对待教学的全过程，不苟且、不马虎，严格要求自己，谨防出差错。它所主张的是一种一丝不苟的治学态度和作风。

具体地说，高校教师严谨治学应当体现在三个基本环节上，这就是：严谨备课、严谨讲课、严谨考核。

教师上课不能不备课，不能用往年的教案上今年的课，这是具备良好的师德师风的起码要求。为了汲取科学技术发展的新知识，涉猎新问题，

---

① 《四书五经》中册，北京：中国书店出版社1984年版。

以丰富教学内容，优化教学结构，高校每个专业，特别是文科专业的课程每学年上课都应重新备课，做到年年备新课，年年上课有新内容。备课，应严格按照教学大纲的基本要求和教材体系的基本内容进行，既不能依本照录，也不能另搞一套。人文社会科学专业的备课，更不允许将违背马克思主义、毛泽东思想、邓小平理论和党的方针、路线和政策的东西写进教案，带进课堂。这也是严肃的教学纪律。

讲课一般应依照备课教案的基本思路进行，不应写的是一套，讲的又是另一套。文科的课，更不允许在课堂上脱离教案随意发挥、信口开河，用假、恶、丑的东西毒害大学生。有的高校教师上课时常走题，传播小道消息，甚至不负责任地对时事政治妄加评论，造成了很坏的影响。这是教学纪律所不允许的。

考核是教师一次完整的教学活动的最后一个环节，其功用在于既检验学生学的质量，也检验教师教的质量，所以是非常重要的。高校里的考核一般有三种形式，即考试、考查、毕业设计或毕业论文，不论是何种形式，任课教师都应当按照学校要求认真组织实施。要真考，不能假考；要考真实的知识和技能，不能考虚假的知识和技能。考核不仅有助于检验教师的教学质量，而且还有助于丰富教师的教学内容，改进教师的教学，提高教师的教学水平。某校有位教师，每次考试或考核都在试卷最后设计一道要学生"实话实说"的附加题（不记分），要求学生就他的教学提出具体意见，如哪些地方不大明白、有何不同或新的看法、如何改进教学等，学生每次都很认真地给予回答。他用此方法不仅"逼迫"学生巩固已学的知识，而且也改进了自己的教学，提高了教学水平。

要从备课、讲课、考核三个方面做到严谨治学，就必须树立教而不厌的师德师风。一般来说，一个刚执教的青年教师走上讲台时会有一种神圣的使命感和职业尊严感，能够比较自觉地做到严谨治学。问题在于，如果没有教而不厌的自我要求，年复一年，时间长了就会产生"倦意"，渐渐地就会"教而有厌"，不那么严谨了，其他的师德师风方面的问题也会接踵而来。

记住陶行知先生说的话吧："我们做教师的人，必须天天学习，天天进行再教育，才能有教学之乐而无教学之苦。"[1]

四、为人师表，注重自律

1.为人师表及其教育意义

师的本义为学习，表即表率、榜样；师表，指的是要使自己成为可供学生学习的模范和榜样。正如西汉学者扬雄所说："师者，人之模范也"，"师哉！师哉！桐子之命也。"哲学大师黑格尔说："教师是孩子心目中最完美的偶像。"[2]他说的"完美的偶像"，所指主要是中小学教师的为人师表的形象，其实大学生看我们教师一般也是用这种"完美的偶像"的标准的。

为人师表集中反映教师的"人格魅力"，是一种极为重要的教育因素。教育劳动与别的劳动有一个重要的差别，这就是：教师本人的人格形象总是作为重要的教育因素，参与到教育教学活动中，对学生发生或善或恶的影响。调查材料表明，大学生在政治和思想道德方面的健康成长，一般都与他们的老师能够为人师表、具有一种"人格魅力"密切相关。经验也证明，一个人在接受教育的生涯中，最崇拜、最难忘的是他的老师，中小学教师说的话和做的事是中小学生的"金科玉律"，高校教师在"传道、授业、解惑"中树立起来的良好师德师风形象使大学生终生难忘。毕业后，像他们的老师那样做人做事，一贯是大学生的人生信条。

为人师表是教育活动自身提出的必然要求。因为，我们的劳动需要面对全体学生，是在真正公开化的情境下进行的。大学生不同于中小学学生，能够对教师的教育教学活动做出自己的判断，提出自己的看法。一个高校教师备课是否认真，教育教学态度是否端正，讲课的水平怎么样，能否严格要求自己等，都会在大学生面前暴露无遗。加里宁说："教师的世

---

[1]《陶行知教育文选》，北京：教育科学出版社1981年版，第33页。

[2] 转引自王正平：《人民教师的道德修养》，北京：人民教育出版社1985年版，第214页。

界观，他的品行，他的生活，他对每一个现实的态度，都这样或那样地影响着全体学生……如果教师很有威信，那么这个教师的影响就会在某些学生身上永远留下痕迹。正因为这样，所以一个教师也必须好好地检点自己，他应该感觉到，他的一举一动都处在最严格的监督之下，世界上任何人也没有受着这样严格的监督，孩子们几十双眼睛盯着他。"①

2.为人师表的具体要求

第一，要尊重和热爱自己传授的专业和学科。当一名高校教师，谁都希望学生喜欢自己的学科，爱听自己讲的课，尊重自己的劳动。但要如此，教师首先要尊重和热爱自己的学科和课程。正如陶行知先生所说的那样："要人敬的，必先自敬，重师者在师之自重。"②毋庸讳言，目前高校教师队伍中有些人在这方面是做得很不够的，上课时没有热情，没有激情，缺乏对自己专业应有的庄重态度和适宜情趣，有的教师甚至在课堂上公开散布学习本课程"没有什么用处"的言论。按照国家教育主管部门的指导思想和统筹规划，目前高校"两课"教学体系中有一门思想道德修养课，有些学生辅导员担任了这门课程的教学。但是其中不少人缺乏应有的热情和信心，他们上这门课不是为了对大学生进行思想政治和道德方面的教育，而只是为了自己评职称，把承担教学任务当成了敲门砖，所以职称一旦评上就把教学任务推得一干二净。试想一下，在这种思想的支配下，我们能够要求学生学好思想道德修养课吗？这样的教师，不仅不能要求学生学好这门课，而且还会损害自己作为教师的形象，为自己开展日常思想政治工作设置了障碍。

第二，带头遵守学校关于教育教学的各项规章制度。为了实行规范管理，每个高校都制订有教育教学的规章制度，它们是保障正常教育教学秩序的必要措施。其中，有许多是需要师生共同遵守的守时规定，如上课不迟到，下课不提前，不无故缺课等。在遵守这些规章制度方面，教师只有

---

① ［苏］加里宁：《论共产主义教育和教学》，陈昌浩、沈颖译，北京：人民教育出版社1957年版，第177页。

② 陶行知：《中国古今教育家》，上海：上海教育出版社1982年版，第185页。

带头遵守的责任，没有搞特殊化的权利。在有的高校曾发生过这样的事情：教师自己上课迟到了，却不准随后迟到的学生进教室。这是很不好的，也是不公平的。

除此以外，教师课外与学生打交道的时候，也应注意守时。如召开学生会议和参加学生活动、与学生交往等，就需要有时间观念，不能因为"我是老师"而搞特殊化。

第三，要注意自己的服饰和仪表。服饰和仪表，反映人的外在形象，本身并不属于道德范畴，与人的道德品质和工作作风无关。但是，在诸多特定的场合，特别是职业活动场所和社交场合，服饰和仪表就因具有道德意义而转变成道德范畴了。因为，在这些场所和场合，一个人的服饰和仪表既表明他的自尊心和审美情趣，也表明他是否尊重他人的道德态度。

关于教师的服饰和仪表，虽然目前国家并未做统一规定和要求，但从教师职业特点和良好的师德师风的要求看，服饰要得体入时，仪表要文明端庄。与其他人一样，教师的服饰和仪表也是个人的爱好，个人的自由。但须知，教师一旦进入教育教学活动场所或平时出现在学生面前，就应当有所注意，有所自我要求。如夏天，男教师不能穿汗衫短裤和拖鞋，不能不修边幅，邋里邋遢；女教师不能穿奇装异服、袒胸露体，不能浓妆艳抹、浑身珠光宝气等等。

第四，在课堂内和课堂外的德行与作风要一样。为人师表作为师德师风要求，一般情况下是就师生关系而言的，教师面对学生必须注意为人师表。从目前的实际情况看，绝大多数高校教师在学生面前是能够有"师表"的形象。但其中也有一些人，一旦离开学生的视线就成了另外一种人，干出一些不像教师样子的事情来，如赌博、跟社会上不三不四的人来往、上网找"情人"、在家里跟妻子或丈夫骂架等。这些都失去了"师表"的身份，当然都是不好的。

3.为人师表须注重自律

正因为教师必须要为人师表，为自己教育和培养的学生做出表率，所以教师应当注重自律。

　　律，法则也，自律即按照法则约束自己。卢梭说："我不能不反复地指出，为了做孩子的老师，你自己就要严格地管束你自己。"[①]洛克说："做导师的人自己便当具有良好的教养，随人，随时，随地，都有适当的举止和礼貌。"[②]高校教师应当遵循的法则，除了党中央颁发的关于道德和精神文明建设的有关文件如《公民道德建设实施纲要》等，国家颁布的有关法规如教育法、教师法、高等教育法等以外，还有各校制定的有关规则和纪律，如教学管理条例、学籍管理条例等。这些，都是督促和保障教师做到为人师表的"律"，我们应当认真学习，认真遵从。

---

① [法]卢梭：《爱弥儿》上卷，李平沤译，北京：商务印书馆1978年版，第102页。
② 宋从礼、汪应峰：《教师职业道德概论》，合肥：安徽大学出版社1998年版，第156页。

第五章　良好的师德师风在教师之间的具体要求

这里所说的教师，特指承担专业课教学和学科研究工作的教师。他们是高校教师队伍的主体，相互之间的关系也是高校教师关系的主体部分，从根本上影响着高校的办学水平和人才培养的质量。因此，加强高校专业课教师之间的同事关系建设，形成良好的师德师风是十分必要的。

高校良好的师德师风在教师之间的要求，总的来说是要把学校整体改革和发展的需要放在第一位，把培养社会主义现代化建设人才的需要放在第一位，"同事"之间能够真正做到明礼诚信，团结友善，同心同德。具体来说，应当注意遵循如下几个方面的要求。

一、尊重集体，关心集体

1.尊重和关心集体的哲学思考

马克思主义认为，劳动创造了人自身；而劳动从来都是社会性的劳动，人一诞生就是社会的存在物。马克思说："人的本质并不是单个人所固有的抽象物。在其现实性上，它是一切社会关系的总和。"①就是说，人的社会本质决定了每个人必然生活在特定的集体之中，在特定的集体之中求生存、求发展。这就使得每个人与其所在的集体之间构成了必然的联

---

① 《马克思恩格斯选集》第1卷,北京:人民出版社1995年版,第56页。

系，也使得如何看待和处理个体与集体之间的关系，成为人类道德生活的永恒主题。虽然，从历史上看，由于阶级和时代的局限，集体在不同社会的内涵不一样，形式也不一样，人们在看待和处理个人与集体的利益关系问题上，道德主张和价值导向也不一样。

社会主义从根本上消灭了人剥削人、人压迫人的不平等制度，实行人民当家作主的国体和政体。从逻辑上说，个人与集体的差别只具有相对的意义，集体生活中的个人与集体的关系并不存在根本性的矛盾。因此可以说，在我国，尊重和关心集体实际上也是尊重和关心劳动者自己，尊重和关心集体中的每个人。这就使得用社会主义的集体主义精神教育广大人民群众，强调每个人都应当尊重集体、关心集体，不仅是必要的，也是完全可行的。

高校是一种特殊的集体，共同的教育和培养任务把教学科研、管理和后勤三支队伍紧密地联系在一起，每一个教师都是这种劳动集体中的一分子。每一个大学毕业生走出校门，走上工作岗位都是高校集体劳动和集体智慧的结晶，同时也都包含着每一个教师辛勤劳动的汗水。

在这种集体劳动中，专业课教师的集体始终起着主要的决定性的作用。因此，从师德师风的具体要求来说，在高校教师队伍中倡导社会主义集体主义的道德原则，强调教师要尊重和关心自己的集体，正确看待和处理自己与集体之间的关系以及教师之间的同事关系，应被视为第一原则。

从目前实际情况看，任何一个高校都不乏尊重和关心教师集体的优秀教师。他们的心中始终装着集体的大事，为集体的发展和强盛做出了自己应有的贡献。但是，也有一些教师对教师集体的事情从来不管不问，有的还经常将个人凌驾在集体之上，甚至散布流言蜚语，制造摩擦，或者稍不随意就大吵大闹，导致个人与集体的关系不大正常，有时还充满火药味。这种不正常的现象，必须加以纠正。

2.高校教师队伍中存在不尊重或不关心集体的原因

首先，与一些教师缺乏集体观念有关。他们认为，一个大学生的成才只是自己付出心血的结果，看不到别的教师和学校管理人员的贡献。这种情况，在一些特殊专业如音乐、体育专业的教师队伍中更为普遍，他们常常以师傅带徒弟的思维方式来评判自己的劳动；某某学生成才了，就以为只是自己的功劳，因此目中无人，目中无集体。

其次，与教师不能正确认识高校专业教学活动的特点有关。如前所说，高校教师专业教学活动需要经历备课、讲课、考核等三个环节。而教师在这三个环节中的活动一般都是以个人的方式出现的，这容易使人产生一种错觉：高校教学的成功与否、培养的学生是否合格，全在于个人。因而，对其他教师和教师集体缺少应有的尊重和关心。有些高校的教师队伍一盘散沙，学科教研室形同虚设，与一些教师不能正确认识高校专业教学活动的特点是直接相关的。

再次，与一些教师不能正确看待个人发展、正确处理个人发展与集体发展的关系有关。高校教师队伍中人才济济，其中有的还站在相关学科发展的前沿，代表着学科研究的方向，反映着国家甚至国际的水平。这些名人大家的成就，与其个人奋斗和个人的聪明才智得到充分发挥密切相关，但不应因此而否定集体的智慧，包括其所在集体的共同努力。马克思说："只有在集体中，个人才能获得全面发展其才能的手段，也就是说，只有在集体中才能有个人的自由。"[1]

一个有所作为而又师德师风优良的高校教师，从来并不认为自己的成功与周围的同事无关，与学校领导的关心和组织管理无关，更不会认为与前人和本时代人的奉献精神和劳动成果无关。相反，他们会认为，正是时代和集体造就了他，使他取得了自己的成就。而师德师风不良的教师则不会这样看问题，他们时常以一种"老子天下第一"的心态看同事，看集体，看时代，既不尊重同事，不尊重集体，也不尊重时代，因此与周围的环境和其所处的时代时常处于一种格格不入的心理状态之中。结果，不仅影响教师集体事业的发展，也影响他们的继续创造和不断获得新的成就。

3.高校教师需要树立集体观念，发扬集体主义精神

高校教师尊重和关心教师集体，需要自觉接受社会主义的集体主义教

---

[1]《马克思恩格斯全集》第1卷，北京：人民出版社1972年版，第82页。

育，培养集体主义观念，发扬集体主义精神。

集体主义是我国社会主义道德体系的基本原则，它认为个人利益与集体利益在根本上是一致的，在一般情况下要把个人利益与集体利益结合起来，致力于两者的共同发展，当个人的利益与集体利益发生矛盾的时候要以个人利益服从集体利益。

高校每一个教师都应当具有这样的集体观念：在思想认识和感情上能够看到、体验到自己是教师的集体的一个成员，个人的成长和成就离不开学校集体和教师集体；经常想到并积极参加自己所在的教研室的建设，特别是学科的建设和青年教师的成长，积极参加教研室的教研和其他学术活动；当个人的利益和需要与学校和教师的集体利益和需要发生矛盾的时候，能够自觉地服从集体的利益和需要，直至为此做出必要的个人牺牲。

二、相互尊重，相互支持

1.高校教师之间应当相互尊重和相互支持

高校教师不仅应当尊重和关心集体，还应当做到彼此之间相互尊重，相互支持，在教师队伍里形成明礼诚信、团结友善、同心同德的良好的师德师风。

从理论上来分析，相互性是一切道德生活的基本形式，也是一切优良道德得以形成和发展进步的关键所在。我们知道，一定社会的经济关系是一定道德之根，而由于"每一个社会的经济关系首先是作为利益表现出来的"①，所以，道德的客观基础直接表现为一定社会的利益关系。利益关系既然是一种关系，就需要用特定的思维方式来加以解读，解读的逻辑用语便是"相互性"。经济活动中的按劳分配、人际交往中的礼尚往来等，正是道德的相互性要求的表现形式，没有这种相互性，道德就会"出丑"②，道德失范的问题也就会随之而来。在人际关系中，如果一个乐于

①《马克思恩格斯选集》第2卷,北京:人民出版社1995年版,第84页。
②《马克思恩格斯文集》第1卷,北京:人民出版社2009年版,第286页。

助人和奉献的人却每每得不到相应的回报，包括精神上的鼓励和表彰，他就很难坚持甘心于做一个乐于助人和奉献的人了，其道德失范的问题也就可能会随之出现。可见，从伦理环境看，一个人出现道德失范问题，原因往往并不是他不愿做"道德人"，而是他所生活的环境缺乏"道德人"伙伴。

教师是一种受人尊敬的职业，也是一种可以让教师充分满足自尊心的职业，高校教师更是如此。当你走进社会生活的海洋出现在公众场合的时候，人们听说你是高校教师，就会认为你各方面都了不得，因而对你肃然起敬，你就会从中感悟和领略到一种教师职业的自尊心和自豪感。而当你走上讲台，面对众多天真无邪、孜孜以求的大学生的时候，你就会油然而生一种神圣感和职业自尊心。

问题在于相互尊重。常言道，一个巴掌拍不响，如果他尊重你，你也尊重他，他支持你，你也支持他，这就是相互尊重、相互支持，良好的师德师风自然就会形成。反之，就不可能形成良好的师德师风。

但是应当看到，从职业文化心理活动看，高校教师之间相互尊重，特别是相互支持又是做得很不够的。"面和心不和""背后使棒子"以至相互拆台的情况并不鲜见。其危害在于，影响同心同德，进而影响教育教学活动的正常进行。

2.影响高校教师相互尊重和相互支持的主要原因

首先，是不少教师身上存在的门户之见。如执教于自然科学和工程技术专业的教师，有的瞧不起人文社会科学专业的教师，专业课教师有的瞧不起专职从事思想政治教育与管理工作的教师和员工，各类教师之间存在着相互理解不够又不愿相互沟通的情况。

可以说，门户之见是一种行业偏见，古来有之，直接的原因是行业特点使然。常言道，隔行如隔山。从高校职业分工来看，不同职业种类之间确实有"山"相隔，理工科的教学与研究显然不同于文科的教学与研究，专业教学与研究不同于思想政治教育工作，如此等等。但是，隔行不隔理，不论是做哪一种教育工作的教师，都是为了培养社会主义现代化建设事业的接班人，其分工不同并不表明彼此之间的工作存在着高低贵贱的差别，在职业活动的规律上存在着根本的不同。

就教育规律和特点来看，高校凡是面向大学生的教育教学活动，都是科学，或都应被看作是科学。以大学生思想政治教育工作为例，一些从事专业教学与研究的教师对此看不起，认为那是"耍嘴皮子的"，不是科学。实际上，大学生的思想政治工作，从对象、内容到方法，无不体现着科学的世界观和方法论、科学的人生观和价值观、科学的管理原则和方法，是最具有科学内涵和科学价值的学科之一。

"门户之见"的危害在于，从深层的评价心理上抽去了教师之间相互尊重、相互支持的思想认识基础，不利于在教师之间营造一种相互尊重、相互支持的良好的师德师风。因此，高校教师在接受良好师德师风教育的过程中，应当自觉抛弃"门户之见"。

其次，是文人相轻。有句近似笑话的俗语描绘知识分子文人相轻的心态时说，"文章都是自己的好，老婆都是人家的好"，说得生动又形象。

从文化心理来分析，文人相轻也是一种自尊心，只不过是一种不健康的自尊心和扭曲的文化心理罢了。本来，自尊心人皆有之，做人不应当没有自尊心，但是自尊心却历来有健康与否之别。健康的自尊心有两大基本特征：一是表现为自重、自爱、自立、自强的心理状态，二是在看得起自己的同时也注意尊重别人。中国自古以来的知识分子，大多具备这种可贵的心理品质。不健康的自尊心一般也有两种表现形式：一是自卑，瞧不起自己，抱有"我不行"的心理定势，做什么事情都缺乏自信心，因此很难成就事业。在对待国家和民族问题上，则总以为"外国的月亮比中国的圆"。二是自傲，瞧不起别人，不论想什么问题、做什么事情都认为自己最强，别人不行。后者则是文人相轻者的典型心理状态和处人处世原则。其特征是常用贬低别人的办法来满足自己自尊心的需要。

门户之见与文人相轻之间存在着一定的联系。事实表明，不同职业的"文人"之间由于存在门户之见而最易相互贬低，相互瞧不起。高校教师都是名副其实的"文人"，一般都有着强烈的职业自尊心和人格尊严感，如果不能正确对待，就极易在门户之见的支配之下形成文人相轻的不健康心态。

也许是因为高校教师队伍中的文人相轻是一种司空见惯的现象，很多人又误将其看作是必不可少的职业自尊心，所以对其危害性人们一般不大注意。但是我们试想一下，假如高校教师队伍中不存在或极少有文人相轻的问题，教师之间从文化心理上真正能够做到相互尊重、相互支持，那将会是一种何等兴旺的景象？对高校的建设和发展将是大有裨益的。

纠正文人相轻的不良习性以促进相互尊重、相互支持的新风尚，是完全必要的。而要如此，就需要我们丢弃门户之见，在实际工作中注意在追求自尊的同时尊重别人，逐渐形成尊重别人的意识和习惯。

最后，是嫉妒。嫉妒是一种最为典型的不健康的自尊心，与文人相轻有联系却又有所不同。联系表现在不尊重、不支持他人，区别在于嫉妒是一种心理上的"恨"。如果说文人相轻是一种不良的思想作风的话，那么嫉妒则是一种不良的道德品质。

奥地利著名社会学家赫·舍克曾写过一本数十万言的《嫉妒论》，对人类不健康的嫉妒心理进行了全面的研究，发表了许多颇有见地的意见。他说，嫉妒最易发生在关系比较近的人们之间，如学习活动中的同学关系、职业活动中的同事关系等。产生嫉妒心理的初始原因是思想方法有问题——认为别人的高尚便显示自己的低下，别人的能干便显示自己的无能，由此而感到自尊心受到伤害，因此用诋毁别人以至攻击别人的办法来求得自己心理上的平衡。嫉妒是一种仇恨心理，嫉妒他人的人，总是要千方百计将对方拉得与自己一般齐。

嫉妒是教师集体中的一种腐蚀剂，其危害不仅在于不利于在教师之间形成相互尊重、相互支持的师德师风，导致教师之间离心离德，影响团结和正常工作，同时也最终危及嫉妒者自身的发展。正如赫尔穆特·舍克所说的那样："嫉妒者伤害最厉害的是他自己。"哲学大师黑格尔曾用生动形象的笔触一语破的，揭示了嫉妒心理的危害性和心理特征："有嫉妒心的人自己不能完成伟大的事业，乃尽量低估他人的伟大性，使之与他人相齐。"

高校有些教师对同事一直存有嫉妒心理，有的甚至很严重。如看到某个同事比自己强，心里就难受，就想方设法把人家"拉"下来，或者公开贬低人家的成就，或者背后说人家的坏话，或者希望人家有朝一日出问题，为此甚至用莫须有的东西写人民来信，决意把人家搞臭、搞得不能混。有的嫉妒心理严重的人还会置学校集体事业（如申报专业、硕士点、博士点等）的发展于不顾，用"合法"的手段干不合法的缺德事。

一些高校教师之间存在着成见，甚至几十年得不到改变，直至老死。细分析起来，这类成见往往正是嫉妒心理造成的。

嫉妒心理严重的人常以一种伪善的作风来掩饰自己不健康的心态。看到人家比自己强，无法赶上人家，更谈不上超过人家，心里难受得很，恨不得人家早一天出问题，但为了不失自己的面子，却又要装得若无其事，说不定还会当面夸奖人家几句，表示"向你学习"，其实这时他心里在"滴血"。这种人，是把自己的人格扭曲了，既影响同事之间的团结，也影响自己的心理健康。

从以上简要分析中可以清楚地看出，要在高校教师队伍中营造相互尊重、相互支持的良好的师德师风，就需要纠正和克服门户之见、文人相轻和嫉妒心理。

3.高校教师相互尊重，相互支持的基本要求

高校教师之间的相互尊重和相互支持，应当体现在各个方面。专业课教师与公共课教师之间、业务课教师与专职从事思想政治教育工作的教师之间，都应当相互尊重、相互支持。这些，无疑都是很重要的。然而，提倡年长教师和青年教师之间相互尊重和相互支持，显得更为重要。

在这个问题上，关键是青年教师要有积极主动的态度，切不可因为自己年富力强，是硕士或博士，在某个方面有特长而自以为是，瞧不起年长的教师，不尊重年长教师。在任何高校，年长的教师都是学校的中流砥柱，代表着学校的办学水平和社会地位。从这点看，年长教师应当受到尊重和爱戴，尊重他们实际上是尊重历史，尊重事实。青年教师应当虚心地向他们学习，学习他们优良的做人品格、严谨的治学作风和精深的专业

水平。

从另一方面看，青年教师是学校发展和强盛的希望所在，他们的成长和发展状况，决定着高校的前途和命运。尊重和支持他们，实际上是尊重和支持高等教育事业的发展前景，乃至国家和民族的未来。因此，年长的教师应关心、帮助和带领青年教师，悉心支持他们大胆创造，促使他们快速成长。年长的教师要有博大的胸怀和远见卓识的眼光，切不可老大自居、目中无人。

有的高校在不同年龄的教师之间建立了导师制，规定造诣较深的年长教师在一定的时间内，帮助一个或两个青年教师学会备课、讲课和从事科学研究活动，目标明确，措施具体。实践证明，这不仅有助于青年教师的快速成长，而且对于在不同年龄层次的教师之间形成相互尊重和相互支持的师德师风也是很有好处的。

三、乐于竞争，注意协作

1.竞争贵在"乐"

所谓竞争，简言之，就是两个或两个以上的主体在特定的范围内争取共同需要和发展空间的活动过程。

在某种意义上，学校教育历来就是一种竞争性的职业活动，高校历来是一种充满竞争的场所。在当代中国，竞争已成为高校一种生存和发展最重要的机制，它给高校带来活力，带来希望。教师的教学和科研，是一种竞争式的专业业务活动，你行我更行——不断追求，不断进取，力求精益求精，体现着目前高校教师队伍的整体风貌。

改革开放以来，绝大多数高校在教师队伍建设方面都在厉行改革，引进或创设竞争机制。如改革了工资制度，打破以往的"大锅饭"，把贡献与取酬挂起钩来，真正实行了按劳分配的社会主义原则。在人事制度、教学和科研管理上，许多高校也加大了改革的力度，走上以竞争促发展的道路。这些措施，极大地调动了广大教师的积极性，为高校的发展注进了强大的生命力，使本具有竞争氛围的校园更具生机。

但尽管如此，目前高校仍然有不少教师处于不愿竞争、甘居平庸的状态。有些人，教学和科研上没有高标准，得过且过，做一天和尚撞一天钟，有的甚至还以此为乐，心安理得。他们认为，高校教师是令社会上许多人羡慕的职业，自己能够身在其中就已经很不错，知足常乐，再去追求和竞争没有什么必要。

之所以存在上述现象，主要是因为一些教师缺乏社会责任感和历史使命感，人生评价标准不正确。

一个高校教师是否乐于竞争，表明的是他对高等教育事业发展所持的基本态度。因为个人的追求和竞争，本来就不是什么纯粹的个人要求和行为，而是促进高等教育事业发展、为国家和人民培养合格人才的客观需要。有些不愿竞争、甘居平庸的教师还指责乐于竞争、不断进取的教师都是个人名利思想严重的人，以自己已经看破红尘、身居红尘之外而自慰、自誉。这种人生评价和自我评价的标准，显然是不正确的。

2.注意和正确理解协作

从教育和培养大学生成才、促进高等教育事业发展的客观要求看，在鼓励个人乐于竞争的同时，开展高校教师之间的协作是必要的、重要的。俗话说，"一个好汉三人帮""三个臭皮匠，赛过一个诸葛亮"，说的"三人"——是指多人协作的必要性和重要意义。高校里的"诸葛亮"多，如果围绕"诸葛亮"开展团队式、有组织有计划的协同作战，就可以用来攻克重大的科研项目，这对于高校改革与发展和青年教师的成长是大有好处的。然而，目前高校教师中不愿意协作，以邻为壑、同行是冤家的现象却比比皆是。如彼此封锁教学和科研的经验、资料、数据等。

从文化属性看，以邻为壑和同行是冤家与上面分析到的文人相轻和嫉妒心理是一脉相承的，而且比文人相轻和嫉妒心理更具有危害性，会直接导致教师之间离心离德。因此，在高校师德师风建设中，应当坚决反对以邻为壑、同行是冤家的旧传统，大力提倡注意协作的新风尚。

对协作应做全面正确的理解。高校除了围绕"诸葛亮"的协作外，更多是一种相互帮助性的协作。相对于竞争来说，这种协作和帮助多为教师的自觉行为，一般是为了促使对方进步或获得某种实际利益，而不是为了使自己得到什么好处，因此更能充分体现良好的师德师风。高校里时常发生这样的事情：某位教师写了一篇科研论文，但觉得自己名气不大，想发表比较困难，于是便找到一位名气比他大的教师，希望给他"把把关"，帮他推荐一下。名气大的教师怎么办？要么看一看，提提意见，或动手帮助改一改（有的为此甚至花费了不少的时间和精力，但毫无怨言），然后帮他推荐去发表。要么看一看，也提提意见，或帮助改一改，但必须署上自己的姓名；有的甚至看也不看，改也不改，便署上了自己的姓名，拿去发表。这两种情况，从过程说都是帮助人，都是一种协作，但从结果来看则需要具体分析、区别对待了。

至于在有的教师身上发生的那种剽窃、抄袭他人学术成果的行为，就更不可与协作同日而语了。

另外，帮助人、开展协作也需要注意采取科学的态度和方法，讲究实效。在看待和处理人们相互之间的关系的问题上，注意采取科学的态度和方法既是一种德行，也是一种智慧。什么事情需要给予帮助和协作，什么人需要给予帮助和协作，以及如何帮助和协作等，都不是仅凭一种良好的愿望和热情就可以奏效的。有些教学研究任务、人文社会科学研究的有关立项、青年教师的成长等，大量的是由教师自己独立完成和实现的，并不需要多人参与，更不需要大兵团作战。再如，有些人独立完成教学和研究任务的能力很强，又很自尊、自信，这时候就不一定要以帮助和协作的方式来解决他所面临的问题。如果不加分析一概以协作的方式加以解决，结果反而可能会适得其反。

3.正确看待和处理竞争与协作的关系

竞争与协作是一对矛盾，任何竞争都具有排斥协作的特征。两个本来关系不错的教师，因竞争而弄得很僵甚至反目为仇的情况并不鲜见。但这只是问题的一个方面，还有另一个方面：竞争同时又体现和增进协作。

1991年，刘易斯在第三届世界田径锦标赛上以9.86秒的成绩刷新了百米短跑的世界纪录，当观众为他的成就兴奋得发狂时，他却噙着泪花与他的竞争对手伯勒尔拥抱在一起。他对记者说："如果没有伯勒尔，没有他的9.90秒，我也许不能跑得这样快。"刘易斯这番出自真情实感的话，道出了一个极为重要的真理：竞争是为了战胜对手而不是为了消灭对手，因此任何竞争实际上都是以某种心理上的认同和吸引、协同意识为前提的，将竞争与协作看成是两个根本对立的方面的认识并不正确。

当然，这里所说的协作不是手拉手的协作，而是击掌为誓的协作。击掌为誓的协作，可以使竞争成为一种竞赛，激发人的斗志，更能体现现代社会竞争的特征，也是现代人应当具备的品德和作风。

高校教师之间的协作，虽然离不开手拉手的形式，但主要的还应当是击掌为誓的形式。这种协作基于竞争，包含着竞争，既是一种更高层次上的协作，也是一种更高层次上的竞争，有助于在高校教师队伍中形成一种力争上游、赶超先进的良好的师德师风。

第六章 良好师德师风在教师与学校领导之间的具体要求

　　高校领导在大学生的心目中也是教师，无疑也应遵循师生之间和教师之间的师德师风要求。同时，高校领导又担当着总揽全局工作、指挥学校改革和发展的重大责任，因此，要确立全心全意为人民服务的道德观念和人生价值观，加强自身的思想作风建设，努力建立领导与教师之间新型的平等关系。要深入教学第一线，改善师生的生活条件和工作条件，严于律己，宽以待人，以身作则，率先垂范。

　　高校教师与学校领导的关系，是学校领导与被领导的关系的主要形式。教师注意处理好与学校领导的关系，是具备良好的师德师风的一个重要方面，为此，应注意遵循如下师德师风的具体要求。

一、尊重领导，服从领导

1.尊重领导和服从领导的重要意义

　　领导者是领导活动中的主体，在国家和社会生活中发挥着引导、组织、指挥的重要作用，是古今中外人类历史上无处不在、引人注目的特殊群体。普通的领导者往往因其思想品德、能力业绩突出而受人尊重、令人钦佩；杰出的领导者以其出众才华、超凡魅力引人称颂；而那些千百年来叱咤风云、熠熠生辉的领袖人物，尤其是无产阶级革命导师们，则以高风亮节、丰功伟绩，拥有人类历史上永久的感召力、影响力。

高校的领导属于普通的领导者，一般可分为校、院（系）、教研室（所）三个层次。不论是哪个层次的领导，他们都是学校集体事业的代表者，教师利益的代表者，发挥着引导、组织、指挥学校各项建设工作的重要作用。教师尊重领导、服从领导，本质上是尊重学校集体、服从学校集体。

在阶级剥削和压迫的社会制度下，统治者与被统治者之间直接的利益关系是根本对立的，这使得被统治者在思想观念和心理倾向上对统治者总是抱有某种对立情绪，这是阶级压迫和阶级剥削的产物。这种对立情绪和心理状态，在我国历代知识分子身上表现得最为突出，历史上大凡不愿与统治者同流合污的正直的知识分子，都具有这样的心理和人格特征。他们中的许多人，在与统治者格格不入的对峙中创造了中国灿烂的历史文化，而其思想观念作为一种文化心理则形成了一种源远流长的传统，这种文化心理，影响到当今时代的知识分子和文化人。

今天，我们对这种传统无疑要以历史的态度给予充分的肯定，但却不应加以照搬照用，在今天的集体生活中允许甚至赞赏对于领导的对立思想和情绪。因为，在今天的社会主义制度下，领导与被领导是同事关系，相互之间不仅不存在根本利益上的冲突，而且在人格上也是平等的，应当同心同德、共创事业，即使发生了矛盾也不应当以对峙的方式来解决。实践也证明，如果领导与群众处于一种相互尊重、彼此理解的道德关系和伦理氛围中，那么，各项工作都会创造出最佳的成绩。要如此，领导者当然首先要树立群众观念，尊重群众，相信群众，走群众路线。但是仅仅如此是不够的，同时也应提倡群众要有组织观念和被领导意识，尊重领导，服从领导。这是一个问题的两个方面。

2.目前高校教师在尊重和服从领导方面存在的一些问题

总的来看，高校教师在尊重和服从学校领导方面是做得不错的，但也存在一些问题。一些教师总是认为，尊重和服从领导就是巴结领导，是一种丢人现眼、丧失人格的事情，不光彩。因此，在心理活动和行为举止上总爱与领导保持某种距离，或营造一种对峙的心理环境和文化氛围。在有的高校，领导和群众的关系长期不那么融洽，甚至貌合神离，究其原因当然与那里的领导者自身存在的问题有关，但也与一些教师身上存在的不良的思想观念和心态不无关系。他们对领导的意见，虽然有不少是值得领导认真听取的，但其中也不乏误解、道听途说的东西。而且他们的意见也很少当面向领导提出来，在背后议论的多。须知，这种状况是不利于学校集体事业的发展和教师队伍建设的。

诚然，如今个别部门的少数领导身上确实存在着腐败问题，引起包括高校教师在内的广大人民群众的强烈不满，我们与这样的领导保持距离、处于对峙状态，自然是必要的，不仅如此，为了捍卫党的干部和国家公务员队伍的纯洁性，还应当大力提倡敢于向他们的腐败行为开展针锋相对的斗争。但公平而论，目前高校的领导一般都是比较廉洁的，绝大多数人为了学校的改革和发展，为了提高师生的生活条件，改善办学条件，兢兢业业，夜以继日地操劳。他们应当得到广大教师的尊重。

3.服从领导的基本要求

尊重领导，最重要的是要服从领导。服从也是一种尊重，而且是一种更重要的尊重。犹如尊重领导本质上是尊重领导所代表的集体一样，服从领导本质上也是服从集体，而不能仅仅理解为是服从领导个人。高校教师服从领导，实际上是服从学校集体事业发展的需要。

高校教师服从领导，首先应当表现在服从学校改革和发展的总体需要方面。改革开放以来，在国家宏观改革政策的指导和推动下，高校一直在进行着内部的改革和调整，为此制订了诸多的规划方案，如老专业的改造，新专业的设置，院系调整及校院系领导管理体制的改革，招生规模的扩大和方向的调整等。这些改革和调整，最终都会直接或间接涉及教师的切身利益和需要，如专业方向的变化和转换、工作量的暂时增加或减少等，由此而给教师带来一些不便和麻烦，需要教师以积极的态度服从，转换思维方式和工作作风。

其次，要遵守和服从学校有关师资队伍建设和教学管理等方面的规章制度。没有规矩则不成方圆。高校有关教师队伍建设和教师教学活动的规章制度，是学校为保障教学和学科专业建设的基本力量、维持正常教学秩序、保证教学质量而制订的，既反映了党的教育方针和国家人事部门、教育主管部门的精神，也体现了学校的集体意志。因此，是否以严肃的态度服从学校的领导，既是其是否具有基本的政治觉悟和大局意识的表现，也是其是否具备基本的职业道德素质的表现。在对待这个问题上，最重要的是要在道德品质和思想作风上确立起规章意识，按照规章制度办事。在这方面，目前一些教师中是存在问题的。比如，学校为了长远发展考虑，选派一些教师出国或到别的高校进修或在职攻读学位。当事者中，有些人为了成行便许下了山盟海誓般的承诺，表示学成以后一定归来服务，但实际上一开始就无此打算。这种言而无信的品德和思想作风就违背了学校的有关人事制度，是很不好的。

有的教师，常以学校的规章制度某个方面不合理或不符合个人的特殊要求而拒绝遵守，这是不对的。当然，这方面的制度本身需要在实践中不断充实和完善，教师有权利也有义务提出自己的不同意见和建议，但在没有进行修改和完善之前，行动上还是应当坚决服从的。

再次，要服从关于任职、教学及其他工作的安排。这是教师的基本职责。职责者，职业之责任也，担任一份工作就意味着承担一份责任、一份特定的社会责任，无职责即无职业。

在现代社会，职责通常被纳入管理的制度体系，并以规则和条例的形式表现出来。目前高校对教师的任职都有明确的规定，有些已经实行了工资制度改革的高校，关于这方面的规定更为具体，教授、副教授、讲师、助教的职责和任务，都规定得条目分明、清清楚楚，每一个教师对此都应当严肃对待，认真遵守。

最后，要正确对待学校关于教学和研究工作的各种监督、检查和考评。监督、检查和考评是高校管理的重要环节。监督和检查，关注的是教育教学计划执行情况以及教育教学过程的进展情况。它的通常形式是学校和院（系）、教研室的教育教学工作专题会议，平时随堂听课，期中教学检查等，教师对这些教育教学管理的环节都应当持欢迎的态度，自觉地给予配合。考评，是高校对教师队伍实行管理的常用办法，一般以不定期的教师、学生座谈会和定期的教育教学检查的方式进行。关于教师任职资格的考评，一般都是定期举行的，有组织有计划，按章办事。教师对待学校的各种考评，都应当持欢迎的态度，积极参与并从中总结有益的经验，汲取有益的教训。

从目前的实际情况看，高校有些教师是不能正确对待来自学校的监督、检查和考评的。比如，有的高校在教学管理上比较规范，规定教师上课不能迟到一分钟，下课不能提前一分钟，否则就算违纪，超时多者则算教学事故。有的教师对此思想上感到不可接受，行动上阳奉阴违，学校抓一抓就紧一紧，放一放就松弛下来。这种作风，显然不是尊重和服从学校领导的表现，给学生留下的印象也是不好的。

二、关心学校，支持领导

1.正确理解关心学校和支持领导工作

不言而喻，一个高校的改革和发展，需要全校员工尤其是广大教师积极参与、关心和支持学校领导的工作。

作为教师，应当怎样正确理解关心和支持学校领导的工作呢？一般说，一个教师能够根据领导的安排认真完成了他的教学和科研任务，就表示他以实际行动关心了学校，支持了领导的工作。但是，这只是教师的基本职责，仅仅这样理解显然又是不够的。

面临竞争的社会环境，高校亟须营造一种广大教师主动关心学校的改革和发展、积极支持学校领导工作的良好风气。因此，高校教师要用竞争和发展的眼光看待学校的各项工作，主动关心学校的前途和命运。

2.关心学校和支持领导工作的具体要求

首先，要关心学校的办学指导思想和办学方向。凡是学校领导贯彻党的教育方针、全面推进素质教育的规划和举措，教师都应当给予坚决支持；反之，则应当提出自己的看法，表示不同意见，并尽可能提出加以改进的建议。比如，高校在贯彻落实党的教育方针方面，一般对德育都有明确要求，教师对此应当认真学习和理解，坚决贯彻执行，在教学过程中，真正做到既教书又育人，关心和帮助大学生在政治和思想道德方面健康成长，而不能只管教书，不问育人。

其次，关心和支持学校的教学建设。教学建设是高校的主业和常规工作。教师在如何加强教材和教学设备建设、不断提高教学质量和促使青年教师快速健康成长等方面，都应当持主动积极的态度，注重自律，严格自我要求；注重贡献，不计较个人报酬。

最后，关心学校的专业和学科建设。专业和学科建设是高校的脊梁，改革和发展的主题，高校的命脉之所在。这种重大的建设工程的筹划和实施，离不开广大教师的关心和支持。教师要通过不断强化自身，为专业学科建设奠定最可靠的基础，同时也要积极地为专业学科建设献计献策。

三、关心领导，体谅领导

1.高校领导很辛苦，需要得到广大教师的关心和体谅

改革开放以前，我国高校的校系两级领导主要由革命战争年代的功臣担任，他们为新中国高等教育事业的重建和振兴做出了重要贡献。进入20世纪80年代以后，高校的领导逐渐由革命型向专家型转变，校系两级领导大部分由专业领域里的专家教授兼任。

这些领导，既是领导又是教师。作为领导，他们的工作要面向校系，特别是要面对绝大多数教师，必须按照党的全心全意为人民服务的宗旨，严格要求自己，敬业奉献，除总揽校系改革发展工作外，还要抓好日常党务、思想政治教育、专业学科建设和教学科研管理等工作。作为教师，他们必须积极承担教学和科研任务，指导研究生，按照高校良好的师德师风的要求教书育人，严谨治学，学而不厌，为人师表等。

这种"双肩挑"的工作，使得兼任校系两级领导的教师实际上成为高校教师队伍中最辛苦的人，也是我国干部队伍中最辛苦的人之一。而他们的生活待遇，则通常与不兼任领导工作的教师一样，甚至还由于工作繁忙不能多承担与经济收入挂钩的工作，使个人经济收入低于一般的教师，更低于地方上党政部门的领导者。

所以，教师应当关心自己的领导。毛泽东在《为人民服务》中曾这样告诫和要求共产党人："我们的干部要关心每一个战士，一切革命队伍的人都要互相关心，互相爱护，互相帮助。"[1]他所说的"一切革命队伍的人都要互相关心，互相爱护，互相帮助"，应当包含群众对于领导的关心、爱护和帮助。

2.教师关心领导的必要性和意义

长期以来，我们一直强调的是领导要关心群众，密切联系群众，全心全意为人民服务，这自然是十分必要的，因为这是我们党的宗旨对共产党人和领导干部所提出的要求，也是我们的领导干部与旧社会的官吏的本质区别之所在。

但是，从群众方面来说，是否也应当提倡关心领导呢？回答应当是肯定的。但在这个问题上，一些高校教师却存有这样的观念：共产党的领导就是要全心全意为人民服务，关心我们，为我们服务是天经地义的，为什么还要我们关心他们？这样来理解领导者的职责是对的，但由此而推论出领导者不需要群众的关心、群众不应当关心领导者的看法却是错误的。群众关心领导，是社会主义的新风尚，在高校则是具备良好的师德师风的具体表现。

公平而论，任何人都需要关心，都需要鼓励，都需要表扬，领导者也不例外。而且，从某种意义上来看，领导者更需要我们的关心。我们应当坚决反对那种对领导阿谀奉承、趋炎附势的封建旧道德和资产阶级的庸俗作风，但不能因此而认为，在精神上给予领导者的必要的关心、鼓励和称赞，也是可以忽视以至鄙视的。

①《毛泽东选集》第3卷，北京：人民出版社1991年版，第1005页。

关心领导，可以有各种不同的方式。比如，平时遇见哪位勤勤恳恳、辛辛苦苦的领导，我们就可以道一声"你辛苦了""你是好样的""注意休息，不要累坏了身体"等；领导者因忙于工作不能照顾到家务事，我们就可以协助他们解决实际困难，如此等等，都会收到良好的效果。因为，在领导者看来，这种恰当的关心、鼓励和称赞是一种理解，它有助于调动和发挥领导者的工作积极性，其结果对高校的改革和发展有好处，对我们教师队伍的建设也有好处。中国自古以来的知识分子有一种"士为知己者死"的胸怀和情操，高校的领导者基本上都是"士"。他们在贯彻党的宗旨和国家的方针、政策和路线的过程中，也需要在心理上得到来自广大教师的"知己"性的肯定和抚慰。

3.教师要体谅领导

从良好的师德师风要求来说，高校教师既要关心领导，也应体谅领导，特别是要体谅领导工作的难处。

如前所说，当代中国的社会发展充满着竞争，高校在这种社会环境中求生存、求发展，既面临着机遇也面临着挑战，迎接挑战和抓住机遇都给学校的领导增加了工作的难度。在计划经济年代，高校一切工作都在国家的计划之中，领导者无须做出多少创造性的思维和管理，而现在的情况则大大不同了。可以说，新中国成立以来，高校的领导工作从来没有像今天这样充满生机，也从来没有像今天这样难做，这种情况在一些办学条件相对较差的高校，更为明显。高校教师对这种情况应当有所了解，体谅领导者的工作难处。

比如，你想要调动工作，希望领导"开恩"，这在今天允许人才流动的情况下，是正常的，作为学校领导不应当大惊小怪。但是，你若马上走了，你所在的专业或学科就要受到影响。这时，领导劝你留下或暂时留下，就需要得到你的理解和体谅。在对待这个问题上，你理解和体谅了领导，实际上是理解和体谅了学校。再比如，由于受到各种因素的制约，学校领导在解决教师和其他职工的住房等问题上，可能一时难遂人愿，教师的工作和生活因此而受到一些影响，这也需要我们给予谅解。

体谅是一种理解。须知，在有些情况下，领导者与被领导者之间的相互关心、理解和体谅，比什么都重要。

总之，高校教师应当具备体谅领导的师德师风，每一个高校都应当通过领导与被领导之间的相互关心和体谅，营造一种互相尊重、互相关心、互相支持、互相谅解的良好校风。

第七章 教师的人生价值观与师德师风

人生价值观，指的是人对人生的根本看法和态度，包含人生目的和人生态度两个基本层次，前者回答"人为什么而活着"，后者回答"人应当怎样活着"。一个人的人生价值观通常以其人生理想或人生目标的形式表现出来。

一般来说，一个人的人生价值观与其道德品质和思想作风是一致的，有什么样的人生价值观就会有什么样的道德品质和思想作风。就教师来说，其人生价值观与其师德师风总是一致的，持什么样的人生价值观就必然具有什么样的师德师风。因此，将人生价值观的教育列入树立良好的师德师风的教育内容，是必要的。

高校教师的人生价值观，通常涉及三个方面的内容，即义利观、荣誉观、幸福观。

一、教师的义利观

1.中国人的义利观及其社会历史演变

义与利，是中国传统伦理道德的一对基本范畴。如何看待义与利的关系，历来是中国人伦理思维和道德生活的中心问题，义利观正是由此而产生的。所谓义利观，指的是人们在看待个人利益与他人和社会集体利益的关系问题上所表现出来的基本认识和基本态度。

儒家伦理文化作为中国传统伦理文化的脊梁和发展主线，自孔子开始就一直将义与利看成是两个基本对立的方面，用作区分"君子"与"小人"的道德人格的基本标准，即所谓"君子喻于义，小人喻于利"[1]。孟子见梁惠王，回答梁惠王的"亦将有以利吾国乎"的问话时说："王何必曰利，亦有仁义而已矣。"王曰："'何以利吾国？'大夫曰：'何以利吾家？'士庶人曰：'何以利吾身？'上下交征利而国危矣。万乘之国，弑其君者必千乘之家。千乘之国，弑其君者必百乘之家。万取千焉，千取百焉，不为不多矣。苟为后义而先利，不夺不餍。"[2]这就把义与利对立起来了。对于这种义利对立观，儒学之外确曾有过不同的声音，但从基本倾向来看，还是主张重义轻利，舍利取义。

实行改革开放后，经过拨乱反正和解放思想，特别是发展社会主义市场经济以来，不论是在社会还是在个人的意义上，中国人的义利观念都发生了根本性的巨大变化。

首先，对义与利的特定内涵的认识和理解发生了变化。如今的国人，不再像过去那样将义仅仅看成是一种道德原则，只是死守着某种道德价值标准不敢谈利，更不会谈利色变。人们越来越清楚地看到，贫穷不是社会主义，贫穷与社会主义制度和人的道德品质之间不存在必然的联系，社会主义不应该主张贫穷，做人也不应当以贫穷为荣。在社会主义制度下，只要不违背道德标准，讲个人的正当利益、谋取和发展个人的正当利益，不仅不应被看作是可鄙视的事情，而且还应被看作是需要鼓励和提倡的事情。

一般说来，这些变化所表明的是一种进步。因为在我国，个人利益与社会集体利益在根本上是一致的，个人利益的正当获得和发展，一般来说实际上也就表明了社会集体利益得到发展和壮大，并且有助于促进社会集体利益的继续发展和壮大。

---

[1]《论语·里仁》。

[2]《孟子·梁惠王上》。

其次，在看待义与利的关系问题上，人们普遍地把利放在了第一位。从国家和全社会的意义上看，为人民群众谋取实实在在的利益，成了第一位的工作；利益问题成了人们关注的焦点，甚至被放在了第一位。不论是企业还是事业单位，包括一些高校，都把聚财赚钱当成头等大事。许多单位和部门的领导，特别是主要领导，甚至把主要精力放在如何为本单位的职工多挣些钱、多谋些实际利益上。这些在过去被当成是不务正业的事情，在今天却普遍地成了人们的共识。而人们现在评价领导的强弱，包括教师评价学校领导的强弱，所用的基本标准就是他们"搞钱"的能力如何。当年，毛泽东曾教导领导者们要"关心群众生活，注意工作方法"，对这句治世真言，新时期的领导者比以往任何时期的领导者都理解得深刻，都能做到身体力行。

最后，获利的方式和手段发生了重要的变化。获利的方式和手段本身，就存在一个是否合乎义的问题，也就是手段正当与不正当的问题。人们在实施获利手段的过程中，同时也就表达了自己的义利观。过去，中国人获利一贯讲究的是"劳动致富""劳动发家"，认为"不劳动者不得食"是天经地义的，反之则为不仁不义，而这里的"劳动"所指的实际上多是体力劳动。如今获利的方式和手段，发生了极为宽泛而又深刻的变化，而这些变化又与"劳动"的方式的变化很有关系。用体力劳动的方式发家致富，渐渐地不再是人们赞美的话题，用知识和智力追求正当的利益已经成为一种时代潮流，知识和能力的价值得到了前所未有的体现。应当看到，这是一种巨大的历史进步。但在这个过程中，也出现了一些值得注意的问题。如一些人，采用编印"跨世纪""国际性"丛书的方法弄钱。此法已经十分流行。通常的做法是给发表过某篇文章的作者发一通知，说该篇文章如何如何的好，经"认真研究"决定收入本丛书，甚至还在未经作者申报的情况下已经被评为"二等奖""一等奖"什么的，并常有"表示祝贺"之类的话；若作者无异议便请即寄回执，同时强调申明"决不收版面费"，作者若是寄了回执，那篇文章就被收入丛书了（也有的不管你是否寄了回执，也给你收入）。过了不久，又会给你寄来一样东西——"征订单"，说明发行非常困难，"需要大家共同努力"，希望你至少订上3—5册。还有一些"公司"也做这种赚钱的买卖，他们的做法是只要你愿意出版面费，你的文章就肯定"符合质量要求"，如果交的版面费多，还可以在同样一本书里给你发表几篇文章。有的"公司"还有这样的"宽松政策"：你如果能"发行"XX册就可以担任"副主编"，发行XXX册就可以担任"主编"，而并不论你是否真的"编"了什么，更不问你是否具备了"主编"水平。此法往往奏效，因为对当事者很管用，他们以此作为参加评职称的砝码，每每都获得了成功，因此就获得了他们的利益。

这种历史性的变化，对高校教师的义利观发生的影响是深刻的，其中既有积极的一面，也有消极的一面。因此，研究和树立正确的义利观是很有必要的。

2.高校教师的义与利及义利观

高校教师的义，总的来说，是要具备为社会主义现代化建设事业培养合格人才的理想与情操，认真执教，教书育人。这既是为国家和民族的前途着想，也是为学生的健康成长着想，为学生的家庭着想。高校教师的利，可以从两个方面来理解：一个方面是指教师个人及其家庭生存必需的物质条件，如工资待遇、住房条件等。另一方面是指教师个人的地位、成就和发展所必需的条件。在个人的地位和成就方面，高校教师一般都最为看重，一年四季忙忙碌碌、辛辛苦苦，为的是什么？与追求个人的地位和成就不无关系。

从良好的师德师风的要求看，教师的义利观，集中表现在如何正确看待和处理个人利益与学校整体利益的关系问题上。

在正常情况下，一是要公私兼顾，也就是要把个人的利益和需要与学校的建设和发展的需要结合起来，不可片面强调个人的利益和需要而置学校的发展需要于不顾。比如，不可为了个人积攒钱财以解决自己的住房问题、孩子上学问题，而以敷衍的态度应付自己的教学本职工作，在校外拼命"挣钱"，像散兵游勇一样游离于学校集体之外；不可像前面所说到的只图自己的安乐，而置学校集体事业发展的客观要求于不顾，得过且过，不求上进；不可为了自己的晋职晋级，而做出恶意贬低、伤害同事的不道德的事情。二是要把学校的改革和发展的需要放在第一位。当个人利益和需要与学校的整体利益和需要发生矛盾而又需要个人做出必须服从和牺牲的时候，要以个人利益服从学校集体利益，乐意为此做出个人牺牲。

二、教师的荣誉观

1.荣誉的本质是为社会集体做出突出贡献

荣誉观作为人生价值观的一个方面的内容，指的是人们对荣誉的基本看法和态度。

荣誉是一个社会历史范畴。在原始社会，人们以诚实、勇敢的劳动、遵守氏族的风俗习惯、履行对氏族的义务等为荣誉。在专制的奴隶社会和封建社会，荣誉与特权、权势、等级、门第相联系，人们视高官厚禄、封妻荫子为荣誉。在资本主义社会，荣誉一般标志着对金钱财富的拥有，以身居"寡头""大款"为荣誉。

在社会主义社会，荣誉本质上是人们对社会所做出的突出贡献，表现形式则是社会或他人对主体（个人或集体）的行为所包含的社会价值所做的客观评价。虽然，改革开放和发展社会主义市场经济以来，人们对荣誉的看法和态度发生了不少的变化，但对荣誉的本质的认识并没有发生根本性的改变。

社会主义的荣誉观所重视的突出贡献，在内涵上是多方面的。既有创造物质财富意义上的，也有创造精神财富意义上的；既有管理国家和社会意义上的，也有教育和培养人才方面的。总之，凡是对社会或他人做出了突出贡献的人，就相应地获得了一种荣誉。如某人在生产和经营活动中，为社会和人民群众做出了突出的贡献，得到了人们的肯定，他就获得了一份荣誉。某人在精神文明建设方面做出了突出的成绩，得到党和人民政府的肯定，他也相应地得到一种荣誉。张老师的课教得特别好，教学过程中又能做到教书育人，得到学生的肯定，李老师的学问做得特别好，得到同行和学校领导的肯定，为培养人才做出了突出贡献，这也是一种荣誉。如此等等，不仅与封建社会和资本主义社会重在等级特权与金钱上看荣誉不同，也与原始社会重在伦理道德和风俗习惯上看荣誉不同。社会主义的荣誉观是人类有史以来最先进的荣誉观。

人们对自己的荣誉有了认识，有了内心的真切体验，就会产生荣誉感。它使人们感到"脸上有光"，感到自豪，感到做人的尊严，从而激励着人们再接再厉，做出更大的贡献，争取更大的光荣。

就是说，在职业活动中，一种荣誉就意味着一份成就，意味着对社会和他人的突出贡献。不断争得荣誉，由此而产生的荣誉感是人们获得职业自信心、尊严感和自豪感最重要的心理基础，而自信心、尊严感和自豪感又是人们再接再厉、奋斗不息、建功立业、奉献社会的最重要的心理基础。因此，荣誉的意义不言而喻。

每个人都应当有荣誉感，但不应当有虚荣心。两者的区别在于，前者总是与做出了突出的贡献而获得了荣誉联系在一起，而后者则不是这样。一般说来，除了心理功能不正常的人，真正不想、不愿"听好话"的人是极少的。虚荣心的典型心理特征是不想、不愿做出突出贡献，却希望得到他人或社会的肯定。荣誉感是十分宝贵的健康的心理品质，而虚荣心则是不健康的心理状态。

2. 正确看待个人荣誉与集体荣誉的关系

荣誉有各种各样的不同类型。从类别和内涵来划分，有"劳动模范""先进工作者""优秀教师""优秀共产党员"等荣誉。从荣誉的层次等级来划分，又有基层单位、行业系统、省级、全国等不同荣誉。从主体的类型来划分，荣誉有个人荣誉和集体荣誉，这是最常见的两种基本类型的荣誉。如何看待和实践个人荣誉与集体荣誉的关系，自古以来都是荣誉观的核心问题。

个人荣誉与集体荣誉总的来说是一致的。某人得到了某项荣誉，同时也就意味着其所在的单位或部门获得了这份荣誉，大家也因此而感到生活在这样的集体里"脸上有光"。同样，某个单位或部门获得了某项荣誉，也意味着这个单位或部门的某个或某些人的工作得到了上级和社会的肯定性评价，获得了这项荣誉。把个人获得荣誉的行为仅仅视为个人的事情，或者认为集体获得荣誉的活动与自己毫无关系，这都是不正确的。

3.高校教师的荣誉及荣誉观

高校教师的荣誉，是一种与职业有关的荣誉，其特定内涵是自己教育和培养的学生是出色的，符合党和国家教育方针的要求，得到学生和用人单位的肯定，得到学校乃至社会上的赞扬。

一般说来，知识分子都比较看重荣誉，都有较强的荣誉感，高校教师更是如此。在实际工作中，高校教师应当把为个人争荣誉与为学校集体争荣誉统一起来，从"为集体争光"出发，积极地争取个人荣誉，是正确的荣誉观的主要表现。从学校领导方面来说，应当鼓励教师积极地争取个人荣誉，争做"优秀教师""先进工作者""劳动模范"等。学校集体的荣誉并不是抽象的、孤立的，其获得一般要以教师个人荣誉为实际载体，鼓励个人争取荣誉是为学校集体争得荣誉的基本途径。

在学校集体中营造一种人人争先进的良好风气，也是进行师德师风教育、加强思想政治工作的重要环节。

在实际的工作中，高校教师在对待个人荣誉、树立正确的荣誉观的问题上，应当注意如下几点：

一是要积极地争取荣誉。对待荣誉，首先应当立足于争，也就是要立足于努力做好自己的工作，争取做出突出的贡献。这种争取，应当是争在过程之中而不是争在过程之末。也就是说，要立足于做好自己平时所从事的每一项教学与科研工作，使得每一项教学和科研工作，都能够得到各方面的肯定和评价。假如平时不努力，到评比有关"先进"和"优秀"的时候才伸手，这种思想作风是要不得的，做法也不明智，不可取。

二是要从大处着眼，小处努力。也就是说，在追求的目标上要争取大的荣誉，如省级、国家级的优秀教师或先进工作者等，而在平时的实际工作中则要脚踏实地，努力工作。在这一点上，我们要反对那种胸无大志、斤斤计较于一时一事的得失的平庸、庸俗的思想和作风。因为，它容易使我们患得患失，既不利于争得荣誉，也不利于陶冶自己的情操。

三是要正确对待该得到荣誉而没有得到的"遭遇"，也就是要正确对待客观上应该得到社会肯定性的评价而没有得到的人生境遇。人的一生总是不会那么一帆风顺的，有时会处在一种得心应手、左右逢源的境遇之中，有时又可能会陷入一种艰难跋涉、磕磕绊绊的逆境之中，在一个人是否获得应该获得的荣誉的问题上也是这样。在管理规范、人际和谐、风气良好的高校，一个教师为教育和培养人才而做出了突出的贡献，是容易获得应该获得的荣誉的。反之，在一个管理失范、领导处事不公、风气不正、人际关系不正常的地方，情况就可能不是这样，结果会造成教师该得到的荣誉而没有得到的不良后果。

遇到后一种情况，作为当事者应当持有一种正确的认识和态度。不能因此而放弃了工作的积极性，更不能因此而自暴自弃。因为，我们的目的说到底不是为了获得个人荣誉，而是为了教育培养一代代的大学生，促使他们成为国家和人民的有用之才。

4.关于"见荣誉就让"

从良好的师德师风要求看，在树立正确的荣誉观的问题上，还有一个如何看待见荣誉就让的问题。

见荣誉就让是一种传统美德和风格，在今天我们无疑应当加以继承和发扬。但对这一美德和风格也应当作正确的理解，不能不加分析地照搬照用。

首先，要承认见荣誉就让的伦理价值。在评选荣誉称号的过程中，为自己争取该属于你的荣誉要按照章程和要求办事，诚实、冷静地陈述自己的情况和要求，而不可盛气凌人，认为非自己莫属，更不应有意贬低同事的贡献，伤害同事之间的感情，影响团结。

其次，在可让的荣誉面前，应当发扬风格，让给其他同事。在评选各种荣誉的时候，经常会出现这样的情况：几个人都基本具备获得某项荣誉的条件。这时候，就应当让出也可属于自己的荣誉，让给那些更需要得到此项荣誉的人。比如，有项荣誉对一位亟待晋升职称的教师来说很重要，而解决他的职称问题对专业学科建设又十分有利，这时候发扬见荣誉就让的美德和风格，就显得很有必要了。

最后，既要强调发扬见荣誉就让的美德和风格的必要性，又不可在学校和教师集体中，不加分析地营造出一种见荣誉就让的舆论氛围。如上所说，荣誉的本质是主体对社会所做出的突出贡献，因此对待荣誉的基本态度应当是立足于积极争取，从积极争取荣誉出发，脚踏实地地做好平时的工作，这不论是对个人还是对社会集体来说都是好事情。在一个高校，如果形成一种见荣誉就让的伦理氛围，那就无异于要求人们墨守成规、故步自封、不求上进，这对学校集体事业的发展是极为不利的。再说，一味地强调发扬见荣誉就让的风格，在具体评选各种先进或优秀的过程中，也容易人为地造成不公正的情况，失去荣誉的应有价值。

三、教师的幸福观

1.幸福及其阶级和时代的差别

幸福，是一个美好的字眼，人人都希望自己能够拥有幸福，生活在幸福之中。在现代社会，幸福与否及其程度，是评论社会和人的生活质量的一个重要指标。

作为人生价值观和伦理学的一个范畴，幸福的特定涵义指的是人们在物质生活和精神生活中，由于实现了自己的理想和目标而引起的精神满足。

在人类思想史上，关于幸福，围绕"精神满足"出现过种种不同的看法和理论，由此而出现过种种不同的幸福观。

封建专制主义和宗教神学的幸福观，把人的幸福与人对物欲和肉欲的追求与满足对立了起来，认为追求物欲和肉欲是可鄙的、不道德的。宗教神学则认为这是对上帝的亵渎，因此主张"存天理，灭人欲"，推行禁欲主义。资产阶级的一些学者则走向另一种极端，将幸福和物欲、肉欲等同起来，认为幸福就是对金钱、物质财富和肉体的占有，占有的多就是幸福的，否则就是不幸的。这种幸福观本质上是利己主义、享乐主义的人生价值观。它会导致人的精神上的堕落，引发人欲横流的颓废的社会景象。在我国计划经济年代，由于"左"的思潮盛行，社会对幸福的理解长时间受到封建禁欲主义的影响，把人们对于物质生活需要的正常追求等同于"封资修"，列在了必须进行"大批判"和"狠斗私字一闪念"之列。这是一种严重的教训。

我国改革开放和发展社会主义市场经济的历史大潮，极大地激发和调动了人们生产劳动的积极性，人们对幸福、对人生价值的理解也发生了重大的变化，以从未有过的热情积极地投身到祖国的社会主义现代化建设事业中。党和国家的各项政策促使广大人民群众不断得到实惠，人民群众把不断提高自己的物质和文化生活水平看成是最基本、也是最重要的幸福。这是一种历史性的进步。

但是，同时也应当看到，在这个历史发展过程中也出现了拜金主义、享乐主义和极端个人主义泛滥的严重问题。现在有些人，崇尚金钱至上，把个人挣钱、发家致富放在了第一位，贪图个人享受，缺乏艰苦奋斗的精神，工作上低标准，个人生活上却高标准。这些现象，不能不说与受到资产阶级幸福观的影响有关。在做好本职工作的情况下，有余力去挣钱，以改善自己的生活条件，这是无可厚非的。但如果把主要精力放在个人挣钱和贪图享受上，那就是本末倒置了。

马克思主义认为，每个人的幸福与其对社会的责任和贡献是密切相关的，幸福和人的成功、成就总是联系在一起。马克思在青年时代就树立了为"人类的幸福"而工作的幸福观。中国共产党人和无数革命志士，为了使广大劳苦大众翻身得解放，过上幸福美好的生活，浴血奋战、前仆后继，不少人献出了他们宝贵的生命。他们对幸福的理解和实践，是值得我们好好记取和认真学习的。

2.高校教师的幸福观

高校教师在对待幸福的问题上，当然不会视物欲和肉欲为禁区，但也不可陷入拜金主义、享乐主义和利己主义的泥潭。

作为良好的师德师风所提出的要求，高校教师的幸福应当体现在两个基本方面：一是体现在自己教育和培养的学生"争气"、成才，使自己"感到脸上有光"。从物质财富看，古今中外的教师都不是能够使人富有的职业，没有哪一位教师因教书育人、做学问而发家致富，高校教师自然也是这样。但从精神财富看，教师又是最富有的职业，他们拥有无数的人才，他们拥有的财富维系着国家和民族的希望。在高校，很多教师对自己的职业选择矢志不渝，数十年如一日，这种高尚品德和优良作风正是基于对教师的幸福的深刻理解。他们从自己教育和培养的一代代人才中，领略到人生的真谛，感受到自己生活的美好和幸福。二是体现在自己专业学科的建设和研究方面所取得的成就，赢得的实际地位。自古以来，世界各国的高校在科学研究方面都在全社会占据着重要位置，科学技术发展史上的许多重大发现和发明，都出自高校教师之手，他们的辛勤劳动谱写了人类科技文明史上的美妙华章。一代又一代的高校教师，正是由此产生一种精神满足感，他们的幸福观是建立在为人类造福的基础之上的。在我国，高校教师应当继承这种优良的历史传统，视为社会主义科学文化事业的发展多做贡献为幸福，把自己的幸福观建立在社会主义、共产主义人生观的基础之上。

3.高校教师的幸福观与事业心

高校教师要确立正确的幸福观，就要具有强烈的事业心。

职业与事业从来既有联系，也有区别。联系表现在，人们对事业的追求一般是在职业活动中进行的。将职业看成事业、当成事业来追求，与从业人员具备正确的人生价值观密切相关。也就是说，只有主体在正确的人生价值观的指导和支配下，把职业当成事业来追求，职业才具有事业的意义。

但是，事业并不与职业具有必然的联系，两者之间的区别是很明显的。这首先表现在，职业并不等于事业，从业意识不等于事业心。职业本身不属于人生价值观范畴，惟有事业心才属于人生价值观范畴。因此，有了一份工作的人，并不意味着他就拥有一份事业。他可能只把职业作为一种谋生的手段，以得到一份工资为最大的精神满足。其次，职业之外也有事业。比如，高校有许多与专业学习有关的学生社团，时常邀请教师参加他们的活动，不少教师都能积极主动地参与。之所以如此，是因为这些教师将这些活动看作是高校教育和培养人才过程中的一项事业。

因此，高校教师只有把自己的职业与自己的成功和成就联系在一起，与为国家和社会多做贡献的人生价值观联系在一起，作为一种崇高的事业来看待，才会真正体验到自己的幸福。

第八章　良好的师德师风的自我教育

我们已经知道，道德作为一种特殊的社会现象和社会生活，是由社会提倡的道德规范要求和个人道德品质两个方面构成的统一体，个人道德品质是由社会道德规范要求转化而形成的。这一转化过程，一般要经过道德教育和道德修养这两个必要的环节，前者是社会教育形式，后者是自我教育形式。

道德上的社会教育和自我教育两者相比较，自我教育更重要。因为，社会道德规范要求，只有转化为个人的道德品质才具有实际价值。

一、教师要提高对进行良好师德师风的自我教育的认识

1.注重自我教育是教师的优良传统

自我教育是相对于社会教育而言的。在社会教育中，社会是教育的主体，受教育者是教育的客体，教育者与被教育者彼此分离又统一在教育过程之中。在自我教育中，教育者也是被教育者，两者统一于主体一身。一个完整的教育过程，是社会教育与自我教育相互作用、相互影响的辩证统一过程。社会教育依靠的是灌输，向受教育者灌输有关的道德知识和理论。自我教育是自己教育自己，是把社会道德教育灌输的道德知识和理论转化为个体内在素质的过程，依靠的是受教育者的自觉性。

师德师风的自我教育，也是这样。我国历史上，思想道德和作风上的自我教育一般被称为道德修养或修身，历代知识分子不仅创造了丰富的道德修养理论，而且一般都能做到以身作则，身体力行，由此而形成了我国重视道德修身的优良传统。今人常说的注重修身的优良传统实则多体现在知识分子身上。而值得注意的是，在中国历史上，知识分子一般都是教师或曾经是教师，像孔子、孟子、荀子、董仲舒、朱熹、王守仁等，都属于这种人。从这点看，知识分子重视自觉修身的优良传统，实际上主要体现在历代教师身上。

2.教师需要自觉加强自我教育

一般来说，教师都是知识分子。文化人，知书达理，道德上是不会有什么问题的，高校教师尤其是这样。但这并不等于说，具备较高的科学文化知识水平和技能的教师，就一定同时具备了良好的师德师风。良好的师德师风不是自然形成的，它需要教师接受教育，特别是自觉进行自我教育。

每年，高校都要组织对刚刚走上执教岗位的青年教师进行培训，课程体系中有一门专门讲授教师职业道德问题的教育伦理学或师德修养课程，这项举措对于提高青年教师的综合素质，逐步做合格乃至优秀的高校教师是十分必要的。但是，每年总会有一些青年教师对此不以为然，认为自己已经是高校教师了，道德上不会有什么问题，因此无故缺课，听课不认真。这种不愿接受教育和自我教育的认识是不正确的，心态是不正常的，应当加以纠正。

这种不正确的认识和不正常的心态，在一些具备一定教龄的教师中也是存在的。一般来说，大多数年长的教师在师德师风方面没有问题。但事实证明，也有一些年长的教师在师德师风方面存在的问题不少。如有的只管教书不问育人，不能真正实践教书育人的原则，有的不能做到学而不厌、教而不厌，有的不能严格要求学生等等。树立良好师德师风的自我教育，贵在自觉。高校教师要树立良好的师德师风，就一定要提高进行自我教育的自觉性。

3.教师师德师风自我教育的内容要求

首先，具有较高的思想政治觉悟，坚定地与党中央保持一致。要真诚拥护和贯彻党的方针、路线和政策，坚持社会主义的办学方向，在各种复杂的国际和国内的重大问题面前能够保持清醒的头脑，站稳社会主义祖国和人民大众的立场，不失信心，不丧斗志。如面对当前风云变幻的国际经济和文化形势，要能够看清其背后的政治斗争的实质；在当前向"法轮功"做斗争的过程中，要能够看到这场政治斗争的严肃性和长期性，等等。

其次，应当充分体现高校教师良好师德师风的各项具体要求。在看待和处理与学生、同事和学校领导的关系中，能够自觉地按照良好师德师风的具体要求行事，忠诚于人民的教育事业，教书育人，为人师表。

再次，具备严于律己、拒腐防变的品格。在今天各种道德和人生价值观发生着碰撞的环境里，高校教师要能自觉地按照社会主义的道德标准行事，不迷失自己的人生价值取向，在学校做好教师，在家庭做好成员，在社会做好公民；要做到"富贵不能淫，贫贱不能移，威武不能屈"，努力使自己成为一个高尚的、脱离了低级趣味的人。

二、教师师德师风自我教育的过程

1.自我教育过程的四个环节

从自我教育过程的内在结构来分析，高校教师师德师风的自我教育是一种由不同的接受方式构成的逻辑过程。这一过程大体上可以分解为四个基本环节。

第一个环节是形成关于师德师风教育重要性及其各方面具体要求的认识，这是形成良好的师德师风的前提和基础。

人与动物的根本区别在于，人做任何事情都有事前的思考，而这种思考又总是以对所做事情的价值或意义的认识为前提和基础的。在师德师风的自我教育上，认识到什么样的师德师风是我们应该接受和提倡的，什么样的师德师风是我们应该规避、抵制和反对的，这在良好的师德师风的自我教育的过程中起着奠基的作用。高校教师在这次师德师风教育过程中所发生的接受活动正是这样的奠基工程。

第二个环节是培养重视和热爱良好的师德师风、按照良好的师德师风做人做事的强烈情感。情感是人基于一定的认识而产生的内心体验。在教师的师德师风素质结构中，情感是最活跃的因素，它是将关于师德师风重要性及其具体要求的认识转化为关于师德师风的行为的中心环节。一位教师在认识上知道良好的师德师风应当体现在：热爱学生、公正执教、因材施教、为人师表、尊重同事、关心集体、关心和支持学校领导工作等方面，但在实际工作中却没有这样做，因为他缺乏将这些认识转化为自身素质、转变为实际行动的情感。因此，可以说，如果没有对良好师德师风的内心体验以形成强烈的情感，那么，关于良好师德师风的认识就没有多少实际的意义，这样的教育和自我教育活动充其量只是获得了一些关于师德师风方面的知识。

人的情感有多种形式，最可宝贵的是爱与憎。首先要有爱有憎。人生在世，不能对自己所处的时代和身边的人与事无动于衷、麻木不仁、冷漠无情，既无爱也无憎，成了一个"冷血动物"。其次，要爱憎有度。该爱的爱，该憎的憎，不能错位，不能该爱的不爱，该憎的不憎，甚至该爱的却憎，该憎的却爱。再次，要爱憎分明。爱与憎本是情感上的对立统一体，一般说，一个人爱什么就会同时憎其所爱的对象的反面，不会、不应对爱的反面的东西无所憎恶。能否做到爱憎分明，是看一个人的情感是否健康、是否正常的基本标准。

高校教师应当是最富有爱憎情感的人，应当通过自我教育，把关于师德师风的各项具体要求的认识转化为爱憎分明的职业情感，热爱党，热爱祖国，热爱教育事业，热爱大学生，憎恨一切不热爱党、不热爱祖国、不热爱教育事业、不热爱大学生的错误言论和不良行为。

第三个环节是要将师德师风的各项具体要求付诸实际行动。树立良好的师德师风贵在行动。如果说，认识和情感是一种价值可能或潜在的价值的话，那么，行动则是价值事实或显性价值。只有把关于良好师德师风的认识和情感落实在具体行动上，才能真正实现良好师德师风的价值。

行动贵在习惯，而一种良好的行为习惯的养成，一般总要经历由不自觉到自觉的发展过程，开始是不自觉的，渐渐变成自觉的。将良好的师德师风要求变成教师的内在素质也是这样。对于一个尚未形成践履良好师德师风的行为习惯的教师来说，一开始应当特别注意倾听来自周围的"舆论压力"，从"不得已而为之""随大流"做起。只要坚持这样做，久而久之就会由不自觉渐渐地变成自觉，养成良好的师德师风。须知，在这里最重要的是坚持。

第四个环节是形成遵循良好师德师风要求执教的信念。信念，是指人们在一定的认识和情感基础上确立起来的对某种社会制度、理论主张或思想见解以及职业选择的确信无疑的真诚态度。在人的思想道德素质结构中，信念是最稳定的部分，一个人的信念一旦形成，也就表明这个人的思想道德素质"成熟"了。因此，信念是人自我教育过程中最重要的环节，也可以说是最后一个环节。

每一个高校都不乏恪守良好师德师风的教师，他们严格按照良好师德师风的要求执教，兢兢业业、一丝不苟，数十年如一日。他们之所以能够如此，是因为他们对国家和人民无限忠诚，一贯与国家和人民同呼吸、共命运，对高等教育事业无比热爱，一往情深，因而形成一种坚定的信念。

高校教师师德师风自我教育的上述四个环节是一种有机的统一过程，缺一不可。一个合格、优秀的高校教师，应当重视在这次师德师风教育中接受教育，提高自己的认识；从教育和培养祖国社会主义现代化建设人才的高度体验这些认识，激发自己加强师德师风修养、遵循师德师风要求执教的强烈情感，并在执教的实际过程中严格自我要求，逐步形成严格遵从良好师德师风的坚定信念。

2. 进行师德师风自我教育需要克服不良的思想情绪

著名教育家徐特立先生说过这样的话："'天下惟四高人最难受益'。第一是年高，因为年高就看后生小子不起。第二是位高，位高就看下级干部不起，和看群众不起。第三是学高，因为学问高就自以为天下第一，目空一切，睥睨一切没有才学的人们。第四是德高，因为德高谁都对他尊敬，他的错误谁都不敢指责。"①

他说的因自以为是、自恃高明而不易甚至轻视接受教育、自觉进行自我教育的情况，在高校教师队伍中也是存在的，这是影响自觉进行师德师风自我教育的一大思想障碍。因此，高校教师要想加强师德师风的自我教育，就应当始终注意克服自以为是、自恃高明的不良思想与情绪。

三、教师进行师德师风自我教育的途径和方法

做任何事情都有一个途径和方法的问题。在人的认识和实践领域，途径和方法如渡河之舟、过河之桥，其重要性不言而喻。

高校教师进行师德师风自我教育，客观上也需要适宜的途径和方法。掌握自我教育的途径和方法，有助于推进自我教育，形成良好的师德师风。

1. 要做到理论联系实际、知与行相统一

这是高校教师进行师德师风自我教育的基本途径和方法。

理论联系实际、做到知行统一，是我们党一贯提倡的思想路线和工作作风。从良好的师德师风教育和自我教育的要求出发，高校教师所需要学习的理论知识，主要是马克思主义的基本原理、毛泽东思想和邓小平理论的基本观点、"三个代表"重要思想和江泽民同志"七一讲话"的重要精神，党的教育方针和政策，《教育法》《教师法》《高等教育法》等法律法规，党关于社会主义精神文明建设的基本思想和精神，《公民道德建设实施纲要》所阐明的社会主义道德知识和理论。

高校教师一般都是某一专业或学科的行家里手，理论学习和思维的能力很强，学习和掌握上述理论不会有任何问题。问题在于要坚持联系实际，做到知与行相统一，化知识理论为智慧，化智慧为德性，化德性为行动。

---

① 湖南省长沙师范学校编：《徐特立文集》，长沙：湖南人民出版社1980年版，第139页。

2. 要慎独

慎独是高校教师进行师德师风自我教育的根本途径和方法。

所谓慎独，指的是在一人独处，别人看不见、听不到的情况下能够高度警惕自己，要求自己，自觉按照社会道德要求行事而不懈怠，不做坏事。作为师德师风自我教育的途径和方法，也就是在别人看不见、听不到的情况下能够严格自律，要求自己，自觉按照高校教师良好师德师风的要求行事而不懈怠，不做坏事。

慎独是中国古代知识分子修身的常用方法，一种优良的修身之道。《礼记·中庸》说："君子戒慎乎其所不睹，恐惧乎其所不闻，莫见乎隐，莫显乎微，故君子慎其独也。"①强调作为一个"君子"，不要涉足不该注意的事情、不该过问的事情，实行自我判断、自我监督、自我约束。

慎独同时也是一种崇高的道德境界。一般说来，一个人能够做到慎独，也就表明他的道德品质是高尚的，在道德生活领域里是一个成熟的人。

不论是作为自我教育的途径和方法，还是作为道德境界，慎独都具有典型的人格特征，能够做到慎独的人，其人格必定是健康的，乃至高尚的。

一般来说，人或多或少都有惰性，如不思进取、敷衍塞责等，这些不良的习性易于在一人独处的情况下表现出来。从这点看，强调慎独，也是防微杜渐、自我鞭策的有效途径和方法。

在当代，强调慎独更为必要。我们处在充满生机和活力的时代，也是充满挑战和考验的时代。在这个时代里，人们成就事业的机会很多，只要你愿意有所作为，又自强不息，奋斗不止，你就会有很多成功的机会。但同时，不良诱惑也很多，能够诱使你堕落的机会也不少，如果不能慎独，你就可能会蜕变，这早已为揭露出来的大量的违法犯罪的案件所证明。

高校教师与社会接触不多，受社会的不良影响的机会也不多。但是，教师的劳动，除了上课和少数集体活动以外，多是在一人独处的情况下进行的，懈怠、不思进取的机会比较多。至于一人独处时干坏事，高校教师

①《四书五经》上册，北京：中国书店出版社1984年版，第1页。

一般是不会涉足的；但问题也并不是那么绝对，事实证明，有的高校教师在一人独处的情况下，就干过诸如赌博、嫖娼、贪污之类的坏事、丑事，造成了极坏的影响。因此，在高校教师中提倡慎独，克服消极怠工、不思进取的不良思想情绪和作风，发扬埋头苦干、尽职尽责的师德师风是十分必要的。

3. 要慎始

《左传·襄公二十五年》说："慎始而敬终，终以不困。"①说的是一个良好的开端对于此后的发展的重要意义。

慎始，可以从两个方面来理解。一种理解是，在人生发展的阶段上要谨慎、慎重地对待起始阶段面临的人生课题，这对高校青年教师来说显得尤其重要。青年教师从走上高校讲台的第一天开始，就应当树立一个做优秀、杰出教师的远大目标，注意按照良好的师德师风严格要求自己，努力做好自己的工作，争取有一个良好的开端。这不仅有利于教育和培养大学生，而且有助于增加自己的信心，积累经验，再接再厉，快速地成长起来。另一种理解是，做每一件事情都应当注意有一个谨慎的正确起步。俗话说万事开头难，执教也是这样，特别是开设一门新课，开始研究一项新的课题，一开始往往会感到困难较多，甚至感到无处下手，不好办。但是，只要严格按照师德师风的要求行事，运用科学的方法，就会防止陷入被动，防止一失足而成千古恨的事情发生。

在师德师风自我教育的实际过程中，慎始与慎独是一致的，两者互相包容，相得益彰；能慎始者一般就能慎独，反之亦是。因此，作为师德师风的自我教育的途径和方法，应当把慎独与慎始很好地结合起来。

两千多年前孔子说过："德之不修，学之不讲，闻义不能徙，不善不能改，是吾忧也。"②为了教育和培养祖国社会主义现代化建设事业的合格人才，高校教师应当具有忧国、忧民、忧自己的高度责任感，自觉加强自我教育，树立良好的师德师风，营造良好的育人环境。

---

①《五经全译》，郑州：中州古籍出版社1991年版，第701页。
②《论语·述而》。

陶行知教育伦理思想述要*

伟大的人民教育家陶行知，在其毕生致力于改革旧中国教育的理论研究和实验研究中，时常论及道德问题，认为"道德是做人的根本。根本一坏，纵然使你有一些学问和本领，也无甚用途"。①由此阐发了关于道德问题的一系列见解和主张，形成了他的教育伦理思想。

一、要树立正确的公私观念

自从私有制出现以来，如何看待公与私的关系问题就一直是人们道德生活的主题，也是伦理学关注的基本内容。陶行知在发表演讲和论著中，时常谈到公与私的关系问题，要求师生树立正确的公私观念。他的公私观的基本内容，可以概括为三点：

第一，要公私分明。这是陶行知在处理公共财产与个人财产的关系方面所提出的道德准则。他说："凡是公共团体须有公共财产，方能实现他的公共生活，举办他的公共事业。"②他所说的公有财产，主要是指学校里公用的教学、生活和办公用品，公园的花草树木，祖国的名胜古迹等。他认为，公物与私物是绝对不能相混杂的，"公私之间应当划条鸿沟，绝对

---

　*原载《道德与文明》1991年第5期。

　①《陶行知全集》第3卷，长沙：湖南教育出版社1985年版，第464页。

　②《陶行知全集》第1卷，长沙：湖南教育出版社1984年版，第610页。

隔离，不使他有毫厘之交通"，如果"私账混入公账，公账混入私账，就是混账"。他希望"公民不但自己不混账并且要反对一切混账的人"，要求师生敢于向公私不分的"混账"做斗争。他主张公私分明的目的，是要进一步引导师生"尊重公有财产"。他在《尊重公有财产》一文中，对当时学生中存在的"对于公物不加爱惜"，"公物比私物容易损坏"的不良现象，提出了批评，说："公园的花木随意乱折。图书馆的书随意乱翻。还有人希望流芳百世，到处题名，以至名胜都被糟蹋。学生外出旅行的时候尤其容易犯这个毛病。"[1]要求学生养成爱护公物的良好习惯。

第二，要群己相益。这是陶行知在处理个人发展需要与让会集体发展需要的关系方面所提出的道德准则。陶行知对利己主义深恶痛绝，坚决反对那种"为个人而活""为个人而死""为名利拼命"，"有祸别人担，有福自己享"的利己主义的个人发展观。[2]他称"自私""自利"为"一对妖怪"，其危害在于"造成了中华民族的大失败"。[3]当时有些青年知识分子对"增进大众福利"不热心，对中华民族的前途失去信心，悲观失望，抱怨不迭，用放荡不羁的所谓"自由生活"来寻求"自我解脱"。陶行知对此感到很痛心，尖锐地指出："放荡不是自由，因为放荡的人是做了私欲嗜好的奴隶而不能自拔。一个人若做了私欲嗜好的奴隶便失掉自由。"[4]但是，陶行知对个人正当的自由发展和追求却给予了充分的肯定，他曾明确表示："我们承认欲望的力量，我们不应放纵他们，也不应闭塞他们。我们不应让他们陷溺，也不应让他们枯槁。"因此，"欲望有遂达的必要，也有整理的必要"。基于这种看法，他提出了"群己相益"的道德主张。他说："如何可以使学生的欲望在群己相益的途径上行走，是我们最关心的一个问题。"[5]不难看出，所谓"群己相益"，就是在处理个人与集体两种发展需要的关系时，要让双方各得其所，共同进步。

---

① 《陶行知全集》第 1 卷,长沙:湖南教育出版社 1984 年版,第 611—612 页。
② 《陶行知全集》第 4 卷,长沙:湖南教育出版社 1985 年版,第 350—352 页。
③ 《陶行知全集》第 4 卷,长沙:湖南教育出版社 1985 年版,第 234 页。
④ 《陶行知全集》第 2 卷,长沙:湖南教育出版社 1985 年版,第 429—430 页。
⑤ 《陶行知全集》第 1 卷,长沙:湖南教育出版社 1984 年版,第 501—502 页。

第三，要以"天下为公"。这是陶行知在处理公与私的关系问题上所提出的道德理想，也是他一生奋力进行教育改革的基本出发点。他所说的"天下"指的是中华民族乃至全人类，所谓以"天下为公"，就是要让最广大的人民群众当家作主，能够"做自己的主人，做政府的主人"。他在不少文章和诗歌中都把"天下为公"与"人民第一"作为同等含义的主张加以阐述。从这一点来看，他的"天下为公"的主张，与中国共产党人的社会理想是颇为接近的。

要实现"天下为公"，首先，要破除"知识私有"的旧观念，确立"教育为公""文化为公"的新思想。他认为，"天下为公"与"教育为公"是一致的，师生应当把"教育为公""文化为公"奉为自己的天职，看成是自己具备的"大德"。①为此，他常告诫师生不要做自私自利的"守知奴"，而要乐于把所学到的知识诚恳地献给人民群众。其次，要克服"无政府脾气"，实行严格的纪律。他在《介绍一件大事》中说："我们民族最大的病根，是数千年来的无政府脾气，那凿井而饮，耕田而食的农民，在团体里都充满了这种脾气。"其危害在于造成"一盘散沙"，而"一盘散沙之民族断难幸存"。这种"无政府脾气"师生中也存在，因此必须实行"团体行动纪律化"，这样才可以为大众谋幸福。②再次，要反对小团体主义。陶行知认为，小团体主义的思想和情绪与"天下为公"的理想是格格不入的，必须与之做不懈的斗争。而要如此，就必须培养"大集体"意识。在他看来，小团体只有成为"大集体"的"单位"，才不至于孤立，才能发挥效力，才有意义，"天下为公"的理想只有依赖于"大集体"的"共同立法，共同遵守，共同实行，才不至于成为乌托邦的幻想"。③

陶行知的公私观有两个明显特点，一是根据公私关系的不同内容和形式，提出不同的道德主张，由低到高，层次分明。二是有鲜明的时代性和阶级性特征。他在《是非》一文中，曾把"是"与"非"的标准归结为是

---

①《陶行知全集》第3卷，长沙：湖南教育出版社1985年版，第511页。
②《陶行知全集》第5卷，长沙：湖南教育出版社1985年版，第220页。
③《陶行知全集》第3卷，长沙：湖南教育出版社1985年版，第378页。

否出于公心，归结为对人民大众的态度，说："公者是，不公者非。增进大众福利者是，损害大众福利者非。大众福利与小集团福利冲突时，拥护大众福利者是，拥护小集团福利者非。"①并明确指出："是非之判断大都含有时代性、地域性、阶级性。一时代有一时代之'是非'，一地域有一地域之'是非'，一阶级有一阶级之'是非'。"②

二、要确立"人中人"的人格标准

人生在世应做什么样的人，这是一个人格标准问题，也是伦理学研究历来关注的一个重要方面。陶行知倡导的人格标准是"人中人"，认为做"人中人"是做人的"指南针"。他在《如何使幼稚教育普及》中说："我们应当知道，民国中只有人中人，没有人上人，也就没有人下人。"③所谓"人上人"，就是"做坏事，吃好饭"。骑在人民大众头上作威作福的剥削者和压迫者。而"人下人"，就是身受压迫和剥削而不知觉悟，为奴性所窒息、失去独立人格的穷苦人。在陶先生看来，位卑并不可卑，可卑的是位卑而丧志，仰人鼻息，甘做"人下人"。

可见，做"人中人"，也就是做老百姓当中的人。"人中人"应当具备哪几方面的人格标准呢？陶行知认为最重要的有两条：

一是要有眼睛向下，"钻进老百姓的队伍里去"，与他们打成一片，拜老百姓为师的精神。陶行知少儿时期是在他的家乡安徽歙县农村度过的，此后虽相继求学于异乡他国，但仍与农村保持着密切的联系。他对"农村破产无日，破于帝国主义，破于贪官污吏，破于苛捐杂税，破于鸦片烟，破于婚丧不易"④的悲惨境况。对于"富人一口棺，穷人一堂屋；讨得死人欢，忘却活人哭"⑤的不平人生感受深切，自幼便养成同情、关心农民

---

①《陶行知全集》第2卷，长沙：湖南教育出版社1985年版，第459页。
②《陶行知全集》第2卷，长沙：湖南教育出版社1985年版，第459页。
③《陶行知全集》第2卷，长沙：湖南教育出版社1985年版，第81页。
④《陶行知全集》第4卷，长沙：湖南教育出版社1985年版，第234页。
⑤《陶行知全集》第5卷，长沙：湖南教育出版社1985年版，第278页。

的高尚品格。在他看来，中国富强振兴的根本标志是要看农村的落后面貌是否得到大的改变，要看"被压迫的一齐来出头""人的脚底下不再有人头"[①]，他说："我们最伟大的老师是老百姓。我们最要紧的是跟老百姓学习，我们要叫老百姓教导我们如何为他们服务。我们要钻进老百姓的队伍里去和老百姓共患难，彻底知道老百姓所要除的是什么痛苦，所要造的是什么幸福。"[②]因此，那些瞧不起老百姓，爱在老百姓面前拉腔作调、摆臭架子的人，是不配做"人中人"的。

二是要具备"摇不动"的"国人气节"。他在《南京安徽公学创学旨趣》中说："做人中人的道理很多，最要紧的是，富贵不能淫，贫贱不能移，威武不能屈。"这种精神，必须有独立的意志，独立的思想，独立的生计和耐劳的筋骨，耐饿的体肤，耐困乏的身，去做他摇不动的基础。"[③]他称这种品格为"最要紧的国人气节"，认为要做"人中人"，就必须要有这种气节。陶先生本人正是具备了这种人格特征的伟大战士，他一生坎坷，从不为高官厚禄引诱，也不畏恶势力的诬陷和迫害，置生死于度外，矢志不渝地追求他所开创的事业。国民党反动派杀害了李公朴、闻一多之后，又加紧对其他爱国民主志士施加迫害，陶行知大义凛然地对师生说他准备"挨第三枪"。1946 年 7 月 16 日，他给育才学校写了《最后的一封信》，号召师生不畏强暴，坚持斗争，保持"摇不动"的"国人气节"。[④]

"人中人"也是陶行知一贯坚持的德育培养目标。当时有人对他创办育才学校存有疑虑，担心他是要将一帮聪明的穷人家的孩子培养出来升官发财，做"人上人"。陶行知在《育才学校创办旨趣》中郑重申明，育才学校"不是培养人上人，有人误会以为我们要在这里造就一些人出来升官发财，跨在他人之上，这是不对的。我们的孩子们都从老百姓中来，他们还是要回到老百姓中去，为老百姓造福；他们都是受着国家民族的教养，要以他们学的东西贡献给整个国家民族，为整个国家民族谋幸福；他们是

①《陶行知全集》第 2 卷，长沙：湖南教育出版社 1985 年版，第 726 页。

②《陶行知全集》第 3 卷，长沙：湖南教育出版社 1985 年版，第 598 页。

③《陶行知全集》第 1 卷，长沙：湖南教育出版社 1984 年版，第 502 页。

④《陶行知全集》第 5 卷，长沙：湖南教育出版社 1985 年版，第 964—965 页。

在世界中呼吸，要以他们学得的东西帮助改造世界，为整个人类谋利益"。①这里需要说明，陶行知要求学生做"人中人"，不要做个升官发财、欺压百姓的"人上人"，却并不反对学生做"官"。他认为，做"官"与做"人中人"是可以一致起来的。旧学校培养出来的旧官吏是"吃农人、工人血汗"的"人上人"，他所推行的"生活教育"，却可以培养出这样的"官"来：身在工农大众之中又可代表工农大众，教工农大众做主人的"人中人"而不是"人上人"。因此，做"官"与做"人中人"本来就不一定是矛盾的。他说："做官并不坏，但只要能够服侍农人、工人就是好的。"②陶行知还认为，做"人中人"与做"自主的人"也是不矛盾的，他把自主自立精神看成是"人中人"不可或缺的人格因素。在晓庄师范时，他写了一首著名的"自立立人歌"，"滴自己的汗，吃自己的饭，自己的事自己干。靠人，靠天，靠祖上，不算是好汉。"③他在《晓庄三岁敬告同志书》中又指出："我们所求的自立便是这首歌所指示的。但是自立不是孤高，不是自扫门前雪。我们不但是一个人，并且是一个人中人。"④这些思想即使在今天看来也是深刻的。

三、要实行"注重自治"的德育原则

陶行知的德育原则，可以一言以蔽之，注重自治。他在《学生自治问题之研究》中提出学校教育应坚持三项原则："智育注重自学""体育注重自强""德育注重自治"。所谓德育自治，从学生方面来说，不是想怎么干就怎么干，"不是和学校宣布独立"，而是"学生结起团体来，大家学习自己管理自己"；从学校方面来说，不是让学生放任自流，而是"为学生预备种种机会，使学生能够大家组织起来，养成他们自己管理自己的能

---

①《陶行知全集》第3卷，长沙：湖南教育出版社1985年版，第39页。
②《陶行知全集》第2卷，长沙：湖南教育出版社1985年版，第734页。
③《陶行知全集》第4卷，长沙：湖南教育出版社1985年版，第266页。
④《陶行知文集》第2卷，南京：江苏人民出版社1981年版，第212—213页。

力"。①陶行知强调指出,德育自治是培养学生社会责任感、主动精神和集体生活能力的根本途径,因此,自治是一种"真正的人格教育","自治是人生的一种美术"。②

要实行德育自治,最重要的是帮助学生彻底清除"被治"的封建意识,科学地认识自治的重要性。他说:"专制国所需要的公民,是要我们有被治的习惯。""一国当中,人民情感被治,尚可以苟安;人民能够自治,就可以太平;那最危险的国家,就是人民既不愿被治,又不能自治。所以当这渴望自由的时候,最需要的是给他们种种机会得些自治的能力,使他们自由的欲望可以自由约束。"③

要实行德育自治,在实践上首先要注意把智育与德育结合起来。他认为,使智育与德育分家,"教知识的不管品行,管品行的不学无术",这是学校教育中"最不幸的事体",要实行德育自治,就必须坚决克服这种实践上的"二元论"。④即我们今天所说的"两张皮"现象,实现智育与德育的有机统一。其次,教师要帮助学生实行自治。他指出,教师在德育方面的作用,在于"指导学生修养他们的品格",有的教师"惯用种种方法去找学生的错处。学生是犯过的,他们是记过的,他们和学生是两个阶级,在两个世界里活着"。他认为,这种情况的存在是学校教育中"第二个不幸的事体"。⑤教师要改变作风,"与学生共生活,共甘苦,做他们的朋友,帮助学生在积极活动上行走。"同时,还要学会"运用同学去感化同学——运用朋友去感化朋友"。⑥这样,就可以在师生之间建立"相亲相爱的关系",在全校之中实现"真正的精神交通"。⑦为实行德育自治,创造一个良好的师生关系环境。第三,学生要自觉进行道德修养。道德修养是在道德上进行自我教育的形式,也是搞好德育自治的根本。陶行知劝诫师

①《陶行知文集》第1卷,南京:江苏人民出版社1981年版,第132—133页。
②《陶行知文集》第1卷,南京:江苏人民出版社1981年版,第141页。
③《陶行知文集》第1卷,南京:江苏人民出版社1981年版,第133页。
④《陶行知文集》第1卷,南京:江苏人民出版社1981年版,第623页。
⑤《陶行知文集》第1卷,南京:江苏人民出版社1981年版,第622页。
⑥《陶行知文集》第1卷,南京:江苏人民出版社1981年版,第623页。
⑦《陶行知文集》第1卷,南京:江苏人民出版社1981年版,第500页。

生要每日反复自问:"我的道德有没有进步?"要求师生都来修筑自己的"人格长城"。因为"人格长城"的基础就是道德。所以必须注意道德修养。①道德修养的目的在于提高道德认识,使自己能够在一举一动之前就做出有关"善恶、是非、曲直、公私、义利"之类"最明白的判断",这样才能使自己的行为适应自治的要求。②

综上所述可以看出,陶行知的教育伦理思想是相当丰富的,今天,研究和宣传陶行知的教育伦理思想,对于推动中国现代伦理思想史的研究,促进社会主义精神文明建设,特别是加强和改进学校的德育工作,很有意义。

---

① 《陶行知文集》第3卷,南京:江苏人民出版社1981年版,第471、472页。
② 《陶行知文集》第1卷,南京:江苏人民出版社1981年版,第62页。

教师的责任与荣誉[*]

　　教师的责任与荣誉，是教师职业道德体系中两个既互相联系又相互区别的基本道德范畴，也是每个教师经常思考和碰到的两个重要的道德问题。认清教师的责任，正确对待教师的荣誉，对于深刻理解教师道德的重要意义，养成优良的道德品质，是十分必要的。

第一节　教师的责任与责任感

一、责任及其本质特征

　　所谓责任，是指人们在各种社会活动中必须做好分内的事情或必须承担没有做好分内的事情所造成的损失。如"搞好学习是学生分内的事""损坏公物要赔偿"等，说的都是责任。

　　责任在本质上是社会向特定的人们提出的客观要求。犹如一个人在太阳底下总是摆脱不了他的影子一样，特定的人在现实生活中总是摆脱不掉他的责任。当社会向某类特定的人提出某种客观要求时，也就赋予这些人以责任，这些人也就因此而成为责任主体。在同一种责任面前，不同的责任主体之间的区别不在于有无责任，只在于有无关于责任的自觉。当代中国青年尤其是大学生，都面临着加强政治和思想道德修养，掌握科学文化知识，建设社会主义祖国的历史责任，这是时代提出的客观要求，对于每

---

[*] 王球、钱广荣主编：《教师伦理学》第十章，南京：江苏教育出版社1991年版。

个青年来说都是责无旁贷的，并不因为你不承认它就不存在。伟大的人民教育家陶行知说："我们生在此时，就有一定的使命。这使命就是运用我们的全副精神，挽回国家厄运，并创造一个可以安居乐业的社会交与后代，这是我们对于千万年来祖宗先烈的责任，也是我们对于亿万年后子子孙孙的责任。"①

我们可以从人的社会本质来理解人的责任本质。动物，不论其喜欢集群还是偏爱索居，均不具有社会的本质特性，它们只是一些自然存在物，它们的存在就是它们自己，相互之间不存在什么责任问题，也不必对各自的行为后果负责。人则不同：人不能离开相互之间的联系而存在，人是有意识、能自觉的社会存在物，具有社会的本质特性，这就是马克思所揭示的"一切社会关系的总和"。人的这种社会本质，决定了每一个现实的人必定生活在特定的"社会关系网络"中，其行为不论是职业（学习）的，还是政治的、道德的，乃至生育的，都必然对他人和社会集体发生或多或少、或利或害、或善或恶的影响，这就产生了"责任问题"。责任就是社会基于人的这种现实关系而向人提出来的客观要求。因此，从一定意义上可以说，人与人之间和个人与集体之间正是通过各种不同的责任联系起来的，责任充当着把不同的人联结起来从而进行社会生产和社会生活的纽带。在一个特定的社会里，社会如果不能适时适度地向其成员提出责任要求，或者虽已提出却又缺乏制约和保障措施，那么这个社会的生产和生活就势必要陷入混乱，就要走向衰败。正因为如此，对于责任主体来说，责任是必须要履行的，其命令方式是"必须履行"，如果不履行或虽履行却未尽责，其命令方式是"必须负责"。

由于经济关系是一切社会关系的基础，所以经济关系的变革和发展必然会推动整个社会走向文明、进步，人的社会本质的内涵也因此而不断得到充实、丰富和优化。这种历史的矛盾运动，一方面使得人的责任向越来越多样化的方向发展，另一方面促使人们感到责任越来越重要。现代社会把发展生产与保护环境联系起来，把人口自然增长与计划生育、优生优育

①《陶行知全集》第5卷，长沙：湖南教育出版社1985年版，第56页。

联系起来，过去在大街上吐痰可以不负任何责任，今天则要受到批评指责直至罚款处理，承担道德上的责任，如此等等，都是这种历史运动的生动体现。我国的改革开放，克服了生产关系中的种种弊端，解放了生产力，同时为个性的丰富和发展提供了有利条件。有些人因此就认为，个人对于他人和社会的责任从客观上削弱了。这种看法实际上是把丰富和发展个性与承担社会责任看成是两件相悖的事情，这是一种错觉。它忽视了一个基本事实：改革开放所带来的社会变化，首先是打破了过去僵化、封闭的社会生产和生活模式，从各个不同的方面拓宽和强化了人们之间的社会联系，个性的丰富和发展因此而有了可靠的社会背景，但这绝不意味着个人对社会的责任的弱化。个性是否丰富，不在于在多大程度上与社会特征发生对立，而在于在多大程度上以个体独特的方式反映社会特征。因此，衡量个性是否得到丰富和发展的标准，应当包含个体对社会责任有无自觉。个性健康的人，承担社会责任不是出于社会的某种"压力"，而是出于自己对社会责任合乎理性的理解和体验。以为既然实行改革开放，重视发展个性，就可以想怎么说就怎么说，想怎么干就怎么干，对自己的行为不负任何责任，这是对责任的本质特征缺乏辩证思考的表现。

责任从来都是"社会的"，都是社会需要和社会标准的代表者，社会性是责任最重要的特征。诚然，人有对于自己的责任，每个人都应当对自己负责，俗话说"一人做事一人当"，说的就是要敢于对自己做的事情负责。那么，一个人怎样才能做到对自己负责呢？总的来说，一是要重视创造自己的人生价值，不枉到人间走一遭。二是要珍重自己的人格，不让人戳自己的脊梁骨。而要如此，就必须尽己所能为自己所生活的时代做出贡献，自觉按照社会倡导的道德标准去指导自己的言行。一个人如果这样做了，人们就说他对自己尽到了责任。可见，对自己负责，归根到底是对社会负责，这两者本来就是一致的。一个真正对自己负责的人，必然也对社会负责，他总是按照社会需要和要求来塑造和实现自我。反之，他要么是一个消极悲观的虚无主义者，要么是一个以"我"为中心的个人主义者，这两种人都缺乏社会责任感。有的大学生抱着"六十分万岁"的思想等毕业，精神不振作，读书不用功，直观之是对自己不负责任，从根本上来看则是缺乏社会责任感。责任的社会性特征告诉我们，个人对于理想的追求，个人奋斗精神的高扬，都应当与对社会尽职尽责一致起来，那种对社会、对自己不负责任或把这两者对立起来的态度，都是有害的。

责任又是历史和阶级的范畴，具有历史性和阶级性的特征。在原始社会，人们共同占有生产资料，携手进行生产，产品实行平均分配，这使得人们特别看重互相帮助、互相关心，将此看成是义不容辞的社会责任。人类进入阶级社会以后，共同责任相对减少，带有阶级性的责任发展起来，这个特点即使在现代社会也看得很清楚了。当代西方资产阶级代表人物，总是力图把他们的价值观念强加给全世界，在全球推行霸权主义，并且千方百计地要在社会主义国家实行"和平演变"战略，他们把这样做看成是自己的责任。而无产阶级则把消灭剥削制度，消灭私有制，最终实现共产主义看成是自己的责任。在我国现阶段，阶级虽然在整体上已经被消灭，但阶级斗争依然存在，人们对责任的理解有时难免会带有阶级的色彩。同样，一种责任在不同的历史时代会有不同的内容要求。如爱国主义，在新中国成立以前主要是抗日图存、反帝反封建，在新中国成立后则主要是"保卫祖国""建设祖国"。再如职业活动所要求的"忠于职守"，在旧中国实际上指的是忠于老板，而在今天则意味着忠于祖国、忠于人民。

责任还具有多样性的特征。人所处的社会关系和社会环境不同，就会有不同的责任。人在家庭关系中有家庭责任，表现为作为父母抚育子女的责任，作为子女赡养父母的责任，作为丈夫或妻子互相关心、互相爱护的责任等。在职业活动中有职业责任，即通常所说的职责，如服从领导、循章操作、安全生产、质量第一、爱护公物等。在政治关系中人们相互之间及个人对于国家有政治责任，在构成法律关系和道德关系的人们之间，存在法律责任和道德责任等。责任的多样性进一步表明，作为现实的人想要摆脱责任的"纠缠"和"烦恼"是不可能的，现实的积极的态度应当是适时认清、主动履行和承担自己所面临的责任。

二、教师的责任及其特点

这里所说的教师责任，指的是教师的职业责任或曰职责，就是教师在自己的职业活动中必须做好分内的事情及必须承担没有做好分内事情所造成的损失。陶行知说："教育就是社会的改造，教师就是社会改造的领导者。在教师手里操着幼年人的命运，便操着民族和人类的命运。"这是因为，教师的劳动对象和产品是人，教师通过为特定时代培养造就建设者和接班人履行自己对于社会的责任。因此，也可以说，对学生负责是教师责任最直接也是最集中的表现，人们常说"不要误人子弟"，就是针对教师责任这种特殊性而言的。

教师的责任是由多种责任构成的。韩愈在《师说》中把教师的责任概括为三个基本方面，即"传道""授业""解惑"。用今天的话来说就是：教给学生"做人"的道理，向学生传授科学文化知识和技能，解答学生可能遇到或提出的疑难问题。这种看法是有道理的。根据前人的经验和研究成果，可以将教师的责任概括为如下几个方面：

第一，传授科学文化知识的责任，也就是人们常说的"教书"的责任。这是教师最基本的职责，也是教师之为教师的基本标志。没有"教书"责任的教师犹如没有"保卫祖国"责任的军人一样，是不可思议的。教师道德体系中的严谨治学、勇于创新、学而不厌、教学相长等规范要求，就是从"教书"责任引申出来的，"教书"责任是这些职业道德规范要求得以倡导的根据。从这一点来说，不能认真"教书"的教师，就失去了当一名教师的起码资格。

第二，政治责任。所谓政治责任，是指人们必须承担一定的政治任务以及没有完成这种任务所造成的损失。在任何一个历史时代，教师都担负着重大的政治责任。在我国社会主义制度下，教师的政治责任主要体现在两个方面，一是作为公民的一般政治责任，如遵守国家的法律法令，维护社会的安定和民族团结，行使公民的基本权利和履行公民的基本义务等。

二是作为教师的职业性的政治责任。教师对于学生的政治责任，首先体现在维护师生之间的平等关系上，这种责任反映在职业道德要求上就是热爱、了解、关心学生，尊重学生的独立人格等。其次体现在平时与学生相处和教学过程中，注意从政治上关心、教育和引导学生，防止他们在政治上误入歧途，促使他们在政治上尽快成熟起来。

第三，道德责任。它是对师生之间所存在的道德关系的肯定形式和客观要求。道德责任也是教师职业责任的应有之义，是包含在教师职责中的又一种责任。这也可以从两个方面来理解和把握。一是在教学过程中，根据教学内容所能提供的可能，从人生观和道德观上关心教育学生，促使他们形成正确的人生观和高尚的道德品质。二是从教师的职业行为来理解和把握。在职业活动中，主体的职业行为与其道德行为是一致的。一位售货员在接过顾客的钱之后要取货、包装、交货，这一系列的职业行为就同时存在是"按质按量"，还是"克斤扣两"的道德问题，因而这一系列的职业行为同时又是道德行为。教师在以职业角色出现的时候，他的每个教育行为也同时是道德行为，承担着道德责任，因而具备或善或恶的倾向，成为道德评价的对象。

目前在我国学校教育中，教师的政治责任和道德责任合称为"育人"的责任。不论是从教育的阶级属性还是从当今国际国内形势来看，"育人"都应当是我国教师最为重要的职责，将教师的责任仅仅看成是"教书"，教师只是"教书匠"，显然是片面的。师范院校的学生走上工作岗位之后，劳动对象都是青少年，这就要求我们对"育人"责任的重要性有更深刻的理解。因为，青少年学生正处在世界观、政治观、人生观和道德观形成和发展的关键时期，这个时期也是人的个性心理品质健康发展的关键时期。不难理解，把"教书"与"育人"这两种责任统一起来，在履行"教书"责任的过程中同负担当履行"育人"的责任，本来就是教师责任的内在规定。因此，从责任分类来说，我们又可以把教师责任分为"教书"与"育人"这两个基本方面。一个具有职业良心的教师，对自己的责任应当有这样的态度。

职业责任包含多种责任特别是政治责任的情况，是教师职业责任区别于其他职业责任的显著特点。在以物为劳动对象和产品的职业活动中，不存在这种情况。在企业生产部门，从业人员能够保质保量完成生产任务，就履行了自己的职责，若说除此之外还要对劳动对象和产品尽什么政治责任和道德责任，那就不伦不类了。在以人为劳动（服务）对象的职业活动中，一般也不存在如同教师责任的情况。在经商活动中，从业人员遵循的是"买卖公平""童叟无欺"，做到了这些就是向顾客尽了自己的职业责任，此外无需再去向顾客履行什么政治责任，也无需在职业活动之外再去尽什么道德责任。在服务行业，情况更是如此，它们都将顾客视为"上帝"，不分男女老幼一视同仁，只要服务周到就算尽了责任。认识和把握教师责任这种多元性特点是十分必要的，它有助于克服把教师当作"教书匠"之类的不正确看法，树立对学生全面负责的观点，全面履行教师的责任。

三、教师的责任感及其形成与培养

人们认识到自己的责任，就会形成关于责任的认识，在责任认识的基础上发生了内心体验，就会产生责任感。所谓责任感，就是人们经过责任认识而产生的对责任的内心体验。

责任作为社会的客观要求，适用于处在特定社会关系和社会环境中的一切社会成员，它是不以个人的好恶为转移的，但是，责任感却会因人而异。在同样一种责任面前，人们或许会有共同的责任认识，能看到责任的客观性，但不一定有相同的责任感，因而也就不一定会有共同的行为。一个小偷在公共汽车上作案，乘客都发现了，也都认为制止小偷作案是每个人应当履行的道德责任，但实际上并不是每个人都能上前制止，其重要原因就在于有的人有责任感，有的人没有。

责任感是人的情感结构中最有价值的部分，它时刻提醒责任主体要对工作和生活负责，动员责任主体满腔热情地去创造最高的人生价值和幸福美好的生活。列宁说："没有'人的感情'，就从来没有也不可能有人对真理的追求。"没有责任感，社会提出的客观要求就不可能变成主体的自觉行动。在一个特定的社会里，如果其成员普遍缺乏责任感，这个社会提出的责任要求就不可能实现。因此，责任感对于个人和社会的发展来说，是极其重要的个体心理基础和社会心理基础。

教师的责任感，是教师在对自己的责任有了认识之后通过内心体验而产生的。它是教师遵循各个方面的职业道德规范，认真履行职责，积极创造人生价值的心理基础。叶圣陶说："教师得先肯负责，才能谈到循循善诱，师生合作。"很难设想，如今缺乏责任感的教师，他会认真地去"教书""育人"并自觉地把这两者统一起来，他会严谨治学、诲人不倦、自觉做到教学相长，进行创造性的劳动。教师责任感的形成和培养，受多方面因素的制约和影响。首先是社会环境，一般来说，教师劳动的社会环境是由经济、政治、文化和道德四大因素构成的。经济欣欣向荣，政治稳定清明，文化繁荣健康，道德风气良好，会激发起教师对于生活的热爱，显然是有利于形成和培养责任感的。其次是教师自身的素质，主要是指教师的思想品德和所掌握的科学文化知识。思想品德好的教师，自然就会热爱自己的祖国和人民，热爱自己所生活的集体，其责任感自然就比较容易形成。非道德因素对人的道德品质的发展也是有影响的，教师所掌握的科学文化知识有利于其责任感的形成。历代知识分子之所以责任感都比较强，原因也在于此，所谓"天下兴亡，匹夫有责""先天下之忧而忧，后天下之乐而乐"，皆出于造诣颇深的知识分子之口。再次是自我教育，自我教育的作用在于，可以促使教师正确对待环境，提高教师的自身素质，因而对教师责任感的形成和培养最具有影响力。实践证明，有利的环境，既可以使人产生珍惜和热爱生活的思想感情，形成为自己的时代"添砖加瓦""锦上添花"的责任感，也可以使人形成贪图安乐、不思进取的个人主义思想情绪。同样，不利的环境，既可以使人消沉、堕落，也可能催人奋起，产生强烈的改变现实的责任感。这就是说有利的环境和不利的环境对教师责任感的形成和培养，都可能产生有利或不利的影响，究竟会是什么影响，关键是看自我教育。教师是教育者，教育者需要接受再教育，不仅行业知识方面要不断接受再教育，思想品德方面也需要如此。陶行知说："我们做教师的人，必须天天学习，天天进行再教育，才能有教学之乐而无教学之苦"，并且将此看成是"我们的责任"。自我激励，对于形成和培养高度的责任感是十分必要的，它是对自己进行"正面教育"的重要方式。所谓激励，就是行为主体在某种因素的策动下产生奋发向上、积极进取的精神动力。就策动力的来源来看，激励可分为社会激励和自我激励两种。前者来自他人、集体祖国家，狭义理解如赞誉、表彰、奖励等；广义理解则可包含一切有利于调动责任主体行为积极性的外在因素，如晋职、晋级、受到重视等。自我激励，产生于对自己的能力、作用和价值的肯定和高扬。在缺少社会激励的情况下，自我激励对于调动人的积极性，培养人的社会责任感显得特别重要。教师受其劳动特点的制约，不可能像在企业部门那样比较容易经常直接地得到社会性的激励，因此有必要特别注意利用自我激励的方法来激发自己的生活热情和对时代的责任感。如按照社会需要和自身条件，合理地设计和孜孜不倦地追求教学科研目标，教学科研上有了成绩或胜过他人则引为自豪，而不故意压抑自己的快乐情绪等等。作为师范院校的学生，应当从读书时代开始就有意识地学会运用自我激励的方法，养成自觉培养、强化责任感的良好品性。

在我国，人民教师担负着为实现社会主义"四化"大业培养建设者和接班人的历史重任，教师的劳动维系着国家和民族的振兴和富强，每个教师应当高度重视自己的责任感的培养。由于目前我国还比较贫穷，社会上还存在着分配不公的现象，教师的物质生活待遇与其社会贡献之间尚存在一些差距，加上这几年西方道德文化中个人主义和拜金主义的消极影响，一些教师对自己的社会价值缺乏应有的认识，职业责任感和职业良心比较淡漠。有时教师备课不充分，讲课不认真，考核马马虎虎甚至帮助学生弄虚作假，同时却用大量的时间和精力到社会上兼课、兼职，为自己赚钱，这就是缺乏责任感的表现。孟子说："天将降大任于斯人也，必先苦其心志，劳其筋骨，饿其体肤，空乏其身"。他说的是"大任"与"磨难"的关系，强调经"磨难"是担"大任"的必备条件，这对我们是有启发的。教师责任重大，能担此"大任"者必须具备吃苦耐劳、默默奉献的精神，而这种精神正是培养责任感不可缺少的。

第二节　教师的荣誉与荣誉感

一、荣誉与责任

人生在世，总希望活得有价值、光彩，能够获得荣誉，"荣誉心"人皆有之。但是，荣誉不属于意识范畴，人并非想得到什么荣誉就能得到什么荣誉。所谓荣誉，就是人们在履行了社会责任之后所得到的肯定性的社会评价。与荣誉相对应的范畴是耻辱，它产生于社会对人的否定性评价。

荣誉产生于两个相互联系的因素。一是个人履行对社会的责任，二是社会对责任主体所做出的肯定性评价。社会对人所做出的肯定性评价必须是公正的，否则就不能给评价对象乃至其他的人们以荣誉感，荣誉也因此而失去其道德价值。这里所说的公正体现在三个方面：首先是要切合评价对象实际上所履行的责任，其次是要为他人所公认，第三是评价的标准要具有先进性，体现特定阶级和国家的意志与价值导向。在产生荣誉的这两个相关的因素中，最重要的还是履行社会责任。因为，自觉履行责任是人获得荣誉的先决条件。一个责任感强的人，必定有为集体争光、为他人谋利益的"荣誉心"，他会尽职尽责，因而有可能得到社会的肯定性评价，获得荣誉。这说明荣誉与责任的关系是十分密切的。在对待荣誉与责任的关系问题上，一个人首先想到的应当是自己有没有履行责任或尽职尽责，做出应有的贡献。不愿或没有做到这一点而又要求荣誉，是得不到荣誉的，反而会被别人指责为要名誉地位，自己也容易由此而变成个人主义者。荣誉与责任有时会发生不相一致的情况。有的人没有尽职尽责却得到某种荣誉，这样的荣誉是虚假的，不可接受。有的人虽然尽职尽责却没有获得荣誉。后一种情况之所以存在，既有客观方面的原因，也有个人知识和才能方面的原因，后者的心理感受就是"心有余而力不足"。在有些特殊情况下，尽到责任不仅不会产生好的效果，反而会造成过失与失职，给职业活动带来障碍或损失。遇上这种情况，真正能够正确对待荣誉和责任的人，是会对其行为后果负责的，强烈的责任感驱使他把个人荣誉丢在一边，认真对待自己的过失，并以实际行动加以弥补。这样的人，社会应当做出肯定性的评价，给他以应有的荣誉。在任何一个社会里，人们在职业活动中造成事与愿违的过失都是可能的，社会对敢于承担自己行为过失的人以荣誉，是有利于启动和强化失职者的良心，促进个人和社会道德进步的。

从另一方面看，荣誉可以调动人的积极性，增强人的责任感，鼓励和鞭策人们去继续尽职尽责，承担更多更大的责任。所以适时给人以荣誉，是有利于培养人的责任感的。

不同阶级的人们对荣誉有不同的理解。无产阶级和广大劳动人民肯定荣誉的标准是对社会尽责及由此而做出的贡献，主张"贡献面前人人平等"。一个人能不能或在多大程度上得到荣誉，归根到底要看他对社会做出的贡献。这里所说的贡献，不是一般意义上的贡献，而是特殊贡献。别人做不到的你能做到，别人能做到的你做得更好，你就可能获得荣誉，荣誉历来只属于那些尽职尽责对社会做出特殊贡献的人。由于人们履行的责任、做出的贡献的类型不一样，荣誉也有不同的种类。如：在职业活动中做出突出贡献的"劳动模范""先进工作者""技术能手"，在道德生活领域做出特殊贡献的"见义勇为""学雷锋积极分子"等。历来的剥削阶级看待荣誉的标准，与无产阶级和广大劳动人民是不一样的，他们把尽可能多地占有他人劳动，炫耀权势，做人上人看成是一种荣誉。为了获得这种"荣誉"，他们可以不顾廉耻，丧尽天良，坏事做绝。在我国社会主义制度下，共产党人倡导的是一种积极奉献、先人后己、先公后私的荣誉观，给那些为祖国的安全和繁荣、为人民群众的幸福与快乐做出突出贡献的人以崇高的荣誉。

说到荣誉，人们会很自然地联想到名誉。荣誉和名誉是两个既相互联系又具有明显区别的道德范畴。相互联系主要表现在两者都离不开社会评价，区别主要表现在社会评价的标准不完全一样。荣誉的评价标准，如前所述主要是人对社会所做出的特殊贡献。只要对社会做出特殊贡献，就应当相应地获得荣誉。荣誉反映的主要是人的"人生价值"。名誉的评价标准是人格，除了包含对社会的责任和贡献以外，尚有是否是好公民，是否具备良心、自尊心、擅处人际关系、乐于助人等人格因素。名誉所反映的是更为全面的所谓"人生价值"。在现实生活中，有些人因为对社会尽职尽责，做出特殊贡献而获得某种荣誉，但他所在的单位或地方却对他采取"墙内开花墙外香"的冷漠态度，一般来说这就是荣誉与名誉发生分离的表现。它说明，名誉与荣誉并不完全是一回事，社会评价可能肯定一个人某个方面的突出贡献，给以某种荣誉，但不一定同时给以名誉。一个人要想通过努力获得某项荣誉也许并不难，但要同时获得名誉则并非易事。这种情况之所以存在，固然可能与主体所处的道德环境不良有关，但也决不可忽视主体自身可能存在的人格缺陷。能够自觉地把获得荣誉和名誉统一起来，是个性丰富和发展的标志，也是社会文明进步所提出的客观要求，每个立志做德才兼备"四化"人才的大学生，都应当朝着这个方向努力。

二、教师的荣誉与荣誉感

教师的荣誉，从根本上来说，是由教师职业的社会价值即对社会的特殊贡献来决定的。教师职业，是一种以人为劳动对象、劳动工具、劳动手段和劳动产品的职业。它以最有效的方式继承、传播人类的优秀文化成果，促进人的先天素质的发展和个体社会化，塑造一代代适应社会发展客观需要的建设者和接班人。从这个意义上完全可以说，没有教师这个职业就没有整个人类的文明史。正因为如此，教师历来享有崇高的荣誉，得到统治者的重视和保护，受到人民群众的尊敬和爱戴，教师对自己的职业也有着强烈的荣誉感。相传宋代朱熹曾辞官归乡而潜心从教，皇帝非但"龙颜"不怒反而给予"恩准"。新中国成立特别是改革开放以来，党和人民政府十分重视教育在国民经济发展中的战略地位，给予教师职业的社会价值以高度的评价，认为教育是实现"四化"的关键所在。正因为如此，广大教师能够以教为荣，以苦为乐，为培养"四化"建设人才而埋头苦干，真正乐意弃教经商或从政的教师并不多见。这表明，我国广大教师能够充分理解教师职业是一种功德无量的事业，看到自己的劳动所做出的社会贡献，职业荣誉感较强。

所谓荣誉感，简言之，就是人们对荣誉的心理体验过程，表现为愉悦、自豪、幸福等情感状态。

教师的荣誉感产生于对自己职业的社会价值及由此而获得的荣誉的内心体验。就心理过程来说，教师的荣誉感有两种基本形式。一是需要和追求荣誉或曰社会肯定性评价的动机和执着精神，这就是人们通常所说的"荣誉心"。它是教师情感结构中最为活跃的因素，时刻激励着教师去努力奋斗，去为国家和民族培养建设者和接班人而辛勤耕耘。另一种形态是获得荣誉后所产生的满足、自豪、幸福等心理体验，它从一个方面体现了荣誉的意义。荣誉如果不能促使教师产生这些心理体验，那么荣誉也就没有"魅力"了，荣誉的这种表现形式是普遍的。雷锋在帮助他人、做了有益于社会集体的好事之后，常在日记中抒发一种满足感和愉悦心情，这其中实际上就有关于荣誉的心理体验。教师荣誉感的这两种形式是相互联系、相辅相成的，需要和追求荣誉的动机和执着精神，总是以对自己或他人已经获得的荣誉进行心理体验为前提，而如果没有关于荣誉的动机和执着精神，也就不可能在获得荣誉之后有体验满足、幸福等情感需要。

犹如具有荣誉感的人并非都能获得荣誉一样，获得荣誉的人也并非都会产生荣誉感。过去评先进教师，开一个表彰大会，发一张奖状，当事者就会感到光荣和自豪，产生新的动力。现在的情况就有所不同，在给予"精神鼓励"的同时必须有物质奖励，甚至主要必须是物质奖励，非如此当事者就很难体会到"荣誉的价值"。这种差别之所以形成，固然与荣誉观念随着时代变迁发生变化有关，但主要还是不同教师在思想道德素质方面存在差距。思想道德素质好的教师，比较注重精神生活的需要，他们不是以是否获得物质奖励而是以有没有和在多大程度上尽到自己的责任，对社会做出贡献来看待荣誉问题。因此，只要自己尽职尽责，为国家和民族培养出合格人才，他们就感到光荣和自豪，即使像"蜡烛"那样耗尽生命，也在所不惜。而个人主义思想比较严重的人，总是以一种"待价而沽""讨价还价"的态度来对待荣誉问题，他们爱斤斤计较，总是觉得社会和集体"亏待了自己"，唯有搞点"物质刺激"才能打起精神来。应当看到，荣誉感属于人的精神生活范畴，是人的一种高级需要，把它的形成与培养仅仅与物质奖励相联系，就已经改变了它的特定内涵，荣誉和荣誉感也都因此而变得庸俗了。

三、教师荣誉感的形成与培养

与责任感一样，荣誉感也是促使人们认真履行自己的社会责任，积极争取对社会做出较大贡献的心理基础。所以教师的荣誉感不仅直接影响其珍惜和获得荣誉，而且制约着他们整个心理品质的发展，因而影响着他们的人生价值。常言道："哀莫大于心死"，一个毫无荣誉感的教师是没有什么希望的。因此，教师应当重视荣誉感的形成与培养。

首先，要认清教师荣誉感形成与培养的特殊规律。诚然，教师职业对社会所做出的贡献是巨大的，但教师与其他从业人员相比却不大容易获得荣誉。这是因为，教师劳动具有复杂性、长期性的特点，教师在劳动过程中是否做出特殊贡献，是不大容易很快检测出来的。一个教师对于荣誉的体验，很难从社会的公正评价中及时产生，更多的是要从对职业群体的社会贡献中把握，以此来培养自己的荣誉感。从另一个方面看，在任何一个社会里，教师的文化和心理素质都比较高，他们能够凭借自己的判断力和理解力把握自身的价值，职业信念坚定，不论社会对教师的职业有无肯定性评价或作何种评价，很多人都会为自己是一名教师而感到光荣和自豪。

十年"文革"中，教师被列入"臭老九"，其中造诣颇深者几乎都被打成"反动学术权威"，受到非人待遇，但是他们并未因此而改变自己的职业信念，淡化对于职业的荣誉感。

其次，要正确对待集体荣誉与个人荣誉，自觉培养集体荣誉感。荣誉有集体荣誉和个人荣誉之分，荣誉感也有集体荣誉感和个人荣誉感之别。集体荣誉感是对集体荣誉的心理体验，当自己所在的班级、教研室、学校乃至民族和国家获得了荣誉，自己便高兴，感到光荣，受到鼓舞，这就是集体荣誉感。集体荣誉感反映人的集体主义精神，是高尚道德品质的重要组成部分。个人荣誉感产生于对个人荣誉的心理体验。由于教师劳动从形式上来看是"个体劳动"，不同学科甚至相同学科的教师之间平时交往不多，教师集体比较松散，加上个人主义者名利思想的不良影响，一些教师比较看重个人荣誉而不大重视集体荣誉，集体荣誉感比较淡薄。这种情况的存在就从客观上向教师提出了正确对待集体荣誉与个人荣誉，自觉培养集体荣誉感的要求。实际上，作为"一切社会关系总和"的现实的人，其成功总是离不开集体的，个人的荣誉总是渗透着集体的智慧和力量，而集体的荣誉也总是给个人带来光荣和幸福，提高了个人的"人的价值"。由此看来，一个具备了健康荣誉感的教师，应当同时具备集体荣誉感和个人荣誉感。只重视个人荣誉而不关心集体荣誉，是个人主义者的品德特征，是不利于荣誉感的形成与培养的。

最后，要注意克服虚荣心，虚荣心与荣誉感是有本质区别的，它是一种不注重履行社会责任、对社会做出较大贡献，而只以获取表面、暂时的荣耀和光彩为目的的心理状态，虚荣心强的人注重追求一种虚假的荣誉，与人交往爱哗众取宠。生活上爱讲排场、摆阔气，工作上报喜不报忧，甚至弄虚作假、文过饰非，以此来骗取荣誉。虚荣心是一种不良的心理品质，不仅会造成人际关系紧张，不利于个人成长与进步，而且往往会给他人和集体带来损失。而荣誉感则是一种健康的心理品质，对于个人和集体来说都是不可缺少的。教师是人类优秀文化成果的传播者，职业的性质形成了教师尊重科学、务实进取的高尚品格，但是，近几年来，由于受到商品经济的冲击，特别是受到资产阶级个人主义名利思想的侵蚀，一些教师特别是青年教师丢掉了教师的传统美德，滋长了一种不求实绩，只求"知名度"的虚荣心。他们对掌握教学艺术、搞好教学工作，在"教书"过程中担当"育人"的责任不感兴趣，对待科学研究也缺乏扎扎实实、一步一个脚印的作风，却热衷于到处做报告，千方百计要尽快提高自己的"知名度"，以求获得殊荣。有的甚至为此不惜丧失人格，出卖灵魂，走到自己的反面。从这点来看，克服虚荣心是十分必要的。当然，希望提高自己的"知名度"并非坏事，但是，"知名度"必须以对社会做出突出贡献为前提，而不能以虚假的荣誉为基础。总之，在对待荣誉问题上，正确的态度应当是既要积极争取，又要力戒虚荣心。

教师的道德品质*

社会为了维护自己的稳定和发展，总是要对人们的行为进行调节，这种调节通常是从法律和道德两个基本方面进行的。就道德调节来说，又表现为两种基本形式，即社会的道德规范要求和个人的道德品质。这种调节方式普遍地适应于各行各业，同样适应于教师职业。教师的道德建设，一方面需要提出科学完备的道德规范体系，另一方面需要依靠教师个人加强师德修养，养成优良的道德品质。

第一节　道德品质及其结构

一、什么是道德品质

道德品质，即人们通常所说的品德或德性，指的是一定社会的道德价值观念和行为规范在个体思想行动中的体现，是一个人在社会道德生活中所表现出来的比较稳定的心理特征和行为倾向。

纷繁复杂的社会与人生总是存在着各种各样的社会现象，这些社会现象在总体上可以划分为经济现象、政治现象、文化现象、道德现象等。道德作为一类特殊的社会现象，自身又是纷繁复杂的，人们常常感到道德生活世界存在着许多说不清道不明的问题。但是，对于道德生活世界，我们可以在总体上将其划分为两个彼此区别又相互联系的基本部分，这就是社

*选自钱广荣主编:《新世纪师德修养读本》第九章,合肥:安徽人民出版社2000年版。

会的道德现象和个人的道德现象。前者主要由社会的道德风尚、道德关系、道德价值观念和道德准则构成，后者主要由个人所处的道德关系及其道德品质构成。社会的道德现象与个人的道德现象，是紧密地联系在一起的。社会的道德现象在根本上影响着个人的道德现象，特别是决定着个人道德品质的形成与发展。因此，个人的道德品质总是相对于社会的道德现象，尤其是社会的道德价值观念和道德准则来说，没有社会的道德现象也就没有个人的道德现象，没有所谓的道德品质。

当代中国正处在改革开放和发展社会主义市场经济的重要时期，经济的发展与政治的进步，对社会的道德现象发生着前所未有的重大影响。如今的社会道德价值观念和行为准则与过去相比，已经大不相同了，人们平时常常出现的价值观念紊乱、行为失范的感觉，就是这种变化的反映。这些重大的变化必然会对个人的道德现象特别是个人的道德品质发生极为深切的影响。为什么如今的人们对社会和个人的道德现象的理解，对个人"做人"即道德品质的关注，在许多方面与过去不一样，原因也在这里。

但是，人的道德品质并不是对社会道德现象和道德准则的消极被动的反映，其形成需要主体的自觉活动。它虽然在发生的意义上是由社会的道德现象决定的，受特定社会的道德价值观念和道德准则的制约，但是在根本上却是主体进行自觉认知和心理体验的产物。正因为如此，同样在一定的社会道德现象和社会的道德价值观念与道德准则的影响之下，不同的人却会形成不同的道德品质。特定社会的道德现象并不是孤立、抽象的存在物，总是以特定的人们的道德品质为其实质性的内涵，而特定的道德价值观念和道德准则又总是以特定的人们的道德品质为基础和对象的。

由此看来，完全可以说，个人的道德品质在根本上体现着特定社会的道德风尚和社会的文明进步程度。因此，社会的道德建设应当把立足点放在个人道德品质的养成上。

二、道德品质的结构与特征

结构是事物存在的基本方式，事物的存在总是以某种特有的方式而存在的。道德品质作为一种特定的道德现象，其存在必然有其特定的结构。考察道德品质的结构，是我们认识和把握道德品质的基本的方法。

人的道德品质结构，由四个基本成分构成，即道德认识、道德情感、道德意志和道德行为。

道德认识，简言之，是关于社会道德现象与道德规范和要求的认识，它是个人道德品质结构的知识层次。就实质性的内容看，个人的道德品质的结构中，道德认识是关于善与恶的知识。作为知识形态，个人的道德认识包含三个方面的基本内容：

一是关于一定时代的社会道德现象的认识。这种知识产生于道德宏观领域里的认识活动，具体内容一般涉及对社会的道德风尚，特别是"官德"风貌的评价。

二是关于人际关系中的道德关系的认识与评价。道德关系是社会道德现象的一个重要方面，作为"思想关系"形态影响人们的道德生活。人们平常所说的"人缘关系"，是道德关系的最一般形态。一个人的道德品质，其认识部分总是会包含这方面的内容，这种内容既有"身外"的也有"身边"的，而又以"身边"的内容为主，因为人的认识总是由近及远，由个别到一般的。

三是关于把握社会道德现象和处理道德关系的社会道德准则的认识。这是道德认识的主要成分。就特定的个体来说，如上所说，道德认识就是道德知识。人们通过学习，了解和把握了一定社会的道德准则——道德规范和要求，就将其作为知识沉积在自己的知识结构中，在观察社会和人生时又将其作为评价的标准显现出来。平时，人们都是运用这些道德知识去观察社会的道德现象，认识周边的人，反顾和检查自己的道德角色的。所以，在实际的道德生活中，道德认识通常反映的是人的一种能力，即进行道德判断、评价和选择的能力。

道德情感，是指人们对现实生活中的道德风尚和他人的道德行为所表示的好恶的情绪与态度。道德情感的一般形式是喜、怒、哀、乐。它的产生，首先是由于面对一定的对象，这种对象又往往与自己存在着某种实际的利益关系。人类的道德活动都与其相互之间存在的某种利益关系相关，道德情感作为一种内心体验或多或少都产生于这种利益关系。当然，这里所说的利益关系，既有物质利益意义上的，也有精神意义上的，后者主要是个人的尊严。其次，道德情感的产生及表现，总是要借助于一定的道德认识，丰富和美好的道德情感总是道德知识积累的成果，道德认识方面知之甚少甚至一无所知的人，往往就会是一个十足的"冷血动物"。所以，世界上没有无缘无故的爱，也不会有无缘无故的恨。也正因为如此，道德情感在人的情感结构中居于特殊的位置，人在其他活动领域所表现出来的喜怒哀乐情绪和态度，在一般情况下多含有道德上的好或恶。

这里需要特别注意的是，道德认识决定着道德情感的善与恶。所谓爱或恨的"缘故"，实际上都是一定的道德认识。认识对了，所"爱"所"恨"就是善的，反之，所"爱"所"恨"，就是恶的。

道德意志，是人在道德判断和道德选择上表现出来的一种稳定性和坚持精神。俗话说"江山易改，本性难移"，指的就是道德意志的稳定性特征。道德意志反映人的道德品质形成和发展的重要阶段，一般来说，一个人形成了某种道德意志，他也就形成了相应的某种道德品质。与道德认识和道德情感一样，道德意志也有"善""恶"之分。道德意志善良的人，不论是在捍卫国家主权和参与国家政治生活的"大节"问题上，还是在日常与人相处和处理与集体的关系的"小节"问题上，都能一如既往，毫不动摇。孟子说的"贫贱不能移，富贵不能淫，威武不能屈"①，后来陶行知在三个"不能"后面又加上一句"美人不能动"，说的就是这样的道德意志，即一种向善的坚持精神。在实际生活中，有这样的一些人，他们的道德意志所表现出来的坚持精神很强，但却是向恶的，丧尽天良、干尽了

①《孟子·滕文公下》。

坏事，成为十恶不赦的罪人。

道德意志与道德信念紧密相关，一个人具备了某种人生观、道德理想和道德价值观，也就相应形成了某种道德意志，并由此而相应产生某种强烈的道德责任感。"贫贱不能移，富贵不能淫，威武不能屈"，是一种道德意志；哥们义气、为朋友两肋插刀，也是一种道德意志，但支撑它们的人生观、道德理想和道德价值观却不一样。

道德行为，是人们为追求一定的道德价值而采取的实际行动。道德行为有个体行为和群体行为之别，后者即人们通常所说的道德活动。在一定社会里，个体的道德行为和群体的道德活动都包含两个方面的意思，一是泛指一切可以进行善恶评价的道德行为，二是指为培养一定的道德品质以达到一定的道德境界而进行的道德活动，即道德评价、道德教育和道德修养。道德行为是人的道德品质的特有倾向，也是道德品质的真实价值所在。

一个人的道德品质就是由上述四种基本成分构成的。其中，道德认识是形成特定的道德品质的前提和基础；道德情感是特定的道德品质结构中最活跃的因素，它使道德认识呈现出行为倾向；道德意志是道德品质结构中最稳定的因素，它是形成特定的道德品质的根本标志；而道德行为则是道德品质结构中最有价值的成分，它使特定的道德品质成为一种道德价值形式。这四种基本成分有机地构成了一定的道德品质的基本形态。

道德品质具有如下一些特征：

一是整体的稳定性。整体的稳定性，指的是道德品质结构中的每一要素，都处于一种稳定的状态，而不是一时一地呈现出的某种现象。比如一个人今天认为人与人之间应当互相帮助、团结友爱，明天又赞同人不为己、天诛地灭；今天做了见义勇为的好事，明天又干了见死不救的坏事，我们能说这个人的道德品质是好还是坏？不能，因为他在道德认识和道德情感以及道德行为方面的表现不具有稳定性的特征。当然，这样的人在实际生活中是不多见的，或者说是不存在的。当然，这里所说的整体稳定性，是就一般的意义上说的。正在接受学校教育的学生，不论是小学生、中学生还是大学生，他们的道德品质在整体上是不稳定的。即使是成年人，由于种种原因，有些人的道德品质也处于一种不稳定的状态，有的甚至一生都处于这种状态。

二是过程的双向性。任何人的道德品质的形成都不是一朝一夕的事情，而是一个发展过程，优良的道德品质的形成是这样，不良的道德品质的形成也是这样。我们称前者为递进性过程，后者为递退性过程，两者都反映了道德品质形成和发展的实际过程。一个人特别是青少年，在道德品质的形成与发展的过程中，这两种趋向都是客观存在的，究竟是递进还是递退，取决于个人的人生价值观及人生追求方式。比如想出人头地、成名成家，这本是正常的事情，但如何去出人头地、成名成家，却有个人生价值观的指导和人生追求方式的问题需要思考和选择，这种指导、思考和选择，决定着人的道德品质的形成与发展的方向。电视剧《惊天大劫案》中的何国光，本是一个老实巴交、很有培养前途的建筑专业的大学生，因急于要出人头地，要"做大人""干大事"而中途退学去办公司，最终又因"来钱不快"而铤而走险去抢银行，沦为十恶不赦的罪犯。何国光的堕落说明，一个人尤其是青年人在道德品质形成与发展的过程中，存在的递进还是递退的两种选择更为突出和尖锐，如果人生价值观和人生选择方式不正确，就会滑向不良的方向，误入歧途。

三是差异性。不同的人，道德品质总是不一样的，甚至完全不一样。这一方面表现在性质上的差异，人们评价道德品质的状况时常用的"高尚""优秀""良好""一般""差"等概念，就是关于道德品质的性质差异性的描述。另一方面表现在结构状态或模式上的差异。同样是道德品质优秀的人，有的人突出地表现在道德情感方面，显得易于激动或热情奔放；有的则突出地表现在道德意志方面，显出沉着稳健、坚忍不拔的气概；有的突出地表现在对待职业的事业心方面，爱岗敬业，孜孜不倦地追求工作的业绩；有的则可能突出地表现在助人为乐方面，看到别人需要帮助，马上就会伸出援助的手，如此等等。在日常生活中，人们通常用"个性"一词来区分人与人之间存在的某些差别，这里的"个性"一般来说都是道德意义上的，属于"道德个性"，也就是道德品质方面的差异性。

道德品质结构状态或模式上的差异性是普遍存在的，犹如世界上找不出两片完全相同的树叶一样，也找不出两个道德品质在结构状态或模式上完全相同的人。这种差异，一般并不反映一个人道德品质的优劣，因此不能用来作为评价道德品质的标准。道德品质结构状态所表现出来的差异性，正是道德生活丰富多彩、生机勃勃的表现。社会的道德教育和个人的道德修养的根本目的，是要用特定的道德价值标准把同时代的人们培养成为"一种人"，而不是要把同时代的人培养成为"一个人"。

三、道德品质在社会道德中的地位与作用

我们可以从三个方面来考察和认识道德品质在整个社会道德中的地位与作用。

道德品质是社会道德风尚的实质性内容。社会风尚也就是人们平常所说的社会风气，它是一定社会的经济、政治、文化等状况的综合反映，是广大社会成员道德与精神面貌的总体表现。

就实质内容看，社会风尚所反映的是什么？是人们在处理彼此之间以及自己与社会集体之间的关系时所表现出来的道德水准，而能体现和说明这种水准的根本因素就是人们的道德品质。人们对社会风尚的认识和把握从来都不是抽象的，而总是从自己的切身感受或调查研究中获得的，由了解与己相关的"人心"进而发现"世风"。所以，人们在描述一个衰败时代的社会风尚时，常把"人心不古"与"世风日下"放在一起。由此看来，要想改善和优化一个时代的社会风尚，还得从努力培养人们的优良的道德品质做起；就个体来说，要想社会风尚好，就应当从加强自己的道德修养做起。在社会风尚面前，如果人人都做批评者，那么他同时就又成了别人的批评对象，结果就出现了这样一幅社会生活图景：人人批评人人，人人被批评。试想，这样的社会，会不会有一种好的道德风尚？要想有一种好的社会风尚，就必须从其实质性的内容抓起，即从人的道德品质的培

养抓起。因此，社会风尚的建设不是仅靠国家和社会管理部门的高度重视就能奏效，它是一项需要每个人都亲身参与的群众性工程。

相对于社会道德规范来说，道德品质是社会道德规范的价值体现。道德作为一种价值，首先以一定的规范形式表现出来。在道德生活领域，社会需要和希望人们怎么去行动，通常是以道德规范的形式反映出来。人们在特定的社会道德规范面前一般会采取两种态度，进行两种选择。一是用此作为评价的标准去度量他人的行为是否合乎道德，二是将此作为"做人"的准则变成自己的认识，内化为个人的某种情感，并用此指导自己的日常行动。社会道德规范的价值就是这样通过主体的两种态度和选择实现的。不难看出，这两种态度和选择归根到底还是后一种选择，即将社会道德规范转化为个人的道德品质。因为，评价他人的行为实际上是以他人具备了某种相应的道德品质为前提的，不然，评价就是徒有其名、流于形式。由此可见，培养人的道德品质是实现社会道德规范的价值的基本途径；一种道德规范或一个道德规范体系是否有价值，根本的不是要看其是否完备，而是要看其是否被人们普遍接受，人们是否因此而具有相应的道德品质。

相对于社会的道德建设来说，培养优良的道德品质是社会道德建设的根本目标。道德建设涉及的方面很多，概言之有道德理论建设、道德规范建设、道德教育和评价机构建设，以及个人的道德修养等。这些建设的根本目标不能是别的，只是在培养人们优良的道德品质，离开这个根本目标，任何道德建设活动都毫无意义。据有关媒体报道，杭州市抓城市的道德与精神文明建设很有成效，其基本的做法和经验是"以人为本"。所谓"以人为本"，也就是要以改造和提高人的思想道德品质为本，这就抓住了社会道德建设的核心问题，抓住了根本。

总之，道德品质是社会一切道德现象的主体部分。离开了人们的道德品质的实际状况来谈一个社会的道德风尚是否好，道德规范制定得是否完备，道德建设抓得如何，都是水中捞月、纸上谈兵。

第二节　教师的道德品质

一、教师道德品质形成的特点

我们知道，人的道德品质的形成不是一个自然的过程，而是在生活、学习和工作实践中不断接受教育和进行自我修养的过程。职业道德品质的形成，是系统地接受职业道德教育，坚持进行职业道德修养的结果。

由于各种原因所致，我国目前许多行业的从业渠道和方式仍然保留着"师傅带徒弟"的传统习俗，职业道德的教育与养成也沿袭着这种传统。文化教育与科技领域的各行各业，虽然在就业方式上早已摆脱了这种传统习俗，但在职业道德品质的教育与养成方面，却缺少应有的措施，基本上还是采用一种"师傅带徒弟"的做法。改革开放以来，我们出版了不少反映职业道德方面的著作，也发表了不少这方面的论文，但这并不能说明我们的职业道德水准大大提高了，因为衡量职业道德的水准是从业人员实际的道德品质的水准。

教师是培养、塑造一代代新人的职业，要求教师必须具有高标准的职业道德品质。这样的品德是怎样来的？教师职业道德品质的形成，是系统接受有关职业道德的教育与训练，自觉进行师德修养的结果。与其他从业人员相比，这是一个复杂而又长期的过程。在这里，重要的是要投身教育实践，在教书育人的实践活动中去锻炼与提高。师范大学生在校读书期间，通常会比较系统地接受师德修养方面的教育，但这些教育多属于知识的灌输与传授，一般只是在知识层次对师范大学生产生一定的影响，有关教师的职业道德情感、道德意志和道德行为，还有待于将来在实践中去体验和表现。即使走上教师岗位，能否化知识为情感、意志和实际行动，也不是一日之功，更不是说一说就能奏效的，更多的还要依赖各自在教育教学实践中自觉进行师德修养。

二、教师道德品质的主要特征

教师是培养一代代新人的"人类灵魂的工程师",其道德品质与其他行业的人相比较,具有一些特别值得师范大学学生注意的特征。

第一,道德认识上,以国家和民族利益为重,以培养一代代新人为己任。所以,教师一般都具有整体观念和大局意识,关心国家大事,关心时事政治,关心世界经济全球化的发展趋势;在处理个人与集体和国家的利益关系,处理个人与他人的利益关系的问题上,一般都能持正确的认识。在道德的自我评价和社会评价方面,教师所使用的价值标准都是当今时代社会公认和公开提倡推行的。正因为如此,教师对自己的职业的"人梯""春蚕""烛炬"的伦理本质属性,都有十分明确的认识,并为此而感到自豪。

第二,以"爱"为核心的道德情感。爱,是人类共同的道德情感,人都有被爱的需要,其中不少人同时又有爱别人的需要。人生在世谁都想得到别人的爱,有些人还同时希望能有机会去爱别人,雷锋就是后者的一个典型。教师的爱心主要体现在两个方面:一是爱国。教师几乎无一例外都是一批爱国者,他们成年累月不分寒暑,夜以继日地工作,辛勤地教育和培养他们的学生,都是为了祖国的繁荣昌盛和光明未来。二是爱学生。教育,是一种充满爱的事业,学校是充满爱的地方;没有爱就没有教育,学校也因此而失去了存在的基本依据。教师是学校的主体,教育之爱主要是通过教师来体现的。教师的劳动对象是学生,教师一般都能像工人爱机器、农民爱土地那样对待他们的学生。学校的基本的人际关系是师生关系,师生关系是以爱的情感纽带联结起来,没有爱也就没有正常的师生关系,没有爱的师生关系是不可思议的。

第三,道德意志坚定。道德意志作为人的道德品质的重要组成部分,标志着人的道德品质的定型和成熟。在现实的社会生活中,很多人并没有形成道德意志，不仅儿童和青少年基本是这样，而且不少的成年人也是这样，有的成年人甚至一生都没有形成一定的道德意志，他们最终甚至还以一种"老孩子"的品性告谢人世。但是，教师一般都具有坚定的道德意志。这首先表现在他们坚持以特定的价值标准看待自己的职业，经得起各种诱惑和考验，终生默默耕耘，矢志不渝。不论是大学、中学还是小学，在每一个学校里人们都可以看到这样的老师。他们是我国教师队伍里的精华，也是教师队伍的骄傲，是我们民族的骄傲。其次，表现在处人处事的原则上，坚持一定的人格标准。道德意志，在通常情况下表现为特定的道德人格，两者在道德活动中的价值取向是一致的。自古以来，教师都比较注重自己的尊严和价值，强调人格的重要，从来不干趋炎附势、同流合污、随波逐流的事情。孔子所说的"三军可夺帅也，匹夫不可夺志也"，孟子强调的"富贵不能淫，贫贱不能移，威武不能屈"，都是关于教师道德人格的最早思想。在当前大力发展市场经济的形势下，一些人，包括一些共产党员和领导干部，经不起金钱等诱惑，丧失了自己本来具有和应有的人格，蜕变堕落，沦为不齿于人民大众的狗屎堆。但是，在教师队伍里，人们很少听说有这样的事情发生。目前的学校特别是大学，一般都办了一些与经济开发有关的"对外窗口"，主事的基本上都是教师，他们兢兢业业、公正无私，常在河边走就是不湿鞋。其所以如此，并不是像有的人所说的那样是因为"教师没有机会堕落"，而是因为教师具有坚定的道德意志，注重自己的人格形象，看自己的尊严和价值比什么都重要。

第四，道德行为的一贯性。我们已经知道，道德行为是人的道德品质的真实价值所在，一个人的道德品质如何，最终不是要看其道德认识是否正确、道德情感是否丰富、道德意志是否坚定，而是要看其道德行为是否实在，也就是说要看其实际做得怎样。在实际生活中，人们的道德行为存在着是否具有一贯性的差别。人们常常可以看到这样的情况：这个人在这件事情上采取的行为是高尚的，在另外一件事情上采取的却可能就很一般，甚至是卑劣的。这就叫作行为的不一贯性。

教师在职业活动中表现出来的行为则不是这样，其一贯性十分明显。

比如，教师总是十分认真地对待自己的教学任务，许多教师几十年如一日，上课从不迟到早退，更不会无故缺课，兢兢业业，脚踏实地，默默无闻，不图个人名利。有人曾以这样的戏言描述学校的运作状况：只要将课程表排好了，没有校长学校也不会垮台，因为老师都会根据课程表去上课。这个戏言说明教师对待自己的工作任务是十分认真的，也反映了教师的敬业精神。

教师一般都看重学校管理部门和学生对自己的教学评价，自己的课上得怎么样，教学质量究竟如何。这是教师时常挂在心头的问题。同时，教师比较看重自己的学术地位，大学教师尤其是这样。每逢职称评审时，都要凭借自己的实力去争一争。评上了常常要高兴一番，评不上则免不了会感到面子上过不去，有的甚至感到抬不起头来。应当说，这些情绪反映和行为表现，是正常、正当的，恰恰表明教师对自己职业的热爱，对自己人生的执着追求。

教师道德品质的上述特征表明教师的道德品质与一定时代的人们的道德品质相比，处在先进的位置。师范大学学生应当在读书期间就朝着这方面努力，通过有关师德修养方面的知识的学习，自觉进行师德修养，初步具备作为一个人民教师的优良品质。

第三编　伦理应用散论

义利关系新说*

　　在伦理学视野里，义与利的关系属于道德的基本问题，也是人们在社会生活中处置各种价值关系的基本课题。所以，从学理上厘清义利关系的真实内涵或本质特性，对于伦理学的理论建设和指导人们的道德生活是至关重要的。

　　义与利的关系究竟是怎样的？中国历史上争论了几千年，倾向性的看法是重义轻利，具体阐释是：在一般情况下要先义后利，在义与利发生矛盾的特殊情况下要舍利取义，直至舍生取义。20世纪80年代至90年代初，在改革开放和发展社会主义市场经济引起利益关系调整和道德观念变化的过程中，这个争论了几千年的老话题又理所当然地被重新提了出来，人们争论的结果大体上取得了较为一致的看法，这就是：义与利两者之间的关系应当是义利兼顾、兼得、兼长。概言之，传统的看法是强调义与利的对立，现实的看法是主张义与利的统一。除此之外，自古以来还有一种游离于传统与现实之间的看法，认为义与利既具有对立性的一面，也具有统一性的一面。

　　上述关于义与利关系的不同看法有一个共同的特点：把义与利的关系看成是道德与利益尤其是物质利益的关系，所谓义利关系之争就是道德与利益关系之争，A（道德）←——→B1（利益）或 A（道德）←——→B2（利益）

　　*原载《巢湖学院学报》2008年第5期。

之争。这种似乎不容置疑的看法是不是科学的，是不是触及义与利关系的真实内涵或本质特性，至今没有人提出过怀疑。

然而在笔者看来，这一古老命题其实是不能成立的，义与利的关系的真实内涵或本质特性不是道德与利益的关系，而是道德与不同利益之间的关系的关系，如果用图式来说明，那就是：

A（道德）

↑↓

B1（利益）←——→B2（利益）；

而不是A←——→B1 或 A←——→B2。而中国从古到今的所谓"义利之辨"，所"辨"的恰恰就是"A←——→B1"或"A←——→B2"的关系。

不难理解，不论怎么"辨"，只要是在"A←——→B1"或"A←——→B2"的范式上理解义利关系，就不可能超脱"道德与利益之间存在根本对立"的认知窠臼，势必会合乎逻辑地推演出重义轻利的结论来。一般说来，在任何社会，在人们的价值理解中道义价值总是高于物质利益价值的，所以在义利关系被曲解为"A←——→B1"或"A←——→B2"的关系的基础上提出的重义轻利原则，在物质生活资料匮乏的小农经济社会里具有不可动摇的学理性地位，今天看来是不应厚非的。那么，重义轻利在今天是否具有合理性，以义利兼顾、兼得、兼长的原则替代重义轻利的原则是否就是一种进步？笔者以为，如果按照"A（道德）←——→B1（利益）或 A（道德）←——→B2（利益）"的模式来解读义与利的关系，那就不仅不是一种进步，而是一种倒退了。情义无价，道义更无价，即使在市场经济条件下，人们也不应当把物质利益的价值与道德价值等量齐观，相提并论。

从学理上来分析，用"A（道德）←——→B1（利益）或 A（道德）←——→B2（利益）"来解读道德与利益的关系，不论是提倡重义轻利还是推崇义利并重，都会在社会评价和人们的认知心理上产生这样的误导：社会（地区）的道德风尚与其占有"利"的多少、人的道德品质与其占有"利"的多少之间存在逻辑联系，富裕的社会（地区）和人其道德风尚和道德品质必定是低下的，反之必定是高尚的，因此，你要想追问和追求良好的风尚或优良的道德品质，就不能追问和追求更多的"利"，直至放弃"利"。"文革"中之所以会出现"宁要社会主义的草，不要资本主义的苗""越穷越革命"、在校学生比赛着穿带补丁的衣服，以至于硬是把知识分子赶到穷乡僻壤去接受穷人的"再教育"，从伦理学的分析角度来说，不能不说与"A（道德）⟷B1（利益）或 A（道德）⟷B2（利益）"的理解范式直接相关。

这样说，并不是说"A（道德）⟷B1（利益）或 A（道德）⟷B2（利益）"即道德与特定利益之间不存在道德性问题，不会发生违背道德因而需要运用道德规范和价值标准进行道德调节的问题。但是，对其中的道德性问题应当进行具体的分析。一个人追求他的"利"，或为了生存，或为了发展，都需要选择和运用其一定的方式和手段，方式和手段有两种，一种是"义"，一种是"技"，而"技"一般又是受"义"支配的。如果方式和手段合乎"义"，其所得之"利"就是正当的，反之则是不正当的。就是说，"利"本身与"义"无关，"利"与"义"发生关系并被视为道德评价的对象全在于"获利"的方式和手段。就是说，社会和人在利益占有方面的多寡与道德问题无关，"A（道德）⟷B1（利益）或 A（道德）⟷B2（利益）"本身并不具有道德意义，只有在被解读为"A（道德）⟷B1（获利手段）"或"A（道德）⟷B2（获利手段）"的情况下才具有道德意义。就是说，正是"获利"的方式和手段才建立了不同利益之间的关系即"利益关系"，使得不同利益主体的实际行为表现出善或恶的倾向。于是，"A（道德）⟷B1（利益）或 A（道德）⟷B2（利益）"就合乎逻辑地转化为：

A（道德）

↑↓

B1（利益）⟷B2（利益）的关系了。

需要特别指出的是，作如上解读是揭示、正确认识和把握义与利的关系的真实内涵和本质特性的关键所在，也是正确认识义与利的关系的方法论路径。

有史以来的"义利之辨"所涉及的"利"主要是"获利",即利益占有意义上的"利",实际上,除此之外尚有"付利",即消费和使用"利"的方式和手段意义上的"利",义利关系还应包括"A(道德)←→B1(付利手段)"或"A(道德)←→B2(付利手段)"的关系。它的正确解读方式应当是:

A(道德)

B1(付利手段)←→B2(付利手段)。

如此看来,在特定主体的意义上,"义利之辨"实则是关于道德与谋取或付出特定利益的方式和手段之间的关系之"辨","A(道德)←→B1(利益)或 A(道德)←→B2(利益)"的关系实际上是并不存在的,只是一种非学理性的假设,用"A(道德)←→B1(利益)或 A(道德)←→B2(利益)"的理解范式来说明义利关系,是违背义利关系的逻辑的,沿此路径走下去永远不可能阐明义与利的真实关系。

即使是在"A(道德)←→B1(利益)或 A(道德)←→B2(利益)"的意义上说明义利关系,也应当首先看到两者的统一性。利益,不论是物质的还是精神的,在发展的意义上都需要道德的维护。人生在世,每个人都不能回避对自己和家庭的责任,人们所承担和履行的对国家和社会的责任一般也是在对自己和家庭履行责任的过程中得以展示的,这必然"迫使"人们时刻关注自己的"切身利益",为此甚至"一事当前先替自己打算"。从这点看,尊重和维护人们的个人利益是社会道德建设的使命之一,道德尊重和维护人们的个人利益,人们就会尊重和践履道德,所谓"仓廪实则知礼节,衣食足则知荣辱"①说的就是这个道理。反之,道德离开对个人利益的尊重和维护,甚至站在利益的对立面,就意味着离开人们对自己的关注,因而就会被人们冷落,甚至被人们嘲弄和唾弃,最终使自己在社会生活中遭遇尴尬——"出丑"。

历史表明,一个真正重视道德的社会,总是通过舆论引导道德尊重和

①《管子·牧民》。

维护人们对"切身利益"的关注，所谓"太平盛世"正是对利益的发展和道德的进步相辅相成、相得益彰的结果。历史上的贤明治者一般都深谙这个道理，他们所营造的"太平盛世"在实践的意义上深刻地揭示了道德与政治、法律等之间的逻辑联系。作为新道德的代表者和实践者，中国共产党的发展壮大是从"关心群众疾苦""关心群众生活"起步的。当代中国的改革开放从农村起步，联产承包责任制之所以能从根本上调动农民的生产积极性，激发农民关注社会的道德情感，说到底是因为充分肯定了农民群众对自己"切身利益"的关注，让他们得到"实惠"。后来的城市改革和市场经济的兴起之所以能够产生令世人瞩目的巨大社会效应，根本的伦理原因也在这里。社会道德的使命首先不在于站在个人利益的对立面，而在于站在个人利益这一边，尊重和维护个人的正当利益。

既然如此，为什么伦理学在理解和说明义利关系长期存在非学理性的违背逻辑的情况呢？这与中国伦理思想传统及由此而形成的道德生活传统所存在的义务论特质很有关系。

中国伦理思想史上没有形成如同西方那样的真正的经验主义传统，占主导地位的始终是以孔孟为代表的儒学义务主义道德论。在社会处于急剧变革的春秋战国时期，经验论者曾用"拔一毛以利天下而不为"①"仓廪实则知礼节，衣食足则知荣辱"②"人生而有（私）欲"③之类的非理性的经验论形式，挥舞了几下自己的战旗，掀起过一点点波澜，但最终都被儒学的义务论击溃。后来的明清之际，也曾出现过强调"私欲"无可争辩的经验论火花，然而在"独尊"地位没有发生根本动摇的儒学面前也很快熄灭了，不过是虚晃了一枪而已。可以说，从孔子开始，儒学大师们多不能区分个人利益的正当与否的界限，也不能区分"利己心"的正当与否的界限，这使得儒学本质上不仅与一切形式的利己主义和个人主义相对立，显示它的超越历史的进步价值，也与一切性质的"利己心"相对立，显露它

①《孟子·尽心上》。

②《管子·牧民》。

③《荀子·礼论》。

的伪科学的一面。

这种历史伦理文化的基本特性和构架特征，我们甚至可以从流传至今的伦理文本的叙述方式看得很清楚。众所周知，中国文字文化史上，人们的"切身利益"一般都用一个"私"字来表示，而"私"的实际涵义却有"私人""私利""私欲""私心""私情"等多种，可以将其划分为道德范畴和非道德范畴两大类，而古之学者都视其为道德范畴，忽视了与"私"有关的一切"切身利益"实际上存在着正当与否的差别。这就必然会导致在把"义"——社会的道德规范和价值标准与不正当的"利"对立起来的同时，也使之与正当的"利"对立起来的逻辑错误。

20世纪80年代，我国伦理学界和思想领域都曾发生过是坚持"大公无私"还是坚持"公私兼顾"的争论，结果只是混战一场，并没有取得相对一致的看法，究其原因无疑与受到儒学义务论特质及其叙述方式的影响有关。本来，按照社会主义道德的时代特征来理解，"大公无私"的"私"所指只能是与集体主义相对立的不正当的"私心"即利己主义思想，而不能是个人利益；"大公无私"强调的是要胸怀广大人民群众，为人民服务不能带有利己主义的思想。"公私兼顾"的"私"所指只能是正当的"私利"，即正当的个人利益，所谓"公私兼顾"强调的就是要把社会集体利益与正当的个人利益结合起来。作如是观，那场与"义利之辨"有关的争论实在是就没有什么必要了。

由上可知，义利关系本质上是道德与不同利益关系的关系，不是道德与利益的关系，社会道德的使命全在于尊重和维护正当的利益包括正当的个人利益，说明和调整不同的利益之间的关系。中国改革开放和发展社会主义市场经济30多年来，人们的物质财富大大增加了，精神生活大大丰富了，在这个变化的过程中人们之间的利益关系也发生了前所未有的巨大变化。这种现实正在呼唤社会主义的新道德发挥它的应有功能，适时地给予必要的尊重、维护、说明和调整（服务）。应对这种时代呼唤，需要对待义利关系做出新的理解和说明，走出"A（道德）←→B1（利益）或A（道德）←→B2（利益）"的认识误区。

略论坚持物质利益原则与提倡道德原则的统一*

当前有一种颇为流行的议论。把经济改革过程中出现的只图个人实惠、不顾国家和集体利益的利己主义行为，归咎于坚持社会主义物质利益原则。众所周知，资产阶级的利己主义与共产主义的集体主义是两种根本对立的道德原则。因此，这种议论就涉及一个极为重要的问题，在经济改革中，如何从认识和实践上将坚持社会主义物质利益原则与提倡共产主义道德原则统一起来。笔者就这个问题谈几点粗浅看法。

唯物辩证法认为，不同事物之间的统一和相互转化需要一定的条件，要在经济改革中将坚持社会主义物质利益原则与提倡共产主义道德原则统一起来，必须具备下述条件。

首先，要弄清社会主义物质利益原则的本质含义。这是实现坚持社会主义物质利益原则与提倡共产主义道德原则有机统一的先决条件。而要如此，又必须从什么是利益谈起。

说到利益，很多人在习惯上把它当作物质范畴，与物质财富混为一谈，也有一些人把它当作思想范畴，与人的需要相提并论。这些看法都是片面的。诚然，利益的构成离不开人的需要，也离不开物质财富。但是需要和财富都不是利益本身，更不能说明利益的本质。马克思主义认为，

* 原载《淮北煤师院学报》（哲学社会科学版）1987年第3期。

"人们奋斗所争取的一切，都同他们的利益有关"①。这种奋斗必须经过一定的生产方式，因此利益总是受一定社会经济关系的制约和影响。在这里，人的需要是构成利益的最初动因或曰心理条件，物质财富即劳动生产资料和产品是构成利益的物质条件，经济关系性质给人们规定的对物质财富占有和分配方式，是构成利益的决定性因素。由此可以看出，利益不同于物质财富，也不同于人的需要。就其本质来说，它是人们在占有和使用物质财富的过程中所体现出来的一种人与物的实际关系，应属于一种特殊的社会关系范畴。利益的这种本质特征使它具备这样的社会功能，通过人对物的关系反映人与人的关系，进而揭示经济关系的性质。所以，人们相互之间的利益关系，历来都是直接印证经济关系性质的一杆标尺。正因为如此，恩格斯说："每一个社会的经济关系首先是作为利益表现出来。"②

人们用规范形式对某种社会关系进行肯定和阐发，便相应产生观察和调整这种社会关系的思想原则和行为准则。物质利益原则就是用经济规范形式对利益关系进行肯定和阐发的产物。它是观察和指导劳动产品分配活动的思想原则和行为准则，也是一项极其重要的经济政策。经济关系的性质不同，人们之间的利益关系以及物质利益原则也就不一样，社会主义经济关系以公有制为基础。这种性质决定了广大劳动者的主人翁地位，决定了他们在分配领域中的平等关系。这种利益上的平等关系可以从两个方面来理解，从横向关系看，除了劳动者的利益再没有任何特殊人的利益。从纵向关系看，劳动者的利益具有三个层次，或曰三种不同形态，即劳动者的个人利益、劳动者的集体利益、劳动者的国家利益。我们说，在我国个人利益与国家和集体利益在根本上是一致的，就因为所有社会利益都属于劳动者的利益。由于认识的原因，劳动者这三种不同形态的利益，有时会发生矛盾甚至冲突。社会主义物质利益原则就是通过经济规范的指导和调节，要求劳动者在分配领域"不能只顾一头，必须兼顾国家、集体和个人

①《马克思恩格斯全集》第1卷,北京:人民出版社1956年版,第82页。
②《马克思恩格斯全集》第18卷,北京:人民出版社1964年版,第307页。

三个方面"①，以实现个人利益与国家和集体利益的统一、眼前利益与长远利益的统一，保障社会主义经济有计划按比例地协调发展。这就是我们通常所说的"三兼顾"原则。这个原则着眼全局，既反对任何侵害国家和集体利益的行为，也不允许任何侵犯正当的个人利益的做法。这就是社会主义物质利益原则的本质含义。不难看出，这个原则同"共产风"之类的假集体主义，同只图个人实惠，不顾国家和集体的利己主义，都是格格不入的。既然如此，怎么可以把经济改革中出现的利己主义道德问题归咎于贯彻社会主义物质利益原则呢？经济改革中坚持贯彻社会主义物质利益原则，使许多地方的农民富起来了。他们在处理自己的粮食产品时说，"交足国家的，留够集体的，剩下都是自己的。"这不正说明"三兼顾"的物质利益原则，反映了广大劳动者的心愿，体现出他们的根本利益吗？

其次，要分清社会主义物质利益原则与按劳分配原则的区别。这两个原则都是有关劳动产品分配的经济政策，但两者并不是同等含义的范畴。按劳分配是有关个人消费品的社会主义分配原则。它根据劳动者个人在生产活动中的实际贡献给予相应的报酬，实行按劳计酬，多劳多得，少劳少得，不劳动者不得食的政策。作为经济规范，它调整的是劳动者总体利益的一个方面，即劳动者个人之间的以及劳动者与不劳动者之间的利益关系，是利益关系的平等在个人之间的表现。而社会主义物质利益原则调整的是劳动者总体利益的三个方面，即个人、集体、国家之间的利益关系。如果把物质利益原则看作是有关劳动产品分配的一项总政策，那么，按劳分配就是这个总政策指导下的一项具体政策。按照马克思的观点，按劳分配体现出个人消费品分配方面的平等权利，但由于它承认事实上的不平等，所以它体现的"平等的权利按照原则仍然是资产阶级的法权"。②这就告诉我们，作为一项有关个人消费品的分配政策，按劳分配本身并不能自发产生集体主义道德观念。如果分不清社会主义物质利益原则与按劳分配原则的界限，甚至以后者代替前者，那就会将社会主义物质利益原则仅仅

---

①《毛泽东选集》第5卷,北京：人民出版社1977年版,第272页。

②《马克思恩格斯全集》第19卷,北京：人民出版社1968年版,第21页。

理解为只是关心劳动者的个人利益的一项分配政策，引导劳动者只关心个人实惠，而不顾国家和集体利益。这在实践上是十分有害的。

再次，还要划清社会主义物质利益原则与当代资本主义社会盛行的"物质刺激"的原则界限。"物质刺激"是资本主义私有制的必然产物。资本主义制度使社会总体利益建立在阶级对立基础上，分为剥削者的利益、劳动者的利益和一部分社会共同利益三种不同形态。很显然，这三种利益的关系与社会主义制度下劳动者自身的三种利益的关系，是根本不同的。为了调和阶级矛盾，联络劳资之间的感情，刺激劳动者的生产积极性，企业主们时常以物质利益的形式，向劳动者做出关心和体恤的姿态，用小恩小惠的"恩赐"来掩盖资本主义剥削。这是当代资本主义社会普遍存在的现象。如果看不清"物质刺激"掩盖剥削的实质，那么就很容易将社会主义物质利益原则与"物质刺激"同日而语。有些人对贯彻社会主义物质利益原则总是表示忧虑，甚至发出种种责难，与这种模糊认识不无关系。

最后，要分析和利用社会主义物质利益原则与共产主义道德原则之间的共同点和逻辑联系，这是二者统一起来的关键。

第一，从社会根源来看，社会主义物质利益原则与共产主义道德原则都是社会主义公有制经济关系的产物，并都通过社会规范形式阐发和印证的，因此两者都属于规范性的社会意识形态，都具有鲜明的阶级属性和时代特征。所不同的是，物质利益原则属于经济规范，它从劳动产品分配和归属即利益关系的角度，直接阐发和印证经济关系，共产主义道德原则的集体主义，是最高形式的道德规范，是共产主义道德规范体系的核心和灵魂。共产主义道德原则对社会主义经济关系的反映不是直接的，必须经过物质利益原则这个中间环节，我们只能根据恩格斯的思想，从"归根到底"的意义上来加以理解。如果将经济关系比作树根，那么，物质利益原则是树干，道德原则是枝叶。这就是说，道德原则离经济关系"远"一些，不能超越物质利益原则直接去说明经济关系，而必须以物质利益原则为基础和桥梁。马克思主义伦理学正是在这点上确认"利益是道德的基础"。①道德的基本问题是利益问题。

第二，从社会职能来看，社会主义物质利益原则与共产主义道德原则所调整的对象，都是个人利益、集体利益、国家利益这三者之间的关系，都主张这三种利益必须在根本上一致起来。通过规范调节，促使劳动者三种不同形态的利益协调发展，相得益彰，是两个不同原则追求的共同的价值目标。所不同的是，道德原则在这个共同目标之上还有更高层次的要求。在它看来，把个人利益看成至高无上，神圣不可"侵犯"的领域，是不符合共产主义道德要求的。它主张，当个人利益与国家和集体利益发生矛盾，甚至冲突的时候，个人利益要服从国家和集体利益，为国家和集体利益做出必要的牺牲。顺便指出，这里所说的"个人利益"，是指具体的"个别人"的个人利益，不是泛指全体劳动者的个人利益。不做这样的区分，容易使人将社会主义制度下个别人的个人利益与国家和集体利益在特定情况下发生的暂时的矛盾，看成是普遍规律了。不难理解，当这三种利益发生矛盾的时候，仅以"三兼顾"为调整目标的物质利益原则是无能为力的，而集体主义道德原则却因此而有了用武之地，可以充分发挥其社会职能。在伦理学界，有人给物质利益原则做出共产主义道德原则的解释，认为这个原则应以大力提倡个人牺牲和个人献身精神为宗旨，这就违背了"三兼顾"，夸大了它的社会职能。也有人把"三兼顾"说成是共产主义道德原则的"真谛"，这又降低了集体主义的要求。

第三，从社会实践来看，贯彻社会主义物质利益原则与提倡共产主义道德原则是相辅相成的，偏废任何一个原则都会导致不良后果。

在我国，有一种历史偏见，总是把讲物质利益与讲道德进步看成是相悖的两件事。这是形而上学。实际上，问题不在于讲物质利益本身，而在于在什么样的历史条件下，对什么样的人讲物质利益。在社会主义历史条件下，广大劳动人民群众是国家的主人，通过贯彻"三兼顾"的物质利益原则向广大劳动者讲物质利益，是会有利于促进集体主义道德观念的形成和发展的。我们知道，集体由三种基本因素构成。一是"个人之和"，

①《普列汉诺夫哲学著作选集》第2卷,北京:三联书店1961年版,第48页。

即集体成员，这是构成集体的前提，二是管理机关或管理者，这是集体的神经中枢，三是行动目标和行动计划，它们体现集体的社会价值。一个劳动者能否形成集体主义道德观念，取决于他对集体行动目标和行动计划是否关心，对集体的神经中枢是否信任。现实生活表明，这种关心和信任主要是从对个人与集体之间实际存在的利益关系中体验和认识的。一个集体管理不善，或者目标不明、计划不周，或者管理者作风不正、水平不高，就不易让劳动者体验到个人与集体之间实际存在的利益关系，就会失去其成员的信赖和关心。有些领导者不懂得"革命是在物质利益的基础上产生的，如果只讲牺牲精神，不讲物质利益，那就是唯心论"。[①]所以，在他们所领导的集体里往往人心涣散，利己主义盛行。贯彻社会主义物质利益原则的道德意义在于，在坚持三种利益相兼顾、相统一的过程中，让劳动者实际体验到个人利益与国家和集体利益之间不可分割的联系，吸引劳动者关心集体的行动目标和计划，信赖和拥戴集体的领导者，培养个人作为集体成员的自尊心和自豪感，从而逐渐形成集体主义道德观念。我们完全有理由这样说，贯彻社会主义物质利益原则的过程，也就是一种"物质化"的集体主义道德教育的过程。因此，在经济改革中坚持贯彻社会主义物质利益原则，对于提倡共产主义道德，改善我国人伦关系的现状，是十分必要的。

当然，由于几千年形成的私有观念的影响，有些劳动者，包括一些领导者，对社会主义物质利益原则的理解、宣传和贯彻，时常会发生偏差，他们不讲"三兼顾"，只讲一头沉，把个人利益、本单位本部门的利益摆在第一位，截留利润、滥发奖金等就是其突出表现。结果引起利己主义、本位主义和"一切向钱看"的腐朽思想泛滥。把这些恶果归咎于贯彻社会主义物质利益原则，自然不对；但对此熟视无睹，掉以轻心，更为错误。经济改革深入发展表明，在贯彻社会主义物质利益原则的同时，大力提倡共产主义道德原则。用集体主义精神抵制、克服形形色色的私有观念，教育广大劳动者自觉摆正自身三种利益的关系，同样是十分必要的。

---

①《邓小平文选（1975—1982）》，北京：人民出版社1988年版，第186页。

综上所述，可以看出，只要我们在认识和实践上真正把握住社会主义物质利益原则的本质含义，并且划清这个原则同按劳分配，特别是同资本主义社会的"物质刺激"的界限，确实认清这个原则与共产主义道德原则之间的共同点和逻辑联系，那么，我们在经济改革的过程中就完全能够贯彻社会主义物质利益原则与提倡共产主义道德原则有机地统一起来。

经济伦理学视野中的经济活动*

在世界范围内，经济伦理学作为伦理学的一个独立分支学科的出现是近代的事。21世纪初，传统伦理学发生分化，形成两个发展走向，一是以研究伦理学的基本概念和范畴体系为主要任务，属于理论伦理学范畴，在伦理学界一般称之为"元伦理学"。二是以研究社会生活中人们的行为规范为主要任务，属于应用伦理学范畴，在伦理学界一般称之为"规范伦理学"。从学科属性来看经济伦理学应属于"规范伦理学"范畴，它是适应市场经济活动客观需要的产物。

我国研究经济伦理问题起步于20世纪80年代，作为一门独立学科——经济伦理学的建设则起步于90年代。经济伦理学在我国的兴起是历史的必然。众所周知，中国是举世闻名的礼仪之邦，以德治国的传统源远流长。过去，这个传统使得道德建设一直是国家安宁、社会稳定的中心课题，一直是国民精神生活的基本需要，也是国民关心的最重要的国家大事。中国共产党的十一届三中全会以后，情况有了重要的变化，国家的工作中心由政治斗争、道德建设转移到经济建设上来，经济建设成为国家安宁、社会稳定、民心所向的中心课题，经济问题成为国民关心和实践的热点。但是，道德作为人的精神生活的一种基本需要其价值本质是不可能改变的，不仅如此，人在物质生活有了改善以后对于道德生活的需要反而会

＊原载《安徽农业大学学报》（社会科学版）2001年第4期。

显得更为强烈和迫切。如今为什么有的人"端起碗来吃肉，放下筷子骂娘"？原因就在于在人的需要系统中还有比"肉"更重要的东西，这就是以道德为主要内容的精神需求。但是，我们的道德建设又不能重走过去的老路，必须围绕经济建设这个中心，适应市场经济的迫切需要，促进市场经济的健康发展。我国的经济伦理学正是适应这种客观需要应运而生的。

经济伦理学的主要对象是经济活动中的伦理道德问题。作为一门新学科，经济伦理学是经济学与伦理学相互渗透的产物，因而它又是一门交叉学科。它的特定任务是科学反映经济活动在伦理道德上的合理性，或曰经济活动中的善与恶的问题，以促进企业经济活动的健康发展及与其道德精神的应有统一。

总的来说，在经济伦理学视野里，企业经济活动的各个领域都与道德问题有关，都应当与道德的价值向度保持一致。

这种要求首先体现在经济活动的动机与目标方面。恩格斯说："在社会历史领域内进行活动的，全是具有意识的、经过思虑或凭激情行动的、追求某种目的的人；任何事情的发生都不是没有自觉的意图，没有预期的目的的。"①人在经济活动中的"意识""意图""激情""目的"是什么？一言以蔽之：盈利，即企业的经济效益。从盈利出发，为盈利而奔波奋斗，最终实现盈利的目的，是一切企业的经济活动的兴奋点和中心问题。这种盈利的动机和目标本身并不属于道德问题，企业所赚的钱的多与少，包括个人拥有的财富的多与少，本身与道德问题无关。但是，如果要进一步问：盈利的动机和目标又是为了什么？是为了国家、为了人民、为了本企业的职工，还是仅仅为了小集团以至于中饱私囊？这就是道德问题了，因为这里涉及特定的利益关系，而道德总是以特定的利益关系为基础的。从这里我们可以看出，在经济伦理学视野里，企业经济活动的动机和目标在价值向度上有两点与道德问题存在着必然性的联系：一点是企业的根本动机和最终目标具有道德意义，另一点是具有道德意义的根本动机和最终目标总是支配和影响着直接的动机和目标——盈利，从而又使盈利的经济

①《马克思恩格斯选集》第4卷，北京：人民出版社1995年版，第247页。

活动具有道德意义。换言之，在经济伦理学的视野里，为盈利而盈利的企业经济活动实际上是不存在的，经济活动在最初和终极意义上都与道德问题紧密联系在一起。

所以，在经济伦理学的视野里，企业经济活动的第一原则是必须端正生产和经营的动机和目标，使之与道德的价值向度相一致。人类的任何一种行为都是一个系统、完整的过程，这个过程是从动机的形成和目标的确立起步的，动机和目标不仅直接影响行为的过程，而且也直接影响行为的结果。因此，经济活动的动机和目标是否与道德的价值向度相一致，实际上是一个关系到企业的存亡与兴衰的全局性根本问题。这不只是一个理论分析的问题，也是一个经验证明的问题。在改革开放和发展社会主义市场经济的历史大潮中，为什么有些企业会经不住大潮的冲刷和洗礼，大批生产和经营假冒伪劣产品坑蒙消费者，最终导致自己的彻底垮台？原因正是它们生产和经营的动机和目的一开始便背离了道德精神。

其次，体现在经济活动中的执业关系方面。企业的执业关系即所谓的"同事关系"，一般以领导与职工的关系、领导之间的关系、职工之间的关系的形式而存在。不难理解，这些同事关系都内涵有伦理关系，富含有伦理道德价值。常言所道的"同事"关系是执业关系，"同德"关系是执业关系内涵的伦理关系。所以，在经济伦理学的视野里，企业的"同事关系"同时也是"同德关系"。"同事"也"同德"，表明执业关系的价值取向与伦理关系的价值向度是一致的；"同事"而不能"同德"，则表明执业关系的价值取向与伦理关系的价值向度是背离的。事实表明，在企业经济活动中，惟有使"同事"和"同德"广泛地一致起来，才能充分发挥职工的聪明才智，创造出最佳的经济效益。

正因为如此，在经济伦理学看来，一个企业的生产和经营的状况如果不好，仅仅检查生产和经营本身的问题是不够的，还需要同时认真检查一下自己的"同事关系"，看看同事之间是否存在着"同事"不"同德"的情况。

企业经济活动中的执业关系，说到底并非是个人与个人之间的关系，而是个人与集体的关系，因此，我们在说到企业经济活动中的执业关系的时候有必要指出，执业关系的建设需要接受现代集体主义的指导。所谓"现代集体主义"，是相对于过去的"集体主义"而言的。在社会主义制度下，个人与集体的利益关系究竟应当是怎样的？在计划经济条件下，集体主义的基本精神被简单地解释为个人服从集体。一讲到集体主义的时候，人们首先想到的是个人服从集体。当个人利益与集体利益发生矛盾的时候人们首先想到的更是个人要为集体做出牺牲。这种解释和理解，实际上是把集体利益与个人利益对立了起来，使人们感觉到集体利益是个人利益的对立物。如果说在计划经济条件下这种解释和理解还能说服人、教育人的话，那么，在市场经济条件下则不可能真正说服人、教育人了。现代意义上的集体主义，或正确理解的集体主义，其含义应当具有三层意思，即：集体主义认为个人利益与集体利益在根本上是一致的；在正常情况下应当使两者结合起来；当个人利益与集体利益发生矛盾而又必须牺牲一方利益才能解决矛盾的时候，必须以个人利益服从集体利益。在这里，集体主义的基本精神是强调把个人利益与集体利益结合起来，而不是强调个人服从集体，个人服从集体只是其基本精神的补充。根据这个基本精神，作为企业的管理者——集体的代表，我们在进行集体主义教育的时候必须注意如下两点：一是集体主义主张的个人服从集体是相对的、有条件的，而不是绝对的、无条件的，做这种理解可以避免我们犯不关心群众生活和群众需要的官僚主义错误；二是贯彻集体主义的时候要把工作的重心放在努力使个人利益与集体利益结合起来，既反对在必要的情况下个人不服从集体的现象，也要反对在不必要的情况下要求个人服从集体的现象，从而使我们避免出现忽视思想道德教育、任凭个人主义、拜金主义和享乐主义泛滥的失误，或者出现不了解下情的主观主义的失误。就是说，在现代集体主义的指导下，企业经济活动中的职业关系应当是互相关心、互相理解、互相支持的关系，其核心是提倡协作。

这里提出了一个问题：提倡互相关心、互相理解、互相支持的协作精神与提倡和发扬竞争精神是不是矛盾的？从根本上看，不矛盾。

恩格斯曾说过："竞争是挡不住的洪流。"①我国改革开放和发展社会主义市场经济以来的实践充分证明了这一点。所谓竞争，简言之，就是两个或两个以上的主体在特定的范围内争夺共同需要和发展空间的过程。因此，竞争具有排斥协作的特性。两个本来协作得不错的人或单位，因竞争而弄得很僵，甚至反目为仇的情况在今天真是不胜枚举。这是问题的一个方面。但是，问题还有另一个方面：竞争同时又体现和增进协作。在我国社会主义市场经济条件下，企业实行的是商品生产。商品生产必须遵循价值规律和等价交换原则，因而从来都是竞争性的生产。这就要求现代企业必须把加强竞争实力放在第一位，为此必须在管理上始终注意两个问题：一是始终注意搞好市场调查，二是始终注意强化企业的内部管理。市场调查的目的是要掌握供求关系和竞争对手的真实情况。不妨想一想，这里所说的调查是不是包含了某种认同与协作？1991年，刘易斯在第三届世界田径锦标赛上以9.86秒的成绩刷新了百米短跑的世界纪录，当数万名观众为他的成就兴奋得发狂时，他却噙着泪花与他的竞争对手伯勒尔拥抱在一起。他对记者说："如果没有伯勒尔，没有他的9.90秒，我也许不能跑得这样快。"刘易斯真情实感的这番话就是对竞争所包含的协作的确认。当然，这里所说的协作不是"手拉手"的协作，本来我们就不应当仅仅从"手拉手"的意义上来理解协作。强化内部管理是加强企业竞争能力的最重要手段。而加强内部管理，归根到底是要在心理和行动上加强内部的认同感和协作精神，进行认同感和协作精神的教育，这又必须引进竞争机制，实行竞争聘用，竞争上岗。总之，为了协作而展开竞争，为了竞争而开展更好的协作，这是经济活动中客观存在的辩证法。

由此看来，体现现代集体主义精神的企业伦理关系，应当同时含有协作与竞争的精神。在这个问题上，现代企业的管理者必须正确处理竞争与协作的关系，清醒地认识到竞争是第一位的，协作是第二位的。这应当是现代企业执业关系建设的基本思路。

再次，体现在经济活动必须遵守相应的道德准则。企业的动机和价值

---

① 《马克思恩格斯全集》第1卷，北京：人民出版社1956年版，第612页。

目标要合理，执业关系中的"同事"与"同德"关系要符合正常要求，就必须有约束，承担这种约束职能的就是行为准则。约束企业经济活动的行为准则应当有两大基本系列，一是关于职业纪律和执业操作规程的行为准则，二是关于职业道德的行为准则。在经济伦理学的视野里，这两者在经济活动过程中是一种平行而又相互渗透和重叠的系统，从而使经济活动规范与经济活动中的伦理道德规范紧密地联系在一起。比如，上班不得迟到早退，这是经济活动中的职业纪律，同时也是一种职业道德规范，迟到早退既违犯了职业纪律，也违背了职业道德。正因为如此，职工的执业行为与其道德行为又常常是一致的。比如，售货员在接过顾客的钱之后发货时，是等价操作还是差价（多或少）操作，就是一个是否符合其等价交换的执业操作规程的问题，同时也是一个是否合乎"公平合理"的职业道德问题。因此，在经济伦理学的视野里，经济活动中执业者其行为总是需要遵循道德方面的行为准则，经济活动的主体不仅要有与其职业相关的职业素质，而且需要有与其职业相关的道德素质。

最后，体现在经济活动的过程和结果必然是道德评价的对象。主体的任何行为，集体的任何活动，由于必然会对他人、社会和自身发生积极或消极的影响，因此都不可避免地会受到他人和社会的评价，以及主体的自我评价，所谓"高山打鼓，名声在外""墙内开花墙外香""要想人不知，除非己莫为"，说的都是这个意思。道德评价是这类社会评价的主要方式。它运用社会道德标准对行为主体（个人或集体）的行为进行是非判断，做出善恶评价的。道德评价是经济活动一种须臾不可或缺的"软件"，即舆论环境。经济活动的道德评价，一种方式是企业外部的，属于所谓的"大环境"或"大气候"，另一种方式是企业内部，属于所谓的"小环境"或"小气候"。所以，在经济伦理学的视野里，经济活动的过程合乎效益必然成为职工进行评价包括道德评价的对象。作为企业的管理者，应当充分注意来自企业内部的道德评价，善于倾听职工的各种评价意见，将其作为自己决策和运作的重要依据。日本有一套丛书叫《33条铁则》，其中有一本叫《成为领导者的33条铁则》，是一位企业家根据自己的领导工作经验写出来的，其中有一条说到一个领导者要想成功就得学会倾听职工的意见，倾听职工各种各样的烦恼和诉苦，听七嘴八舌的建议。这位成功的企业家的经验之谈，所说的就是要十分重视企业职工的各种评价包括道德评价意见，他的见解实际上是具有代表性的。

综上所说，我们可以看出，在经济伦理学的视野里，经济活动的整个过程，在动机与目标、执业关系、行为准则和实际效益等问题上，都与道德的关系十分密切。企业的领导者，应当自觉地意识到经济活动同时也是道德活动，自觉地使自己既是"经济人"同时也是"道德人"，而要如此，就应当加强学习和修养，使自己在提高管理才干的同时提高道德素质。

“经济人”与“道德人”及其统一性关系*

　　“经济人”与“道德人”，是近些年来一些人在研究经济——商业伦理建设问题的过程涉及的一个理论与现实问题。然而，我们究竟应当怎样界定“经济人”与“道德人”的特定内涵？在理论思维上，在社会整体发展和具体的经济活动中，我们究竟应当如何理解和把握“经济人”与“道德人”的关系？从目前的实际情况看，仍有必要加以进一步的探讨。

　　有人主张从经济制度和经济体制方面来界定“经济人”与“道德人”的特定内涵，认为造成“经济人”与“道德人”的分野和差别以及由此而产生的价值冲突的根本原因，是不同的经济制度和经济体制，即“‘经济人’产生于市场经济，‘道德人’产生于过去的小农经济和现代的以公有制为主体的经济”①，这种看法在目前具有一定的代表性。它赋予“经济人”“道德人”以制度的内涵，给了人们一个有益的启示：不同经济制度下的“经济人”与“道德人”有着重要的区别。这个见解是可取的。但是，它同时又将“现代的以公有制为主体的经济”看成是两种不同的经济制度，并据此从经济制度和经济体制的意义上来界定“经济人”与“道德人”的特定内涵，把“经济人”与“道德人”的分野和差别看成是现代社会才出现的现象，把本来同属于社会主义公有制度下的“经济人”与“道德人”看成是根本不同的两种“人”。这就给了人们许多似是而非的印象。

　　* 原载《理论建设》1998年第4期。

究竟应当从什么意义上来界定"经济人"和"道德人"的涵义？一般的理解角度是社会分工，认为两者的分野和差别是由社会分工导致的。"经济人"指的是从事经济活动的人，专门分工从事经济活动和物质生产；"道德人"指的是从事"道德工作"的人（不是指"有道德的人"），专门分工从事道德宣传、道德教育、道德研究和精神生产。社会分工的结果产生了各种不同的职业，一个社会有多少种职业，就会有多少种"人"。由此观之，我们还可以将"经济人"与"道德人"以外的其他人，划分为"政治人""科学人""教育人""文艺人"等等。从社会分工的意义看，所谓"经济人"与"道德人"（乃至其他各种"人"），不过是不同职业的从业人员职业角色的名称或符号。

从社会分工来看，"经济人"与"道德人"的分野和差别由来已久，并不是现代的市场经济社会才出现的现象。在历史上，"经济人"与"道德人"的分野和差别是脑力劳动与体力劳动分工的直接产物。原始社会经历过三次大的社会分工，相继出现了农业、手工业、畜牧业和商业等不同的职业差别。在这个漫长的历史演进过程中，脑力劳动与体力劳动的分工逐步形成，"经济人"与"道德人"的分野和差别逐渐出现。我国最早关于职业分工的记载是《周礼·考工记》中的"国有六职"，其中"农夫""百工""商旅""妇功"，是"经济人"或主要是"经济人"，而"王公""大夫"则是"政治人"和"道德人"。最早的"道德人"是含在"大夫"之内的，还不完全是后来意义上的以"道德工作"为职业的"道德人"，而且他们基本上都是以"教育人"的身份出现，主要承担道德教育的职责。

每一种社会制度下都存在着"经济人"与"道德人"的分野和差别，而且分野和差别还会因为这种制度的变革而改变其特定的内涵。小农经济和计划经济，都既可以产生"经济人"，也可以产生"道德人"，认为小农经济和计划经济只产生"道德人"是不对的。过去的小农经济，自产自用、自给自足的"经济人"和"各人自扫门前雪，休管他人瓦上霜"的"道德人"，都犹如汪洋大海。过去的计划经济体制由于受"左"的思想的指导，"经济人"与"道德人"的分工不仅是客观存在的，而且分野和差别十分明确、严格的，今天市场经济体制下的人们也并不都是"经济人"，专门从事道德教育、道德研究等"道德工作"的人（包括在经济部门）大有人在，在专门从事经济活动的"经济人"当中时刻不忘按"道德人"标准行事的人也并不鲜见。不仅如此，由于改革开放和经济体制改革的逐步深入，人们的价值观念特别是伦理道德方面的价值观念已经发生了许多重要的变化，今天市场经济社会中的"经济人"和"道德人"既不同于小农经济、过去计划经济条件下的"经济人"和"道德人"，也不同于改革开放之初的"经济人"和"道德人"，两者的差别与分野已失却了许多原有之意，而带有更多的现代意义。

马克思恩格斯在讲到社会分工时曾指出："其实分工和私有制是两个同义语，讲的是同一件事，一个是就活动而言，另一个是就活动的产品而言。"[①]脑体分工的过程使生产资料和生活资料的私有因素同时逐步形成，私有制度（主体是"过去的小农经济"）逐步建立了起来，这使得"经济人"与"道德人"带有"阶级的烙印"，其分野和差别一开始就意味着阶级的差别与对立。分工是私有制也是阶级形成的过程。因此，在不同的社会制度下，"经济人"与"道德人"的内涵及其相互关系有所不同，甚至根本不同。在私有制社会里，"政治人"是"劳心"的，"经济人"是"劳力"的；"道德人"也是"劳心"的，他们的"劳心"是为"政治人"提供服务；"劳心者治人，劳力者治于人"，"道德人"配合"政治人"压迫和剥削"经济人"。我国最早的"道德人"出现在春秋以前，当时以道德教育为基本职责，称为"师保"、兼"师"与"保"于一身，直接以教育"政治人"的子孙的方式为"政治人"服务。进入春秋战国的社会大动荡时期以后，随着"文化下移"，一部分"道德人"——"教育人"散落到民间，其职责不仅为"政治人"服务，也为普通的"经济人"服务，孔子关于"有教无类"的主张与实践其实就包含着对这种变化的认同。尽管如此，由于剥削制度没有改变，所以像孔子那样的"教育人"——"道德人"为"政治人"服务的职业责任和价值追求不可能改变，"经济人"与

---

①《马克思恩格斯全集》第3卷，北京：人民出版社1960年版，第37页。

"道德人"的分野和差别带有阶级差别和对立的性质也就不可能改变。中华人民共和国成立后，虽然小农经济的某些形态和小农经济意识依然存在，但是社会主义的根本制度已经确立，小农经济在总体上已经被纳入公有制经济的轨道，小农意识也不断地受到社会主义、共产主义思想道德教育的洗礼；过去的计划经济和今天的市场经济都是公有制或以公有制为主体的经济制度，因此在社会主义制度下"经济人"与"道德人"的分野和差别不具有阶级差别与对立的性质。在社会主义制度下，"经济人"与"道德人"（包括"政治人"等）都是国家的主人，他们只有社会分工的不同，不应该有职业责任、职业价值乃至整个人生价值趋向的不同，这就是我们平常所说的不论干哪一行都要对人民负责，都是为人民服务。从客观上看，任何社会的发展在总体上都需要"经济人"与"道德人"相统一，但是在私有制社会里，由于存在着深刻的阶级矛盾，这种统一的客观要求难以真正实现，而社会主义制度为"经济人"与"道德人"的真正统一提供了根本的历史条件。

需要特别注意的是，仅仅从社会分工的意义上来认识和把握"经济人"与"道德人"的特定内涵及其统一性关系，还远远不够，因为这样并不能真正解决目前关于这个重大理论与实践问题的分歧和争论。关于"经济人"与"道德人"问题的提出，关于两者的分歧和争论的焦点，还有一个重要的方面：如何界定和看待经济活动中的主体——"经济人"的特定内涵？如果不是从社会发展全局而只是从经济活动的局部（尽管它处于社会发展全局的中心地位）来看，经济活动中的"经济人"在内涵上是否与"道德人"构成某种特定的关系？如果构成某种特定的关系，那么它们的特定内涵及其相互关系又是怎样的？

人类自从有道德生活需要和道德活动现象以来，经济活动就与道德问题结下了"不解之缘"，就没有超越道德调节的经济活动和经济活动的主体。这种历史与逻辑的根本走向，决定了经济活动的主体必须承担"经济人"和"道德人"的双重责任，在社会主义制度下尤其是这样。第一，每个"经济人"对于经济——商业活动的价值追求必须考虑到社会效益，有益于人民和其他"经济人"。生产和经营假冒伪劣商品之所以受到道德上的口诛笔伐，就在于某些"经济人"的价值追求与此相悖。第二，经济活动的过程需要调整人际关系，使之符合其常态运作的客观要求。这种调整既有外部对象也有内部对象，既有行政方式也有伦理方式，伦理方式则是职业伦理学承担的主要任务，这个任务自然要由"经济人"承担。中外经验证明，大凡成功的企业其"经济人"在管理上都重视道德问题，都必然自觉和善于欢迎职业伦理学的参与。第三，"经济人"的社会生活空间不仅仅是经济活动领域，经济活动中的主体从来都不是纯粹的"经济人"，他们在经济活动之外还要进行家庭、社交、学习、游乐等活动，因而会受到各种道德的影响，形成各种各样的道德价值观念并将其带入经济活动领域。就是说，他们的"道德头脑"并不都是关于经济活动的，但却影响到经济活动的价值追求和人际关系的调整。第四，"经济人"是一个群体，他们中的主要"经济人"即领导者，在经济活动中有着特殊的地位和作用。作为企业的决策者，他们对于经济活动的价值追求，对于企业发展的策划及发展过程中失败因素的规避，以及对于经济活动的管理方式的选择，等等，都始终离不开自己的"道德头脑"。同时他们在经济活动以外的社会生活空间要比一般的"经济人"广泛得多，复杂得多，因而他们的"道德头脑"也丰富得多，复杂得多，反过来对经济活动的影响也复杂得多。因此，在主要"经济人"那里，"经济人"与"道德人"的统一性要求就更为重要，他们对于经济活动的"道德参与"直接维系着企业的生存与发展。

从以上简要分析不难看出，在经济活动中，每一个"经济人"都同时具有"道德人"的身份，承担着"道德人"的责任。这里所说的"道德人"，实际上是就两种素质而言的。一是有"道德头脑"，明确发展经济的目的是为着祖国的富强和人民的幸福，会运用道德作为调节手段来发展经济，使经济活动成为"道德经济"。二是"有道德的人"，即具有良好的个人道德品质，具有适应经济活动客观要求的职业道德素质。总之，道德在他们的身上实现了工具价值和目的价值的统一。在经济活动中，如果说

"经济人"反映的是人的经济行为与此相关的思想业务素质，"道德人"反映的则是人在经济活动中所表现出来的具有善恶倾向的经济行为及与此相关的思想道德素质，"经济人"与"道德人"的分野和差别已经不是社会分工意义上的职业角色的名称或符号，而是区分人的素质结构中不同素质的代名词。经济活动中的"经济人"与"道德人"同属于特定的一种"人"，统一于特定的一个人。

综上所述我们可以得出两个结论：（一）从社会分工和经济活动两个不同角度考察，"经济人"与"道德人"的特定内涵是不一样的。当我们讨论"经济人"与"道德人"的问题时，首先应当弄清楚我们的视角。（二）不论是从社会发展全局还是从经济活动过程来考察，都可以发现"经济人"与"道德人"之间存在着统一性的关系。——这样说并不是要否认它们之间存在矛盾性和对立性的一面，只是要强调指出，从目前的实际情况和跨世纪中国社会发展的客观需要来看，发现、肯定、在实践中把握住两者的统一性关系，应是第一位的。宣传、倡导两者的统一比渲染、强调两者的对立，更有理论价值和现实意义。

最后，我们要特别指出，由于在社会历史领域内"任何事情的发生都不是没有自觉的意图，没有预期的目的的"[①]，在经济活动中人们的任何活动都不可能不受其世界观、人生观和价值观的指导和支配，所以在"经济人"与"道德人"的统一性关系中，"道德人"始终处于主导和支配的地位，不可将两者统一性关系理解为均等的关系或相提并论的关系。在经济活动中，作为人的素质"经济人"为主体提供了"怎样做"的知识、智慧和能力，"道德人"为主体提供了为什么要"这样做"而不能"那样做"的人生态度和情感，没有后者的正确导向，人的知识、智慧和能力就得不到充分、正确的发挥。所以，在经济活动中，主体不仅要使"经济人"价值与其"道德人"价值统一起来，而且要充分肯定和发挥"道德人"对于"经济人"的指导和支配作用，这样才有利于社会主义物质文明建设和精神文明建设。

---

①《马克思恩格斯选集》第4卷，北京：人民出版社1995年版，第247页。

作为现代企业伦理的公平机制*

引言：从十大明星企业的“失败基因”说起

2001年，中国出版界发生一件惹人注目的事情：《大败局》①在短短8个月内印刷了11次，发行至205 170册。该书真实地叙述了自20世纪80年代始至成书之前，十大明星企业昙花一现的兴衰史。作者在题为“从中国企业的‘失败基因’谈起”的序言中写道：“这些企业家中的绝大多数就他们个人品质和道德而言算得上无可挑剔，甚至律己之严达到苛刻的地步，他们的生活都十分简朴，不讲究吃穿排场，不做一般暴发户的摆阔嘴脸，为人真诚坦直，做事认真投入。”“可是，当我们考察其市场行为的时候，我们又看到另一番景象。他们对民众智商极度地蔑视，在营销和推广上无不夸大其词，随心所欲，他们对市场游戏规则十分地漠然，对待竞争对手冷酷无情，兵行诡异。”概言之，“他们是一群对自己、对部下、对企业负责的企业家，而对社会和整个经济秩序的均衡有序则缺少最起码的责任感，这种反差造成了他们的个人道德与职业道德的分裂症状。”公德与私德相比品位之差如此令人瞠目，缘起何故？作者认为是一种共同的“失

---

* 原载《理论与现代化》2008年第4期。

① 吴晓波：《大败局》，杭州：浙江人民出版社2001年版。

败基因":"普遍缺乏道德感和人文关怀意识"。

1997年，一位经济学家曾预言："我估计再过10年，现在民营企业200个中间有一个保留下来就不简单，垮台的垮台，成长的成长。"如今10年过去了，中国企业的命运是否应了这位经济学家的预言，我们不得而知，也不必深究。但有一点可以肯定：当代中国的企业确实存在"普遍缺乏道德感和人文关怀意识"的问题，十大明星企业的"失败基因"不过只是其中的代表而已。学界一些人一直在追问中国企业为什么会存有共同的"失败基因"——"普遍缺乏道德感和人文关怀意识"，所得出的结论是没有建立"诚信机制"。不能说这个结论是不正确的，但若是进一步追问就会浮出这样一些深层的问题：在道德传统源远流长的中国，企业为什么会普遍存在"诚信机制"缺失的问题呢？诚信作为一种道德观念和价值标准能够形成机制吗？它作为一种道德传统是否需要变革自身才能适应市场经济的客观要求、发挥应有的作用？

笔者以为，从伦理学的视角来分析十大明星企业"失败基因"就会发现，它们落入"大败局"的深层原因不是没有建立什么"诚信机制"，而是没有建立反映现代企业伦理要求的公平机制，"经济人"普遍缺乏与其对应的"道德人"的公平观念，所谓"诚信机制"缺失只不过是因为"道德人"普遍缺乏公平观念的"失败表征"而已。

生产经营活动需要相应的伦理精神和伦理调节，这是自古以来不证自明的公理，也是国际社会近现代以来企业公认和通行的惯例，对此《大败局》中的企业家们也是心知肚明的，他们试图以重视道德自律来影响企业的行为方式就是明证。但是，遗憾的是这些企业家们却没有看到，现代企业伦理精神的本质内涵已经不是自身的严于律己等，而是企业普遍存在和实行的公平观念；伦理调节已经主要不是依靠真诚待人，而是依靠企业创建的公平机制。十大明星企业的领跑人多是具有良好的道德人格跃上现代企业竞争的平台的，但是他们失败了，他们的"大败局"给我们一个极为重要的警示：中国的企业要在国内外激烈的竞争中赢得生存和发展，就必须高度重视培育和倡导公平观念，建立企业伦理公平机制。

一、中国企业伦理公平机制缺失的原因分析

公平作为多学科的历史范畴，其要义是权利与义务之间建构的某种合理性平衡关系，对作为伦理范畴的公平自然也应作如是观。在中国，公平作为伦理范畴是20世纪80年代中期伴随改革开放和发展商品经济的客观要求出现的，其标志就是"道德权利"这一新概念的提出。二十多年来，关注伦理公平问题的文论时而见诸报刊，但一直没有获得应有的学科地位——没有进入主流的伦理学体系和高等学校相关专业的伦理学课程，更没有作为企业伦理的核心价值加以倡导，并相应地建立起企业伦理的公平机制。

中国社会长期缺乏产生伦理公平的社会基础和文化土壤。封建社会，普遍分散的小农经济要求高度集权的专制政治与之相适应，由此形成以专制政治扼制分散经济的社会结构模式，与这种社会结构模式相适应的伦理文化便是儒学。儒学的立论前提是"人性善"（宋明理学提出的"天理"与"人心"不过是其衍生形式而已），在此基础上形成的人伦伦理强调的是"推己及人"，政治伦理推行的是"三纲五常"，两者的实质内涵和基本的价值倾向都是道德义务论和政治责任论。在中国共产党领导的革命战争年代形成的革命传统道德，充分反映了劳苦大众要求推翻不平等的社会制度、翻身得解放和当家作主人的正义呼声。政治伦理以共产党人代表广大人民群众的根本利益、不怕流血牺牲的无私献身精神和关心群众生活、注意工作方法的务实态度为基本内容。人伦伦理则以大力提倡"毫不利己，专门利人"、做"纯粹的人"这种新道德为基本内容，本质上依然是"义务论""责任论"的伦理道德体系。革命传统道德在革命年代发挥了教育和团结广大人民群众推翻旧政权、建立新中国的伟大作用，在新中国成立后曾一度成为恢复国民经济、进行社会主义改造的精神支柱。但并没有受到顺应历史演进时势的洗礼，实现与时俱进的创新和发展，反而因受"左"的思潮的严重干扰而脱离新中国社会与人的道德进步的客观要求，

"义务论"和"责任论"的倾向更为明显。如革命传统道德中的人伦伦理被曲解为"我为人人,人人为我"的道德假设,既规避了道德权利,又模糊了道德义务。在计划经济体制下,社会结构在"基础"的意义上就抽去了公平赖以生存的历史条件,生产经营的责任在企业,权利在政府,企业是经济活动的责任主体却不是权利主体。进入改革开放的历史发展新时期以后,我们的主要精力是向前看,向外看,不仅经济建设和科学技术发展方面是这样,文化道德建设方面其实也是这样,似乎无暇顾及如何看待自己的新老意义上的两种传统道德的问题。20世纪90年代后,越来越多的社会道德问题引起了全社会的警觉,促使我们不得不反观一下自己的道德文明史。但在这期间,对两种传统道德在整体结构上所存在的片面的义务论倾向,却一直没有给予应有的注意。改革开放以来中国社会一个重要的进步就是越来越关注社会公平和正义问题,但多是法学研究和法制建设意义上的,而不是伦理学和道德建设意义上的。

从以上简要回顾和分析不难看出,中华民族缺乏伦理公平意识,没有养成在道德权利与道德义务相对平衡关系上看待道德问题、进行道德建设和道德评价的习惯,没有形成尊重伦理公平的传统。我们的伦理文化和道德资源可谓源远流长、博大精深,真是一个名副其实的"道德富国",但就缺乏伦理公平观念和公平机制而论,又是一个名副其实的"道德贫国"。我们正是在缺乏伦理公平意识和道德经验的情况下跨入需要用公平观念和公平机制推动经济发展乃至整个社会文明进步的历史新时期的。如果说,小农经济和计划经济及与此相适应的专制和集权的政治体制,以及为夺取政权而出生入死的革命战争,是形成义务论道德体系的天然温床的话,那么,在市场经济及与此相适应的民主政治体制下,传统的义务论道德体系就再也找不到其广泛存在的逻辑根据了,它需要更新、丰富和发展。社会主义道德体系必须在道德权利与道德义务相对应性的平衡关系上建立伦理公平机制,这是一个不容回避和忽视的时代课题。

经过近三十年改革开放大潮的洗礼,中国人已经渐渐地在自己的认知结构中形成了这样的共识:市场经济是法制经济,也是道德经济。可是,对于究竟应当如何理解和把握"法制经济"与"道德经济",人们就见仁见智了。"市场经济是'法制经济'"这一命题,很多人的理解只是停留在刑法法理的表层——你不依法生产与经营就治你的罪,并不问这一命题深层的道义蕴涵。法律历来是维护社会基本道义的,法律对社会和人的终极关怀并非体现在自身的展现,而是在社会基本道义的价值实现。所谓"法制经济"就是用法律手段维护公平的经济,就是依法实行公平竞争即公平占有物力、人力和市场力的经济,促使市场经济成为"道德经济"。虽然公平是历史范畴,不同历史时代有不同的公平观念以及维护公平的法制,但自古以来法制所追求的核心价值都是以公平为内容的社会基本道义,与市场经济活动相关的法制自然也是这样。

对于市场经济也是"道德经济"这一命题,目前国人多限于"诚信经济"的层面,而所关注的"诚信"也多为生产经营者是否履行了自己的道德义务和责任,是否做到表里如一、言行一致,生产经营的产品及其活动是否做到货真价实、童叟无欺,而极少涉及生产经营者在与消费者、政府管理部门之间应享有的道义上的权利。如此理解"市场经济也是'道德经济'"的命题,实际上就抽去了市场经济主体——"经济人"的道德权利,所谓"道德经济"就成了只对"经济人"提出义务和责任要求的经济,从而使得"法制经济"与"道德经济"在市场经济运作体制内发生分离,违背了法制与道德在市场经济活动中的内在统一的逻辑关系,所谓"诚信机制"是不可能建立起来的,"道德经济"也无从谈起。

我们并不反对在"诚信经济"的意义上来理解"道德经济",也不反对通过建立"诚信机制"来促使市场经济成为道德经济,但更重要的问题是应当如何建立"诚信机制",促使市场经济成为"诚信经济"和"道德经济"。在这里,关键的问题是要"互为诚信"。"法制经济"要求"经济人"在"法人"的意义上实现权利与义务的统一,如果"道德经济"却要求"经济人"只以"道德人"的名义履行道德义务,不同时赋予"道德人"以道德权利,这在实践逻辑上能够行得通吗?在任何社会,道德与法律的内在本质和价值趋向都是一致的。不难想见,如果不用伦理公平的观念和机制来说明和评价"经济人"的道德作为，所谓市场经济也应是"道德经济"及"经济人"与"道德人"的统一，充其量不过是一种"社会舆论"罢了。

更值得注意的是，在市场经济条件下，企业运作方式如果缺乏伦理公平观念和机制，势必会在"基础"和"基本动力"的意义上妨碍"竖立其上"的民主政治建设与法制建设的历史进程，妨碍整个社会生活尤其是精神生活的质量，妨碍营造崇尚公平与正义的时代精神和社会风尚。当代中国有一个人所共知的事实：官员腐败落马多与行贿受贿有关，行贿受贿多与企业经营有关，企业行贿多与不公平（不正当）竞争的机制有关，而不公平（不正当）竞争机制又多与缺乏伦理公平意识和机制有关。从这个腐败"生存链"来看，腐败其实只是企业缺乏伦理公平观念及其机制的"集中表现"，有效惩治腐败不应当忽视从"基础"建设做起。我们完全可以这样说：我国企业如果不能普遍建立包含伦理公平在内的公平竞争机制，政治上的腐败问题就不可能从根本上得到解决。

二、企业伦理的公平机制与"诚信机制"

前文已经提到，诚信是不可能形成机制的，"诚信机制"这一命题本身不能成立。机制是一种由不同事物依据一定的逻辑联系建构而形成的工作机理或工作原理，它以一定的"关系"为生成前提，诚信作为一种具体的道德观念和价值标准本身并不具备这样的"关系"条件，它只能为构建伦理机制提供思想和观念方面的支撑。

何谓机制？学界至今尚没有明晰的学理性界说。《现代汉语词典》认为它是一个自然科学的概念，泛指一个系统各元素之间相互作用的过程和功能。大约自20世纪80年代末开始，我国社会科学研究就开始使用机制这一概念，但人们都是在"难表其意""各行其是"的情况下使用的，使用时多将其理解为制度。这显然是不准确的。制度是形成机制的必要条件，但不是充分条件。一种机制的形成须有三个必备的基本条件：一是制度，二是说明和支持制度的观念，三是执行制度和培育观念的机构。机制在本质上既不是制度和机构那样的"实体"，也不是思想观念那样的"虚体"，而是由制度、观念和机构这三个方面基本条件整合成的工作机理或工作原理。公平机制，就是由确认一定的权利与义务的平衡关系的制度和机构及与此相关的公平观念和执行手段整合成的工作机理或工作原理。

在任何一种特定的公平机制中，伦理公平机制是以"渗透"的方式而存在的，对企业伦理公平机制自然也应作如是观。因此，企业伦理公平机制是相对独立的，一般不可离开其他公平机制来谈论伦理公平机制，但尽管如此，说明和评价其相对独立性的生态方式和工作机理的道德主题语，依然必须是道德权利与道德义务的某种平衡性关系。由此可以推论，企业伦理的公平机制能够以其特定的"社会关系"内涵体现现代企业的伦理精神，而诚信作为一种特定的道德观念和价值标准并不具备这样的条件。

中国人所理解的伦理与道德是两个相互关联的不同概念，两者被混为一谈其实是学界的一种误解。实际上，中国人惯于在特定的"关系"的意义上来理解和把握，而把道德看成是一种可以用来"说教"和构建伦理的"思想质料"。马克思曾将全部的社会关系划分为物质的社会关系和思想的社会关系两种基本类型。后来，列宁说思想的社会关系就是"不以人们的意志和意识为转移而形成的物质关系的上层建筑，是人们维持生存活动的形式（结果）"①。思想的社会关系是由物质的社会关系决定的，又对物质的社会关系具有支配性的重要影响，影响物质的社会关系的实际状态和发展水平。伦理就属于这样的"思想的社会关系"。中国人所理解和把握的伦理就是这样一种内含不同"辈分差别"的"思想的社会关系"。如《礼记·乐记》说："乐者，通伦理者也。是故知声而不知音者，禽兽是也；知音而不知乐，众庶是也。唯君子为能知乐，是故审声以知音，审音以知乐，审乐以知政，而治道备矣。"说的是政治伦理意义上的等级关系。再如《说文解字》说："伦，从人，辈也，明道也；理，从玉，治玉也。"说的是人伦伦理意义上的不同辈分之间的关系。道德，不论是社会之

①《列宁全集》第1卷，北京：人民出版社1955年版，第131页。

"道"还是个人之"德"，所指都是一种广泛渗透在其他社会意识和人的素质结构中的特殊的思想观念、行为准则和价值理解范式，本身不属于"思想的社会关系"范畴，而属于"思想"范畴。道德的观念和价值标准是因说明和维护伦理关系而被提炼和提倡的，两者的关系可以表述为：伦理是本而道德是末，伦理是体而道德是用。在任何一个社会，道德提倡、道德教育和道德建设都不是目的，目的是为了塑造合乎时代要求的道德人格并以此构建反映时代要求的伦理关系。就是说，道德对人类的终极关怀是通过人创设某种机制使之成为构建伦理关系的"思想质料"而实现的。道德本身无价值，充其量也只是一种价值可能。

从诚信的涵义、立论前提和要求对象来看，诚信道德也不可能形成公平机制。中国古人阐释的"诚"有两个方面的含义：一是"一"，指的是"诚"的实存状态，即独立于人而存在的外部世界的一种本原性的实在或规律，具有本体论的意义。《礼记·中庸》说："诚者，一也。"在这里，"诚"与"真""实"是相同的，强调的是表里如一。《增颖·清颖》说："诚，无伪也，真也，实也。"二是"至诚"，内含动宾结构，指认识和把握"诚"的态度，亦即"求真""求实"的态度，具有认识论和实践论的意义。孟子说："是故诚者，天之道也。思诚者，人之道也。"[①]历史上，"诚"与"信"是相通互训的，具有内在的质的同一性，如《说文解字》说"诚，信也，从言成声"，又说"信，诚也，从人从言"。两者的区别主要是，"信"强调"守"与"用"，把"说"与"做"（"用"）统一起来，做到言行一致。概言之，诚信之间，"诚"为体，"信"为用；"诚"主内思，"信"主外行；表里如一与言行一致的统一即诚实守信，是传统诚信的构词逻辑。这种传统内涵和逻辑形式，在今人的理解中并没有发生实质性的变化。诚信道德的立论前提是"人性善"，与儒学"推己及人"的价值内核及趋向是一致的。从这个前提出发，把诚信道德的提倡和价值实现的责任寄托在人的"善心"和"善举"上，强调个体对于他人和社会的道德义务和责任。正因如此，诚信的道德要求是单向的，漠视道德权利的必

---

① 《孟子·离娄上》。

要性及其与道德义务之间构建某种合理性的对应性关系的重要性，因此它的提倡和价值实现缺乏"相互性"的基础，而"相互性"正是一切道德提倡和价值实现内在的"工作机理"或"工作原理"。所以，诚信本身是不可能形成什么道德机制的，更不可能形成公平机制。

在中国封建社会，诚信道德的提倡和价值实现依靠的不是自身内含的机制即所谓"诚信机制"，而是外在的机制即"推行诚信的机制"。这种机制，道德上依靠的是耳提面命的说教、树碑立传的示范，特别是振聋发聩的强大的社会舆论，政治上依靠的是仕途的褒贬和升迁，刑法上依靠的是"严惩不贷"的惩罚。不言而喻，这样的推行机制是封建专制的产物，并不具有普遍意义。

在社会主义市场经济条件下，提倡和推行诚信道德当然要借鉴封建社会推行"诚信机制"的一些合理性认识和做法，但同时必须看到它的价值实现的历史条件已经发生根本性的变化。今天，我们在企业乃至全社会提倡和推行诚信道德必须明确三个基本认识。其一，提倡和推行诚信道德的立足点不是人们普遍存在"利他心"即所谓"人性善"，而是人们普遍存在"利己心"即所谓"人性恶"。"利己心"人皆有之，缺乏道德感的人会因此而滋生"损人利己""损公肥私"的心理倾向，并常表现出"表里不一""言行不一"的行为特征。从某种意义上可以说，市场经济运作的公平机制就是为了激发和有效控制人的"利己"之"恶"而建立的——你有"利己"的权利但没有损人损公的权利，相反要有允许别人"利己"和维护公共权益的义务与责任，这就要求要在权利与义务相对应的某种平衡关系的意义上建立"公平合理"的"道德契约"，实行既要"推己及人（公）"，也要"推人（公）及己"的道德原则。其二，提倡和推行诚信道德不能只是提出单向性要求，把社会与人的道德进步寄托在"我为人人，人人为我"的假说逻辑上，而遵循"人与人""相互性"的实践逻辑。如讲诚信，不能只是要求孩子对家长讲诚信、学生对老师讲诚信、公民对政府讲诚信、群众对领导和管理者讲诚信、消费者对生产经营者讲诚信，而在企业不能只是企业主向员工提出的道德要求，如此等等，反之亦然。其三，正因如此，提倡和推行诚信道德需要以"人人都可能不讲诚信"为认识前提，需要把自己讲诚信的义务与责任同要求他人讲诚信的权利统一起来，统一在生产经营者与消费者之间，统一在生产经营者（法人）之间，统一在生产经营企业内部不同阶层不同人群之间，等等。体现这种统一要求的只能是公平机制。

从这种分析的角度看，现代企业伦理中的诚信道德只有在健全企业伦理公平机制的情况下才可能形成，也才可能展现其应有的道德价值。企业伦理的公平机制正是培育诚信道德（社会之"道"和个人之"德"）的机制，所谓"诚信机制"只有在伦理公平机制的建设和运作过程中才能逐步形成（假如存在什么"诚信机制"的话）。

三、企业伦理公平机制建设的实践路向

企业伦理公平机制的形成依赖建设，这样的建设是一项系统工程，实践上可以从制度、观念和机构三个路向来理解和把握。

制度建设的实践路向包含两个具体的"工作面"，即法律制度建设和伦理制度建设。法制的核心价值历来是法定权利与义务之间的相对平衡，在一定意义上可以说，立法和司法活动就是要确定和维护法人和治者（包括近现代国家的公民）相对平衡意义上的权利与义务的关系，就是要在法理上立"公平"之法，在实践上司"公平"之法。建立企业伦理的公平机制，无疑需要建立相应的法律制度。它的建设在内容上应当包含公平机制的制度体系和保障公平机制得以正常运行的制度两个方面，在职能上应体现在褒扬遵循公平机制的行为和惩治违背公平机制的行为两个方面。我国现行的《企业法》《公司法》《反不正当竞争法》《广告法》等法律，已经具备了这方面的诸多特性。伦理制度，是20世纪90年代一些伦理学人为促进道德建设适应改革开放和发展社会主义市场经济的客观要求而提出的一个新概念。一般认为，它既区别于法律法规，又区别于道德规范，是一种说明法律制度的权威性以支持其得以实行的制度，说明道德规范和价值

标准的合理性以保障其提倡和推行的制度。它通常以道德评价的制度形式表现出来，介于法律与道德规范之间又填补了两者"中间地带"的空白，具有独立的制度形式及褒扬与惩罚两个方面的职能。如关于"见义勇为""拾金不昧"的倡导和推行，就需要一种介于法律和道德规范之间的伦理制度加以保障：做到了给予表彰，违背了给予惩罚。伦理制度的职能，就是要在法理上立"公平"之法，在实践上司"公平"之法，就是要用区别于法律和道德规范的制度形式在实践上把道德义务与道德权利统一起来，使之成为一种体现公平观念及其价值标准的机制。我们目前还普遍缺乏制定和实行伦理制度以维护伦理公平的自觉意识，在企业伦理建设方面更是如此。如在管理和用人方面，我国的民营企业多数采用的是"家族式"的模式，普遍存在用人不公的现象。十大明星企业之一的"飞龙"没有彻底垮台之前，老总姜伟已经察觉到一个具体的"失败基因"："他的老母亲、兄弟姐妹占据机要岗位，近亲繁殖、裙带之风暴露无遗。"[1]他虽追悔莫及，却没有意识到这正是在用人制度上缺乏伦理公平观念及其机制的一种表现。目前在企业伦理公平机制建设中，法律制度和伦理制度的建设是两个相辅相成的"工作面"，在实践上应当把两者统一起来，不可偏废。

　　如果说企业伦理公平机制的制度层面是其"硬件"部分，那么，观念层面则是其"软件"部分。"软件"既为组建和出台"硬件"提供知识和理论的逻辑根据，又为维护和发挥"硬件"的作用提供动力支持，在这种意义上我们可以说，观念是制度赖以存在的基础和灵魂，观念建设的"工作面"比制度建设的"工作面"更为重要，有些制度之所以形同虚设，就是因为其缺乏观念的基础和灵魂。观念建设应当从三个具体路向展开。一是要通过各种宣传手段高扬伦理公平价值，在企业内部营造公平正义的舆论，形成以公平正当竞争为荣的集体意志和企业风尚。二是要使体现公平机制的制度尤其是保障职业道德得以提倡和实行的伦理制度富含伦理因素，体现以人为本与和谐发展的时代精神。20世纪90年代初开始我国伦理学界曾有人在呼吁建立伦理制度的同时，提出注意研究和建设"制度伦

---

① 吴晓波：《大败局》，杭州：浙江人民出版社2001年版，第85页。

理"的道德主张。这一主张所要追求的伦理价值目标，就是要使伦理公平的观念渗透到企业相关的各项制度中，尤其是伦理制度之中，就是基于这种实践思路的。三是要坚持开展以爱岗敬业、公平竞争为核心价值观念的职业道德教育，促使公平竞争的思想观念深入人心，成为企业从管理层到基层执业人员的共识，以培养适应现代企业发展和伦理要求的新型人格。

机构是执行制度的中枢，也是培育和倡导支撑和执行制度的观念的中枢，"硬件"和"软件"发挥作用都离不开机构建设。从目前实际情况看，机构建设的重点应是整治机构自身存在的失职渎职行为乃至名存实亡的问题。如上所说，改革开放以来国家已出台了不少与企业经营有关的法律法规，但执行和监督的力度明显不足，有法不依、执法不严的情况屡见不鲜。为什么像十大明星企业那种"对民众智商极度地蔑视，在营销和推广上无不夸大其词，随心所欲"的虚假广告，在《广告法》实行之后并没有得到有效控制，以至于还出现了"采用飞船外表材料制造"的"胡师傅"牌无油烟不粘锅（实则不过"只是一个铝锅"）的荒唐宣传①，原因就在这里。伦理制度的确立和建设及其作用的发挥、观念的培育和倡导，也是需要特定的机构加以保障的。这样的机构，我国企业目前还远远没有普遍建立。说到企业伦理公平机制中的机构建设，我们不能不指出，许多缺乏基本道德感的不公平不正当的竞争恰恰就是由企业一些重要的机构部门炮制和操纵的，这些部门的"营销智慧全部是建立在一种缺乏道德感认同和尊重市场秩序的前提下诞生的"②。它们的掌门人的竞争智慧与策略，一言以蔽之就是轰炸式地投放子虚乌有的广告和舍得"下药"的商业贿赂，前者如"经联合国批准""总理感谢信"等，后者如暴露出来的"胡师傅"牌无油烟不粘锅的"产业链上90%的利润实为电视购物商与电视台所得"的"商业秘密"③。机构作为执行体现公平的制度的中枢，必须率先垂范执行自己制定的制度，作为培育和倡导支撑和执行制度的公平观念的中

---

① 《锅王股东自爆"锅底"：九成暴利被电视台吃掉》，每日经济新闻2007年3月30日。

② 吴晓波：《大败局》，杭州：浙江人民出版社2001年版，第143页。

③ 《锅王股东自爆"锅底"：九成暴利被电视台吃掉》，每日经济新闻2007年3月30日。

枢，必须率先垂范张扬公平观念，这是搞好机构建设的根本所在。

从对上述三个"工作面"的简要分析中不难看出，在企业伦理公平机制的结构中制度建设是主体，观念是基础，机构是关键。因此，从实践逻辑的递进关系看，伦理公平机制建设应当从观念建设起步，在观念建设中逐渐建设相关的机构，最后建立相关的制度（包括机构自身建设的制度）。

经济全球化与中国的政治伦理建设*

　　20世纪90年代以来，经济全球化趋势正在缩小世界各国间的时空距离，出现了所谓"地球村"现象。2001年11月10日，中国"入世"成功，表明中国的经济和社会发展已经不可逆转地融进世界体系之中。无疑，在"地球村"内，我们同别国可以开门相望，不仅可以相互学习、相互借鉴，也可以相互支持、相互帮助，这样就可以更多地获得发展的机会和活力，给中华民族的社会主义现代化建设事业带来巨大的好处。但是，仅仅这样看问题又是远远不够的。在思想观念上如何适应这种历史性的变化，已经成为一个需要认真研究和解决的重要问题。

　　从20世纪80年代初我国结束闭关自守的旧时代、开始实行对外开放政策以来，当代西方各种社会思潮便蜂拥而至，对中国人的思想观念乃至主流意识形态发生着广泛而又深刻的影响，在我们以往单一、僵化的思维活动中融进了不少新鲜活泼的东西，但其消极因素也早已在思想文化领域向我们提出了严峻的挑战。这当中最值得注意的是未来主义思潮的"趋同论"，不少中国人尤其是一些青年知识分子接受了托夫勒、奈斯比特等人的"全球主义"和"超民族主义"的观点，相信社会主义与资本主义的矛盾和对立将不复存在，各民族国家正在走向所谓共同的"信息社会"。在

　　*原载《安徽师范大学学报》(人文社会科学版)2002年第2期,中国人民大学书报中心复印资料《伦理学》2003年第3期。

经济全球化趋势出现之后，这些影响再一次顽强地表现了出来，一些青年学者甚至在公开的论坛上宣称，世界各国一切政治与文化的纷争正在退居到同一的"公域生活"的背景之后，中国人正在成为"世界公民"。

只要我们睁眼看看当今世界的实际情况，就会发现，在我们可以获得更多的发展机会与活力的同时，也面临着空前的危机和挑战。因为，在"地球村"内，"大户"与"小户"、"穷户"与"富户"的差别依然存在，善良"人家"与霸道乃至恶霸"人家"的对立依然存在。"各家各户"为了要谋得自己的利益，需要建设一个和平的"地球村"，同时也需要建设一个只属于自己、足以抵抗、战胜对手的"家庭"。这种同是"一村"人却不是"一家"的情况，说明人类在"类"或"村"的意义上所需要和实现的联系与沟通，只具有相对的价值，而差别与对立却是普遍存在的客观事实。概言之，经济全球化浪潮中出现的"地球村"的真实情况是：一方面是"全球化"趋势在发展，另一方面是"民族化"趋势在增强；一方面是存在机遇与机会，另一方面是存在危险与危机；"全球化"与"民族化"，机遇、机会与危险、危机，既彼此对立和消解，又相互依存和适应。

其所以如此，是因为经济全球化本质上并不是各国各民族的经济利益的全球化，而只是各国获取其自身经济利益的手段和方式的全球化。由于经济手段和方式的运行能否奏效，从根本上来说从来不在于经济手段和方式本身，而在于"竖立其上"的制度和文化。这就使得经济全球化不会是各国社会经济制度、社会政治制度的全球化，不会是军事或军事联盟的全球化，当然也不会是社会意识形式的全球化。为什么在经济全球化趋势下，会出现政治格局的多级、军事格局的纷争与对抗，会出现文化价值观念上的分野、渗透和碰撞？原因就在这里。

从人口因素来说，中国是一个"大户人家"，但从经济因素来说还是一个发展中的国家；从政治和军事因素来说，中国又是一个爱好和平、正在迅速崛起的社会主义国家。我们有志于在21世纪内加速发展以成为"经济大户"，而从中国的国情看要如此就必须坚持中国共产党的领导，坚持走有自己特色的社会主义道路。但是，"地球村"内的种种迹象早已清楚地表明，那些"富户"、霸道恶霸、在"家政家风"上与我一向不同的"人家"是不会高兴的。他们在"地球村"内所干的那些政治颠覆、军事扩张、文化渗透的事情，军事上的有些事情甚至干到了"地球村"之外的太空，是针对谁的？因此，我们需要保持清醒的头脑。

面对经济全球化趋势，我们需要在把握发展机遇的同时，认真思考和采用我们的发展战略，这个战略无疑应当包括文化建设战略。历史证明，一国经济落后会挨打，文化特别是政治伦理文化上的落后同样也会受欺侮。葛兰西在总结殖民统治的经验后得出这样的结论：搞文化霸权是一切殖民主义惯用的伎俩，在后殖民时代，推行文化霸权和文化控制仍然是资本帝国主义的重要表现形式。因此，他认为，在现代社会，如果领导权不首先是文化的、伦理的，从而是政治的，也就不可能是经济的。葛兰西的这些见解，对于我们今天认识和把握经济全球化趋势下文化建设的战略问题，是颇具启发意义的。在国际舞台上，一个民族国家的文化建设战略体系中最重要的是政治伦理文化建设方面的战略。在一个民族国家，政治伦理在其提倡的伦理道德价值体系中居于核心和主导的地位。因为，政治伦理总是与其特定的社会制度相联系，以国家和民族的整体利益为基本的对象和价值尺度，从根本上影响和锻造着公民的心态，使公民在理想、信念和民族精神的层面上把个人的价值和命运与国家民族的命运和前途联系起来。一般说来，一个国家和民族如果放松以至放弃了政治伦理建设，就等于在道德提倡上削弱或放弃了道德价值体系的主导方向，结果会在根本上影响到社会制度的巩固和建设，影响到民族的振兴和强盛。同理，一个公民如果不具备应有的政治伦理观念，就等于没有灵魂，在政治上就失去了国籍和民族之根，在伦理道德上就成了一个抽象的人。所以，自古以来，世界各民族国家都十分重视政治伦理建设，把政治伦理建设放在全社会伦理建设的核心位置。

政治伦理的价值理念应是国家和民族利益高于一切，核心要求应是爱国精神和强国意识。在处理本国本民族与世界上其他国家和民族的利益关系中，政治伦理重视国家观念和民族精神，主张始终注意维护和发展本国本民族的正当利益；在处理国家和民族内部的利益关系上，政治伦理强调把国家和民族的整体利益放在第一位，实行个人利益服从整体利益、局部利益服从全局利益的价值原则，由此而产生两种价值表现形式有别而本质内涵一致的政治伦理观。一个爱国公民，应当同时具备这两个方面的政治伦理观念。

中华民族是一个具有强烈爱国精神的民族，历来重视以国家民族整体利益为核心的政治伦理建设，历史上留下了丰富的政治伦理文化，涌现过许多可歌可泣的爱国者。但是毋庸讳言，进入改革开放和发展社会主义市场经济的历史新时期以来，一些公民的国家观念有所淡化，民族精神有所削弱，而由于当代西方社会思潮的一些负面影响，这种不正常现象在经济全球化趋势出现以后又有所发展。

其突出表现就是：在看待国际形势和国际关系问题上头脑不甚清醒，只注意到经济全球化的发展趋势给我们带来的机遇，看不到在这一趋势之下，世界上还存在着亡我之心不死的敌对势力，中华民族在建设自己的有中国特色的社会主义现代化事业的过程中还面临着极为严重的挑战，有些人甚至忘记了中华民族曾被掠夺被侵占的屈辱历史。据媒体披露，在上海等地，有的商人竟将"昔日法租界的风光"和"大日本"的广告悬挂在街道的显眼处，招摇市民，招揽生意，而路人不以为然者并不在少数。在河南洛阳还发生过这样的怪事：为了"换钱"，春节期间将白马寺的钟点提前一个小时，只打东京时间而不打北京时间。有人或许会说这些都是个别现象，但国人不禁要发问：是否应该在社会心理的层面上认真思考一下此等"个别现象"何以会发生？值得注意的是，这些现象虽然发生在一些成年人的身上，但却给青少年学生带来了不良的影响。某大学在组织学生讨论发生在白马寺的怪事时，竟有不少同学认为搞市场经济就是要讲究经济效益，不管是谁的钱都可以赚，能赚钱就是好事情，此举"未尝不可"！他们殊不知，世界上自古以来有些东西是绝对不能做广告、绝对不能用来"换钱"的，这就是人格和国格。

由于受各种原因的制约和影响，过去我们讲爱国精神和强国意识，多局限于国家和民族内部的范围，缺乏全球视野，极少思考把爱国与如何走出国门到世界大家庭中去谋取国家和民族的利益的时代课题联系起来。改革开放特别是发展社会主义市场经济以来，这种情况虽然有所改变，但总的看还不能真正适应经济全球化的发展趋势。《公民道德建设实施纲要》第14条在说到"五爱"教育的时候始终围绕爱国主义教育这个中心，指出爱国是每个公民应当承担的法律义务和道德责任，强调要把爱国主义教育贯穿于公民道德建设的全过程，阐明了爱国主义教育的主要内容是提高民族自尊心、自信心和自豪感，以爱国为荣，以损害国家利益和民族尊严为耻，一切公民要把爱祖国落实在爱人民、爱科学、爱劳动、爱社会主义的具体行动上，提倡学习科学知识、科学思想、科学精神、科学方法，艰苦创业、勤奋工作，反对封建迷信、好逸恶劳，积极投身于建设中国特色社会主义的伟大事业。经济全球化趋势下的政治伦理建设，在爱国主义教育这一点上，我们无疑要认真贯彻《纲要》的精神。有鉴于此，必须把经济全球化趋势下如何加强中国的政治伦理建设和丰富与发展爱国主义教育内涵的问题，作为伦理学研究和公民道德建设的一项战略任务提到议事日程上来。实施这项战略任务有许多方面的工作需要做，就目前的情况看，我认为必须抓紧开展如下几个方面的工作：

首先要高度重视理论研究工作。要在理论上说明在经济全球化的浪潮中确立国家和民族利益高于一切的价值理念的必然性和必要性，在这一价值理念的指导下促使全球意识与国家观念、民族精神之间达到某种合理的平衡，在理论思维的层面上使公民保持一种正常的民族心态，并将其以特定的规范形式和价值标准列入社会主义道德体系之中。

以往，我们的道德体系虽然有爱国主义的政治伦理内容，但缺乏经济全球化的时代内涵。在"入世"以后，中国无疑要加大开放的门户，我们一方面要大踏步地走向世界，一方面要欢迎别国大踏步地走进来。但是世界各国之间来来往往、我中有你、你中有我，无一不是为了维护和发展本国本民族的利益，走各自的建国强国之路。能否这样正确认识和把握这种形势，就是一个是否具备正常的民族心态的问题。

民族心态，常以民族的尊严感、自信心和自豪感等形式表现出来。正常的民族心态是爱国精神和强国意识的心理基础，在国际交往中，一个民族在处理与别个民族的关系时如果心态不正常，其爱国主义的情感就会失去平衡，最终影响国家和民族之间的关系的正常化，失去本可属于自己的发展机遇。正常的民族心态，是相对于民族狭隘主义和民族虚无主义的思想与情绪而言的，是一种既不盲目自大也不盲目自卑的精神和性格。有人说，在经济全球化趋势下我们的主要任务是反对民族狭隘主义。对这种看法是需要做具体分析的。若是指那种不欢迎别国大踏步地走进国门的思想和情绪，那是对的；若是指可以因此而轻视、无视本国本民族的利益，放弃爱国强国意识，甚至还要一厢情愿地将自己装扮成"世界公民"的样子，那就错了。在经济全球化趋势下，我们不应当视自觉维护国家的主权和民族的尊严，对敌视我国的西方发达国家的政治对抗、军事扩张和文化渗透保持高度警惕的心态为民族狭隘主义。诚然，今天确有一些同胞抱有一种民族狭隘主义情绪，他们看到别国的老板大踏步地走进国门，心里就感到不舒服，宁愿闭门造车、关起门来过过去那样的苦日子，也不愿借用发达国家的一片阳光。但我以为，从目前国人的政治伦理心态的实际情况看，主要的问题还是民族虚无主义。目前理论界出现的认为树立正常的民族心态主要是反对民族狭隘主义的观点是没有多少根据的，主张在经济全球化的浪潮中中国要"融进"世界大家庭和中国人应当要成为"世界公民"的观点，更是不可信的。

面对经济全球化趋势，爱国主义教育的内容体系要始终注意突出国家和民族利益高于一切这个灵魂，进行国家观念和民族精神的教育，使公民始终保持清醒的政治头脑，舍此，我以为就是舍本求末。既要培养从全球角度观察和处理问题的意识和能力，又要以维护和增进本国利益为己任；既要学习世界各国包括西方发达资本主义国家先进的科学技术和管理经验，吸收世界各民族文化中的有价值的成分，又要抵制西方颠覆和破坏的图谋，抵御西方腐朽、消极的思想观念、意识形态的渗透和侵蚀。

其次，要重视大众传媒舆论导向出现的新情况，加强传媒尤其是网络文化的建设。过去，我们的大众传媒进行爱国精神和强国意识的教育，多是正面的，因特网出现以来情况发生了重大的变化。因特网正在我国普及，接触因特网的人特别是青少年越来越多，据有关统计，大学生中的"网民"占35%—40%。网络的开放性使其成为"地球村的高音喇叭"，成为各种企图颠覆社会主义中国的敌对势力的"公开论坛"。通过因特网，人们当然既可以增加和积累许多有益的信息，但也可以削弱和淡化应有的已有价值理念，其中就包含国家观念和民族精神。美国《商业周刊》1999年10月4日发表文章说，因特网是一条正在被各式各样的活动分子迅速发展的途径，是一个可以用来动员和施加各种影响的异乎寻常的工具。就此，香港《明报》曾提醒国人：因特网是"中国和平演变的泉源"，人们"会在这些讨论区接触到不同的政治观点，这将慢慢动摇中共政权对人民的思想控制，对中国政治发展带来一定的冲击和震撼"。这些新情况难道不表明，因特网对人们的负面影响特别是对青少年学生的负面影响决不可等闲视之，我们急需加强大众传媒特别是因特网的舆论导向吗？

最后，爱国主义教育的对象应突出两个重点。在经济全球化的浪潮中，无疑仍然不可放松对青少年进行爱国主义教育。但与此同时，还应当看到另一个重点，这就是党和政府部门的公务人员。

在我国，党和政府部门的公务员不是特等公民，却是特殊公民，因为他们既是公民，又是公民的公仆，代表着国家和人民的根本利益，其政治伦理观念如何对整个国民的政治伦理观念具有举足轻重的影响。一个公民在做了公务员包括承担着特定领导责任的公务员之后，是否需要继续接受包括政治伦理的伦理道德教育？这本是一个不需要证明的道理，因为任何公民的道德品质都处在不断变化之中，有的走向进步，有的走向蜕变，进步离不开道德教育，蜕变需要接受教育，公务员包括承担领导责任的人也不例外。事实情况正是这样。我们姑且不论一些领导干部胸无大局、不谋其政，甚至以权谋私、贪污受贿，根本不像人民公仆的样子，甚至不具备公民起码的道德水准，单说那些并非因工作需要而是按照职位高低自家申请或被安排先后出国"考察"的人中，就严重存在着政治伦理观念淡薄的问题。这些人在"地球村"转了一圈之后带回"家"的不是别国的先进经验和科学技术，他们中的多数人本来就不懂什么先进经验和科学技术，不是奋发图强、振兴民族，而是盲目的"崇洋"，抱怨自己民族如何落后，并且时常毫无顾忌地加以传播，影响着自己的同胞。

两千多年前孔子说过："君子之德风，小人之德草；草上之风，必偃。"①此说固然存有历史和阶级的偏见，但在说明"君子"之德对于普通公民的影响这一点上却颇具普遍意义。在经济全球化趋势下，国家公务员的国家观念和民族精神具有特殊的意义，加强政治伦理建设不可不将国家公务员作为一个重点。此项工作，除了平时的学习和检查以外，各级党校和国家行政教育机构还应当设有政治伦理方面的教育内容和管理制度，做到常抓不懈，持之以恒。特别重要的是，在选拔和任用干部的过程中要切实地将当事人的"德性"放在第一位。而在这个问题上，目前还是一个比较薄弱的环节。综上所述，面对经济全球化的趋势，中国需要切实加强政治伦理建设，确立国家和民族利益高于一切的价值理念，使国民特别是党和国家的公务人员保持清醒的政治头脑和正常的民族心态。伦理学要研究和发展经济全球化趋势下爱国主义教育的内容，并致力于将其列入社会主义道德体系之中，这也是伦理学工作者的一项历史性任务。

---

① 《论语·颜渊》。

论"人与自然和谐"作为生态伦理学的对象*

——兼议关于"人类中心主义"的争论

中外学界普遍认为，生态伦理学的对象是生态道德或"人与自然关系中的生态道德问题"。①笔者认为，这种似乎毋庸置疑的流行看法其实并没有触及人与自然关系的伦理本质，揭示生态道德何以为生态伦理学对象的根本学理问题。

伦理，中国学界一般是指"人与人、人与社会、人与自然之间的道德关系及正确处理这些关系的规律、规则。"②其实质内涵的"道德关系"实则是"思想的社会关系"，价值核心和意义向度都是和谐，即和睦相处、协调发展的共存共荣关系。讨论人与自然关系的生态伦理学对象问题，无疑也应作如是观。在这里，伦理和谐是"第一位"的，生态道德是"第二位"的，因而应以"人与自然和谐"为生态伦理学的对象。由此来看，人与自然的关系本质上并不是孰为"中心"的问题，而是如何共存共荣的问题，生态道德唯有在这种逻辑前提条件下提出来才具有真实的学理意义；关于人与自然孰为"中心"——"人类中心主义"抑或"自然中心主义"的争论就是不必要的，不仅无助于人们对生态伦理学对象这一基本学理问

* 原载《道德与文明》2015年第4期，原稿署名钱进博士为第一作者，本人为第二作者，现征得钱进同意收录于此。

① 朱贻庭：《应用伦理学词典》，上海：上海辞书出版社2013年版，第11—12页。

②《中国大百科全书》（第5卷），北京：中国大百科全书出版社2011年版，第195页。

题的理解和把握，相反会误导生态道德研究与建设的逻辑方向。

一、"人与自然和谐"作为生态伦理学对象的学理依据

每门学科都有作为自己的科学原理或科学法则的基本理论，这就是人们通常所说的学理或基本学理。它是学科赖以存在和发展进步的逻辑基础，也是学科体系的逻辑起点。我们提出"人与自然和谐"作为生态伦理学对象这一命题的基本学理依据，可以从如下几个视角来考察和说明：

其一，公众的生态经验。西方哲学史上一直有一种主导性看法认为，经验不能作为哲学包括道德哲学的学理依据，康德甚至认为经验与道德的"实践理性"无关，批评那种"习惯于把经验和理性""混合起来"的研究是"为了迎合公众的趣味"①，这使得他最终走不出直接与经验相关的"二律背反"的困扰。这类否认或轻视经验的哲学意见，即使在强调"实践哲学"和"实践智慧"乃至"哲学实践"的当代哲学思维中，也并不鲜见。

经验，经历、体验之谓，生活在经验世界中又以经验的方式应对经验世界，是人类应对来自包括自然在内的各种挑战的第一生存智慧。考察生态伦理学对象基本学理问题，不应轻视公众关于生态经验的学理意义。实际上，人类认识和把握自己与自然和谐关系历来是从经验开始并以经验为主要"质料"的。每天跟自然打交道的普通劳动者，对人与自然的关系失之于和谐所造成的危害都有亲身感受、切肤之痛：水土流失难种地，喝了不干净的水、吸了雾霾空气会生病等，势必会让人们感悟到人只有在与自然"和睦相处"中才能赢得自己生存和发展的权利和机缘。公众认识和理解这类"简单"的生态问题，其实无需借助"深奥"的形而上学。

一般说来，解决任何生态伦理和道德问题，都需要公众的广泛理解、支持和参与，如果硬要离开公众亲身经历和体验的生态经验来谈论生态伦理学对象的基本问题，在公众看来实在是形似"专家之谈"。我们天天在

---

① [德]康德：《道德形而上学原理》，苗力田译，上海：上海人民出版社2012年版，第2页。

讲群众路线，殊不知重视生态经验的学理意义，正是生态伦理学尊重广大劳动者的表现。当然，这样说不是要否认对生态对象实行科学的"形而上学"抽象的必要性。

其二，伦理与道德的逻辑关系。伦理与道德是不是同一种涵义的概念？如果不是，两者的差别和逻辑关联在哪里？这在中国伦理学界至今仍是一桩"学案"。前些年，曾有人质疑"伦理就是道德"这一传统命题和理解范式，笔者也曾参与讨论。认为两者的差别在于：伦理属于"思想的社会关系"即《中国大百科全书》界说的"道德关系"范畴，道德属于特殊的社会意识形态和价值形态范畴；伦理是伴随一定社会生产和交换的经济关系"自然而然"形成的，是"一种出于事物的自然或自然的倾向"①的必然性社会关系；道德是一定社会的人们为呵护和优化一定的伦理关系而创建的；道德作为意识形式本身不是什么关系或能够成为什么关系，所谓"道德关系"不过是用道德的"规律、规则"呵护和优化的伦理（关系）而已。

由此推论两者之间的逻辑关系，伦理是"本"或"体"，道德是"末"或"用"，一切形式的道德建设都是为祈求伦理和谐即"思想关系"意义上的"心心相印""同心同德""齐心协力"而设计和开展的。②不难想见，如果避开或越过"人与自然的和谐"这个根本性的伦理要求，直接把生态道德作为生态伦理学的对象，那么，制订出来的生态道德就可能会成为主观主义的教条，妨碍现实社会的人们理性把握人与自然的关系，以至于轻视甚至忽略自己必需的生存权利和智慧。再说，道德文明的生成基础和调节对象，历来都是人们须臾不可或缺的权利或利益的协调关系。一般说来，一种道德如果仅仅是要求一个人或一类人忽略或放弃自己必需的生存权利，承诺对于他者利益的无条件尊重，那就可能是虚假的宣言或想当然的教条，缺乏可信度和真正的"实践理性"。在人与自然之间，要人放弃自己作为所谓的"中心"之权利的伦理主张，也是具有这种虚假伦理的性

---

① [古希腊]亚里士多德：《工具论》，余纪元等译，北京：中国人民大学出版社2003年版，第328页。
② 钱广荣：《"伦理就是道德"置疑》，《学术界》2009年第6期。

质的。

其三，人与自然的关系的实质内涵是人与人的关系。伦理和谐强调的不是两者的"同等"，更不是两者的"同样"。自然对于人，不应当也不可能在"同等"或"同样"的意义上有"心心相印""同心同德""齐心合力"之类的伦理和谐诉求，能够表达这种诉求的只能是人，人与自然之间永远不存在所谓的"平等权利"或"自然权利"。"人与自然和谐"的实质内涵永远只能是此时此地的人相互之间及其与彼时彼地的人之间的和谐，抑或"平等权利"的问题。以此为立足点提出生态道德问题才具有生态伦理学对象的学理意义，否则就难免是虚妄的。就生态伦理学的学科使命而言，避免将"人"泛化，促使此时此地的人承担生态伦理和谐的责任，为同彼时彼地的人搭建"心心相印""同心同德"的对话平台而提出和遵守生态道德，才是可靠的。

概言之，唯有从如上所述的三种维度理解和把握"人与自然的和谐"作为生态伦理学的对象，才能合乎逻辑地奠定生态伦理学坚实的学理基础，引申出生态道德的价值准则和行为规范要求，同时也就自然而然地避开了"人类中心主义""自然中心主义"抑或"生态中心主义"的争论。也就是说，人与自然孰为"中心"的争论，由于离开了"人与自然的和谐"这个生态伦理学对象的实质内涵，并不具有真实的学术性质，争论下去将永无止境，永无结论。

二、"人与自然和谐"的实践本质

"人与自然和谐"作为生态伦理思维的对象，是在人们改造和利用自然的实践中被发现的，本质上是一种实践范畴，其内涵的真理性问题应当回到实践中去理解和把握。

历史唯物主义认为，"社会生活在本质上是实践的。凡是把理论诱入神秘主义的神秘东西，都能在人的实践中以及对这种实践的理解中得到合理的解决。"①因此，认识的真理性本质上"不是一个理论的问题，而是一个实践的问题。人应该在实践中证明自己思维的真理性，即自己思维的现实性和力量，自己思维的此岸性。关于离开实践的思维的现实性或非现实性的争论，是一个纯粹经院哲学的问题。"②

依据这种方法论原则，理解和把握"人与自然和谐"作为生态伦理学对象的真理性，应立足人类改造和利用自然的实践，分析其"现实性和力量"及"此岸性"理性要求之实践本质的三层内在结构。

第一个层级的结构，受当今人类向自然索取物质财富之物质需求的支配，"人与自然和谐"的伦理要求反映的是当今人类向自然索取物质财富所产生的人与自然失衡关系之后果的伦理反思。第二层级的结构，受当今人类向自然索取精神财富的价值祈望的支配，其动因正是为了置身于自然、寻求和体验与自然和谐的审美情趣，尽管这种祈望和动因不一定是出于"人与自然和谐"的伦理自觉，甚至因此而危害了"人与自然和谐"。第三个层级的结构，受当今人类"兼顾"或"照顾"未来人类的"未来学"意识支配，反映的是当今人类在当下追求中的伦理情怀。"人与自然和谐"这三个层级结构构成的实践本质内涵，第一层级是"主本质"，占据主体地位，起着主导作用；第二层级是"次本质"，由"主本质"直接延伸和升华而来；第三层级是由"主本质"演绎和派生而来，体现"人与自然和谐"之实践本质的外延态势，具有某种"科学幻想"的虚拟性质，其"现实性和力量"的"此岸性"理性，如同美国的《猿人世界》和《2012》等科幻影片所描述的那样，虽具有生动且淋漓尽致的浪漫美感却并不具有可以证实的现实特质。

列宁在分析事物的本质属性时指出："人对事物、现象、过程等等的认识从现象到本质、从不甚深刻的本质到更深刻的本质的深化的无限过程"③是辩证法的要素之一，"人的属性由现象到本质，由所谓初级本质到

①《马克思恩格斯文集》第1卷，北京：人民出版社2009年版，第505—506页。
②《马克思恩格斯文集》第1卷，北京：人民出版社2009年版，第503—504页。
③《列宁全集》第55卷，北京：人民出版社1990年版，第191页。

二级本质，不断深化，以至无穷。……不但现象是短暂的、原典的、流逝的、只是被约定的界限所划分的，而且事物的本质也是如此。"①

理解和把握"人与自然和谐"的实践本质，必须恪守其"主本质"、继而兼顾其"次本质"的立场，才具有现实的实践意义，其对未来人类的伦理关怀才是可信的，舍此就不可能真正理解和把握"人与自然和谐"作为生态伦理学对象的实践本质。

在呵护人与自然和谐的问题上，当今人类需要反思和革新自我的是损害自然生态平衡的那些不良举措和行动，而不是要淡化以至于放弃改造和利用自然的欲望和冲动及其驱动下的创新。在这个关涉生态伦理学对象的基本问题上，争论人与自然孰为"中心"、甚至鼓吹"自然中心主义"或"非人类中心主义"，就脱离"人与自然和谐"的实践本质，不仅没有审美意义，反而会把"简单的问题"搞复杂了。

批评所谓"人类中心主义"所采用的思维范式本身内含一种逻辑悖论的"基因"：批评者在未做批评之前就已用"优先逻辑"把自己安置在人与自然关系的"中心"位置上了。这就使得孰为"中心"的争论，如同要拽着自己的头发离开地面一样永远不可能会得出自圆其说的结论。这种隐藏的"悖论基因"表明，讨论人与自然的伦理关系，是不可以离开"人与自然和谐"作为生态伦理学对象之实践本质的。

麦金太尔在《德性之后》②中指出：我们处在一个无法解决争端和无法摆脱困境的道德危机时代，这种状况与我们热衷于表述分歧而不是共识是相关的，它使得我们的争论永无止境。③在笔者看来，挑起人与自然孰为"中心"的争论，并在其间坚持"非人类中心主义"主张，正是麦金太尔批评的那种倾向，它在根本上诋毁了"人与自然和谐"之实践本质的生态伦理学的存在论意义。

人与自然关系虽然不存在孰为"中心"的问题，却存在孰为"主导"

---

① 《列宁全集》第55卷，北京：人民出版社1990年版，第213页。

② ［美］阿·麦金太尔：《德性之后》，龚群、戴扬毅等译，北京：中国社会科学出版社1995年版。

③ 唐凯麟：《西方伦理学名著提要》，南昌：江西人民出版社2000年版，第694页。

的问题。这种"主导"方面只能是人而不可能是自然。"深层生态学"的发起者纳什（A·Naess）说过一个浅显不过的道理："过量捕杀其他动物的狮子，不能用道德来约束它自己；但是，人却不仅拥有力量，而且拥有控制其力量的各种潜能。"①"人与自然和谐"作为属人的生态伦理学的对象，正是在人自己"各种潜能"的主导下被认识、被付诸实际行动和最终得以相对实现的。

正因如此，古今中外一些涉论人与自然关系的不朽篇章都对人作为主导方面做过极为精彩的赞颂。如《老子·二十五章》曰："道大，天大，地大，人亦大。域中有四大，而人居其一矣。"《荀子·王制》曰："水火有气而无生，草木有生而无知，禽兽有知而无义，人有气、有生、有知，亦且有义，故最为天下贵也。"不仅说到人在与自然关系中的主导地位和作用，而且强调之所以如此的根本原因是人在"本性"上是讲道德的。西方人文主义一直推崇人是上帝创造和拯救的唯一生灵的逻辑，认为人具有与上帝相似的理性生物，因而是万事万物中最可宝贵的。用似是而非的"中心"论替代涵义确切的"主导"论，忽视了人是世界万物中之理性存在物这一根本事实，实则是对人文主义传统精神的一种倒退，就生态伦理学基本理论的建构而言也是一种学理误导。

在"主导"论看来，人在与自然相处中如果犯了失之于和谐的错误，也应当由人自己来纠正，而不应当将人赶出所谓"中心"的位置，交由自然来担当审判和纠错的"权利"。本来，人类对于自己生存质量和空间的追求就是无限的，这决定人与自然之实践关系的矛盾是普遍的、永恒的、绝对的，同时也注定人始终是人与自然的实践矛盾关系的主导方面。也正因如此，人与自然的和谐才成为人类自古至今共同的追求目标，从而在生态伦理学对象问题上具有科学原理和科学法则的学理意义。

学术研究，人们可以在抽象思维中高谈阔论。用形式逻辑或线性逻辑释解和消解一切可感知和面对的矛盾，而在实践中却无论如何做不到这一点。离开人的需求及其实践便没有人与外部世界的一切关系。主张人与自

---

① 转引自孙道进:《"非人类中心主义"环境伦理学悖论》,《天府新论》2004年第5期。

然的和谐不是要消除因人的需求而与自然之间发生的矛盾，而是要使矛盾双方实现共存共荣、协调发展。人与自然和谐的实践逻辑，不是要消除两者之间的矛盾，而是要促使矛盾双方处于人作为实践主体可以主导、控制的状态。由此看来，人与自然和谐不过是人与自然之间一种不必消除、不可消除的特殊的矛盾性状而已。

人在实践中所面对的自然，包括自在自然和人工自然两个部分。两者所能给予人的资源和财富都是有限的，而人对于资源和财富的需求却是无限的，这决定人与自然的矛盾是不可能穷尽的。但是，人作为人与自然和谐关系中的主导方面，会通过运用自己的智慧使人工自然所能给予人的资源和财富具有趋向无限的可能。这是人类正在把自己的生态伦理思维和生存梦想向地球未知领域和地球之外广袤空域扩展的深层原因所在。担心资源枯竭、财富断流而无视当今人类的欲望和追求，这样的生态伦理学固然有些"浪漫"，却缺乏"现实性和力量"的"实践理性"。

立足于实践理解和把握"人与自然和谐"作为生态伦理学对象，应是建构生态伦理学对象观的最重要的方法论原则。舍此，一切关于人与自然和谐的命题和意见都难免带有伪问题、伪科学的性质，除了给人一种似是而非的心理满足，于生态伦理学的基本理论研究并无实际意义，于推进生态道德建设更无实际价值。

三、"人与自然和谐"是历史范畴

生态伦理学是当代应用伦理学发展的一大成果，但生态伦理思想却由来已久，"人与自然和谐"作为生态伦理学的对象既是实践范畴，也是历史范畴，而且由于对"自然"处置的差别又多带有国情特色。因此，理解和把握"人与自然和谐"作为今日生态伦理学的对象需要立足国情反观历史，在历史逻辑的意义上找出其由史而来的共同理性。

马克思在《经济学手稿（1857-1858年）》中考察资本的历史逻辑时，提出"低等动物身上表露的高等动物的征兆，只有在高等动物本身已被认识之后才能理解"的逻辑观念，发表了"人体解剖对于猴体解剖是一把钥匙"①的著名见解。其实，这种逻辑程式反过来理解也是成立的："解剖猴体"对于"解剖人体"来说也是"一把钥匙"。两类不同动物之间存在同质元素上的必然联系和发展演变的这种历史逻辑，对于理解和把握"人与自然和谐"作为生态伦理学的对象，同样是适合的。

在农耕社会，人与自然的关系同现代社会有重要的不同，自然除了有限的田园和耕地之外大量的是自在的自然，即所谓的"天"及其不可测的神秘力量"天命"和"天道"。但是，不能因此就认为农耕社会没有生态伦理问题，没有关于"人与自然和谐"的伦理思考和学说主张。恰恰相反，实际情况是由于生产力低下、靠天吃饭，自力更生、自给自足，农耕社会的人们对于生态伦理问题尤为重视，在更加直接的意义上强调"人与自然和谐"关系的极端重要性。

这在中国可以追溯到西周。如《周易·坤》有"君子以厚德载物"的主张，意思是说君子要有效法大地之深厚而载育万物的德性；《周易·小畜》有"既雨既处，尚德载""既雨既处，德积载也"②的主张，意思是（如果）需要的雨水恰到好处，那就犹如积累功德而可载物。这表明，在远古时代，中国人就有尊重自然、主张人与自然和谐的生态伦理观。先秦儒学创始者和代表人物孔子、孟子和荀子，关于"天人合德"③、"林木不可胜用"和"谷与鱼鳖不可胜食"④、"天地者，生之本也"⑤之类尊重和合理利用自然等思想主张，其和谐生态伦理观的意义取向则更为明显。后来，《礼记·王制》主张"草木零落，再入山林"——进山伐木，要待秋后的冬季，《礼记·祭义》认为"树木以时伐焉"——强调伐木要因时制宜，甚至将此提升为重要的道德规则，即所谓"不以其时，非孝也"。

学界有人对荀子主张"明天人之分""制天命而用之"的主张很不以

①《马克思恩格斯文集》第8卷,北京:人民出版社2009年版,第29页。

②南怀瑾,徐芹庭:《白话易经》,长沙:岳麓书社1988年版,第21页。

③《论语·泰伯》。

④《孟子·梁惠王上》。

⑤《荀子·礼论》。

为然，认为这是最古老的"人类中心主义"的思想主张。其实，这是望文生义的片面理解。荀子强调天人相分、制天命而用之和人定胜天，本义是要"望时而待之，孰与应时而使之？因物而多之，孰与骋能而化之？思物而物之，孰与理物而勿失之也？愿于物之所以生，孰与有物之所以成？"①用本文讨论的生态伦理学对象的术语来说，这些主张所强调的恰恰就是"人与自然和谐"。至于中国历史上的道家，众所周知，关于人与自然和谐的思想主张正是其哲学和伦理学思想的学理基石，此处不必再展开赘述。

　　总的来看，"人与自然和谐"强调人在自然面前的主导地位与作用，是人类有史以来在理解和把握人与自然的关系问题上的共同认识和主张，并没有真正出现过"非人类中心主义"的意见，也没有发生过孰为"中心"的争论。古人如此看待人与自然和谐关系的智慧，值得今人传承。

　　在历史唯物主义视野里，人类社会的发展进步本是一种"自然历史过程"。人类看待和处置"人与自然和谐"的伦理关系问题也是一种"自然历史过程"。在这种过程中，人类为了自身的生存和发展有时难免会以"牺牲自然"来赢得自己的发展和进步，生态伦理学对此不应感到大惊小怪，而应以"历史理性"来看待。卢梭在考察了人类不平等的起源与基础之后认为，人类"真正的青年期"是"野蛮"的蒙昧期，"后来的种种进步，表面上看起来是使个人走向完善，但实际上却使整个人类走向堕落。"②他由此大发感慨道："人类已经老了，但人类依然还是个孩子。"③卢梭的这种"纯粹道德"历史观，当时就受到伏尔泰辛辣的批评，称其《论人与人之间不平等的起因和基础》是主张回到"使我们变成野兽"④的蒙昧时期。后来又被约翰·伯瑞嘲讽为是在鼓吹"历史倒退论"，因为他认为"社会发展是一个巨大的错误；人类越是远离纯朴的原始状态，其命

　　①《荀子·天论》。
　　②［法］卢梭：《论人与人之间不平等的起因和基础》，李平沤译，北京：商务印书馆2012年版，第93页。
　　③［法］卢梭：《论人与人之间不平等的起因和基础》，李平沤译，北京：商务印书馆2012年版，第80页。
　　④［法］卢梭：《论人与人之间不平等的起因和基础》，李平沤译，北京：商务印书馆2012年版，第161页。

运就越是不幸；文明在根本上是堕落的，而非具有创造型的"①。

我们在面对当前生态道德领域出现突出问题的时候，大可不必用"现代性"危言耸听的话语，把现代人类损得似"爬行动物"那样的堕落，而应当立足现实"反思历史"或"历史地看"，进而认知和把握应对当今生态道德领域突出问题的历史逻辑。这才是明智的选择。

四、实现"人与自然和谐"须厉行生态道德建设

实现"人与自然和谐"，无疑需要用不同的方式解释人与自然的关系包括"人与自然和谐"这一命题本身，但是根本的理路应是研究和厉行生态道德建设。

就目前我国学界的实际情况看，研究"生态哲学"甚于研究生态道德建设，生态道德建设的理论和实践问题还是一个有待耕耘的撂荒地。诸如生态道德与生态伦理之间的内在逻辑关系、生态道德的特定涵义、价值标准和行为准则、生态道德建设的规律和要求及其与全社会道德建设的关系等问题，目前都需要研究，给予明晰的理论说明和实践指导。

生态道德及其建设问题的理论研究不能是局限在纯粹的哲学思辨的层面，需要有数理和质性分析方面的实证研究，在生态经验层面上引发社会普遍关注。作为生态伦理学研究的一个基本方向和领域，生态道德建设问题的研究还应当与社会学、法学乃至教育学研究联姻。

生态道德建设作为维护和优化"人与自然和谐"的社会建设工程是一种系统。一是要开展当前生态道德领域突出问题的专项治理。这个方向和领域的生态道德建设，贵在"厉行"，仅仅依靠媒体曝光的做法是难以奏效的。对于随意甚至肆意破坏人类生存环境的"低级错误"，要采取切实有效的措施坚决加以制止和纠正。二是要立足于生态道德教育，让"人与自然和谐"的生态伦理观念成为新生代的思想道德素质，从小养成呵护"人与自然和谐"的道德责任意识和行为习惯。为此，要让相关的生态道

---

① [英]约翰·伯瑞:《进步的观念》,范祥焘译,上海:上海三联书店 2005 年版,第124页。

德知识进思想品德教育的课本、课堂，进学生的头脑。

与此同时，有必要加强"人与自然和谐"的立法，促使一些生态道德的规则法律化、生态道德建设法制化。美国历史学家H.亚当斯1905年曾做这样的预测："一百年以后，也许是五十年以后，在人类的思想上将要出现一个彻底的转折。那时，作为理论或先验论原理的法则将消失，而让位于力量，道德将由警察代替。"①这种预测的根据是什么，今天是否真正实现了，我们没有必要考究。但是，就呵护和优化"人与自然和谐"的生态道德建设而言，我们可以窥得它的合理性。

五、余论

1842年，恩格斯第二次到英国考察，两年后写了题为《英国状况》的考察性著述，其中写道："各门科学在18世纪已经具有自己的科学形式，因此它们终于一方面和哲学，另一方面和实践结合起来了。科学和哲学结合的结果就是唯物主义（牛顿的学说和洛克的学说同样是唯物主义的前提）、启蒙运动和法国的政治革命。科学以实践为出发点的结果就是英国的社会革命。"②生态伦理学作为一门应用伦理学的人文科学，是现代科学技术与哲学联姻的产物，它同当代人类实践"结合的结果"无疑将会发生一系列深刻的"社会革命"，尽管我们现在还难以说明白那种"社会革命"终究会是怎么样的，但有一点可以肯定：它必定会增加最广大的民众的福祉，使得他们在享用现代科技之文明成果的同时，享受"人与自然和谐"所赐予的幸福和美感体验。

为此，研究生态伦理学的人们应当转换研究范式，走出书斋，在考察社会脉搏和倾听公众呼声中创新自己的成果样式。

---

① 引自［英］J.D.贝尔纳：《科学的社会功能》，陈体芳译，北京：商务印书馆1982年版，第15—16页。
②《马克思恩格斯文集》第1卷，北京：人民出版社2009年版，第97页。

行政管理的伦理价值*

　　行政管理具有政治、经济、法律、文化和教育等方面的社会价值，这早已为学术界所共识，但其伦理方面的社会价值却没有引起人们应有的注意。据不完全统计，1984年以来出版的行政管理学方面的教材和著作有100余种，专业刊物有数十种，发表的专业论文不计其数；为培养专门人才，国家和一些地方还成立了行政管理学院，党校系统也设有行政管理方面的专业和培训班，但都很少有关于伦理价值方面的内容。笔者认为，这在行政管理教育及其学科建设是一个不应有的疏忽和缺憾。本文试对行政管理的伦理价值进行分析与评介，以期对促进行政管理学的建设及行政管理教育有所裨益。

　　道德是与人类社会生活关系最为密切的社会意识形态，自从人类有道德生活需要以来，道德的伦理价值就是一种无时不有、无处不在的社会价值形式。阶级与国家产生后，道德演变为一种特殊的社会意识形式，其价值形式也演变为一种"占统治地位的思想"的社会价值。行政管理随着阶级与国家的产生出现以后，伦理价值观念必然会以一种"占统治地位的思想"的价值形式融进其价值观念体系，从而使自己同时也成为伦理学的对象。从我国历史的演进过程看，关于行政管理的价值观念与行政管理的产生与发展大体是同步的。最早关于行政管理的思想如孔子说的"为政以

---

　　*原载《淮南工业学院学报》（现为《安徽理工大学学报》）1999年第1期。

德"等，其实多含伦理价值观念。中国古代自隋代兴科举选才制度始，知识分子大凡欲步入仕途须在科举之下应试"四书五经"及与其相关的内容，其中《尚书》①是一必试内容。《尚书·皋陶谟》中就有关于"为政"须"行有九德"的规定，即所谓"宽而栗、柔而立、愿而恭、乱而敬、扰而毅、直而温、简而廉、刚而塞、强而义"。据笔者考证，这种关于"为政之德"的主张，是我国对行政管理所含伦理价值的最早的确认形式，也是我国古代伦理思想的最早表达形式之一。到了春秋战国时期，行政管理的伦理价值受到高度重视，得到了空前的阐发。如孔子说的"为政以德，譬如北辰居其所而众星拱之""其身正，不令则行；其身不正，虽令不从"、孟子说的"平政爱民"等等，都是告诫人们要重视行政的伦理价值。从一定的意义上可以说，孔孟之道就是"为政之道""为政之德"的学术。孔孟之后，伦理思想在中国发展很快，涉及的领域越来越多，内容也越来越丰富，但其"政道"与"政德"同步并以"为政之德"为主脉和核心的传统，经久未移。在西方，流传甚久的古希腊的"四主德"即"智慧""公正""勇敢""节制"也多为"为政之德"，即与行政管理有关的伦理价值观念。

就是说，行政管理作为管理国家和社会事务的活动，从一开始就包含着伦理价值，就成为伦理学的对象；以道德准则或规范来调节行政主体——"官"的行为就成为行政管理必备的约束机制。

其所以如此，从根本上来说，是因为道德的发生发展与特定社会的经济政治结构之间存在着必然的联系。我们知道，社会存在决定社会意识，经济基础决定上层建筑，社会意识与上层建筑对社会存在与经济基础具有反作用。恩格斯说："人们自觉地或不自觉地，归根到底总是从他们阶级地位所依据的实际关系中——从他们进行生产和交换的经济关系中，获得自己的伦理观念。"②道德作为一种特殊的社会意识形式，其发生的根源是特定社会的经济基础，同时又受"竖立"在经济基础之上的整个上层建筑

---

① "五经"之一。

②《马克思恩格斯选集》第3卷，北京：人民出版社1995年版，第434页。

的深刻影响，这就决定了道德的发生发展与政治制度及其行政管理的建设之间存在着相互依存、相互影响的必然联系。这是行政管理必然具有伦理价值的逻辑根据之所在。从另一方面看，道德发生与发展即存在的方式是特殊的，它依存、渗透在其他社会现象和社会生活之中，只具有相对的独立性，这使其发生发展的过程必然是在经济与政治及其行政管理的建设与变革的过程中展开，虽然作为社会意识它有滞后或超前的一面，但大体上与后者是同步的。值得注意的是，这种过程的同步性又总是通过集于行为主体一身的方式表现出来。我们可以从"道德人"与"经济人""政治人""行政人"等各种统一性关系中看出这一点。关于"道德人"与"经济人"的统一性关系，笔者在《"经济人"与"道德人"及其统一性关系》①一文中已经做过较为详细的分析，至于"道德人"与"政治人""行政人"等的统一性关系之理，与其是相通的，此处不赘。道德发生与发展的这种历史与逻辑的走向表明，行政管理的社会价值必然包含着伦理价值，行政管理主体的价值观念必然包含着伦理价值观念。

具体说来，行政管理的伦理价值可以从如下几个方面来分析：

（一）行政管理在总体上必然体现某种伦理价值趋向。在任何一个历史时代，经济制度与政治制度都会在根本上决定行政管理的伦理价值趋向，这种价值趋向通常表述为"对谁有利""为谁服务"，由此而做出或"善"或"恶"的道德判断与选择。历史上一切剥削制度下的行政管理在根本上都是为少数统治阶级服务的，那些对统治阶级有利而属于"善"的管理目标、决策、执行立法对广大劳动人民群众来说就不一定有利，不一定是善。我国社会主义制度下的行政管理与过去剥削制度有着根本的不同，它是为广大劳动人民群众服务的，其根本的宗旨是为人民服务，在目标、决策、执行、立法等一切方面都应当对人民群众有利，可作如是观者就是善，反之则是恶。当然，行政管理在总体上所表现出来的这种伦理价值趋向，有些可以用直观的方法做出判断，有些则不能。但不论怎么说，对于行政管理在总体上客观地存在着伦理价值趋向这一点，不应当有任何怀疑。

---

① 参见《理论建设》1998年第4期。

（二）行政管理中的人际关系必然蕴涵着伦理关系。伦理一词最早见于《礼记·乐记》"乐，通伦理"之说，东汉学者郑玄将"伦"解释为"类"，所谓"伦理"也就是人之与人要有类别、有条理的意思，这也就是后人常说的"人伦之理"即人与人之间的关系合乎道德要求，呈现道德状态。伦理关系，也就是根据"人伦之理"所确立的人与人之间的关系。汉代及其以前的"伦理"和"伦理关系"具有政治、法律、道德等多方面的含义，其后经过许慎之手才成为专门的道德范畴。我们知道，利益关系是道德的基础，凡是存在利益关系而又需运用社会舆论、传统习惯和人们的内心信念来调整的人群和地方，都存在道德问题。因此，凡是有人群的地方客观上都存在"人伦之理"，都存在一种伦理关系。需要指出的是，如同整个道德一样，伦理关系作为一种特殊的社会关系也只具有相对的独立性，它依存于其他社会关系、包含在其他社会关系之中，这是伦理关系存在的特有方式。行政关系是一个由多层次、多侧面的关系构成的社会关系包括人际关系系统。从组织机构来看，可分为中央与地方关系、上级机构与下级机构的关系，同一机构内不同职能部门之间的关系等；从主体来区分，可分为领导与群众关系、上级领导与下级领导关系、同一机构中领导相互之间的关系、同一机构中群众相互之间的关系等。行政管理不是孤立的，在现代社会它更具有明显的开放性，在其运作过程中还涉及行政管理以外的其他方面，这又发生了行政系统与其他系统的各种关系。实践证明，由于这些关系客观上都存在"利益问题"需要调整，而这些调整又常常要依靠或离不开"人伦之理"，因此都包含着伦理关系和伦理价值。在一个行政部门或行政单位，人们平常所说的"关系顺不顺""关系正常不正常""关系协调不协调"，总是含有伦理关系的意义，并不只是从"纯粹"的行政工作关系的意义上说的。就是说，在各种行政关系中伦理关系是客观存在的，只不过是因为其具有"依存""包含"于行政关系之中的特点而不易被人所识别和把握罢了。

（三）行政管理主体的行为必须受行政道德规范的约束。行政道德规范或行为准则，是对行政管理的伦理价值趋向及行政伦理关系的道德蕴涵——"人伦之理"的确认形式，属于职业道德范畴。在现实社会里，人们的职业活动必须受到多方面的约束，这样才能保证主体的行为合乎职业活动正确的价值趋向，维护职业活动过程的正常秩序，取得职业活动的应有效率。这些约束和调整措施便是人们通常所说的行为准则或规范。一个部门或单位的职业活动，其主体所受的行为规范或准则的约束是多方面的，一般包含职业自身的规范——为了区别可称之为职业规范和道德规范两种基本类型。在有些职业系统之外还另设有反映其职业特点的特殊的职业法规，如行政法、教育法、教师法等等。在职业活动领域，职业道德规范常常与职业规范——职业纪律和职业操作规程相衔接、相重叠，行政管理的道德规范也是这样。这是职业道德规范区别于其他道德规范的一个明显的特点。但是，这个特点只表明职业道德规范区别于其他道德规范的一个明显的特殊性，并不表明它发挥社会功能的强与弱。诚然，由于道德是依靠社会舆论、传统习惯和人们的内心信念来调整人们的行为的，所以其发挥社会功能的方式确实具有"软"的一面，但其发挥的社会功能是强的，这就是所谓"精神强制"。人们常说的"心里有愧""无脸见人""痛不欲生""软刀子杀人"等，说的就是这种"精神强制"作用。从这一点看，道德是以"软"的方式赢得"硬"的效果的，它也具有"硬"的一面。在我看来，体现行政伦理价值和行政伦理关系的行政道德规范在行政管理和行政管理学的建设中之所以不被重视，甚至被忽视，原因就在于它与行政职业规范相衔接、重叠，在于有些人只注意到它的"软"的方式而没有看到它的"硬"的效果。在有些人看来，行政管理是一种规范"硬"度很强的职业活动，系统内外又有行政法律监督，只要抓住行政管理的职业规范——职业纪律、行政管理的执业操作规程和行政管理的法规的建设就行了。这种认识是片面的。须知，在行政管理过程中，就调节方式来说，执行纪律、法规是为了约束人的行为，提倡道德是为了净化人的心灵，只有两者并用、"软""硬"兼施，才能获得最佳效率。

（四）行政管理需要受制于社会的道德评价。道德评价是依据一定的伦理价值观念、伦理关系中的"人伦之理"和特定的道德行为准则，对主体及其所在团体的行为做出是与非、善与恶的判断的评价活动。其评价的方式是如上所述的一定的社会舆论、传统习惯和人们的内心信念。这种评价活动一般包括团体内部和主体自身的评价与来自外部和他人的评价两个方面，行政管理也不例外。值得我们特别注意的是关于行政管理的外部评价。外部评价不仅是必要的，也是不可避免的，它是对团体及其主体包含的各个方面的伦理价值的综合性评价，涉及一个职业部门在道德方面的"整体形象"，即使所涉对象和范围是个别的局部的。这种"整体形象"是一种信誉，一种名誉，本身就是一种典型的伦理价值。而伦理价值意义上的"整体形象"，总是与其他方面的"整体形象"密切相关的，不论是个人还是团体"道德形象"，为好、为善，一般就会在总体上得到人们信任、信赖，反之则会被人们厌恶、背弃，或敬而远之。就一个行政管理部门来说，其道德上"整体形象"实际上反映政府的形象，领导的形象，其伦理价值更是不言而喻。毋庸讳言，目前有些行政管理部门是不大注意外部的道德评价的，也就是不大注意和听取人民群众对其行政的议论和意见。在这方面，时下来自民间的"顺口溜"不少，多是议"政"、评"政"的言论。虽然其中有一些不实和偏颇之词，但也不失之为需要我们注意和认真对待的是非和善恶评价。有必要特别指出，我国人民自孔孟始就形成惯于从伦理道德上论"政"、评"政"的传统，这是中国的国情。如果行政管理在伦理道德上给人们的印象是好的，那么就会在总体上赢得人民群众对政府及其"官员"的信任和信赖，从而使行政管理获得最可靠的社会心理基础和舆论环境，使行政监督的机制真正建立起来，真正行之有效。而这一点，我们的行政管理教育及其学科建设恰恰注意得不够。

综上所述，我国当前的行政管理教育及其学科建设应当重视伦理价值的分析和运用。首先，行政管理学的学科体系不仅要增设有关行政道德规范的内容，而且要增加诸如分析"为谁服务""对谁有利"及行政伦理关系等方面的内容，在行政监督上还要有关于行政管理的道德评价方面的内容。其次，在行政管理教育的过程中要注意分析和阐述行政管理多方面的伦理价值，使受教育者确立"行政为民"、遵守行政道德的价值观念，培养接受道德舆论监督的自觉性和价值理解能力。最后，就课程设置来说，各级行政教育学院和党校的行政管理教育培训班，要开设伦理或道德与精神文明建设方面的课程或专题讲座，使学员增加伦理道德方面的知识，接受伦理道德方面的思想教育。

后　记

　　总结和提炼是人们成就事业的重要方法和手段，是推动事物发生质变的重要环节，任何人都概莫能外。通观钱老师的这套文集，也正是在总结和提炼的基础上形成的重大成果。从微观看，老师在伦理学、思想政治教育、辅导员工作等领域的研究，多是以总结的方式用专业的话语表达出来的。从宏观看，老师的总结和提炼站位高远、视野宽阔、格局恢弘。这又成就了老师在理论上的纵横捭阖、挥洒自如，呈现出老师深厚的学术底蕴和坚实的理论功底。

　　比如在谈到思想政治教育整体有效性问题的时候，老师说：马克思主义认为，世界是不同事物普遍联系的整体，某一特定的事物也是其内部各要素之间普遍联系的整体，事物内部各要素之间的关系是怎样的，事物的整体就是怎样的。恩格斯说："当我们通过思维来考察自然界或人类历史或我们自己的精神活动的时候，首先呈现在我们眼前的，是一幅由种种联系和相互作用无穷无尽地交织起来的画面。"①为了"足以说明构成这幅总画面的各个细节"，"我们不得不把它们从自然的或类似的联系中抽出来"②。就是说，人们只是为了细致分析和把握事物某部分的个性，也是为了进而把握事物的整体，才"不得不"在许多情况下把事物某部分从整体关联中"抽出来"。然而，这样的认识规律却往往给人们一种错觉和误

---

①《马克思恩格斯文集》第9卷，北京：人民出版社2009年版，第385页。
②《马克思恩格斯文集》第3卷，北京：人民出版社2009年版，第539页。

导：轻视以至忽视从整体上把握事物内在的本质联系，惯于就事论事，自说自话。这种缺陷，在思想政治教育有效性的研究中也曾同样存在。

20世纪80年代初，中国改革开放和社会转型的序幕拉开后，由于受到国内外各种因素的影响和激发，人们特别是青年学生的思想道德和政治观念发生着急剧的变化，传统的思想政治教育面临严峻挑战，受到挑战的核心问题就是思想政治教育的"缺效性"以至"反效性"问题。思想政治教育作为一门科学、进而作为一种特殊专业和学科的当代话题由此而被提了出来。因此，在这种意义上完全可以说，推进新时期思想政治教育走向科学化的原动力，正是思想政治教育有效性问题的研究。然而，起初的思想政治教育有效性问题的研究只是围绕思想政治工作展开的，关注的问题只是思想政治教育实际工作的原则和方法，缺乏从思想政治教育专业和学科整体上来把握有效性问题的意识。而当思想政治教育作为一门学科的"原理"基本建构起来之后，关于思想政治工作有效性问题的学术话语却又多被搁置在"原理"之外，渐渐地被人们淡忘，以至于渐渐退出学科的研究视野。不能不说，这是一种缺憾。

推进思想政治教育科学化是解决这一问题的根本途径。思想政治教育科学化本质上反映的是全面贯彻党和国家的教育方针，培养和造就一代代社会主义事业的合格建设者和可靠接班人提出的理论与实践要求，具体表现为大学生思想政治素质的全面发展、协调发展和可持续发展，即凸显整体有效性。这种整体有效性，不只是大学生思想政治教育单个要素的有效性，也不是各个要素有效性的简单相加，而是思想政治教育要素、过程和结果的整体有效性；大学生思想政治教育要素、过程和结果的整体有效性不是静态有效，也不是各个阶段有效性的简单叠加，而是各个要素在各个阶段有效性的有机统一，是整体有效性的全面协调可持续提升。

…………

当我们合上老师的文集，类似的宏论一定会在我们的脑海里不断涌现，或似深蓝大海上的朵朵浪花，或似微风吹皱的湖面上的粼粼波光，令人醍醐灌顶、振聋发聩。

在老师的文集付梓之际，我们深深感谢为此付出过辛勤劳动的同学们。在整理文稿期间，一群活泼阳光的思想政治教育专业的同学通过逐字逐句的阅读、录入和校对，为文集的出版做了大量的最基础的工作。

感谢安徽师范大学副校长彭凤莲教授为文集的出版所做的大量努力。

感谢安徽师范大学马克思主义学院领导给予的高度关注和大力支持。

感谢安徽师范大学出版社，在文集出版的过程中，从策划、编校到设计、印制，同志们付出了许多的心血。

感谢我们的师母，在老师病重期间对老师的温暖陪伴和精心呵护。一个老人是一个家庭的精神支柱，一个老师是一个师门的定盘星。我们衷心祝福老师健康长寿，带着愉悦的心情看到自己的理论成果在民族复兴的伟大征程中发光发热，能够在中华民族伟大复兴即将来临之际，安享晚年。

执笔人　路丙辉

二〇二二年八月